14. COLLOQUIUM DER
GESELLSCHAFT FÜR PHYSIOLOGISCHE CHEMIE
AM 25./27. APRIL 1963 IN MOSBACH/BADEN

MECHANISMEN ENZYMATISCHER REAKTIONEN

MIT 104 TEXTABBILDUNGEN

SPRINGER VERLAG
BERLIN · GÖTTINGEN · HEIDELBERG
1964

Alle Rechte,
insbesondere das der Übersetzung in fremde Sprachen,
vorbehalten

Ohne ausdrückliche Genehmigung des Verlages ist es auch nicht
gestattet, dieses Buch oder Teile daraus auf photomechanischem
Wege (Photokopie, Mikrokopie)
oder auf andere Art zu vervielfältigen

© by Springer-Verlag OHG.
Berlin · Göttingen · Heidelberg 1964

Library of Congress Catalog Card Number 52 3250

ISBN 978-3-540-03106-2   ISBN 978-3-642-87454-3 (eBook)
DOI 10.1007/978-3-642-87454-3

Die Wiedergabe von Gebrauchsnamen, Handelsnamen, Warenbezeichnungen usw.
in diesem Werk berechtigt auch ohne besondere Kennzeichnung nicht zu der
Annahme, daß solche Namen im Sinn der Warenzeichen- und Markenschutz-
Gesetzgebung als frei zu betrachten wären und daher von jedermann benutzt
werden dürften

Titel Nr. 4342

Inhalt

1. Hauptthema: Proteinstruktur und Katalyse

Einführende Betrachtungen (TH. WIELAND, Frankfurt/M.) 1

Chemische Reaktivität von Proteinen (K. WALLENFELS und CH. STREFFER, Freiburg i. Br.) 6

Kinetic and spectrophotometric investigation of the mechanism of α-chymotrypsin action (M. L. BENDER, Evanston) 47

Beziehungen zwischen Struktur und Wirkung bei Hydrolasen (H. FASOLD, U. GRÖSCHEL-STEWART, G. GUNDLACH und F. TURBA, Würzburg) 77

Diskussionsleitung (Vorträge 1—4): TH. WIELAND, Frankfurt/M.

The catalytic site and mechanism of action of bovine pancreatic ribonuclease (B. R. RABIN and A. P. MATHIAS, London) 97

Zur Katalyse bei der Ribenuclease-Reaktion (H. WITZEL, Marburg/L.) 123

Diskussionsleitung (Vorträge 5 und 6): H. ZAHN, Aachen

2. Hauptthema: Coenzyme

Structure and activity of flavoproteins of the respiratory chain (C. VEEGER, Amsterdam) 157

Die Koordinationschemie der Flavokoenzyme und die Bedeutung der Nicht-Häm-Metallionen in der Atmungskette (P. HEMMERICH, Basel) 183

Diskussionsleitung (Vorträge 7 und 8): H. ZAHN, Aachen

Gruppenübertragung als chemische Reaktion — gezeigt am Beispiel der Einkohlenstoff-Reaktionen (L. JAENICKE, Köln) 212

Enzymatische Bildung von „TTP-aktiviertem Formaldehyd" aus Glyoxylat (G. KOHLHAW und H. HOLZER, Freiburg i. Br.) . . . 245

Zum Mechanismus der Phosphoketolasereaktion (H. HOLZER, Freiburg i. Br., und W. SCHRÖTER, Hamburg-Eppendorf) 255

Kohlensäureübertragung durch Biotinenzyme (J. KNAPPE, Heidelberg, und F. LYNEN, München) 265

The synthesis of ADP and ATP via the oxidation of quinol phosphates (V. M. CLARK, Cambridge) 276

Diskussionsleitung (Vorträge 9—13): H. A. STAAB, Heidelberg

3. Hauptthema: Wasserstoffübertragung

Über die Produkt- und Substratstereospezifität der enzymatischen Reduktion von Carbonyl-Verbindungen (V. PRELOG, Zürich) 288

Zur Bindung und Aktivierung des Nicotinamid-Adenin-Dinucleotid durch Dehydrogenasen (G. PFLEIDERER, Frankfurt/M.) 300

Struktur und Wirkungsweise NAD-abhängiger Dehydrogenasen (H. SUND, Freiburg i. Br.) 318

Diskussionsleitung (Vorträge 14—16): K. WALLENFELS, Freiburg i. Br.

Schlußwort 365

Einführende Betrachtungen

Von

TH. WIELAND

Institut für organische Chemie der Universität Frankfurt a. M.

Das 14. Mosbacher Colloquium hat sich unter dem anspruchsvollen Titel *„Mechanismen enzymatischer Reaktionen"* versammelt, und ich habe die ehrenvolle Aufgabe, dem ersten Hauptthema *„Proteinstruktur und Katalyse"* vorzusitzen und eine kurze Einführung zu geben.

Die „katalytische Kraft" ist zu Anfang des letzten Jahrhunderts gleichzeitig in der belebten und unbelebten Natur entdeckt worden, und seither bemühen sich die Naturwissenschaftler von allen Seiten her, das Geheimnis solcher Verbindungen zu ergründen, in deren Gegenwart viele chemische Umsetzungen praktisch unendlich mal rascher ablaufen als ohne sie. Für den Biochemiker sind bei dieser Forschung die Ergebnisse des *organisch-chemischen* Laboratoriums bisher am nützlichsten gewesen. Die bei organisch-chemischen Synthesen und Spaltungen seit jeher verwendeten Katalysatoren haben sich im Lauf der Zeit in übersichtlicher Weise ordnen lassen. Man hat es in den allermeisten Fällen mit einer Katalyse durch *Säure* − in Gegenwart von Wasser mit Protonen − oder mit einer Katalyse durch *Basen* − in Gegenwart von Wasser durch Hydroxylionen − zu tun. In der ersten Formelfolge möchte ich die H^+-Katalyse am Beispiel der Hydrolyse eines Esters zeigen die allgemeine Basenkatalyse am Beispiel der Hydrolyse eines Säureamids im Anschluß (s. Formeln S. 2).

Diese Reaktionen sind (bis auf die vorletzte) reversibel und das Gleichgewicht liegt natürlich auf seiten der energieärmeren Komponenten. Im Falle der Protonkatalyse bei der Esterhydrolyse wird bekanntlich die gegenläufige Reaktion als Veresterungsmethode benutzt. Hieran kann man ein weiteres wichtiges Prinzip der Reaktionsbeschleunigung aufzeigen, das für unsere Betrachtung eine wichtige Rolle spielt, nämlich das der „idealen *Nachbarschaft*".

Für die Geschwindigkeit der Umsetzung einer Säure mit einem Alkohol zum Ester ist die Zahl der Zusammenstöße zwischen den beiden Species maßgebend. Hält sich die alkoholische OH-Gruppe dauernd

$$R-C{\overset{O}{\underset{OR'}{\diagup}}} + H^+ \rightleftarrows R-\overset{+}{C}{\overset{OH}{\underset{OR'}{\diagup}}}$$

$$R-\overset{+}{C}{\overset{OH}{\underset{OR'^+}{\diagup}}} \leftarrow OH_2 \rightleftarrows R-\overset{OH}{\underset{OR'}{\overset{|}{C}}}-\overset{+}{O}H_2$$

$$R-\overset{OH}{\underset{OR'}{\overset{|}{C}}}-\overset{+}{O}H_2 \rightleftarrows R-\overset{OH}{\underset{H\overset{+}{O}R'}{\overset{|}{C}}}-OH$$

$$R-\overset{OH}{\underset{H\overset{+}{O}R'}{\overset{|}{C}}}-OH \rightleftarrows R-\overset{+}{C}{\overset{OH}{\underset{OH}{\diagup}}} + HOR'$$

$$R-\overset{+}{C}{\overset{OH}{\underset{OH}{\diagup}}} \rightleftarrows R-C{\overset{O}{\underset{OH}{\diagup}}} + H^+$$

$$Im + HOH \rightleftarrows \overset{+}{Im}H + OH^-$$

$$R-C{\overset{O}{\underset{NH_2}{\diagup}}} + OH^- \rightleftarrows R-\overset{O^-}{\underset{NH_2}{\overset{|}{C}}}-OH$$

Im = Imidazol

$$R-\overset{\overset{\frown}{\ddot{O}|}}{\underset{H_2\,N{\downarrow}H}{\overset{|}{C}}}-O \longrightarrow R-C{\overset{O}{\underset{O^-}{\diagup}}} + NH_3$$

$$NH_3 + \overset{+}{Im}H \rightleftarrows NH_4^+ + Im.$$

in der Nähe der Carboxylgruppe auf, wie das z. B. bei γ-Hydroxycarbonsäuren der Fall ist, so verläuft die H$^+$-katalysierte Veresterung — sogar in Wasser als Lösungsmittel — mit etwa 1000 facher Geschwindigkeit unter Bildung des γ-Lactons.

$$\underset{H}{\overset{R}{>}}\overset{+}{O} + R'-\overset{OH}{\underset{OH}{\overset{|}{C}}} \underset{\longleftarrow}{\overset{langsam}{\longrightarrow}} R'-\overset{OR}{\underset{O}{\overset{|}{C}}} + H_2O + H^+$$

$$\begin{array}{c} H_2C\text{———}\overset{H}{\underset{OH}{\overset{|}{C}}}\overset{H}{\diagdown} \\ H_2C\text{———}\overset{+}{\underset{OH}{C}}\diagup \\ HO \end{array} \underset{\longleftarrow}{\overset{sehr\ rasch}{\longrightarrow}} \begin{array}{c} H_2C\text{———}CH_2 \\ | \qquad\qquad \diagdown \\ H_2C\text{———}C\diagup \\ O \end{array} O + H_2O + H^+$$

γ-Lacton

Zur Erzielung größerer Reaktionsgeschwindigkeiten benutzt der Chemiker manchmal kombinierte *Säure-Basen-Katalyse.* Die Perkinsche Reaktion, bei der eine aktive Methylengruppe mit einer Carbonylverbindung kondensiert wird, gelingt gut in Eisessig mit Na-Acetat. Hierbei ist das Acetation die Base, die aus der Methylengruppe ein Proton entfernt, und der Eisessig die Säure, deren Proton die Carbonylgruppe — wie bei der Veresterung und Hydrolyse — aktiviert. In homogener Lösung ist es nicht möglich, gleichzeitig größere Konzentrationen an H^+-Ionen und OH^--Ionen (oder anderen starken Basen) aufrecht zu erhalten, da das Ionenprodukt des Wassers nur 10^{-14} beträgt.

Die Mehrzahl der Enzymreaktionen hat in Säure- und Basenkatalysierbaren organischen Reaktionen ihre Parallele. Genannt seien von vielen:

die *hydrolytischen* Spaltungen von Glykosiden (H^+), Estern, Amiden, Peptiden (H^+ und OH^-). Diese Hydrolysen sind Spezialfälle der allgemeinen Solvolysen. Gemeinsam ist, daß eine positive Gruppe auf eine nucleophile Molekel übertragen wird. Behandelt man z. B. ein Glykosid mit H^+-Ionen in Gegenwart von Wasser, so tritt der Zuckerrest mit H_2O zusammen, in Gegenwart von Methanol tritt an dessen Stelle die OCH_3-Gruppe. Das enzymatische Gegenstück ist die Wirkung der *Glykosidasen, Esterasen, Amidasen, Peptidasen, Proteinasen* usw.;

die *Aldolreaktion* (H^+ oder Basen) und die Wirkung der *Aldolasen;*

die *Esterkondensationen* nach CLAISEN (basekatalysiert) und als entsprechende Enzymreaktionen die Bildung von Citrat aus Oxalacetat + Acetyl-CoA, von Acetacetat über β-Hydroxy-β-methylglutarat, die Kondensation von Acetyl-CoA mit Glyoxylat zu Malat, sowie die Carboxylierungen;

1*

die Bildung der Azomethine (Schiffschen Basen) (H^+- oder basekatalysiert), eine Reaktion, die einen Teil der *Transaminase*wirkung ausmacht;

schließlich die Bildung von gemischten *Anhydriden*, die basekatalysiert ist und der z. B. die *Aktivierungen* von Carbonsäuren mit ATP entsprechen.

Auch die reversiblen Elektronen- oder Hydridübertragungen, die sich in der Laboratoriumschemie katalytisch bewerkstelligen lassen, wie Autoxydation unter Schwermetallkatalyse, Cannizzaro-Reaktion oder Meerwein-Ponndorf-Reaktion lassen sich zu enzymatischen Reaktionen der Zelle in Vergleich bringen.

Da man all diese homogenen Katalysen einigermaßen versteht, kann man nach denselben Prinzipien auch bei den enzymatisch katalysierten Reaktionen suchen. Auf diesem Weg ist man etwa zu folgendem Bild von den Eigenschaften eines Biokatalysators gekommen:

Man weiß, daß die Enzyme Proteinnatur haben und daß viele von ihnen außerordentliche Wirksamkeit und Spezifität besitzen. Ihre katalytische Aktivität – wohl auch die Spezifität – hängt von ihrer Überstruktur, *Tertiärstruktur* genannt, ab. Für deren Zustandekommen ist eine Mindest-Molekulargröße nötig, die man größenordnungsmäßig auf etwa 100 Aminosäuren festlegen kann.

Die katalytischen Umsetzungen spielen sich an einer ganz speziellen Stelle der Oberfläche eines jeden Enzymmoleküls ab, der "active site", die durch eine ganz spezifische Zusammenwirkung von Aminosäureseitenketten – und zwar für jedes Molekül in identischer Weise – gestaltet ist. Die Notwendigkeit einer Mindestgröße des Enzymmoleküls läßt den Schluß zu, daß an der Formung des „aktiven Bereichs" eine größere Anzahl von Aminosäuren mehr oder weniger direkt beteiligt ist. In diesen Bereichen erfolgt die Adsorption des Substrats und gegebenenfalls des Coenzyms so, daß es eine ganz bestimmte Lage an der Oberfläche einnimmt und so das Prinzip der idealen Nachbarschaft reaktiver Stellen zur Geltung kommt. Daß bei dieser Fixierung des Substrats eine „Aktivierung" von Bindungen durch Deformation der Struktur, zumindest durch Polarisierung von π-Elektronen eintritt, ist sehr wahrscheinlich. In dem Moment, wo etwa der Sauerstoff einer Carbonylgruppe in seiner „Mikroumgebung" einer positiven Ladung, z. B. $-NH_3^+$, auf einige Å-Einheiten nahekommt, muß sich das auf die π-Elektronen der Doppelbindung als Anziehung und damit als Positivierung des Kohlenstoffs auswirken.

Man hat gute Anhaltspunkte dafür, daß bei enzymatischen Katalysen ebenfalls Protonen und Basen eine entscheidende Rolle spielen. Im chemischen Laboratorium finden diese Katalysen bei pH-Werten unphysiologischen Grades statt, während die Zelle etwa beim Neutralpunkt arbeitet. Wenn wir an der Hypothese festhalten, daß dabei auch mit H^+ und OH^- katalysiert wird, so muß man annehmen, daß der aktive Bereich so beschaffen ist, daß es dort „Mikrobezirke" hoher Acidität und hoher Basizität gibt. Diese müssen voneinander gut isoliert sein, da sie — nur wenige Å nebeneinander — bestehen können. Dies scheint das Geheimnis der Tertiärstruktur zu sein: daß für eine stabile Einteilung in hydrophile, positive, negative und hydrophobe Areale gesorgt ist.

Ich komme damit schon zu stark ins Detail, auch möchte ich den Ausführungen und Diskussionen der Redner des Vormittags nicht vorgreifen, doch sei noch ein Ausblick in die Zukunft gestattet. Das soeben entworfene Bild vom globulären Protein gründet sich nicht zuletzt auf die äußerst wertvollen Ergebnisse der Kristallstrukturanalyse von KENDREW und PERUTZ am Myoglobin und Hämoglobin. Schon bei einer Auflösung von 2 Å kann man dort die Aminosäureseitenketten lokalisieren und die Geographie der Moleküloberfläche sehen. Diese Einblicke stammen allerdings vom festen Kristall, und man wendet dies immer ein, wenn vom Bild der Moleküle in Lösung die Rede ist. Ich meine, daß die Enzyme als globuläre Proteine eine relativ gefestigte Struktur haben und daß sich die gegenseitige Anordnung der Aminosäureseitenketten und die aus ihnen gebildete „Mikrolandschaft" nicht prinzipiell ändert, wenn man vom Molekül im Kristall zu dem in Lösung kommt. Ich halte es deshalb durchaus für möglich, daß etwa beim 20. Mosbacher Colloquium Bilder gezeigt werden, auf denen die bisher nur gemutmaßten Vorgänge im aktiven Bereich eines Enzyms beweiskräftig festgehalten sind.

Chemische Reaktivität von Proteinen

Von

KURT WALLENFELS und CHRISTIAN STREFFER

Chemisches Laboratorium der Universität Freiburg i. Br.

Mit 6 Abbildungen

I. Einführung

Trotz erheblichen Bemühungen ist die Frage nach dem chemischen Mechanismus der Biokatalyse heute noch weitgehend ungeklärt. Daß diese Problematik aber ein Zentrum des allgemeinen Interesses ist, geht schon aus der Vielzahl an Arbeiten auf diesem Gebiet hervor und den zahlreichen Variationen, in denen das Problem diskutiert wird. So können die vorliegenden Ausführungen keinen Anspruch auf eine erschöpfende Diskussion erheben; es soll vielmehr ihr Sinn sein, einige Facetten der Problematik zu spiegeln, indem einige Eigenschaften der Proteine und Möglichkeiten ihres katalytischen Wirkungsmechanismus diskutiert werden.

Bei chemischer Reaktivität von Proteinen handelt es sich in den allermeisten Fällen um Reaktionen mit Stoffen vergleichsweise sehr niedrigen Molekulargewichtes. Hierbei setzt sich das Protein natürlich auch nur in Bezirken vergleichbarer Größe um, d. h. in den Mikrobereichen seiner funktionellen Gruppen. Die chemische Natur der funktionellen Gruppen ist daher entscheidend für die Natur der Reagentien, mit welchen Umsetzungen erfolgen können. Soweit es sich um Reagentien handelt, die mit den chemischen Funktionen der einzelnen, die Primärstruktur charakterisierenden Aminosäuren in Reaktion treten, möchten wir sie Primär-Reagentien nennen. Es gibt aber auch eine Reihe „Protein-Reagentien", die, ohne in spezifische Reaktion mit einzelnen Gruppen zu treten, sozusagen nur durch ihre Anwesenheit die Strukturen höherer Ordnung auflösen, das Protein also „denaturieren". Bei diesen Stoffen handelt es sich um solche, welche die Wechselbeziehung zwischen dem Protein und den ionischen und nichtionischen Bestandteilen des Mediums stören oder aufheben, eine Wechselbeziehung, auf welcher im wesentlichen die Stabilisierung der „nativen" Struktur höherer Ordnung beruht. Soweit für diese Stabilisierung funktionelle Gruppen benötigt werden — und dies ist sicher in hohem Maße für die meisten Funktionen der Fall — bewirkt auch die Reaktion mit Primärreagentien im allgemeinen früher oder später Denaturierung; andererseits verändern auch die lediglich denaturierenden Stoffe die Reaktivität funktioneller Gruppen der Primärstruktur erheblich, wie weiter unten an speziellen Beispielen gezeigt wird. Wenn, wie man annehmen kann, die katalytische Wirkung von Proteinen darauf beruht, daß sie, wenn auch vorübergehend, in chemische Reaktion mit den Substraten treten, so muß man schließen, daß es sich dabei um Reaktionen handelt, welche die Funktionalität des nativen Proteins charakterisieren. In den allermeisten Fällen ist ja die Strukturwandlung bei der Denaturierung mit völligem Verlust der enzymatischen Aktivität verbunden. Bei dieser Funktionalität des nativen Proteins handelt es sich also um die differenzierte Reaktivität, welche auf der differenzierten Konformation der Struktur höherer Ordnung beruht. Prinzipiell hat jede Art chemischer Funktionen des Proteins und darüber hinaus innerhalb der einzelnen Arten chemischer Funktionen jede einzelne Gruppe sozusagen den Marschallstab im Tornister, d. h. durch die spezifische Struktur des Moleküls können einzelne wenige Gruppen in Mikrobereichen vor ihren „Artgenossen" ausgezeichnet und zu „aktiven Zentren" werden. Wenn also z. B. die Aufklärung der chemischen Natur der Katalyse im Falle eines Enzyms soweit gekommen ist, daß Imidazol als funktionelle Gruppe des katalytisch wirksamen Zentrums angenommen werden kann, so bleibt das eigentliche Wunder der Proteinkatalyse doch ungeklärt: Warum ist von — sagen wir — 40 Histidinresten nur ein einziger Imidazolrest katalytisch wirksam? Auch diese Frage kann natürlich nur auf der Basis der allgemeinen Reaktivität der einzelnen Funktionen erklärt und verstanden werden. Auch der spezifischen Reaktivität bei der Katalyse liegt ja die allgemeine Reaktivität der dabei wirksamen funktionellen Gruppen zugrunde. Es sollen daher hier zunächst die funktionellen Gruppen besprochen werden.

Man findet in Enzymproteinen folgende:
1. Die Carboxylgruppen der Asparagin- und Glutaminsäure sowie der Kettenenden
2. Die Imidazolgruppe des Histidins
3. Die α-Aminogruppe am Ende der Peptidkette
4. Die ε-Aminogruppe des Lysins
5. Die Guanidylgruppe des Arginins
6. Die phenolische Hydroxylgruppe des Tyrosins
7. Die Sulfhydrylgruppe des Cysteins
8. Die aliphatischen Hydroxylgruppen des Serins und Threonins
9. Die Carboxamidogruppen des Asparagins und Glutamins
10. Die Disulfidbrücke des Cystins
11. Die Thioäthergruppe des Methionins
12. Die cyclischen Reste des Tryptophans, Phenylalanins und Prolins
13. Die aliphatischen Reste des Glycins, Alanins, Valins, iso-Leucins und Leucins.

Ein großer Teil dieser Gruppen übt bereits durch die räumliche Ausdehnung einen Einfluß aus. An spezifischer Wirkung findet man die Teilnahme an interionischen Wechselbeziehungen bei den Gruppen 1—5 auf Grund ihrer Ladung. Die Gruppen 1—9 vermögen sich an Wasserstoffbrückenbindungen als Donatoren oder Acceptoren zu beteiligen. Die Disulfidbrücke des Cystins kann sehr wesentlichen Einfluß auf die Faltung des Proteins ausüben. Sie kann sich ebenso wie die Sulfhydrylgruppe auch direkt an Redoxvorgängen beteiligen. Die Gruppen 11—13 wirken vor allem durch die Ausbildung „hydrophober Bereiche" und können so die Solvatation in diesen Proteinabschnitten erheblich beeinflussen. Alle diese Effekte sind sowohl für die Ausbildung der nativen Proteinstruktur als auch für die spezielle Funktion bei der enzymatischen Katalyse von entscheidender Bedeutung.

Gegenüber den Katalysatoren, wie sie in der Technik benutzt werden, zeichnen sich die Biokatalysatoren besonders durch den Grad der Reaktionsbeschleunigung sowie der Spezifität aus. Während in der chemischen Technik Temperatur, Druck und Lösungsmittel stark variiert werden können, sind in der belebten Natur diese Größen weitgehend festgelegt. Die Natur ist aber in der Lage, aus 20 Aminosäuren wohldefinierte Moleküle zu synthetisieren, die im Verein mit einigen Coenzymen die Vielfalt der biochemischen

Reaktionsabläufe mit großer Leistungsfähigkeit katalysieren können. Für die Breite der katalytischen Wirkung der Proteine gibt es nur eine Parallele in der organisch-chemischen Laboratoriumspraxis: Die Säuren-Basen-Katalyse. In der Tat läßt sich sagen, daß mit wenigen Ausnahmen wahrscheinlich alle enzymatischen Katalysen Variationen der Säuren-Basen-Katalyse darstellen oder mit solcher in Zusammenhang stehen. Die primäre Funktion des Proteins besteht dann also darin, an die Substrate Protonen abzugeben oder solche von ihnen zu entfernen und die Substrate dadurch in einen Zustand höherer Reaktionsbereitschaft zu versetzen.

Mit diesen Feststellungen ist das eigentliche Problem aber noch nicht berührt. Denn je einfacher der Nenner ist, auf den man die enzymatische Katalyse zu bringen versucht, desto überragender wird die Problematik, die sich aus dem hohen Wirkungsgrad und der außergewöhnlichen Spezifität ergibt. Hierzu ein Beispiel[1]:

Tabelle 1. *Vergleichende Spaltung von Glykosiden, deren Konzentration während der Messung mit 10^{-2} Mol/Liter konstant bleibt, pro Minute durch NaOH, HCl und β-Galaktosidase aus E. coli in einer Konzentration von 1 Mol/Liter bei 20° C*

	NaOH	HCl	β-Galaktosidase
o-Nitrophenyl-β-D-galaktosid	$67,4 \cdot 10^{-6}$	$9,54 \cdot 10^{-8}$	$66 \cdot 10^3$
o-Nitrophenyl-β-D-glucosid	$24,9 \cdot 10^{-6}$	$5,60 \cdot 10^{-8}$	$5,5$

II. Säuren-Basen-Dissoziation von Proteinen

Obwohl ein exakter kinetischer Beweis nicht möglich erscheint, ist doch kaum daran zu zweifeln, daß es sich bei der Katalyse durch Proteine um eine allgemeine Katalyse sowohl durch Säure als auch durch Base handelt. Die Geschwindigkeit der Reaktion kann also nach Gleichung 1 definiert werden[2]:

$$v = v_0 + k_H[H_3O^+] + k_{OH}[OH^-] + k_{Prot_1-H}[Prot_1-H] + \\ + k_{Prot_1^-}[Prot_1^-] + k_{Prot_2-H}[Prot_2-H] + k_{Prot_2^-}[Prot_2^-] \ldots \quad (1)$$

Hier bedeuten v_0 die „spontane" Geschwindigkeit der Reaktion in reinem Wasser, k die Geschwindigkeitskonstanten, $Prot_1$-H und $Prot_1^-$ usw. die an unterschiedlichen Funktionen protonierten und deprotonierten Proteinmoleküle. Zur Auswertung dieser Gleichung ist es also notwendig, die pK-Werte der dissoziierenden Gruppen im Protein zu kennen. Es liegt bisher jedoch außerhalb der Möglichkeiten jeder Methode, diese Werte exakt für das native Protein zu bestimmen und damit bei gegebenem p_H-Wert den „mikroskopischen" Zustand des Proteinmoleküls festzulegen. Man ist daher gezwungen, auf Messungen an den freien Aminosäuren zurückzugreifen. Wie schwierig die Beurteilung des Dissoziationsgrades einzelner Gruppen jedoch sein kann, soll am Cystein gezeigt werden, das hierin als ein vereinfachtes Modell für Proteine bezeichnet werden kann.

1. Cystein als Modell

Titriert man eine Cysteinlösung im p_H-Bereich 7—11 bei 30° C, so erhält man aus der Titrationskurve die beiden „makroskopischen" pK-Werte $pK_1 = 8,13$ und $pK_2 = 10,28$, die von COHN und EDSALL nach Abb. 1 zugeordnet wurden[3]:

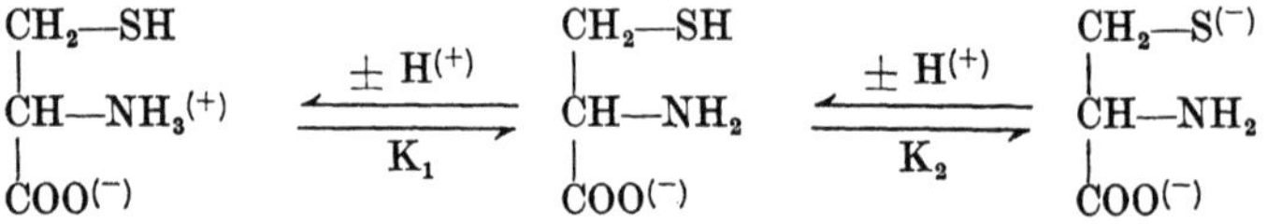

$$\begin{array}{c} CH_2-SH \\ | \\ CH-NH_3^{(+)} \\ | \\ COO^{(-)} \end{array} \xrightleftharpoons[K_1]{\pm H^{(+)}} \begin{array}{c} CH_2-SH \\ | \\ CH-NH_2 \\ | \\ COO^{(-)} \end{array} \xrightleftharpoons[K_2]{\pm H^{(+)}} \begin{array}{c} CH_2-S^{(-)} \\ | \\ CH-NH_2 \\ | \\ COO^{(-)} \end{array}$$

Abb. 1

CALVIN[4] ordnete hierzu im Gegensatz beim Cysteamin den pK_1-Wert der Sulfhydrylgruppe und den pK_2-Wert der Ammoniumgruppe zu. Seine Argumentation lautet: Die positive Ladung der $NH_3^{(+)}$-Gruppe hat einen derartigen Effekt, daß die Dissoziation der Sulfhydrylgruppe um etwa 1,5 Größenordnungen zunimmt, während nun andererseits die negative Ladung am Schwefel die Dissoziation der $NH_3^{(+)}$-Gruppe behindert. RYKLAN und SCHMIDT formulieren nach einem Vorschlag von EDSALL die in Abb. 2 dargestellten „mikroskopischen" Dissoziationsgleichgewichte[5].

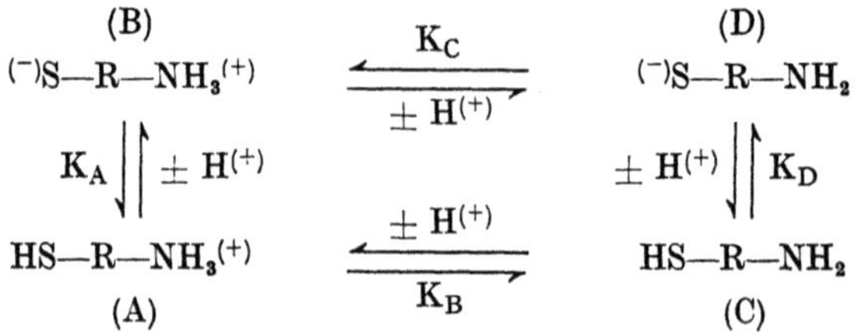

$$\begin{array}{ccc} (B) & K_C & (D) \\ {}^{(-)}S-R-NH_3^{(+)} & \xrightleftharpoons[\pm H^{(+)}]{} & {}^{(-)}S-R-NH_2 \\ K_A \updownarrow \pm H^{(+)} & & \pm H^{(+)} \updownarrow K_D \\ HS-R-NH_3^{(+)} & \xrightleftharpoons[K_B]{\pm H^{(+)}} & HS-R-NH_2 \\ (A) & & (C) \end{array}$$

Abb. 2

BENESCH und BENESCH[6] hatten auf Grund von UV-Absorptionsmessungen unter der Annahme, daß die Molextinktionskoeffizienten der molekularen Zustände $^{(-)}S-R-NH_2$ und $^{(-)}S-R-NH_3^{(+)}$ bei

235 mμ identisch sind, die „mikroskopischen" pK-Werte (s. Abb. 2) bestimmt. Ebenso wurden diese Größen von ELSON und EDSALL[7] aus Intensitätsmessungen an Ramanspektren errechnet, wobei wiederum die Intensität der S—H-Schwingungsbande für die molekularen Zustände HS—R—NH$_2$ und HS—R—NH$_3^{(+)}$ als gleich angenommen wurde. Beide Arbeitsgruppen schlossen sich auf Grund ihrer Ergebnisse in der Zuordnung der pK-Werte CALVIN[4] an. Allerdings konnten DE DEKEN u. Mitarb.[8] zeigen, daß im p$_\text{H}$-Bereich 7—11 sich das Absorptionsmaximum des Cysteins von 225 mμ nach 236 mμ verschiebt, ein Ergebnis, das die oben aufgeführte Annahme von BENESCH et al. etwas fragwürdig erscheinen läßt. DE DEKEN et al.[8] formulierten auf Grund ihrer Messungen die Ausbildung von Wasserstoffbrückenbindungen (s. Abb. 3).

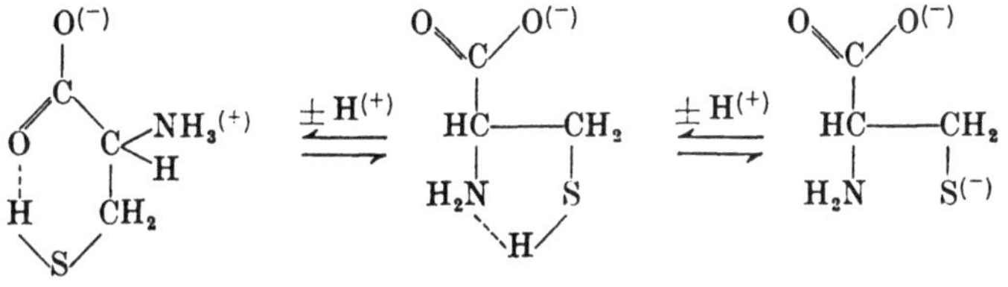

Abb. 3. Wasserstoffbrückenbindungen im Cystein nach DE DEKEN et al.

Wir haben mit einer anderen Methodik das Problem aufgegriffen und die Zahl der Protonen bestimmt, die bei den Reaktionen des Cysteins und verwandter Verbindungen mit Jodacetamid und 2,4-Dinitrofluorbenzol freigesetzt werden. Aus diesen im p$_\text{H}$-Stat mit großer Exaktheit durchzuführenden Messungen läßt sich dann der Dissoziationsgrad und aus diesem der pK-Wert nach Gleichung 2 errechnen:

$$\text{pK} = \text{p}_\text{H} - \log \frac{\alpha}{1-\alpha}. \quad (2)$$

Die erhaltenen Ergebnisse sind in Tab. 2 wiedergegeben[9]:

Tabelle 2. *pK-Werte von Aminothiolverbindungen bei 30° C in 0,1m KCl-Lösung*

	pK$_1$	pK$_2$	pK'$_1$
Cystein	8,15	10,47	8,54
Cysteamin	—	10,53	—
Homocystein	8,66	10,55	8,97
Glutathion	8,63	9,45	8,83

Alle Messungen wurden bei 30° C in 0,1 m KCl-Lösung vorgenommen. Die pK_2-Werte wurden aus der Reaktion der Sulfhydrylgruppen enthaltenden Substanzen mit Jodacetamid erhalten, die pK_1-Werte aus der Reaktion mit 2,4-Dinitrofluorbenzol unter Berücksichtigung der pK_2-Werte. Der pK_1'-Wert gibt den negativen Logarithmus der Dissoziationskonstanten der $NH_3^{(+)}$-Gruppe nach Substitution der SH-Gruppe mit Jodacetamid wieder. Es soll hier besonders darauf hingewiesen werden, daß diese pK_1'-Werte eine relative Ähnlichkeit zu den pK_1-Werten zeigen. Es ist aber bemerkenswert, daß sie stets gegenüber diesen erhöht sind, wobei auffällt, daß diese Erhöhung des pK-Wertes im Falle des Cysteins 0,39 p_H-Einheiten beträgt. Dieses Ergebnis ließe sich auf der Basis der Vorstellungen von DE DEKEN et al.[8] gut verstehen, indem die Aminogruppe des Cysteins als Acceptor einer Wasserstoffbrücke fungiert. Dennoch sollte man nicht vorschnell auf Grund dieser Resultate bereits eine definierte Zuordnung der pK-Werte vornehmen. Es werden ja durch die Substitutionsreaktion Veränderungen vorgenommen. Diese lassen sich aber nicht eliminieren, da die Gleichgewichtseinstellung bei der Proteindissoziation außerordentlich schnell erfolgt. Da gerade die Wechselbeziehung zwischen Sulfhydryl- und Aminogruppen besonders wesentlich für die Problematik der Zuordnung der pK-Werte von Proteinen zu sein scheint, wollen wir auf das Problem beim Cystein weiter unten nochmals näher eingehen.

2. Dissoziationsbestimmende Faktoren beim Protein

Die wesentlich komplizierteren Verhältnisse beim Protein wurden in Gestalt von Änderungen der Ladungsverteilung („fluctuation") von KIRKWOOD[10] besonders herausgestellt. So haben z. B. am isoelektrischen Punkt des Hämoglobins nur 22% des Proteins eine elektrische Nettoladung mit dem Wert null, während der Rest des Proteins in verschiedenen geladenen Zuständen vorliegt. Weiteren Aufschluß über die pK-Werte dissoziierender Gruppen gibt vor allem die Analyse der Titrationskurven von Proteinen, deren Theorie von TANFORD et al.[11] entwickelt wurde, die aber auch bei Anwendung starker Vereinfachungen, wie alleinige Berücksichtigung von elektrostatischen Kräften zwischen den Funktionen und gleichmäßige Ladungsverteilung über die Proteinoberfläche, noch kompliziert genug ist. Aus derartigen Titrationsdaten sowie aus photometrischen Titrationen konnten pK-Werte für Carboxyl- und phenolische Hydroxylgruppen gefunden werden, die um etwa 2 p_H-Einheiten von den „normalen" pK-Werten (pK = 4,5 für Carboxyl- und pK = 10,0 für phenolische Hydroxylgruppen) abweichen[12,13]. Für diese Gruppen ist es noch relativ einfach, abnorme pK-Werte festzustellen, da sie in den genannten Fällen außerhalb des Bereiches der anderen dissoziierenden Gruppen liegen. Daß bei Amino- oder Imidazolgruppen derartige Effekte bisher nicht gefunden wurden, dürfte seinen Grund nur darin haben, daß unsere bisher entwickelten Methoden hierfür nicht brauchbar sind. Man kann solche pK-Wertsänderungen vor allem zurückführen auf:

1. Wasserstoffbrückenbindungen
2. Änderung der Dielektrizitätskonstanten
3. Änderung der Solvatation

Die Wasserstoffbrückenbindungen wirken sich aus, indem die pK-Werte der Wasserstoffdonatoren zunehmen, während die der Acceptoren abnehmen[14]. Die Dielektrizitätskonstante unmittelbar an der funktionellen Gruppe ist von der Ladungszahl und vor allem von der räumlichen Ladungsverteilung abhängig, so daß die „mikroskopischen" Feldstärken an den einzelnen funktionellen Gruppen erheblichen Schwankungen unterliegen können[15]. Was die Solvatation anbetrifft, so kann man sich vorstellen, daß sie infolge sterischer Einflüsse sowie insbesondere unter Wirkung der „hydrophoben Bereiche" der Proteinoberfläche erheblich variiert. Auch hierdurch wird wiederum die Dielektrizitätskonstante und damit der pK-Wert dissoziierender Gruppen beeinflußt. Da selbstverständlich auch funktionelle Gruppen, die an den sog. aktiven Zentren der Enzyme beteiligt sind, diesen gleichen Einflüssen auf die Dissoziation unterliegen, lassen sich aus pK-Werten aktiver Gruppen, die aus der p_H-Abhängigkeit der enzymatischen Aktivität erhalten werden, nur mit großem Vorbehalt Schlüsse auf definierte, dissoziierende Funktionen ziehen.

III. Die nucleophile Reaktivität der aktiven Gruppen

Neben den Säuren-Basen-Gleichgewichten, welche in den diskutierten thermodynamischen Daten zum Ausdruck kommen, ist für die chemische Reaktivität der funktionellen Gruppen des Proteins ihre Nucleophilie d. h. ihre kinetische Charakteristik von

Bedeutung. Auch hier bereitet es große Schwierigkeiten, am nativen Protein klare Ergebnisse zu erhalten. Auch an freien Aminosäuren oder definierten Derivaten davon wurden bisher nur wenige kinetische Arbeiten durchgeführt.

1. Reaktivität der Aminosäuren und Proteine mit 2,4-Dinitrofluorbenzol

Das 2,4-Dinitrofluorbenzol, das bekanntlich zur Endgruppenbestimmung in der Proteinchemie häufig zur Anwendung kommt, schien uns geeignet, die Abstufung der Nucleophilie der wichtigsten Aminosäurereste zu untersuchen [9, 16, 17]. Das Reaktionssystem wurde so eingerichtet, daß die Lösung stets an 2,4-Dinitrofluorbenzol gesättigt war, die Reaktion also nach einer Kinetik pseudoerster Ordnung verlief [16, 17]. In Tab. 3 sind die so gewonnenen kinetischen Daten wiedergegeben [9]. Es kann also für die Reaktion mit 2,4-Dinitrofluorbenzol bei $p_H = 8,5$; $t = 40°$ C die folgende Reihenfolge in der Nucleophilie festgelegt werden:

$$-SH > \underset{\underset{H}{\overset{}{N}}}{\overset{H_2C-CH_2}{\underset{H_2CCH-}{}}} > \text{aromat.}-OH > \text{aliph.}-NH_2 > \underset{\underset{H}{\overset{}{C}}}{\overset{HC=\!=\!C-}{\underset{NNH}{}}}$$

Tabelle 3. *Geschwindigkeitskonstanten 1. Ordnung der Reaktion von 2,4-Dinitrofluorbenzol mit funktionellen Gruppen von Aminosäuren bei $p_H = 8,4$; $t = 40°$ C in 0,1 m KCl-Lösung*

	$k_1 \cdot 10^3$ [sec^{-1}]	$T_{1/2}$ [min]	Eigenhydrolyse [µMol/cm³/h]
Glutathion (—SH)	100	0,116	2,08
Cystein (—NH$_2$)	6,83	1,7	2,06
Prolin	3,58	3,2	2,06
p-Aminophenylpropionsäure	2,06	5,6	2,12
p-Aminophenylessigsäure	1,83	6,3	2,10
Homocystein (—NH$_2$)	1,78	6,5	1,96
Histidin (—NH$_2$)	1,59	7,3	2,64
p-Hydroxyphenylpropionsäure	1,18	9,8	2,10
p-Hydroxyphenylessigsäure	1,09	10,6	1,98
Methionin	0,97	12,0	2,06
Glutathion (—NH$_2$)	0,94	12,3	2,08
α-Alanin	0,61	19,0	2,04
Lysin (ε- und α-NH$_2$)	0,59	19,7	2,10
Glutaminsäure	0,51	22,7	2,00

Die Frage, ob die phenolische Gruppe des Tyrosins schneller reagiert als eine α-NH_2-Gruppe konnte nicht am Tyrosin selbst geklärt werden. Es wurden aber die Geschwindigkeitskonstanten der phenolischen Gruppe in der p-Hydroxyphenylpropionsäure und p-Hydroxyphenylessigsäure bestimmt. Da diese wesentlich höher lagen als die Geschwindigkeitskonstanten der meisten α-NH_2-Gruppen, ist man wohl berechtigt, die oben angegebene Reihenfolge anzunehmen. Schneller als die phenolische Gruppe reagieren die α-NH_2-Gruppen im Cystein, Homocystein und Histidin. Während für das Cystein und Homocystein im folgenden Abschnitt eine Erklärung gegeben werden soll, konnte für den Fall des Histidins bisher kein plausibler Grund gefunden werden. Es sei in diesem Zusammenhang darauf hingewiesen, daß die Eigenhydrolyse des 2,4-Dinitrofluorbenzols in Gegenwart von Histidin wesentlich schneller abläuft als in Gegenwart aller anderen untersuchten Aminosäuren. Es wäre zu untersuchen, ob nicht Histidin mit seiner Imidazolgruppe die FDNB-Hydrolyse katalysiert, wie es von BRUICE u. Mitarb.[18, 19] für die Ester- und Säureamidhydrolyse nachgewiesen wurde. In diesem Zusammenhang sei ebenfalls auf die Untersuchungen von JENCKS u. Mitarb.[20] hingewiesen. Diese Arbeitsgruppe fand, daß die Hydrolyse des 0-N-Di-acetyl-serinamids zum N-Acetyl-serinamid durch Imidazol katalysiert wird. Die Diacetylverbindung wird als Modell für das Acetylchymotrypsin betrachtet. Eine Geschwindigkeitskonstante für die Reaktion des Imidazolrestes im Histidin ist in Tab. 3 nicht enthalten; diese Gruppe reagiert etwa um den Faktor 25 langsamer als die α-NH_2-Gruppe und konnte daher nicht sauber vermessen werden. Wir haben die Reaktion von 2,4-Dinitrofluorbenzol mit Proteinen kinetisch ausgewertet und am Insulin, an der Ribonuclease, Alkoholdehydrogenase aus Hefe und β-Galaktosidase aus E. coli gefunden, daß man zwei Reaktionsgeschwindigkeiten unterscheiden kann, von denen die langsamere Reaktion den Imidazolresten und die schnellere der Summe der Aminogruppen, phenolischen Gruppen und der Sulfhydrylgruppen zuzuordnen ist[16, 17].

2. „Spezifische" Reaktion von SH-Gruppen

Es ist das seit langem erstrebte Ziel des Proteinchemikers, Reagentien zu besitzen, die spezifisch mit nur einer Art von Gruppen reagieren. Das Hauptaugenmerk richtete sich dabei auf die Sulfhydrylgruppe, da sie einerseits als stärkste nucleophile Gruppe am leichtesten reagiert und andererseits ihr bei vielen Enzymen eine unmittelbare Teilnahme am katalytischen Prozeß zugeschrieben wird. Bei diesen „SH-Reagentien" handelt es sich erstens um Schwermetallverbindungen, die mit den Sulfhydrylgruppen Komplexe niedriger Instabilitätskonstante bilden, zweitens um organische Halogenverbindungen, welche durch Substitution stabile kovalente Bindungen eingehen oder drittens um ungesättigte Verbindungen, mit denen sich das Protein durch Addition der Sulfhydrylgruppen ebenfalls kovalent verknüpft. Es gelingt auch bis zum gewissen Grade, spezifisch durch Spektralphotometrie die Reaktion der Sulfhydrylgruppen zu messen, da nach BOYER bei der Reaktion von Proteinen mit p-Chlormercuribenzoesäure[21] nur die sich knüpfenden Schwefel-Quecksilber-Bindungen die entsprechende Zunahme der Lichtabsorption bei 250 mμ hervorrufen. Trotzdem reagiert das Reagens mit Sicherheit auch mit anderen Gruppen. Aus der Hemmung eines Enzyms durch p-CMB ist daher noch nicht zu schließen, daß Sulfhydrylgruppen zur enzymatischen Katalyse notwendig sind. Sehr wesentlich sind die Konzentrationen, in welchen die Schwermetallionen oder -verbindungen eine Hemmung bewirken. Die mit Aminogruppen gebildeten Komplexe z. B. weisen um einige Größenordnungen geringere Stabilität auf[22]. Weiter kann unter Einwirkung von p-CMB und anderen sog. spezifischen Reagentien das Protein die native Struktur völlig einbüßen und gegebenenfalls in Untereinheiten aufgespalten werden. Dies wurde an dem Tabak-Mosaik-Virus-Protein[23] sowie an der β-Galaktosidase durch Untersuchungen mit der Ultrazentrifuge[24] gezeigt. Aber auch die alleinige Zählung der Sulfhydrylgruppen auf Grund der Änderung der Lichtabsorption erscheint problematisch. Nach Ergebnissen von GROSS et al.[25] tritt bei α-Chymotrypsin eine Spaltung von Disulfidbrücken durch p-CMB ein. BLUMENFELD et al.[26] erhielten das gleiche Resultat am Pepsin.

Bei den organischen Verbindungen, die eine kovalente Bindung mit der nucleophilen Gruppe des Proteins eingehen, lassen sich beim freien Cystein die Bedingungen so gestalten, daß ausschließlich die Sulfhydrylgruppe reagiert. Eins der gebräuchlichsten „SH-Reagentien", das zu dieser Kategorie zählt, ist die Jodessigsäure bzw. das Jodacetamid. Wie wenig spezifisch diese Verbindungen für Sulfhydrylgruppen am Protein sind, zeigten GUND-

LACH et al.[27] erstmals an der Ribonuclease. Diese Autoren konnten Ribonuclease, die bekanntlich keine freien Sulfhydrylgruppen enthält, mit Jodessigsäure hemmen. Bei der anschließenden Aminosäureanalyse zeigte es sich dann, daß je nach p_H-Wert des Reaktionsmediums Methionin-, Histidin- und Lysinreste reagiert hatten. BARNARD und STEIN[28] zeigten, daß Ribonuclease bei $p_H = 5,5$ durch Bromessigsäure inaktiviert wurde. Es ergab sich, daß einer der vier Histidinreste mit Bromessigsäure reagiert hatte. Wurde die native Proteinstruktur durch 8 m Harnstoff zerstört, so reagierte die Bromessigsäure nicht mehr mit dem Histidin. Von einer weiteren Arbeitsgruppe konnte gezeigt werden, daß dieser Histidinrest mit Jodessigsäure nur in Gegenwart des zur enzymatischen Aktivität der Ribonuclease notwendigen S-Peptides reagiert[29]. Ähnliche Ergebnisse konnten wir an der β-Galaktosidase aus E. coli gewinnen. Setzt man das native Protein mit Jodacetamid um, so tritt bei einer Konzentration von $4 \cdot 10^{-2}$ m Inaktivierung nach 180 min ein[9]. Die anschließende Analyse ergab, daß etwa 26 Cystein-, 25 Histidin- und 19 Lysinreste pro Molekül Protein substituiert wurden. Wurde die Reaktion dagegen in 3 m Guanidin-Lösung durchgeführt, so reagierten ausschließlich Sulfhydrylgruppen mit dem Jodacetamid. Es traten nun jedoch 46 Cysteinreste pro Molekül Enzym in Reaktion[9, 30]. Das gebildete Carboxymethylcystein ist bei der sauren Hydrolyse relativ stabil und kann daher im Aminosäureanalysator bestimmt werden[31]. Trotz erheblichem apparativem Aufwand scheint uns diese Methode die geeignetste unter den bisher entwickelten zu sein, um eine quantitative Bestimmung der Sulfhydrylgruppen durchzuführen. Sie wurde auch in anderen Laboratorien mit Erfolg angewandt[32, 33, 34]. Nach diesen Ausführungen erübrigt sich offensichtlich eine weitere Diskussion über spezifische Reagentien. Die Reaktivitätsunterschiede der verschiedenen Arten von funktionellen Gruppen der freien Aminosäuren geraten in der Verknüpfung und räumlichen Lagerung im Protein völlig in „Unordnung". Das kann im Falle der β-Galaktosidase z. B. sogar soweit führen, daß im nativen Protein bereits ε-Amino- und Imidazolgruppen mit Jodacetamid in Reaktion treten, bevor überhaupt alle Sulfhydrylgruppen reagiert haben. Die besondere Aktivierung bzw. Desaktivierung ist jedoch an die native Proteinstruktur gebunden. Nach deren Auflösung durch Guanidin sind diese Effekte nicht mehr zu beobachten. Es liegt nahe anzunehmen, daß im allgemeinen gerade die chemische Reaktivität der Gruppen im aktiven Zentrum, die also unmittelbar am katalytischen Prozeß teilnehmen, besonders erhöht ist. Wie sollte es sonst erklärbar sein, daß gerade diese eine Imidazolgruppe in der Ribonuclease für den enzymatischen Vorgang unabdingbar ist, während die restlichen drei Imidazolgruppen keine katalytische Wirkung zeigen? Dieses durchaus einleuchtende Argument besitzt jedoch vielleicht auch keine allgemeine Gültigkeit. So konnte beispielsweise an der β-Galaktosidase aus E. coli gezeigt werden, daß die Sulfhydrylgruppen, nach der Methode von Boyer[21] gemessen, mit drei sehr verschiedenen Reaktionsgeschwindigkeiten reagieren, daß aber die Komplexbildung an den am schnellsten reagierenden Gruppen ohne Einfluß auf die enzymatische Aktivität ist (Abb. 4)[30, 35]. Interessant ist die Reaktivität der SH-Gruppen der Lactatdehydrogenase[36]. Hier findet eine Inaktivierung mit p-CMB proportional der Reaktion der am schnellsten reagierenden Gruppen statt. Setzt man nur soviel SH-Reagens zu, wie eben zur Inaktivierung ausreicht, so tritt mit der Zeit eine spontane Reaktivierung des Enzyms ein, indem sich durch Ummercurierung ein stabilerer Komplex bildet, in welchem offenbar die enzymatisch wirksame Struktur des aktiven Zentrums wieder hergestellt ist. Dies ist ein schönes Beispiel, wie sich thermodynamische und kinetische Differenzierung der Reaktivität der funktionellen Gruppen auf die enzymatische Funktion auswirken können. Zusammenfassend läßt sich sagen, daß es irreführend sein kann, aus enzymatischen Hemmversuchen ohne weitere Analyse auf die Art der Gruppen, die mit diesen „spezifischen" Reagentien reagiert haben, zu schließen. Auf etwaige weitere Gesichtspunkte wird noch einzugehen sein.

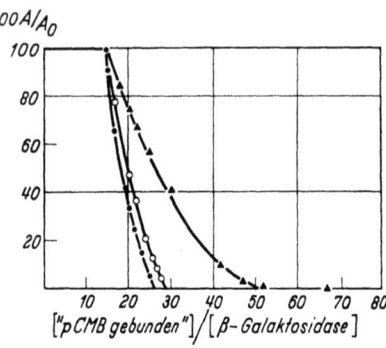

Abb. 4. Enzymatische Aktivität der β-Galaktosidase bei Einwirkung von p-CMB

3. Markierung einzelner katalytisch wirksamer Funktionen

Im Zusammenhang mit der Frage nach der chemischen Reaktivität im aktiven Zentrum seien noch einige Versuche erwähnt, die unternommen wurden, um die katalytisch wirksamen Funktionen zu markieren. Es sei hier an das bekannte Beispiel des Diisopropylfluorphosphats erinnert, das die Esterasen irreversibel hemmt, indem es mit der aliphatischen Hydroxylgruppe eines Serinrestes[37] reagiert, die am aktiven Zentrum beteiligt sein soll. In neuerer Zeit wurden Versuche unternommen, Hemmstoffe oder Strukturverwandte von Substraten der Enzyme mit alkylierenden Funktionen zu versehen, so daß diese Moleküle zunächst auf Grund ihrer chemischen Struktur im aktiven Zentrum des Proteins gebunden werden und darauf infolge der relativ langen Verweilzeit sowie der besonders günstigen räumlichen Näherung die alkylierende Gruppe in Funktion treten kann und mit einer Gruppe des aktiven Zentrums reagiert. So wurde von BAKER u. Mitarb.[38] gezeigt, daß 4-(Jodacetamido-)salicylsäure Lactatdehydrogenase und Glutamatdehydrogenase irreversibel hemmt, während Salicylsäure an diesen Enzymen nur eine kompetitive, reversible Hemmung verursacht. SCHOELLMANN und SHAW[39] erreichten eine Markierung des aktiven Zentrums im Chymotrypsin mit 1-Brom-3(N-tosyl-)-amino-4-phenyl-butanon-2. N-Tosyl-phenyl-alanin-methylester kann als Substrat des Chymotrypsins fungieren. In der vorher genannten Verbindung ist die $-O-CH_3$-Funktion des Esters durch eine Brommethylengruppe an der nun ketonischen Carbonylfunktion ersetzt. Auf Grund seiner Strukturähnlichkeit mit dem Substrat bildet das Bromketon zunächst einen Komplex mit dem Protein, worauf anschließend eine Alkylierung stattfindet. Hierbei reagiert nur ein Mol Bromketon pro Mol Chymotrypsin, und das Chymotrypsin wird irreversibel gehemmt. Dihydrozimtsäure, ein kompetitiver Hemmstoff für Chymotrypsin, verhindert die irreversible Hemmung durch das Bromketon, Chymotrypsin reagiert nicht mit dem Bromketon. Dies sind zwei starke Hinweise, daß wirklich eine funktionelle Gruppe im aktiven Zentrum reagiert hat. Ebenso scheint die Methode von FISHER et al.[40] es zu ermöglichen, das aktive Zentrum von Enzymen chemisch zu markieren. Diese Arbeitsgruppe hat Enzyme mit Pyridoxal-5-phosphat als Coenzym, wie die Cystathionase und die α-Ketoglutarsäure-Asparaginsäure-Transaminase, mit Natriumborhydrid behandelt. Hierbei wird die Schiffsche Base reduziert und das Coenzym fest ans Protein gebunden. Ähnliche Versuche wurden an der Decarboxylase des Acetoacetats aus Cl. acetobutylicum durchgeführt[41]. Dieses Enzym bindet sein Substrat, das Acetoacetat, an der Ketogruppe, es wird eine Schiffsche Base ausgebildet, die mit Natriumborhydrid hydriert wird. Hierdurch wird das Substrat, das zunächst reversibel gebunden war, irreversibel im aktiven Zentrum fixiert. Ebenso bilden die Enzyme Aldolase und Transaldolase mit ihren Substraten an der Carbonylfunktion über eine ε-Aminogruppe des Enzyms eine Schiffsche Base. Diese im Michaelis-Menten-Gleichgewicht befindliche Enzym-Substratverbindung ließ sich wiederum durch Behandlung mit Natriumborhydrid in eine stabile Verbindung überführen[42].

4. Kombinationsfunktionen durch Wechselwirkung mehrerer Funktionen

Zur Deutung der chemischen Reaktivität organischer Verbindungen werden im wesentlichen induktive, mesomere und sterische Effekte sowie die Solvatation berücksichtigt. Bei der chemischen Reaktivität der Proteine, insbesondere der spezifischen einzelner ausgezeichneter Gruppen, können induktive und mesomere Effekte keine große Rolle spielen, da bekanntlich die Aminosäuren alle nach demselben Prinzip der Peptidbindung miteinander verknüpft sind, so daß die beiden genannten Effekte über eine größere Zahl von kovalenten Bindungen hinweg wirken müssen und damit vernachlässigbar klein werden. Interionische Wechselwirkung und Veränderung der Solvatation werden jedoch, worauf schon hingewiesen wurde, eine hervorragende Bedeutung haben. Auch die sterische Anordnung der funktionellen Gruppen zueinander, wie sie durch die spezifische Faltung hervorgebracht wird, muß einen Einfluß auf die chemische Reaktivität ausüben. Eine derartige Reaktivitätssteigerung ist bereits in Tab. 3 aufgeführt, die die Reaktionsgeschwindigkeitskonstanten der Substitution von funktionellen Gruppen freier Aminosäuren mit 2,4-Dinitrofluorbenzol enthält. Aus diesen Daten geht hervor, daß die α-NH_2-Gruppe im Cystein etwa 10mal, im Homocystein etwa dreimal schneller als im α-Alanin reagiert. Tab. 4 gibt die Ergebnisse wieder, die wir bei gleichen Reaktionsbedingungen ($p_H = 8,0$; $t = 40°$ C) mit 2,4-Dinitrofluorbenzol an verschiedenen Verbindungen, die sowohl eine Sulfhydryl- als auch eine Aminogruppe enthalten, erhalten haben. Es ergibt sich, daß die Aminogruppen des Cysteins und des Homocysteins schneller reagieren als die des Glutathions und der δ-Mercapto-α-amino-valeriansäure. Substituiert man die Sulfhydrylgruppe aber zunächst mit Jodacetamid, so reagieren die Aminogruppen in allen untersuchten Verbindungen annähernd gleich schnell. Von mehreren Autoren ist bereits für die Reaktion von 2,4-Dinitrofluorbenzol mit Cystein die Umlagerung des Dinitro-

Tabelle 4. *Reaktionsgeschwindigkeitskonstanten 1.Ordnung der Reaktion von sulfhydrylhaltigen Aminoverbindungen und deren S-Carboxamidomethylderivaten mit 2,4-Dinitrofluorbenzol bei $p_H = 8,0$; $t = 40°\,C$*

	1	2	3	4	5
	$k^I \cdot 10^2$ [sec^{-1}]	$k^{II} \cdot 10^3$ [sec^{-1}]	$k^{III} \cdot 10^3$ [sec^{-1}]	$k^{IV} \cdot 10^2$ [sec^{-1}]	$k^V \cdot 10^3$ [sec^{-1}]
Cystein	5,52	4,89	0,60	8,15	3,37
Homocystein . . .	3,50	0,67	0,41	4,71	1,05
Glutathion	4,20	0,44	0,40	4,80	1,00
δ-Merkapto-α-NH$_2$-valeriansäure . .	3,36	0,26	0,36	—	—

k^I: Reaktion der SH-Gruppe in 0,1 KCl-Lösung.
k^{II}: Reaktion der NH$_2$-Gruppe in 0,1 KCl-Lösung.
k^{III}: Reaktion der NH$_2$-Gruppe in 0,1 KCl-Lösung nach Substitution der SH-Gruppe mit Jodacetamid.
k^{IV}: Reaktion der SH-Gruppe in 3 m Guanidin-Lösung.
k^V: Reaktion der NH$_2$-Gruppen in 3 m Guanidin-Lösung.

phenylrestes von der Sulfhydryl- auf die Aminogruppe gefordert worden [43, 44, 45]. Der Beweis, daß die Umlagerung stattfindet, ließ sich auf folgende Weise erbringen:

1. Bei genügend niedrigem p_H-Wert läßt sich bei Cystein die Sulfhydrylgruppe mit 2,4-Dinitrofluorbenzol substituieren, ohne daß eine wesentliche Reaktion an der Ammoniumgruppe stattfindet. Entfernt man nun überschüssiges 2,4-Dinitrofluorbenzol

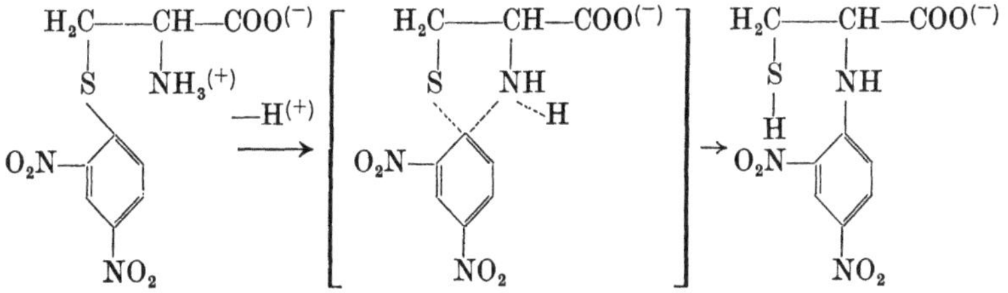

Abb. 5. Mechanismus der Umlagerung von S-DNP-Cystein→N-DNP-Cystein

durch Ätherextraktion aus der Reaktionsmischung und stellt den p_H-Wert der Lösung auf 7.0 ein, so werden nach dem Reaktionsschema in Abb. 5 Protonen freigesetzt.

2. Die Reaktionsgeschwindigkeitskonstante für die Umlagerung des S-DNP-Cysteins in das N-DNP-Cystein ist gleich derjenigen, die für die Substitution der Aminogruppe bestimmt wurde.
3. Nach Beendigung der Umlagerungsreaktion läßt sich die wieder freigewordene Sulfhydrylgruppe mit Jodacetamid umsetzen.

Diese gleiche Umlagerung konnten wir auch bei Homocystein beobachten, während bei der δ-Mercapto-α-amino-valeriansäure und beim Glutathion eine solche Reaktion nicht nachgewiesen werden konnte. Ein analoger Gruppentransfer wurde schon bei S-Acetyl-Cysteamin und seinen höheren Homologen beobachtet[46].

Bei der Besprechung der Säure-Base-Dissoziation wurde schon auf die Wechselbeziehungen zwischen Sulfhydryl- und NH_2-Gruppe im Cystein hingewiesen. Noch deutlicher kommt dieser Effekt in den Dissoziationsenthalpien zum Ausdruck (s. Tab. 5)[9]. Als Dissoziationsenthalpie für eine $NH_3^{(+)}$-Gruppe wird allgemein ein Wert von $10-13$ kcal/Mol angenommen[47]. Weder im Homocystein noch im Cystein konnte ein derartig hoher Wert gemessen werden. Erst nach Alkylierung am Schwefel findet man eine Dissoziationsenthalpie von dieser Größe. Den gleichen Wert mißt man bei Glutathion (s. Tab. 5). Bemerkenswerterweise ergibt die Summe von ΔH_1 und ΔH_2 in allen drei Fällen ungefähr 12,5 kcal/Mol. Aus Tab. 5 geht hervor: Je stärker die Wechselwirkung zwischen Sulfhydrylgruppe und Aminogruppe ist, gemessen an der Reak-

Tabelle 5. *Dissoziationsenthalpien von sulfhydrylhaltigen Aminoverbindungen*

	ΔH_1 [kcal/Mol]	ΔH_2 [kcal/Mol]	$\Delta H_1'$ [kcal/Mol]	$\Delta H_2'$ [kcal/Mol]
Cystein	6,9	5,4	12,1	5,0
Homocystein . .	8,5	4,0	11,6	2,5
Glutathion . . .	11,5	1,0	12,1	0,4

ΔH_1: Dissoziationsenthalpie von K_1 (Tab. 2) in 0,1 m KCl-Lösung.
ΔH_2: Dissoziationsenthalpie von K_2 (Tab. 2) in 0,1 m KCl-Lösung.
$\Delta H_1'$: Dissoziationsenthalpie der $NH_3^{(+)}$-Gruppe in S-Carboxymethyl-Derivaten in 0,1 m KCl-Lösung.
$\Delta H_2'$: Dissoziationsenthalpie von K_2 (Tab. 2) in 3 m Guanidin-Lösung.

tivitätssteigerung der Aminogruppe gegenüber 2,4-Dinitrofluorbenzol, desto mehr gleichen sich die Dissoziationsenthalpien an, d. h. der Enthalpiewert für die Dissoziation des ersten Protons der Sulfhydrylammoniumverbindung wird geringer und der für die

Dissoziation des zweiten Protons höher. Nach der Dissoziation des ersten Protons ist das verbleibende zweite offenbar beiden Gruppen (S- und NH_2-) in gleicher Weise zugehörig. Es ist zu einem sehr schnellen Platzwechsel befähigt. Die Geschwindigkeit des Übergangs vom Schwefel zum Stickstoff dürfte um mehrere Zehnerpotenzen größer sein als die Abdissoziation von einem der beiden Atome [47a]. Damit verliert aber auch die Frage ihren Sinn, von welcher Gruppe das erste Proton abdissoziiert. Die Dissoziation der aus Sulfhydryl- und Ammoniumgruppe im Cystein und Homocystein *kombinierten Funktion* erfolgt nach ihrem eigenen Gesetz.

Das Problem der Zuordnung der beiden pK-Werte des Cysteins ist also ein Scheinproblem, solange man nicht zu seiner Lösung eine Meßmethode anwendet, die es erlaubt, Protonentransfer und Abdissoziation kinetisch zu trennen.

Wenn auch mit zunehmender Entfernung der beiden Funktionen in den von uns untersuchten Beispielen die Wechselwirkung erheblich abnimmt, so kann man doch annehmen, daß sie im Protein in einzelnen ausgezeichneten Gruppenkombinationen wieder zum Zuge kommt.

Auch für das Serin und analoge Verbindungen wurde ein derartiger Gruppentransfer, in diesem Falle zwischen Hydroxyl- und Aminogruppe, gefunden [45, 48].

Neben den elektrostatischen Effekten, auf die vor allem KIRKWOOD u. Mitarb. [49] hingewiesen haben, dürften derartige spezifische Gruppenkombinationen in erster Linie für die Individualisierung der Reaktivität chemisch gleichartiger Gruppen im Protein verantwortlich sein.

IV. Die Stabilisation der nativen Struktur
1. Disulfidbindungen

Es sind zwei Arten von kovalenten Bindungen bekannt, durch welche die Aminosäurereste in den Proteinen untereinander verknüpft sind: Die Amino-Acylbindungen, d. h. Peptid-, Amid- und N-Acetylgruppierungen, sowie die Disulfidgruppe, durch welche zwei Halbcystinreste verbunden werden. Nur auf die letztgenannte Bindung soll hier näher eingegangen werden, weil sie einen wesentlichen Beitrag zu der Struktur höherer Ordnung leistet, an welche, wie wir gesehen haben, die charakteristische chemische Funktionsweise beim katalytischen Geschehen gebunden ist. Die Disulfidbindung leistet beim Aufbau des Proteins den wichtigsten Beitrag zur Vernetzung, indem durch sie entweder zwei Ketten untereinander verknüpft werden oder innerhalb derselben Kette ein Ring geschlossen werden kann. Man diskutiert heute, daß auch bei der Biosynthese der Proteine die Disulfidbindungen wie die Amino-Acylbindungen durch spezifische Enzyme verknüpft werden[50], während die Stabilisierung der spezifischen Struktur durch die weiteren Bindungstypen dann spontan erfolgt.

Im Insulin, dem ersten Polypeptid, dessen Primärstruktur aufgeklärt wurde, sind bekanntlich beide genannten Typen von Disulfidbindungen vorhanden. Ribonuclease, die nur eine Polypeptidkette besitzt, enthält vier Disulfidbindungen der zweiten Art. Reduziert man sie mit Mercaptoäthanol, so geht die enzymatische Aktivität völlig verloren. Allerdings wird bei einer Reoxydation der gebildeten Sulfhydrylgruppen mit Luftsauerstoff die native Struktur wieder völlig hergestellt[51]. Interessant in diesem Zusammenhang sind Untersuchungen von KERN[52]. Er fand, daß die Spaltung einer Disulfidbrücke im Pepsin die enzymatische Aktivität nicht beeinträchtigt, während die Reduktion der zweiten Bindung eine Inaktivierung bewirkt. Aber auch hierbei setzt die Abnahme der enzymatischen Aktivität erst ein, wenn die Reduktion schon beinahe vollständig ist. KERN nimmt daher an, daß das vollreduzierte Pepsin zunächst noch enzymatische Aktivität besitzt, daß es sich nach dem Bruch der zweiten Disulfidbrücke jedoch in eine unwirksame Konformation umlagert.

2. „Salzartige" Bindungen

Dieser Bindungstyp, auch als interionische Wechselwirkung bezeichnet, spielt vor allem für das Protein-Modell, wie es von TANFORD und KIRKWOOD[11] geschaffen wurde, um die Theorie der Titrationskurven zu entwickeln, eine Rolle; es wurde bereits unter dem Abschnitt „Säure-Basen-Dissoziation" darauf eingegangen.

Aus diesen Überlegungen geht hervor, daß die Größen der pK-Werte in die Gesamt-Freie Energie des Proteins über die allgemein bekannten thermodynamischen Gleichungen eingehen. Nach TANFORD[53] betragen die Abstände der geladenen Gruppen im Proteinverband durchschnittlich etwa 10 Å. Sicher werden die elektrisch geladenen Gruppen, zu denen das Wasser freien Zutritt hat, stark hydratisiert sein, so daß die interionischen Wechselwirkungen abnehmen, jedoch nimmt die Hydratation bei ionischen Gruppen, die in einem hydrophoben Bereich liegen, ab. Außerdem ist hier die Dielektrizitätskonstante geringer, so daß die Coulomb-Wechselwirkung zunimmt. Ferner sind hier Dipol-Dipol-Wechselwirkungen der Peptidketten untereinander zu nennen sowie die „Fluktuation" von Ladungen, auf die bereits eingegangen wurde.

3. Wasserstoffbindungen

Zur Ausbildung von Wasserstoffbrücken sind einerseits die —CO—NH-Gruppen der Peptidkette, andererseits funktionelle Gruppen der Aminosäuren befähigt. Diese sind nach PAULING und SCHERAGA neben den Disulfidbindungen für die Aufrechterhaltung der nativen Konformation verantwortlich. SCHERAGA[14, 54] unterscheidet weiter heterologe und homologe Wasserstoffbindungen. Die zuerst genannten sind solche, die zwischen zwei verschiedenen Arten von Gruppen, z. B. phenolischen Hydroxylgruppen vom Tyrosin und den Carboxycarbonylen gebildet werden, letztere kommen zwischen chemisch gleichen Partnern, z. B. zwei Imidazolresten, zustande. Für die heterologe Wasserstoffbindung konnten experimentelle Argumente geliefert werden[13]. Aus der Titrationskurve der nativen Ribonuclease ergibt sich, daß einige Carboxylgruppen einen abnorm niederen pK-Wert und drei der sechs phenolischen Gruppen der Tyrosylreste einen abnorm hohen pK-Wert haben müssen[12] (vgl. die Diskussion dieses Effektes in Abschnitt 4). Durch photometrische Titration im Ultravioletten konnte dieses Verhalten bestätigt werden[13]. Nimmt man jedoch die Titration in Guanidin-Harnstoff-Lösung vor, in der die Ribonuclease denaturiert vorliegt, so zeigen alle Carboxylgruppen einen pK-Wert von 4,6, während alle phenolischen Gruppen einheitlich mit einem pK-Wert von 10,0 dissoziieren. Ähnliche Verhältnisse wurden im Lysozym gefunden[55]. Ein weiterer experimenteller Hinweis auf die Bedeutung der Wasserstoffbindungen für die Reaktivität wird in dem Deuteriumaustausch zwischen Lösungsmittel und Protein gesehen, bei denen sich z. B. an der Ribonuclease vier verschiedene Geschwindigkeitstypen des Austausches unterscheiden lassen[56].

Für die homologe Wasserstoffbindung konnte bisher kein Beispiel in Proteinen gefunden werden. Als einzige Gruppe wird hier der Imidazolrest des Histidins in Frage kommen. Da der pK-Wert dieser Gruppe „normalerweise" etwa 6,5 beträgt, wird unter Berücksichtigung der pK-Wertschwankungen, wie sie in dem Abschnitt „Säure-Basen-Dissoziation von Proteinen" erläutert wurden, ein Teil der Imidazolreste beim physiologischen p_H-Wert $\sim$ 7 protoniert und der andere Teil deprotoniert vorliegen, während alle anderen Gruppen fast ausschließlich nur in einer Form vorkommen werden. Es sei darauf hingewiesen, daß HUNTER u. Mitarb.[57] fanden, daß Imidazol in einer 1-molaren Lösung in Benzol bereits das 20fache Molekulargewicht zeigt. Es liegen im hydrophoben Lösungsmittel also größere Assoziate vor, die vermutlich über Wasserstoffbrückenbindungen zusammengehalten werden. Eine Solvatation in hydrophoben Bereichen des Proteins dürfte analog die Schließung spezifischer Wasserstoffbrücken zur Folge haben, wie sie für besondere Gruppenkombinationen der nativen Struktur charakteristisch sind. Demgegenüber sollten in dem Bereich, in welchem das Wasser des Mediums freien Zutritt hat, die für Wasserstoffbindungen vorhandenen Donator- oder Acceptor- „Valenzen" vollständig abgesättigt sein. Auch eine spezifische Bindung von Substrat, welche man über Wasserstoffbindungen formuliert, ist daher vorwiegend in hydrophoben Bereichen des Proteins anzunehmen.

Es würde über den Rahmen dieser Ausführungen hinausführen, auf die thermodynamischen Überlegungen, wie sie von LASKOWSKI und SCHERAGA[14, 58, 59] für das Protein angestellt wurden, in extenso einzugehen. Es sei jedoch darauf hingewiesen, daß der für die Stabilisierung der Proteinstruktur günstigen Enthalpieänderung, die aus der Bindungsenergie der Wasserstoffbindung resultiert, eine Entropieabnahme gegenübersteht. Aus Untersuchungen von MIZUSHIMA et al.[60] am Äthylenchlorhydrin geht hervor, daß bei der Bildung der Wasserstoffbindungen im wesentlichen die Rotations- und Torsionsfreiheitsgrade um Einfachbindungen zu beachten sind. LASKOWSKI und SCHERAGA diskutieren für eine Wasserstoffbindung zwischen einem Tyrosin- und Glutaminsäurerest folgende Energiebeziehungen: Die Änderung der Enthalpie beträgt etwa -6 kcal/Mol; weiter werden in diesem Falle fünf Rotationsschwingungen „eingefroren", $-$ die Rotation zwischen dem Phenylring und der β-Methylengruppe des Tyrosin wird aus Geometriegründen nicht beeinträchtigt $-$, man erhält also eine Entropieänderung von etwa $-$ 20 E.E. Nach diesen Abschätzungen folgt aus den bekannten thermodynamischen Gesetzmäßigkeiten für die Änderung der Freien

Energie bei Zimmertemperatur ein Wert von etwa 0 kcal/Mol[14]. Die Autoren kommen so zu einem Protein-Modell, dessen native Konformation nur durch Wasserstoffbindungen stabilisiert wird. Für die Denaturierung des Proteins wird daher die folgende Vorstellung entwickelt: Der Aktivierungsprozeß der Denaturierung zerfällt in zwei Stufen: 1. Wenn das native Protein einer Temperatur-, p_H-Änderung oder dergleichen ausgesetzt wird, setzen sich die Moleküle durch Ionisation, Bruch von Wasserstoffbindungen usw. miteinander ins Gleichgewicht. 2. Unter diesen Molekülen gibt es einen Bruchteil, bei denen sämtliche Wasserstoffbindungen der funktionellen Gruppen gelöst sind. Diese Moleküle befinden sich im aktivierten Zustand und gehen in eine denaturierte Struktur über.

4. Hydrophobe Wechselwirkung

Wie bereits eingangs erwähnt wurde, sind es vor allem die Reste der aliphatischen Aminosäuren, Valin, Leucin, iso-Leucin, sowie der aromatischen Tryptophan, Phenylalanin und Tyrosin, die sog. hydrophobe ,,Bindungen'' ausbilden können. Natürlich handelt es sich hierbei nicht um eine gerichtete Bindung, wie wir sie allgemein in der Chemie für kovalente Bindungen formulieren, wie es auch für Wasserstoffbindungen zutrifft. Man kann derartige Kräfte vielleicht besser als Solvatationseffekte behandeln. Es treten die hydrophoben Aminosäurereste im Proteinverband derart zusammen, daß das Lösungsmittel Wasser keinen Zutritt zu diesem Bereich erhält. Wie bereits erwähnt, ändert sich in diesem Bereich die Dielektrizitätskonstante, was auf die pK-Werte sowie auf die chemische Reaktivität von Gruppen, die hier liegen, Einfluß haben wird. TANFORD[61] hat ein Protein-Modell entwickelt, bei welchem die Stabilisierung der nativen Struktur nahezu ausschließlich auf diesen hydrophoben Wechselwirkungen beruht. Er geht davon aus, daß das Protein in seiner nativen Konformation eine definierte Faltung besitzt, deren Flexibilität vernachlässigbar klein ist. Das Innere des Moleküls ist dabei für das Lösungsmittel nicht zugänglich. Das trifft nach KENDREW et al. für das kristalline, hydratisierte Myoglobin tatsächlich zu[62]. Im denaturierten Zustand dagegen liegt eine entfaltete, flexible Polypeptidkette vor, das Lösungsmittel hat freien Zutritt zu allen Bereichen. TANFORD macht zur Berechnung seines Modells die folgenden Annahmen[61]: 1. Die geladenen Gruppen befinden sich im nativen Protein an der Grenzfläche Protein/Lösungsmittel, sie sind hydratisiert, ihre

Umgebung ändert sich bei der Entfaltung nicht. 2. Die meisten nicht polaren Anteile des Proteinmoleküls liegen bei der nativen Konformation im Innern des Moleküls. Dies betrifft z. B. auch die vier Methylengruppen des Lysins. 3. Sollte es auf Grund der Aminosäuresequenz unumgänglich sein, daß polare Gruppen ins Innere des Moleküls verlagert werden, so werden diese Gruppen untereinander Wasserstoffbrücken ausbilden.

Mit Hilfe der experimentell bestimmten Löslichkeitsunterschiede der freien Aminosäuren in Alkohol und in Wasser gewinnt TANFORD Werte für die Überführungsarbeit, die geleistet werden muß, um die Aminosäurereste aus dem hydrophoben Bereich in das Lösungsmittel Wasser zu bringen. Es handelt sich um Vergleichszahlen, wobei der Wert für Glycin gleich null gesetzt wird. Diese Werte stellen das Energieäquivalent der hydrophoben „Bindungen" dar. Der Wert wird mit der Entropieabnahme, die auf Grund der nicht flexiblen, nativen Struktur zustande kommt, verglichen. Im Falle des Myoglobins und des β-Lactoglobulins kann eine ausgeglichene Energiebilanz gefunden werden, während die Stabilität der Ribonuclease auf Grund dieser Überlegungen nicht erklärbar ist. Wahrscheinlich ist eine wesentliche Ursache hierfür darin zu suchen, daß die Disulfidbrückenbindungen bei der Berechnung der Entropieänderung nicht berücksichtigt werden können[61].

Ein weiterer experimenteller Beitrag zu diesem Problem wurde von Foss[63] geliefert. Es wurden die Differenzspektren im Ultravioletten von Lysozym, Ribonuclease und Chymotrypsin im nativen und denaturierten Zustand aufgenommen und insbesondere auf das Tryptophan und Tyrosin analysiert. So ändert sich das Tyrosin-Differenzspektrum in der Ribonuclease und das des Tryptophans im Lysozym bei Denaturierung. Foss führt diese Änderung darauf zurück, daß sich die aromatischen Aminosäuren im nativen Protein in einer weniger polaren, d. h. also hydrophoben Umgebung befinden.

V. Bindung des Substrats und Spezifität

1. Stereospezifische Solvatation

Wenn sich trotz den zahlreichen ungelösten Fragen vielleicht doch ein gewisses Verständnis für die Prinzipien der enzymatischen Katalyse und die Rolle, welche das Protein dabei spielt, anzubahnen beginnt, so trifft das für den zweiten Problemkreis, die Spezifität, in viel geringerem Grade zu. Auch wenn wir Verständnis für die prinzipielle Natur der Wechselbeziehungen zwischen Substrat und Protein erreicht haben, so bleibt die Frage der hohen Spezifität insbesondere der Stereospezifität noch offen. Hierzu wurden vor kurzem sehr wesentliche Modellversuche von LÜTTRINGHAUS u. Mitarb. [64, 65, 66] veröffentlicht. An folgendem Beispiel ist der Nachweis gelungen, daß es möglich ist, eine Racematspaltung durch Umkristallisieren aus optisch aktivem Lösungsmittel oder auch nur in Gegenwart eines solchen zu erreichen. Es wurde rac. 2.3-Dibrombutandiol-1,4 aus D-Weinsäure-di-isopropylester umkristallisiert.

1. Kristallisation: $[\alpha]_D^{20} - 1{,}79°$
2. Kristallisation: $[\alpha]_D^{20} - 8{,}0°$
3. Kristallisation: $[\alpha]_D^{20} - 37{,}8°$.

Damit ist der experimentelle Nachweis der stereospezifischen Solvatation erbracht. Sie wurde von VAN'T HOFF bereits 1894 in der zweiten Auflage seines berühmten Buches „Die Lagerung der Atome im Raum" vorausgesagt, in der dritten Auflage 1908 als nicht verifizierbar bezeichnet und auch später noch öfters ohne Erfolg versucht. Die Variation der Konstitution der Substrate und der Lösungsmittel erlaubt es, die molekularen Kräfte zu studieren, welche ihrer stereospezifischen Wechselwirkung zugrunde liegen. Man kann vermuten, daß damit auch ein wesentlicher Beitrag zur Kenntnis der analogen stereospezifischen Beziehung zwischen Enzymoberfläche und Substrat geleistet werden kann.

2. Metallkomplexe

Ein Phänomen, das bisher noch nicht diskutiert wurde, ist die Teilnahme von Metallionen am enzymatischen Geschehen. Ihnen kann eine aktive Rolle beim katalytischen Akt, bei der Aufrechterhaltung der nativen Struktur und auch bei der spezifischen Bindung des Substrates zukommen. In einer Reihe von Enzymen spielen die Metallionen vermutlich eine bedeutende Rolle. Ein Beispiel ist das Zink in der Carboanhydratase[67]. Ein weiteres, welches hier näher erläutert werden soll, ist die Carboxypeptidase A. Auch dieses Enzym benötigt zweiwertige Zinkionen zur enzymatischen Aktivität. Aus Untersuchungen mit p-Chlormercuribenzoesäure aus Komplex-Titrationen wurde von VALLEE u. Mitarb.[68]

geschlossen, daß das Metallion im aktiven Zentrum von einer Sulfhydryl- und einer Aminogruppe koordinativ gebunden wird. Hierbei tritt ein Zinkion pro Proteinmolekül in Funktion. Die Arbeiten an der Carboxypeptidase A zeigen auch, daß die katalytische Wirksamkeit des Proteins durch die Eigenschaften des Metallions erheblich beeinflußt werden kann. Bekanntlich vermag die native, zinkhaltige Carboxypeptidase sowohl Peptidbindungen als auch Carbonsäureester zu spalten. Ersetzt man aber die Zinkionen durch zweiwertige Cadmium- oder Quecksilberionen, so werden diese Metallionen zwar ebenfalls von einer Sulfhydryl- und Aminogruppe im aktiven Zentrum gebunden, das Protein hat jedoch die Peptidase-Aktivität verloren, während sich die Esteraseaktivität erhöht hat [69].

3. Elektronendonator-Acceptorkomplexe

Unter den Bindungskräften, die für die Spezifität verantwortlich zu machen sind, denen aber evtl. auch eine direktere Bedeutung bei der Katalyse zukommt, soll noch die mögliche Komplexbildung durch Ladungstransfer zwischen Coenzym oder Substrat einerseits und Protein andererseits diskutiert werden.

Als Donatoren kommen auf der Seite des Proteins vor allem die aromatischen Aminosäuren in Frage. Es sind nur mäßig starke π-Elektron-Donatoren, mit zunehmender Stärke in der Reihenfolge Phenylalanin, Tyrosin, Histidin, Tryptophan [71]. Als Acceptoren — auf der Seite der Coenzyme bzw. Substrate — sind besonders die oxydierten Formen der bei Redoxreaktionen beteiligten Coenzyme FAD, FMN und NAD geeignet [71, 72]. Weitere Möglichkeiten ergeben sich, wenn Coenzyme an Proteine so fest gebunden sind, daß sie als Einheit aufzufassen sind.

Modellreaktionen für CT-Komplexe von aromatischen Aminosäuren mit Coenzymen sind von ISENBERG und SZENT-GYÖRGYI [73], CILENTO und GIUSTI [74] sowie ALIVISATOS et al. [75] beschrieben worden. Als Beispiele für die CT-Komplexbildung zwischen Enzymen bzw. Enzym-Coenzymkomplexen und Coenzymen seien genannt: das Auftreten einer Bande bei 365 mμ, wenn zu einer Lösung von Glycerinaldehyd-3-phosphat-dehydrogenase NAD zugesetzt wird [76], und die Bildung eines Komplexes von Lipoyldehydrogenase, die $FMNH_2$ enthält, mit NAD, dessen Bandenmaximum bei 700 mμ zu beobachten ist [77].

4. Kombination von Bindungen im Enzym-Substrat-Komplex

Abbildung 6 gibt das aktive Zentrum der Carboxypeptidase wieder, wie es von VALLEE et al.[70] vorgeschlagen wird. Das Substrat wird gebunden durch eine ionische Wechselwirkung zwischen der Carboxylgruppe und einer positiv geladenen Gruppe des Proteins, der Rest R tritt in Wechselbeziehung zu einem hydrophoben Bereich des Proteins. Außerdem wird durch eine Gruppe A−H, die am katalytischen Prozeß beteiligt ist, eine Wasserstoffbrückenbindung zu dem Stickstoff der Peptidbindung ausgebildet. Nach diesen Vorstellungen wird also das Peptid in der Carboxypeptidase A an drei verschiedenen Stellen im aktiven Zentrum durch das Enzym gebunden. Wenn es auch nicht notwendig erscheint, i. a. so viele Bindungspunkte anzunehmen, so dürfte es doch notwendig sein, die Bindung des Substrates an mehr als einem Punkt zu erwarten, zumindest dann, wenn die katalysierte Reaktion stereospezifisch erfolgt. Dies kann auch bei Molekülen ohne Asymmetriezentrum der Fall sein. Zum Beispiel wird Acetaldehyd mittels NADD und Alkoholdehydrogenase stereospezifisch deuteriert. Ebenso erfolgt stereospezifische Reduktion von C_1-Deuteroaldehyd mittels NADH und Enzymen. Es entsteht dabei ein Äthylalkohol, der die Ebene des polarisierten Lichtes dreht[78]. Auch an dieser Reaktion ist vermutlich Zink beteiligt, das, wie man mit einiger Sicherheit annehmen kann, ein wesentlicher Bestandteil der Alkoholdehydrogenase ist. Der sterische Ablauf der Reduktion läßt sich nur erklären, indem man annimmt, daß der Acetaldehyd an mindestens zwei Gruppen des Moleküls durch das Enzym fixiert wird. Es erscheint am wahrscheinlichsten, die Fixierung einerseits an der Methylgruppe, andererseits an dem Carbonylsauerstoff anzunehmen. Ein Strukturvorschlag für die Art der Bindung von Coenzym und Substrat wurde hierfür schon vor einigen Jahren formuliert. Auf diese Fragen wird am letzten Tag des Colloquiums einzugehen sein. Es bedarf wohl keines besonderen Hinweises, daß

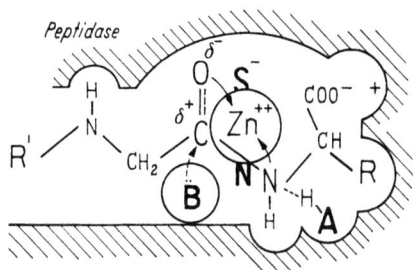

Abb. 6. Aktives Zentrum der Carboxypeptidase A nach VALLEE et al.[70]

alle genaueren Vorstellungen und definierten Vorschläge bezüglich der Substratbindung, wie sie etwa in Abb. 6 schematisiert sind, im allgemeinen sehr hypothetischer Natur sind. Man ist eben darauf angewiesen, Bindungstypen, wie sie einerseits für das Protein, andererseits für das Substrat anzunehmen sind, zu kombinieren.

VI. Chemismus des katalytischen Prozesses

1. Bildung der aktiven Konformation

Wie bereits eingangs diskutiert wurde, ist es für die Biokatalysatoren kennzeichnend, daß sie in der Lage sind, eine starke Differenzierung hinsichtlich der Substrate durchzuführen. Bereits E. FISCHER hat sich mit diesem strukturellen Problem beschäftigt und kam zu der berühmten Metapher von „Schlüssel und Schloß"[79]. In neuerer Zeit sind zu diesem Problem zwei weitere Theorien entwickelt worden, die „Rack"-Theorie von EYRING und LUMRY[80] und die "induced-fit"-Theorie von KOSHLAND[81]. Während bei der ersten Vorstellung das Substrat durch das Protein verzerrt wird, induziert nach KOSHLAND umgekehrt das Substrat die katalytisch wirksame Konformation des Proteins. Allgemein neigt man heute zu der Auffassung, daß mit dem katalytischen Vorgang tatsächlich eine Konformationsänderung des Proteins einhergeht, doch ist das experimentelle Material in bezug auf dieses Problem bisher spärlich. LABOUESSE et al.[82] zeigten, daß im Chymotrypsin bei der katalytischen Hydrolyse von Nitrophenylacetat Konformationsänderungen bei der Bildung des Enzym-Substratkomplexes stattfinden. So schließen sie aus dem Differenzspektrum im Ultravioletten, daß ein oder mehrere Tryptophanreste im Komplex eine weniger polare Umgebung haben. Hierbei werden die Indolgruppen gegen N-Bromsuccinimid reaktiver. Die Titrationskurve im p_H-Bereich 7—10,5 sowie die optische Drehung ändern sich, wenn der Enzym-Substrat-Komplex entsteht.

2. Der Ablauf der Säuren-Basen-Katalyse

Mißt man die p_H-Abhängigkeit der enzymatischen Aktivität, so erhält man im allgemeinen eine glockenförmige Kurve. Aus dieser wird geschlossen, daß am katalytischen Prozeß zwei funktionelle Gruppen beteiligt sind[10]. Weiter muß gefolgert werden, daß von den beiden Gruppen die eine protoniert vorliegt, sie übt eine saure Funktion aus, während die zweite deprotoniert als Base vorliegt. Der Angriff dieser beiden Funktionen kann zeitlich aufeinander oder nach einem "concerted mechanism" synchron stattfinden. Diesem Mechanismus gibt man heute wegen der besonders günstigen energetischen Verhältnisse den Vorrang. Freilich besitzt er keine Allgemeingültigkeit. Auch hängt es wesentlich von der Meßmethodik ab, was als ,,gleichzeitig" und ,,nacheinander" zu bezeichnen ist. So nehmen ALBERTY u. Mitarb.[84] für die Fumarase aus Untersuchungen des Deuterium-Austausches an, daß der Angriff der katalytisch wirksamen Funktionen zeitlich hintereinander erfolgt. Eine Modellreaktion, die nach den Vorstellungen des "concerted mechanism" abläuft, ist die Katalyse der Mutarotation von Tetramethylglucose durch o-Hydroxypyridin nach SWAIN und BROWN[85].

Am Übergangszustand sind hier nicht zwei Katalysatormoleküle, eine Säure und eine Base, sondern zwei verschiedene Funktionen desselben Moleküls, eine saure und eine basische, beteiligt. Wenn auch das System von SWAIN und BROWN großen Anklang als ,,Enzymmodell" gefunden hat[81, 86, 87, 88], so muß doch betont werden, daß es nur in organischen Lösungsmitteln niederer Dielektrizitätskonstante wirksam ist. Das Modell ebenso wie vermutlich der "concerted mechanism" allgemein[89] kann auf enzymatische Prozesse nur unter der Voraussetzung Anwendung finden, daß man den katalytischen Akt in einem hydrophoben Bereich des Proteins lokalisiert.

VALLEE u. Mitarb.[70] nehmen auch für die Carboxypeptidase A nach dem in Abb. 6 dargestellten Schema eine Säure-Basen-Katalyse nach dem "concerted mechanism" an: Eine nucleophile Gruppe B (s. Abb. 6) greift an dem Kohlenstoffatom der Carbonylfunktion an, die der zu lösenden Peptidbindung angehört. Begünstigt wird dieser Angriff durch die saure Funktion AH, die eine Wasserstoffbrückenbindung zum Stickstoff der Peptidbindung ausbildet, sowie durch den elektronenanziehenden Effekt des Zinkions. Wichtigste Voraussetzung für derartige Vorstellungen ist jedoch eine exakte Anpassung der ,,Substrathöhle" im Protein an die strukturelle Gegebenheit, damit die sterische Anordnung der katalytisch wirksamen Gruppen einen "concerted mechanism" zuläßt.

Unter den Gruppen, die im Protein katalytische Funktionen ausüben können, erwecken vor allem die Sulfhydryl- und Imidazolgruppen starkes Interesse. Bei der Sulfhydrylgruppe ist die Ursache wohl darin zu suchen, daß sie im allgemeinen die größte Nucleophilie zeigt. Die Imidazolgruppen dagegen haben infolge ihres pK-Wertes das Augenmerk des Enzymchemikers auf sich gelenkt. Sie können beim physiologischen pK-Wert sowohl protoniert als auch deprotoniert vorliegen, also sowohl als saure als auch als basische Gruppe fungieren. Zum anderen wird nach EIGEN et al.[90] eine Gruppe mit einem pK-Wert ~ 7 vom kinetischen Gesichtspunkt besonders günstig für den Reaktionsablauf sein, da die allgemeine Säure-Basen-Katalyse von einem Protonentransfer zwischen Enzym und Substrat begleitet ist und der ursprüngliche Zustand des Enzyms durch das Medium Wasser wiederhergestellt werden muß.

Hinzu kommt, daß der Imidazolrest offensichtlich katalytisch wirksame Eigenschaften besitzt sowie wahrscheinlich sich an Wasserstoffbrückenbindungen beteiligen kann, wie bereits oben ausgeführt wurde. Die Ausbildung einer Wasserstoffbrückenbindung zwischen einem Imidazolrest und der aliphatischen Hydroxylgruppe eines Serinrestes im aktiven Zentrum des α-Chymotrypsins wird z. B. stark diskutiert, die Frage konnte jedoch bisher nicht eindeutig entschieden werden[91, 92, 93, 94].

3. Struktur-Wasser im Protein

Die besondere Bedeutung des Wassers nicht nur für den Ablauf des enzymatischen Prozesses, sondern auch für die Stabilisierung der nativen Proteinkonformation ist von KLOTZ[95, 96] besonders herausgestellt worden. Ähnlich wie apolare Moleküle, z. B. Äthylen, Methylmerkaptan, Äthan, Hydrate zu bilden vermögen, so postuliert KLOTZ für die Aminosäurereste im Protein eine derartige Hydrathülle. Die Hydrationsenthalpien betragen für diese Verbindungen nach KLOTZ etwa -15 kcal/Mol und können so einen Teil der Stabilisierungsenergie im Protein stellen. In diesen Hydraten liegen die Wassermoleküle in einer definierten räumlichen Anordnung vor. KLOTZ spricht von einem kristallinen, eisähnlichen Zustand. Er nimmt daher an, daß für diesen Bereich im Wasser die physikalischen Eigenschaften, wie Leitfähigkeit, Ionenbeweglichkeit usw., für das Eis zu berücksichtigen sind. Da bekanntlich die Ionenbeweglichkeit des Protons im Eis um zwei Größenordnungen größer ist als im Wasser ebenso wie die Geschwindigkeit der Kombination von Protonen mit Hydroxylionen[97], so sollte dieses „kristalline" Wasser für den enzymatischen Prozeß von großer Bedeutung sein, da beim Ablauf dieses Vorganges, wie bereits erwähnt, funktionelle Gruppen des Proteins protoniert bzw. deprotoniert werden. Unter diesem Aspekt kann auch an die Möglichkeit gedacht werden, daß die Wechselbeziehungen zwischen zwei funktionellen Gruppen im Proteinverband über eine „Kette" von Wassermolekülen etwa durch Protonentransfer zustande kommen, so daß die Forderung der nahen räumlichen Anordnung der Gruppen entfällt.

4. Proteinsubstitution beim Gruppentransfer

Wenn aus den kinetischen Daten der Untersuchung der Esterasen sich der allgemeine Mechanismus nach (3) ergibt:

$$E + S \underset{}{\overset{K_m}{\rightleftharpoons}} ES \xrightarrow{k_2} \underset{P_1^+}{ES'} \xrightarrow{k_3} E + P_2 \ldots \qquad (3)$$

wobei ES' das an einem N- oder O-Atom acylierte Enzym darstellt[98, 99], so ist eine analoge Reaktionsfolge zugleich die beste Deutung für die typischen unter Gruppentransfer ablaufenden Glucosidase-Reaktionen[100]. In der durch k_3 beschriebenen Reaktion wird dann bei Hydrolyse die Spaltung der ES'-Verbindung durch Wasser, bei Gruppentransfer durch einen anderen nucleophilen Reaktionspartner erfolgen. Im Falle der Oligo- und Polysaccharide synthetisierenden Carbohydrasen sind dies primäre und sekundäre Hydroxylfunktionen der Acceptorzucker, im Falle der DPNase Pyridin-, Imidazol-, Thiazol-Derivate.

Während es bei Esterasen schon möglich war, ES', das acylierte Enzym, in Substanz zu isolieren, konnte bei Glykosidasen noch kein Enzymglykosid gefaßt werden. P. D. BOYER[101] hat in einer ausführlichen Diskussion dieses Problems die Alternativvorstellung eines nicht chemisch verknüpften ES'-Komplexes, der die Natur eines Michaelis-Komplexes im Gleichgewicht mit dem Acceptorzucker des Mediums aufweisen sollte, entwickelt. Ein neues starkes Argument für unsere alte These, daß die transferierenden Glykosidasen echte Proteinglykoside als Intermediärstufen bilden, konnte in letzter Zeit erbracht werden. Fügt man einem Phenylgalaktosid-Glukosegemisch, in welchem durch β-Galaktosidase der Galaktosetransfer auf Glucose bewirkt wird, Galaktosedehydrogenase aus Ps. saccharophila zu, so läßt sich auch durch noch so große Menge dieses Enzyms das Ausmaß der Synthese durch Gruppentransfer nicht beeinträchtigen[101a]. Die einfachste Erklärung ist zweifellos, daß in der Enzymgalaktoseverbindung das Kohlenstoffatom 1 der Galaktose mit dem Enzym glykosidisch verbunden ist und daher die Oxydation zum Lacton nicht stattfinden kann. Auch hier liegt die Vermutung nahe, daß die Reaktion ES → ES' eine spezifische Imidazolyse durch ausgezeichnete Histidinreste des Enzymproteins darstellt. Bei der DPNase liefert der sehr bevorzugte Transfer des ARPPR-Restes auf Imidazol[102] selbst die Modellreaktion für eine derartige, bei der Katalyse vermutete intermediäre Imidazolyse.

VII. Schlußbetrachtung

Wir haben in den vorliegenden Ausführungen versucht, einige wesentliche Gesichtspunkte, die die chemische Reaktivität, insbesondere die katalytische Wirkung, beeinflussen, herauszuarbeiten. Man hat häufig versucht, Modelle für enzymatische Reaktionen zu „bauen"[86], doch bisher wurde keines gefunden, das auch nur annähernd so gut arbeitet, wie die Proteine selbst. Der Grund ist ohne Zweifel darin zu suchen, daß nur ein Makromolekül in der Lage ist, sowohl die sterische Anordnung der katalytischen und substratbindenden Funktionen zu gewährleisten als auch durch die räumliche Ausdehnung sowie Nachbargruppeneffekte zu erreichen, daß einzelne Gruppen im Proteinverband in ihrer chemischen Reaktivität aus der großen Zahl gleichartiger Gruppen herausgehoben werden. Wenn auch an einigen Proteinen, z. B. dem Papain, gezeigt werden konnte, daß große Bereiche des Moleküls abgespalten werden können, ohne daß die enzymatische Aktivität beeinträchtigt wird[103], so scheint die vorher gemachte Aussage immer noch gültig. Auch der "stump" hat noch beträchtliche Größe und ist in der Lage, die notwendige definierte Konformation zu bilden, um katalytisch aktiv und spezifisch zu sein. Über die Qualität der Nachbargruppeneffekte, die die native Struktur und damit eng verbunden die katalytische Wirkung gewährleisten, können bereits relativ gute Angaben gemacht werden, jedoch erscheint eine vernünftige Abschätzung des Anteils der einzelnen Bindungstypen heute noch unmöglich. Wie wir gesehen haben, konnte bisher das Problem, ein Protein-Modell zu formulieren, lediglich unter der Annahme bearbeitet werden, daß nur einer der zu diskutierenden Bindungstypen zur Stabilisierung der nativen Proteinstruktur herangezogen wird. Die Gründe hierfür sind nicht in zwingenden experimentellen Befunden zu suchen, sondern vielmehr darin, daß das Modell sonst von der mathematischen Seite her zu kompliziert und unübersehbar würde. So schließt TANFORD [61] z. B. die Wasserstoffbrückenbindung nicht aus, sondern er fordert sie sogar für polare Gruppen im innern hydrophoben Anteil des Proteinmoleküls, er berücksichtigt sie aber dennoch nicht in seinen Berechnungen. Es ist anzunehmen, daß die echte Lösung des Problems eine Synthese der bisher vorgeschlagenen Protein-Modelle sein wird. Wenn heute die hydrophobe Wechselbeziehung für die Proteinstabilisierung besonders in den Vordergrund gestellt wird, so möchten wir nochmals hervorheben, daß gerade in den „hydrophoben Bereichen" die Wasserstoffbrückenbindungen besonders stabil sein werden, da der entgegenwirkende Einfluß des Wassers in diesem Bereich nicht zur Geltung kommt. Auch von röntgenographischen Untersuchungen an Proteinen darf man weitere Hinweise erwarten, wenn sich dabei stets auch die Frage erhebt, ob die Struktur im kristallinen Zustand auf das gelöste Molekül übertragen werden darf. Für den Fall des Hämoglobins scheint sie positiv entschieden [101].

Ferner haben wir gezeigt, wie schwierig es ist, Voraussagen über die pK-Werte im Proteinverband, ja selbst bei so einfach erscheinenden Verbindungen wie dem Cystein zu machen. Es scheint auch unmöglich, die chemische Reaktivität einzelner Gruppenarten im nativen Protein einheitlich zu beurteilen. Vermutlich liegt es in der Natur der Sache selbst, daß gerade die katalytisch wirksamen Funktionen sich der allgemeinen Klassifizierung der Gruppeneigenschaften entziehen. Die Bemühungen, diese funktionellen Gruppen und damit zumindest Teile des aktiven Zentrums spezifisch zu markieren, erscheinen uns vielversprechend, um die Natur des katalytisch wirksamen Bereichs und den Mechanismus seines Wirkens zu erkennen.

Literatur

[1] SCHAEDEL, P., u. F. KUBOWITZ: unveröffentl. Ergebnisse.
[2] BELL, R. P.: In "The Proton in Chemistry", p. 130, Cornell University, New York, 1959.
[3] COHN, E. J., and J. T. EDSALL: In "Proteins, Amino Acids and Peptides", p. 84, Academic Press, New York 1943.
[4] CALVIN, M.: In "Glutathione", p. 1, Academic Press, New York 1954.

[5] RYKLAN, L. R., and C. L. A. SCHMIDT: Arch. Biochem. **5**, 89 (1944).
[6] BENESCH, R. E., and R. BENESCH: J. Am. Chem. Soc. **77**, 5877 (1955).
[7] ELSON, E. L., and J. T. EDSALL: Biochemistry **1**, 1 (1962).
[8] DE DEKEN, R. H., I. BROEKHUYSEN, I. BÉCHET and A. MORTIER: Biochim. Biophys. Acta **19**, 45 (1956).
[9] STREFFER, C.: Dissertation, Universität Freiburg, 1963.
[10] KIRKWOOD, J. G.: In "The Physical Chemistry of Enzymes", p. 78. A Discuss. of the Faraday Society (1955).
[11] TANFORD, CH., and J. G. KIRKWOOD: J. Am. Chem. Soc. **79**, 5333 (1957).
[12] TANFORD, CH., and J. D. HAUENSTEIN: J. Am. Chem. Soc. **78**, 5287 (1956).
[13] SCHERAGA, H. A.: Biochim. Biophys. Acta **23**, 196 (1957).
[14] LASKOWSKI, M., and H. A. SCHERAGA: J. Am. Chem. Soc. **76**, 6305 (1954).
[15] DINTZIS, H. M.: Ph. D. Thesis. Harvard University, 1952.
[16] WALLENFELS, K., u. A. ARENS: Biochem. Z. **333**, 395 (1960).
[17] ARENS, A.: Dissertation. Universität Freiburg, 1961.
[18] BRUICE, TH. C.: J. Am. Chem. Soc. **81**, 5444 (1959).
[19] PANDIT, U. K., and TH. C. BRUICE: J. Am. Chem. Soc. **82**, 3386 (1960).
[20] ANDERSON, B. M., E. H. CORDES and W. P. JENCKS: J. biol. Chem. **236**, 455 (1961).
[21] BOYER, P. D.: J. Am. Chem. Soc. **76**, 4331 (1954).
[22] STRICKS, W., and I. M. KOLTHOFF: J. Am. Chem. Soc. **75**, 5673 (1953).
[23] REICHMANN, M. E., u. D. L. HATT: Biochim. Biophys. Acta **49**, 153 (1961).
[24] SUND, H.: unveröffentl. Ergebnisse.
[25] GROSS, E. M., and R. EGAN: Fed. Proc. **15**, 265 (1956).
[26] BLUMENFELD, O. O., and G. E. PERLMANN: J. biol. Chem. **236**, 2472 (1961).
[27] GUNDLACH, G., W. H. STEIN and ST. MOORE: J. biol. Chem. **234**, 1754 (1959).
[28] BARNARD, E. A., and W. H. STEIN: Biochim. Biophys. Acta **37**, 371 (1960).
[29] VITHAYATHIL, P. J., and F. M. RICHARDS: J. biol. Chem. **236**, 1386 (1961).
[30] WALLENFELS, K., B. MÜLLER-HILL, D. DABICH u. C. STREFFER: Biochem. Z. (im Druck).
[31] COLE, R. D., W. H. STEIN and ST. MOORE: J. biol. Chem. **233**, 1359 (1958).
[32] STARK, G. R., W. H. STEIN and ST. MOORE: J. biol. Chem. **236**, 436 (1961).
[33] WHITE, F. H.: J. biol. Chem. **236**, 1353 (1961).
[34] RICKLI, E. E., and J. T. EDASLL: J. biol. Chem. **237**, PC 258 (1962).
[35] MÜLLER-HILL, B.: Dissertation, Universität Freiburg, 1962.
[36] GRUBER, W., K. WARZECHA, G. PFLEIDERER u. TH. WIELAND: Biochem. Z. **336**, 107 (1962).
[37] SCHAFFER, N. K., S. C. MAY and W. H. SUMMERSON: J. biol. Chem. **202**, 67 (1953).
[38] BAKER, B. R., W. W. LEE, E. TONG and L. O. ROSS: J. Am. Chem. Soc. **83**, 3713 (1961).
[39] SCHOELLMANN, G., and E. SHAW: Biochem. Biophys. Res. Com. **7**, 36 (1962).
[40] HUGHES, R. C., W. T. JENKINS and E. H. FISCHER: Proc. Natl. Acad. Sci. **48**, 1615 (1962).
[41] FRIDOVICH, I., and F. H. WESTHEIMER: J. Am. Chem. Soc. **84**, 3208 (1962).

[42] GRAZI, E., H. MELOCHE, G. MARTINEZ, W. A. WOOD and B. L. HORECKER: Biochem. Biophys. Res. Com. **10**, 4 (1963).
[43] BURCHFIELD, H. P., and E. E. STORRS: Contrib. Boyce Thomps. Inst. **19**, 417 (1958).
[44] COHEN, L. A., u. B. WITKOP: Angew. Chemie **73**, 253 (1961).
[45] ZAHN, H., u. E. SIEPMANN: Biochem. Z. **335**, 303 (1961).
[46] WIELAND, TH., u. W. SCHÄFER: Liebigs Ann. Chemie **576**, 104 (1952).
[47] GREENSTEIN, J. P., and M. WINITZ: In "Chemistry of the Amino Acids". Vol. I, p. 493. New York: J. Wiley and Sons 1961.
[47a] EIGEN, M.: persönliche Mitteilung.
[48] MARTIN, R. B., and A. PARCEL: J. Am. Chem. Soc. **83**, 4835 (1961).
[49] KIRKWOOD, J. G., and J. B. SHUMAKER: Proc. Natl. Acad. Sci. **38**, 863 (1952).
[50] VENETIANER, P., and F. B. STRAUB: Biochim. Biophys. Acta **67**, 166 (1963).
[51] ANFINSEN, CH. B., and E. HABER: J. biol. Chem. **236**, 1361 (1961).
[52] KERN, H. L.: Ph. D. Thesis. Johns Hopkins University (1953).
[53] TANFORD, CH.: J. Phys. Chem. **59**, 788 (1955).
[54] SCHERAGA, H. A.: In "Protein Structure". New York: Academic Press 1961.
[55] DONOVAN, J. W., M. LASKOWSKI and H. A. SCHERAGA: J. Am. Chem. Soc. **82**, 2154 (1960).
[56] HARRINGTON, W. F., and J. A. SCHELLMANN: Compt. rend. trav. lab. Carlsberg Sér. chim. **30**, 21 (1956).
[57] HUNTER, L., and J. A. MARIOTT: J. Chem. Soc. (Lond.) **1941**, 777.
[58] LASKOWSKI, M., and H. A. SCHERAGA: J. Am. Chem. Soc. **78**, 5793 (1956).
[59] LASKOWSKI, M., and H. A. SCHERAGA: J. Am. Chem. Soc. **83**, 266 (1961).
[60] MIZUSHIMA, S. I., T. SHINANOUCHI, K. KURATANI and T. MIYAZAWA: J. Am. Chem. Soc. **74**, 1378 (1952).
[61] TANFORD, CH.: J. Am. Chem. Soc. **84**, 4240 (1962).
[62] KENDREW, J. C., C. H. WATSON, B. E. STRANDBERG, R. E. DIEKERSON, D. C. PHILIPS and V. C. SHORE: Nature (Lond.) **190**, 666 (1961).
[63] FOSS, J. G.: Biochim. Biophys. Acta **47**, 569 (1961).
[64] LÜTTRINGHAUS, A., and D. BERRER: Tetrah. Letters 1959, Nr. 10, p. 10.
[65] BERRER, D.: Dissertation, Universität Freiburg, 1959.
[66] CRUSE, R.: Diplomarbeit, Universität Freiburg, 1962.
[67] LINDSKOG, S., and B. G. MALMSTRÖM: Biochem. Biophys. Res. Com. **2**, 213 (1960).
[68] VALLEE, B. L., R. J. P. WILLIAMS and J. E. COLEMAN: Nature (Lond.) **190**, 633 (1961).
[69] COLEMAN, J. E., and B. L. VALLEE: J. biol. Chem. **236**, 2244 (1961).
[70] VALLEE, B. L., J. F. RIORDAN and J. E. COLEMAN: Proc. Natl. Acad. Sci. **49**, 109 (1963).
[71] PULLMAN, B., and A. PULLMAN: Proc. Natl. Acad. Sci. **44**, 1197 (1958).
[72] PULLMAN, B., and A. PULLMAN: Proc. Natl. Acad. Sci. **45**, 136 (1959).
[73] ISENBERG, I., and A. SZENT-GYÖRGYI: Proc. Natl. Acad. Sci. **44**, 857 (1958).
[74] CILENTO, G., and P. GIUSTI: J. Am. Chem. Soc. **81**, 3801 (1959).

[75] ALIVISATOS, S. G. A. F. UNGAR, A. JIBRIL and G. A. MOURKIDES: Biochim. Biophys. Acta 51, 361 (1961).
[76] VELIK, S. F.: J. biol. Chem. 233, 1455 (1958).
[77] MASSEY, V., and G. PALMER: J. biol. Chem. 237, 2346 (1962).
[78] LEVY, H. R., F. A. LOEWUS and B. VENNESLAND: J. Am. Chem. Soc. 79, 2949 (1957).
[79] FISCHER, E.: Ber. dtsch. chem. Ges. 27, 2985 (1894).
[80] EYRING, H., R. LUMRY and J. D. SPIKES: In "The Mechanism on Enzyme Action", p. 123. Baltimore: Johns Hopkins Press 1954.
[81] KOSHLAND, D. E.: In "The Enzymes". Vol. I, p. 332 (ed. Boyer, Lardy, Myrbäck), Academic Press: New York 1959.
[82] LABOUESSE, B. B. H. HAVSTEEN and G. P. HESS: Proc. Natl. Acad. Sci. 48, 2137 (1962).
[83] WALLENFELS, K., u. H. SUND: Biochem. Z. 329, 59 (1957).
[84] ALBERTY, R. A., W. G. MILLER and H. F. FISHER: J. Am. Chem. Soc. 79, 3973 (1957).
[85] SWAIN, C. G., and J. F. BROWN: J. Am. Chem. Soc. 74, 2534 (1952).
[86] WESTHEIMER, F. H.: In "The Enzyme", Vol. I, p. 259 (ed. Boyer, Lardy, Myrbäck). New York: Academic Press 1959.
[87] LINDERSTRØM-LANG, K. U., and J. A. SCHELLMAN: In "The Enzymes", Vol. I, p. 443 (ed. Boyer, Lardy, Myrbäck). New York: Academic Press 1959.
[88] LUMRY, R.: In "The Enzymes", Vol. I, p. 157 (ed. Boyer, Lardy, Myrbäck). New York: Academic Press 1959.
[89] SWAIN, C. G., H. J. DI MILO and J. P. CORDNER: J. Am. Chem. Soc. 80, 5983 (1958).
[90] EIGEN, M., and G. G. HAMMES: Adv. Enzymol. (im Druck).
[91] CUNNINGHAM, L. W.: Science 125, 1145 (1957).
[92] SPENCER, T., and J. A. STURTEVANT: J. Am. Chem. Coc. 81, 1874 (1959).
[93] BRUICE, TH. C.: Proc. Natl. Acad. Sci. 47, 1924 (1961).
[94] FAHRNEY, D. E., and A. M. GOLD: J. Am. Chem. Soc. 85, 349 (1963).
[95] KLOTZ, I. M., J. AYERS, J. Y. C. HO, M. G. HOROWITZ and R. E. HEINEY: J. Am. Chem. Soc. 80, 2132 (1958).
[96] KLOTZ, I. M.: In "Horizons in Biochemistry", p. 523 (ed. Kasha and Pullman). New York and London: Academic Press 1962).
[97] EIGEN, M., and L. DE MAEYER: Proc. Roy. Soc. A 247, 505 (1958).
[98] GUTFREUND, H., u. J. M. STURTEVANT: Biochem. J. 63, 656 (1956).
[99] BENDER, M. L.: J. Am. Chem. Soc. 84, 2582 (1962).
[100] WALLENFELS, K.: 4. Colloquium Ges. Physiol. Chemie, Mosbach, p. 160, 1953.
[101] BOYER, P. D.: Ann. Rev. Biochem. 29, 19 (1960).
[101a] WALLENFELS, K., u. G. KURZ: Biochem. Z. 335, 559 (1962).
[102] ABDEL-LATIF, A. A., S. G. A. ALIVISATOS: J. biol. Chem. 237, 500 (1962).
[103] HILL, L. R., and E. L. SMITH: Biochim. Biophys. Acta 19, 376 (1956).
[104] PERUTZ, M. F.: Proteins and Nucleic Acids, p. 55. Amsterdam, London und New York: Elsevier 1962.

Diskussion

Diskussionsleiter: WIELAND, *Frankfurt a. M.*

EIGEN (Göttingen): Ich möchte gern zu zwei Fragen Stellung nehmen, einmal zur Frage der Bestimmung der Dissoziationskonstanten der SH- und NH_3^+-Gruppe im Cystein, zum anderen zur Frage des "concerted mechanism" bei der Katalyse.

Wie bereits von Herrn WALLENFELS ausgeführt wurde, hat man es bei der Dissoziation der SH- und NH_3^+-Gruppen im Cystein ja eigentlich mit 4 Gleichgewichten zu tun

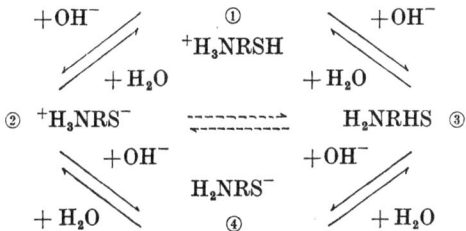

Darüber hinaus ist es für den Mechanismus wichtig, daß eine direkte Protonenübertragung zwischen den Formen 2 und 3 auftreten kann. Wir haben die Geschwindigkeit dieser Protonenübertragung direkt gemessen, die Zeitkonstante ist nur von der Größenordnung 10^{-8} sec (s. Zit. 1). Die direkte Protonenübertragung zwischen benachbarten Gruppen ist damit um Größenordnungen schneller als nach dem Hydrolyse- oder Protolyseschema ($2 \leftrightarrow 1 \leftrightarrow 3$ oder $2 \leftrightarrow 4 \leftrightarrow 3$). Das bedeutet, daß es auch mit kinetischen Methoden nicht ohne weiteres möglich sein wird, die Protonierung der einzelnen Formen (bzw. die pK-Werte der einzelnen Gleichgewichte) unabhängig voneinander zu messen.

Gleichgewichtsmessungen sowie auch kinetische Messungen im Zeitbereich $\gg 10^{-8}$ sec ergeben zwei pK-Werte, die sich zwar um einige Einheiten voneinander unterscheiden, trotzdem aber weder der SH- noch der NH_3^+-Gruppe einfach zugeordnet werden können. Wir wissen (s. Zit. 2), daß die Existenz einer benachbarten NH_3^+-Gruppe den pK-Wert der SH-Gruppe beträchtlich erniedrigt, wie auch eine SH-Gruppe den pK-Wert der NH_3^+-Gruppe in ähnlicher Weise beeinflußt. Da das Gleichgewicht 2—3 sich schnell einstellt, kann man aus allen Messungen im Zeitbereich $\gg 10^{-8}$ sec nur folgen, daß der niedrige pK-Wert der Dissoziation der Verbindung 1 in $\Sigma(2, 3)$ und der höhere pK-Wert der Dissoziation von $\Sigma(2, 3)$ in 4 zuzuordnen ist. EDSALL hat gewichtige Argumente dafür angegeben, daß die individuellen pK-Werte der SH- und NH_3^+-Gruppen sich tatsächlich nur wenig unterscheiden; d. h. ein pK-Wert von 8—9 gilt sowohl für — SH als auch — NH_3^+, solange jeweils die andere Gruppe nur protoniert ist; ein pK-Wert von 10—11 gilt wieder für beide Gruppen, wenn nur die andere Gruppe jeweils deprotoniert ist. Entscheiden kann man diese Frage durch

Relaxationsmessungen im Zeitbereich um 10^{-8} sec. Hier mißt man direkt die Einstellung des Gleichgewichts $2 \rightleftharpoons 3$ und damit auch das Konzentrationsverhältnis beider Formen.

Das Gleichgewicht hängt sehr stark vom Druck ab, da der Übergang von der Zwitterion- zur ungeladenen Form mit einer starken Volumenänderung verknüpft ist. Druckänderungen im Zeitbereich von 10^{-8} sec lassen sich leicht durch Ultraschallwellen realisieren. Schallabsorptionsmessungen erlauben daher eine quantitative Bestimmung des Relaxationseffektes (s. Zit. 3).

Derartige Messungen haben für Cysteinamin gezeigt, daß (entsprechend Zit. 2) beide Formen (2 und 3) in nennenswerter Menge nebeneinander vorliegen. (Die p_H-Bedingungen waren so gewählt, daß die Formen 1 und 4 nur in geringer Konzentration anwesend waren.)

Es gibt viele andere Beispiele ähnlicher Art. Eine Zuordnung des pK-Wertes ist immer schwierig, solange die beiden Alternativformen sich schnell miteinander ins Gleichgewicht setzen. Relaxationsmessungen im Zeitbereich der Zeitkonstante der Gleichgewichtseinstellung erlauben hier eine direkte Zuordnung der pK-Werte.

Meine zweite Bemerkung bezieht sich auf die erwähnte Analogie eines "concerted mechanism" bei der Enzymkatalyse zu der von SWAIN u. Mitarb. gefundenen polyfunktionellen Eigenschaft von Hydroxypyridin bei der Säure-Base-Katalyse in aprotischen Solventien[4]. SWAIN und BROWN[5] hatten gefunden, daß die katalytische Wirksamkeit von Pyridin und Phenol bei der Mutarotation von Tetramethylglucose in Benzol als Lösungsmittel praktisch ausschließlich einem ternären Komplex zukommt, da bei der Reaktion ein Proton-Donator und Acceptor gleichzeitig benötigt wird. (Die Konzentration an ionisierten Komponenten ist so klein, daß ein stufenweiser Mechanismus auszuschließen ist.) Die daraus zu ziehende Schlußfolgerung, daß Hydroxypyridin dann ein wesentlich effektiverer Katalysator sein müßte als irgendeine Kombination der Einzelkomponenten, hat sich in überzeugender Weise bestätigt. SWAIN und BROWN fanden, daß eine 10^{-3} M Lösung von 2-Hydroxypyridin 7000mal effektiver ist als eine Lösung von 10^{-3} M Pyridin und 10^{-3} M Phenol, obwohl Pyridin die stärkere Base und Phenol die stärkere Säure ist. Dagegen sind Unterschiede dieser Art in H_2O als Lösungsmittel nicht erheblich. Das liegt daran, daß hier Wassermolekeln als Protonen-Donatoren und -Acceptoren mit einer Säure oder Base zusammen wirken können. Man hat daraus gefolgert[6], daß in Wasser der katalytische Mechanismus ein Stufenmechanismus ist, z. B.

$$SH + B \rightleftharpoons S + A$$
$$S + A \rightleftharpoons S'H + B$$

A = Säure, B = Base, S = Substrat.

Dann würden die Ergebnisse von SWAIN nur als Modelle für eine hydrophobe Umgebung der Reaktionspartner in Frage kommen. Diese Voraussetzungen treffen zweifellos z. T. für Enzymreaktionen zu, obwohl hier das Angebot an sauren und basischen Gruppen doch immer noch recht groß ist.

Diese Schlußfolgerung ist jedoch nicht ganz zutreffend, da auch in Wasser eine Art von "concerted mechanism" vorliegen muß. Wir haben die Elementarschritte der möglich mehrstufigen Katalysemechanismen (s. oben) untersucht und gefunden, daß die tatsächlich beobachtete Katalyse wesentlich schneller erfolgt. In einigen Fällen erfolgt die Protonenübertragung sogar schneller, als es für diffusionskontrollierte Prozesse bei einem Mehrstufenmechanismus überhaupt möglich ist. Aus einer derartigen Analyse des Mechanismus folgt, daß auch hier ein "concerted mechanism" vorliegen muß, wobei dasselbe Molekül im Verlaufe einer Begegnung als Säure und (nach Abgabe des Protons unter Zuhilfenahme von H_2O-Molekeln) als Base in Erscheinung tritt. Das Vorliegen von H_2O-Molekeln in einer reaktionsgünstigen Position ist für einen solchen Mechanismus entscheidend. Das sollte auch für die enzymatische Katalyse gelten. Im übrigen möchte ich auf die sehr interessanten Modellversuche von BRUICE[7] verweisen, der die Bedeutung der richtigen sterischen Anordnung von sauren und basischen Gruppen für die Katalyse sehr überzeugend demonstriert hat.

WALLENFELS: Im Zusammenhang mit dem Cysteinproblem möchte ich nochmals auf die kinetischen Daten der Tab. 4 hinweisen. Die Aminogruppe des Cysteins reagiert nach Substitution der SH-Gruppe mit Jodacetamid mehr als 10mal langsamer als bei unbesetzter SH-Gruppe. Beim Homocystein ist bei unbesetzter SH-Gruppe die Reaktion der Aminogruppe schon 7,3mal langsamer als beim Cystein. Man sieht daraus, daß in den kinetischen Daten die spezifische Reaktivität der Kombination aus SH- und Aminogruppe noch wesentlich stärker zum Ausdruck kommt als in den thermodynamischen Daten.

In meiner Betrachtung stellt aufgrund der Reaktionsweise eine Kombination von SH- und Aminogruppe in der relativen Position, wie sie beim Cystein vorliegt, eine qualitativ neue Funktion — eben eine Kombinationsfunktion — dar, die durch ihre speziellen kinetischen und thermodynamischen Merkmale gegenüber den Einzelfunktionen charakterisierbar ist. Kombinationsfunktionen sind daher als neue Sorte von funktionellen Gruppen zu betrachten. Ich nehme an, daß die Frage, warum katalytisch funktionelle Gruppen sich in ihrer Reaktivität von einer Vielzahl chemisch gleichartiger Gruppen unterscheiden, zumindest z. T. auf dieser Basis erklärbar ist.

Für die aktive Gruppierung des Proteins, für welche Hydroxypyridin ein Modell sein soll, nehme ich aus zwei Gründen die Lokalisation in einem hydrophoben Bereich an: 1. die Bindung des Substrats über Wasserstoffbrücken, wie sie allgemein für Zucker angenommen wird, läßt sich bei freiem Zutritt von Wasser zur Bindungsstelle — in Konkurrenz zum Wasser — schlecht vorstellen. Wasser ist selbst optimaler Partner für Wasserstoffbrücken mit Donator- und Acceptorfunktionen im Protein. 2. die direkte Übertragung eines Protons von Protein zum Substrat und umgekehrt kann man sich in Konkurrenz mit Wasser, das freien Zutritt hat, d. h. als Protonendonator und -acceptor fungieren kann, schlecht vorstellen.

HEMMERICH (Basel): Ich möchte nur noch eine kurze Frage zu diesem Punkt stellen: In einem aprotischen Lösungsmittel und in Wasser verschiebt sich doch dieses Tautomerengleichgewicht, also zwischen der α-Pyridonform und der Hydroxypyridinform, sicher sehr stark in dem Sinne, daß man in Wasser eine weit überwiegende Konzentration des Pyridon hat und in einem aprotischen Lösungsmittel in sehr viel höherer Konzentration das Hydroxypyridin, so daß sich dadurch doch auch Unterschiede ergeben müssen, weil Pyridon ein sehr viel schlechterer Donat sowohl als Acceptor ist für das Hydroxypyridin. Und das muß man doch wohl dabei auch berücksichtigen.

SWAINE u. BROWN haben die diese Fehlerquellen eliminiert.

EIGEN: Ich weiß nicht, wieweit dies im vorliegenden Falle quantitativ richtig berücksichtigt wurde. Jedenfalls kennt man in anderen Fällen sehr genau den Zustand und die pK-Werte der Katalysatoren. Es gilt auch dort, daß ein einfaches Säure/Base-System im Wasser sich bei weitem nicht so stark von einem polyfunktionellen System unterscheidet wie in aprotischen Lösungsmitteln.

PFLEIDERER (Frankfurt a. M.): Nachdem in den Ausführungen von Herrn WALLENFELS wirklich alles enthalten ist, was heute über dieses Gebiet bekannt ist, möchte ich mir kurz erlauben, aus dem Experiment heraus noch einige Bemerkungen zu machen. Wir beschäftigen uns seit vielen Jahren mit der Reaktion von Protein und kennen auch gerade die eben wieder diskutierten Schwierigkeiten, daß man so gut wie gar nicht Beziehung nehmen kann zwischen Reaktionen niedermolekularer Modellsubstanzen mit spezifischen Reagentien und Reaktionen am Protein. Ich darf das vielleicht ganz einfach an einem Beispiel des Schwefels erläutern. Cystein reagiert momentan, auch mit hoch verdünnter Lösung mit Maleinimidin, die mir doch spezifischer erscheint, als Sie vielleicht angedeutet haben. Und im Protein haben wir selbst bei hohem Überschuß des Reagenses außerordentlich langsame Reaktionsgeschwindigkeiten. Ich habe auf der Suche nach aggressiveren SH-Reagentien Herrn Prof. SCHÖBERL in Hannover gebeten, sein Vinylsulfon zu schicken, das im Modell ausgezeichnet reagiert. Bei unseren SH-Enzymen, bei denen also sicher SH-Gruppen an der Reaktion beteiligt sind, haben wir überhaupt keine Reaktion in gesättigter Lösung bekommen. Wir bezeichnen das als verkappte SH-Gruppen, die uns ganz besondere Schwierigkeiten machen, die in irgendeiner Form durch Wasserstoffbrückenbildung oder irgend andere Beeinflussung im Molekül in ihrer Reaktionsfähigkeit behindert werden. Das zweite, was mir wesentlich scheint: Man muß sehr vorsichtig sein bei der Beurteilung, ob wirklich ein Hemmstoff an der Wirkgruppe eingreift ... — Sie hatten das erwähnt mit dem Jod-Acetat, — obwohl ich glaube, daß die Fälle, wie Anomalie mit Imidazol und Methionin, doch seltener sind. Wir haben umgekehrt sehr gute Erfahrungen mit SH-Reagentien, vor allem, weil wir uns absichern mit völlig verschiedenartigen Reagentien. Wenn wir dann gleiche Ergebnisse bekommen, sind wir etwas beruhigter. Aber ich glaube, man muß ganz sicher eines festhalten: Wir haben von Anfang an nicht nur kontrollierte enzymatische Aktivität, sondern wir verfolgen sowohl — z. B. beim Schwefel — wieviel Schwefel hat reagiert, wieviel Wirkgruppen sind noch da. Aus diesen Bilanzen glauben wir, doch in einigen Fällen sehr genau sagen zu können, das Reagens greift nur die Wirkgruppe an. Also ich glaube, man muß ein Spektrum von Hilfsmitteln zu Rate ziehen. Das äußert sich ja jetzt allgemein; früher hat man nur die Kinetik verfolgt, heute muß man schon nach einer Reaktion eine Totalaminosäureanalyse machen. Als wir z. B. auf Histidin mit spezifischen Reagentien untersuchen wollten, sahen wir in der Analyse, daß bei sehr kurzer Einwirkungszeit sowohl Histidin als Lysin, Arginin und Tyrosin (195) reagiert hatten. Es ist also sehr viel komplexer, als man es sich in der Regel vorstellt. Aber wir haben doch wohl darin eine Chance, daß wir in einigen Fällen einen sehr deutlichen Unterschied in der Reaktionsgeschwindigkeit zwischen funktionellen und nicht-funktionellen Gruppen haben.

Dann noch kurz eine Schwierigkeit. Wir haben bei sehr festen Komplexen, die die Wirkung absichern, festgestellt, daß vor allem bei irreversiblen, also bei echten homöopolaren Bindungen des Reagenses mit dem Protein schon laufend eine Strukturveränderung, eine Dissoziation, eintritt. In dem Moment, wo das Protein denaturiert, reagieren, wie Sie gesagt haben, praktisch alle Gruppen fast sogar gleichzeitig. Herr Dr. WOENCKHAUS hat z. B. an dem DPN eine Schwefelgruppe eingeführt. Diese Schwefelgruppe, in Adeninstellung[6] ist sehr leicht nucleophil substituierbar. Wenn wir das Coenzym allein gruppieren, so daß es noch ziemlich locker gebunden ist, tritt keinerlei Inaktivierung ein; wenn wir aber durch einen Trick unseren ternären Komplex bilden mit Sulfid und es nun wirklich an die Wirkgruppe herangeführt wird, bekommen wir sehr rasch eine irreversible Inaktivierung und können tatsächlich nach tagelanger Dialyse im Protein einwandfrei gebundenes DPN feststellen.

Ich glaube, die Vehikelsubstanzen sind eine besonders wichtige Hilfe für die spezifische Markierung von Proteinen, weil sie in kleiner Konzentration spezifisch durch die Struktur eines Pseudosubstrates an den Ort der Wirkgruppe herangesteuert werden.

Zum Schluß noch eine weitere Komplikation: Cerin ist sehr leicht markierbar; aber bei den Proteasen ist, wie wir wissen, in weiter Nachbarschaft zum Serin kein Histidin vorhanden; also durch eine tertiäre Faltung muß eine andere Gruppe in Nachbarschaft gebracht werden. Das wird eine neue Schwierigkeit geben, so daß das Endziel sein muß, Klammersubstanzen zu schaffen, die mehrere an der Funktion beteiligte Gruppen zusammenhalten.

WIELAND: Danke vielmals, Herr Dr. PFLEIDERER, mit Ihren Ausführungen haben Sie schon vorausgegriffen. Ich bin überzeugt, daß im Anschluß an Herrn GUNDLACHs Vortrag nochmals solche Prinzipien zur Sprache kommen werden. Ich möchte fragen, ob jetzt vielleicht zur SH-Gruppen-Frage etwas zu sagen ist.

WALLENFELS: Die spektrophotometrische Methode BOYERs [J. Amer. chem. Soc. 76, 4331 (1954)] bietet gegenüber anderen Methoden den Vorteil, daß man feststellen kann, ob neben SH-Gruppen weitere Gruppen eines Proteins mit PCMB reagiert haben. Die spektrophotometrische Titration bei etwa 250 mμ liefert uns ja die Gesamtzahl aller Gruppen, die eine Reaktion mit dem PCMB eingegangen sind. Demgegenüber kann man aus der Extinktionszunahme den Gehalt an SH-Gruppen errechnen, wenn man den in Gegenwart von Merkaptobernsteinsäure oder einem Überschuß von Cystein und PCMB ermittelten Extinktionskoeffizienten der Merkaptidbindung zugrunde legt. Haben neben SH-Gruppen auch andere reagiert, dann liefern beide Bestimmungen unterschiedliche Werte. Für die Alkoholdehydrogenasen aus Hefe[8] und Pferdeleber[9] sowie für die β-Galaktosidase aus E. coli[10] fanden wir in unserem Laboratorium aufgrund der Boyer-Methode Werte für die SH-Gruppen, die sich um nicht mehr als 5% unterschieden, je nachdem ob die Berechnung mit Hilfe des Titrationsendpunktes oder der Extinktionszunahme erfolgte. Das bedeutet, daß in diesen Fällen das PCMB spezifisch nur mit SH-Gruppen reagierte, soweit die Fehlerbreite der Methode eine solche eindeutige Aussage zuläßt. Bei höheren PCMB-Konzentrationen als denjenigen, die bei der Photometrie verwendet werden, reagieren möglicherweise noch weitere funktionelle Gruppen dieser Proteine.

Literatur zur Diskussion

[1] EIGEN, M., and G. G. HAMMES: Advanc. Enzymol. **25**, 1 (1963).
[2] WYMAN, J., and J. T. EDSALL: Biophysical Chemistry. New York: Academic Press Inc. 1958.
[3] EIGEN, M., and L. DE MAEYER: In: Technique of Organic Chemistry. (Ed. A. WEISSBERGER), Vol. VIIIb, S. 895ff., 2. Aufl. New York: Interscience 1963.
[4] BELL, R. P.: The Proton in Chemistry, S. 152ff. Ithaca, N. Y.: Cornell Univ. Press 1959.
[5] SWAIN, C. G., and J. F. BROWN: J. Amer. chem. Soc. **74**, 2534, 2538 (1952).
[6] FROST, A. A., and R. G. PEARSON: The Kinetics and Mechanism, S. 221. New York: John Wiley and Sons 1961.
[7] BRUICE, T. C., and U. K. PANDIT: Proc. Nat. Acad. Sci. **46**, 402 (1960).
[8] WALLENFELS, K., H. SUND u. K. WEBER: unveröff.; K. WEBER: Dipl. Arbeit Freiburg 1962.
[9] SUND, H. u. H. THEORELL: The Enzymes Vol. 7, 25 (1963).
[10] WALLENFELS, K., B. MÜLLER-HILL, D. DABICH, C. STREFFER, R. WEIL: Biochem. Z. (im Druck).

Kinetic and spectrophotometric investigation of the mechanism of α-chymotrypsin action

By

MYRON L. BENDER

Department of Chemistry, Northwestern University, Evanston, Illinois, USA

With 9 Figures

Introduction

One of the fundamental areas of biochemistry is the mechanism of enzyme action. This problem in catalysis may be stated as: "How does a protein catalyze an organic reaction?" Although no definitive answer has been given for any enzyme, sufficient progress toward this goal has been made to justify the present conference, and the future portends great advances in this area. The study of enzymatic reaction mechanisms offers the possibility of learning one of life's secrets by the application of chemical principles, and also the possibility of enhancing chemical ideas from learning what the enzyme can do which the lowly chemist cannot.

One can divide enzymes grossly into two groups, those that contain coenzymes (small organic compounds) in addition to the protein backbone, and those enzymes that consist solely of protein. The activity of the former enzymes is tied directly to the small organic molecules, the coenzymes, and has been brilliantly explained in those terms in many cases. (Of course, there is no essential distinction between a coenzyme and a substrate, and thus the essential purpose of the protein backbone has not been answered by a mechanism involving only the coenzyme). The enzyme that I wish to discuss, chymotrypsin, belongs to the latter class; that is, it is strictly a protein and the essential question of enzyme catalysis is met head-on.

A class of proteolytic enzymes has been defined as those enzymes which react uniquely and stoichiometrically with a labile phosphate derivative to produce an inactive phosphorylated enzyme[1] in which the phosphorus atom resides on a serine moiety of the enzyme[2]. This class of enzymes has been called the "serine proteinases"[3]. α-Chymotrypsin is the member of this class of enzymes most amenable to experimental investigation from the point of view of availability, purity, background of information, and ease of experimentation. For these reasons, our investigations have concentrated on chymotrypsin. It is reasonable to believe that the discussion presented here for α-chymotrypsin will be pertinent as well for other members of the "serine proteinase" family such as trypsin, plasmin, thrombin and elastase, as well as related enzymes such as acetylcholinesterase.

Although a considerable amount of information concerning the mechanism of α-chymotrypsin-catalyzed hydrolyses is now available, the three-dimensional structure of the enzyme (protein) is not available. Even the sequential analysis of the structure of chymotrypsin has not as yet been completed. Therefore, any conclusions in this paper must be tempered by the realization that the all-important structural information is yet to come.

From a mechanistic viewpoint ignorance of the protein structure reduces to ignorance of the structure of the one active site in the molecule. The active site is probably small compared to the entire enzyme, since most of the substrates of α-chymotrypsin, even specific substrates, are quite small molecules compared to α-chymotrypsin itself, which has a molecular weight of 24,800[4]. Furthermore, several hydrolytic enzymes have been cleaved of appreciable fractions of their total bulk with little or no loss of catalytic activity[5]. A serine moiety, mentioned above, is one component of the active site, experimentally the most accessible one. In general, however, the active site must be composed of the juxtaposition of several chains, each of which contributes some functionality to the totality which is called the active site. This defines the active site as a region among several chains which contribute nucleophiles, electrophiles, and specificity sites.

Intermediates in Chymotrypsin Action

Mechanism must involve the elucidation of the individual steps and intermediates in a reaction, and also the elucidation of the transition states of each individual step. Therefore, the first order of business is to identify the various steps and intermediates in the chymotrypsin reaction.

Kinetic and spectrophotometric investigation 49

The mechanisms postulated for catalysis by α-chymotrypsin fall into two families. One family of mechanisms proposes the formation of an enzyme-substrate (-cosubstrate) complex followed by a onestep reaction[6, 7] to produce the enzyme-products complex which then dissociates (eq. 1). The other family of mechanisms proposes the formation of an adsorptive enzyme-substrate complex, then an intracomplex reaction to produce an acyl-enzyme intermediate (acylation), and finally reaction of the acyl-enzyme with water to produce carboxylic acid and regenerate the enzyme (deacylation) (eq. 2).

$$\underset{\text{O}}{\text{R}\overset{\|}{\text{C}}\text{OR}} + \text{E} \rightleftarrows \underset{\text{O}}{\text{R}\overset{\|}{\text{C}}\text{OR} \cdot \text{E}} \underset{\text{ROH}}{\overset{\text{H}_2\text{O}}{\rightleftarrows}} \underset{\text{O}}{\text{R}\overset{\|}{\text{C}}\text{OH} \cdot \text{E}} \rightleftarrows \underset{\text{O}}{\text{R}\overset{\|}{\text{C}}\text{OH}} + \text{E} \quad (1)$$

$$\underset{\text{O}}{\text{R}\overset{\|}{\text{C}}\text{OR}} + \text{E} \rightleftarrows \underset{\text{O}}{\text{R}\overset{\|}{\text{C}}\text{OR} \cdot \text{E}} \underset{\text{ROH}}{\rightarrow} \underset{\text{O}}{\text{R}\overset{\|}{\text{C}}\text{E}} \overset{\text{H}_2\text{O}}{\rightleftarrows}$$

$$\underset{\text{O}}{\text{R}\overset{\|}{\text{C}}\text{OH} \cdot \text{E}} \rightleftarrows \underset{\text{O}}{\text{R}\overset{\|}{\text{C}}\text{OH}} + \text{E} \quad (2)$$

The two general mechanisms differ essentially in the question of whether an acyl-enzyme intermediate is formed. The second hypothesis treats the acyl-enzyme as an obligatory intermediate in the reaction scheme; on the other hand, the first hypothesis might admit the possibility of the formation of an acyl-enzyme only as a "blind-alley" intermediate formed when a labile substrate (e.g. a nitrophenyl ester) is used whose leaving group departs before nucleophilic attack by water can occur. Let us consider the evidence for these processes.

A number of dialkylphosphoryl-enzymes[1], a dimethylcarbamyl-enzyme[8], and a host of acyl-enzymes[9] have been prepared and in many cases isolated. In all cases tested these compounds are stoichiometric compounds which are enzymatically inactive. Several derivatives such as diisopropylphosphoryl-chymotrypsin and trimethylacetyl-α-chymotrypsin have been crystallized. The phosphoryl-, carbamyl-, or acyl-enzymes react with nucleophiles of varying strength to regenerate the enzyme and produce the appropriate derivative. The above set of enzymatic processes which includes derivatization and regeneration of the enzyme is related to the process shown in Eq. 2, and thus provides a solid chemical background for its applicability to the reactions of serine proteinases.

It is instructive to consider the chymotrypsin-catalyzed hydrolysis of p-nitrophenyl acetate at 400 mμ, where one observes the formation of p-nitrophenoxide ion. HARTLEY and KILBY[10] observed a "burst" of p-nitrophenol followed by a zero-order release of p-nitrophenol. Later GUTFREUND and STURTEVANT[11] using a stopped-flow mixing device determined quantitatively the kinetics of the initial rapid reaction and the subsequent slow reaction in terms of Eq. 2. They showed that the pre-steady state and steady state reactions reflecting the acylation and deacylation of the enzyme respectively, (cf. Eq.2) are completely consistent with such a mechanism. Although these kinetics do not measure a property of the acylenzyme, but rather a property of the system related to the acyl-enzyme, they have nevertheless proven to be a powerful factor in shaping thinking about the mechanism of chymotrypsin action in terms of eq. 2.

The data on the characterization of the active site and of the acyl-enzyme intermediate by isolation and kinetic analysis of the pre-steady and steady state reactions of p-nitrophenyl acetate may be criticized as either artificial (as far as the pH is concerned and as far as the production of artifacts is concerned) or as indirect. These possible criticisms suggested to us the necessity of some experimental approach which would allow observation of the individual steps of the reaction and observation of the acylchymotrypsin intermediate without perturbation of the reaction system. Such an experimental approach is spectrophotometry. In the elegant work of CHANCE[12] in studies involving intermediate formation in oxidation-reduction enzymes, the course of reaction was followed by changes in absorption of the *enzyme* resulting from enzyme-substrate interaction. We have devised an approach for the detection of acyl-enzymes in unperturbed enzymatic processes by exploiting changes in the absorption of the *substrate*. The substrate usesd first was o-nitrophenyl cinnamate. Its choice was dictated by the fact that it contains an acyl group and an alcohol group, both of which absorb strongly in the ultraviolet and whose absorptions do not completely overlap one another. Furthermore, the backbone of the cinnamates is related to the β-phenylpropionic acid group found in specific substrates of chymotrypsin, such as phenylalanine, tyrosine, and tryptophan derivatives.

When equimolar amounts of o-nitrophenyl cinnamate and chymotrypsin react at pH's from 5.48 to 8.24, it is found (1) that

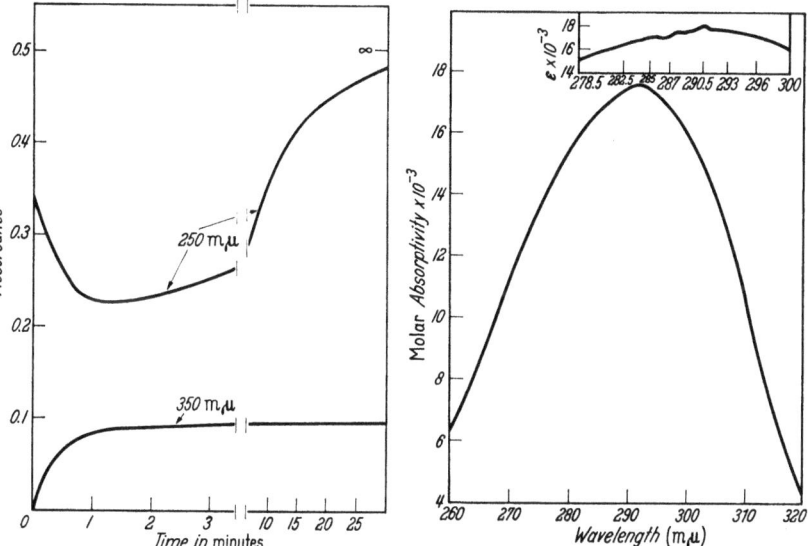

Fig. 1. The α-chymotrypsin-catalyzed hydrolysis of o-nitrophenyl cinnamate at 25° in pH 6.2 phosphate buffers containing 10% acetonitrile. $[E]_0 = [S]_0 = 0.42 \times 10^{-4}$ M

Fig. 2. Difference spectrum of *trans*-cinnamoyl-α-chymotrypsin *vs*. α-chymotrypsin at pH 4.28. Inset shows the small "bumps" near the maximum on an expanded wave length scale

the liberation of o-nitrophenol is practically complete in a few minutes (from observations at 350 mμ) and (2) the absorption at 250 mμ decreases reaching a minimum in that time which is required for formation of o-nitrophenol; the absorption then slowly rises over a period of time much greater than that for formation of o-nitrophenol to a maximum value (see Fig. 1). The absorption at infinity is the sum of the o-nitrophenol and cinnamic acid absorptions. Since cinnamic acid is not appreciably formed by the time o-nitrophenol formation is complete, the decrease in absorption at 250 mμ must correspond to the formation of a cinnamoyl-chymotrypsin intermediate[9, 13].

The difference spectrum between cinnamoyl-chymotrypsin and chymotrypsin at low pH (where the former is completely stable) is shown in Fig. 2. The acyl-enzyme has previously been described as either an acyl-imidazole compound or as an acyl-serine compound. If indeed the intermediate is one of these compounds, it appears that the spectrum is perturbed by the enzyme environment for the λ_{max} of cinnamoyl-chymotrypsin is 288 mμ while the λ_{max} of the model compounds, 0-cinnamoyl-N-acetylserinamide and N-cinnamoylimidazole, are 283 and 307 mμ respectively[13]. If one assumes that the acyl-enzyme is an ester, then the position of absorption of the acyl-enzyme may be explained by saying that the environment of the cinnamoyl group on the enzyme surface is similar to that observed in 10 M lithium chloride as solvent. This result is in agreement with the fact that a carboxylate ion of an aspartate residue is adjacent to the serine of the active site.

There is a large difference in the absorption spectrum of most cinnamate derivatives and cinnamoyl-chymotrypsin. Since the conversion of the substrate to the acyl-enzyme is stoichiometric at low pH and since there is a large spectral change in the process, it immediately becomes feasible to titrate the enzyme spectrally in this manner. For this purpose we have utilized N-cinnamoylimidazole, a very good substrate of chymotrypsin. This direct spectrophotometric titration[14] of chymotrypsin is easy, quite specific for chymotrypsin, and enables us to determine absolute concentrations of enzyme, a quantity vitally needed for the type of kinetic studies reported here.

In order to test the generality of the acyl-enzyme mechanism we have looked at a comparable trypsin-catalyzed reaction. In the reaction of trypsin with N-cinnamoylimidazole (with enzyme in 12-fold molar excess) one can observe spectrophotometrically the acylation of trypsin, a relatively rapid reaction followed by the deacylation of cinnamoyl-trypsin, a relatively slow reaction. The difference spectrum of cinnamoyl-trypsin vs. trypsin can be obtained from these experiments, and it is found that the spectrum of cinnamoyl-trypsin is quite similar to that of cinnamoyl-chymotrypsin indicating that the covalent parts and perhaps some of the immediate surroundings of the active site in these two enzymes are similar. Furthermore, one can say that the gross mechanism of the two systems is similar, the effects of pH and urea, spectrum of the intermediate, and the rate constant for the deacylation of the two intermediates are similar, indicating very strongly that the catalytic mechanism which is being observed with these relatively non-specific substrates is similar for the two enzymes[15].

An objection has been raised to practically all the preceding experiments. Since the substrates used in these investigations were labile substrates, such as nitrophenyl esters and imidazole derivatives, it was suggested that these substrates might acylate the enzyme while a normal substrate such as a methyl ester or amide would not. In order to meet this criticism we therefore looked at the chymotrypsin-catalyzed hydrolysis of methyl cinnamate.

At this juncture we were in a fortunate position because we knew the absorption spectrum of the reactant, of the product, and also of the possible intermediate. Therefore we could predict the spectrophotometric behaviour at any wavelength. For example, the extinction coefficients of methyl cinnamate, cinnamoylchymotrypsin vs. chymotrypsin, and cinnamate ion at 310 mμ are 3.62×10^3, 10.96×10^3, and 1.3×10^3 respectively. Therefore, if the methyl cinnamate reaction proceeded through a cinnamoyl-chymotrypsin intermediate, these data would predict a rise and a fall in the absorbance with time during the reaction. Fig. 3 indicates that this behavior is indeed observed. The conditions utilized for this reaction were those in which the concentration of enzyme was much greater than that of the substrate. Under these conditions, the overall reaction thus consists of two consecutive first-order processes, the acylation reaction being a pseudo first-order process, and the deacylation reaction being a well-characterized first-order process. It might be assumed at first glance that the rise in Fig. 3 corresponds

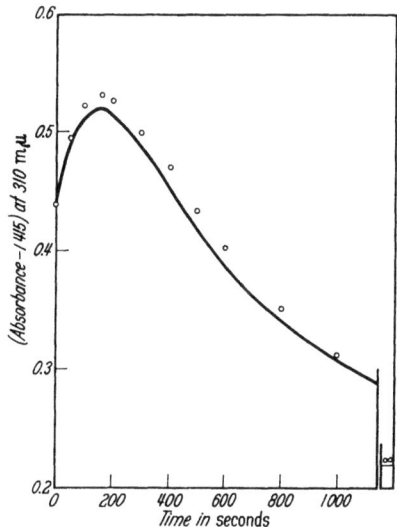

Fig. 3. The α-chymotrypsin-catalyzed hydrolysis of methyl cinnamate. Solid curve: Experimental trace. Open circles: Points calculated using the rate constants obtained and the molar absorptivities of the species

$$E + S \rightleftharpoons ES \longrightarrow ES' \longrightarrow P_2 + E$$
$$+P_1$$
$$A \longrightarrow B \longrightarrow C$$

to the acylation reaction and the fall to the deacylation reaction. However, the first-order decay observed in the "tail" is not equal to the deacylation rate constant under these conditions. A consideration of the kinetics of two consecutive first-order processes indicates that the rate constant of the decay of the "tail" must correspond to the rate constant of that step which is the slowest, either the first or second step. In this reaction acylation is somewhat slower than deacylation and therefore the "tail" measures the acylation rate constant. This is doubly fortunate for we can take the three extinction coefficients measured independently and the two rate constants measured independently, combine them, and reproduce the experimental curve almost exactly. This experiment thus gives convincing quantitative proof for the validity of the acyl-enzyme hypothesis.

Although methyl cinnamate is a methyl ester, criticism was still advanced since this substrate does not have the backbone of a "specific substrate", but rather of a cinnamic acid group. We have therefore devised an indirect kinetic experiment to ascertain if the behaviour of specific substrates is indeed consistent with the mechanism involving an acyl-enzyme intermediate. The catalytic rate constant, k_{cat}, defined by the following equation has been determined

$$E + S \xrightleftharpoons{K_m(app)} ES \xrightarrow{k_{cat}} E + P$$

for the ethyl, methyl and p-nitrophenyl esters of a specific substrate, N-acetyl-L-tryptophan. The catalytic rate constants for the ethyl, methyl and p-nitrophenyl esters of N-acetyl-L-tryptophan are essentially identical to one another (although the rate constant for the amide is considerably lower). All of this data is self-consistent and is consistent with the large body of other kinetic data on the chymotrypsin reaction if one assumes that all the reactions listed in Table 1 proceed via the stepwise mechanism, and that the rate-determining step of each reaction is that listed.

Chymotrypsin catalyses can be characterized as nucleophilic reactions (vide infra). Toward the nucleophile hydroxide ion, the relative reactivities of p-nitrophenyl, methyl and ethyl esters at 25° are in the ratio 100:2:1; toward imidazole, the relative reactivities are more disparate. The fact that three esters of N-acetyl-L-tryptophan react at essentially identical rates can most readily be explained by postulating a stepwise process involving the rate-determining decomposition of a common intermediate containing the N-acetyl-L-tryptophanyl group. Such an intermediate may be most simply identified as N-acetyl-L-tryptophanyl-α-chymotrypsin[17].

These reactions may be profitably discussed in terms of the mechanism (3) (which is essentially equivalent to eq. 2) where k_2

$$E + S \underset{}{\overset{K_m}{\rightleftarrows}} ES \xrightarrow{k_2} ES' \xrightarrow{k_3} E + P_2 \qquad (3)$$
$$\underset{P_1}{+}$$

is the acylation step, k_3 the deacylation step and ES' an acyl-enzyme intermediate. In chymotrypsin reactions following eq. 3, $(k_2/k_3 + 1) = K_m/K_m \text{ (app)}$[11]. If acylation is rate-controlling $(k_2 \ll k_3)$, $K_m \text{ (app)} = K_m$; if deacylation is rate-controlling $(k_2 \gg k_3)$, $K_m \text{ (app)} = K_m (k_3/k_2)$. The difference in $K_m \text{ (app)}$ between the tryptophan ester and amide substrates cannot be explained on structural grounds since the specificity resides in the tryptophan residue of these compounds. These differences can be readily explained by postulating that the real K_m's of all these compounds are similar, that the K_m of the amide reaction is the only real K_m (acylation rate-controlling), and the K_m's of the ester reactions are apparent K_m's whose values are diminished by the ratio (k_3/k_2) (deacylation rate-controlling).

Using the relationship $(k_2/k_3 + 1) = K_m/K_m \text{ (app)}$[11], the relationship $k_2 = k_{cat} (1 + k_2/k_3)$[11] and the assumptions that K_m^{Amide} (app) $= K_m^{\text{Amide}}$ and $K_m^{\text{Amide}} = 2.9 K_m^{\text{Ester}}$ for all tryptophan esters*, the calculations of k_2 and k_3 in Table I were made. The calculated k_3 values of the three esters are internally consistent; the calculated k_2 values of the four tryptophan compounds closely parallel the nucleophilic order as determined by the corresponding alkaline rate constants.

This kinetic evidence strongly suggests that methyl and ethyl esters of the specific compound N-acetyl-L-tryptophan are hydrolyzed by chymotrypsin via an acyl-enzyme intermediate, and further that the rate-determining step of these reactions is

---

* The ratio of K_I's of N-acetyl-D-tryptophan amide and N-acetyl-D-tryptophan isopropyl ester is 2.9. It is assumed that the ratio of the real K_m's of the L compounds and the D compounds are identical. The calculated values of k_2 are inversely proportional to the assumed value of this number.

deacylation. This result implies that it may be possible to directly observe the stepwise process in the chymotrypsin-catalyzed hydrolysis of a compound such as N-acetyl-L-tryptophan methyl ester. Preliminary spectrophotometric evidence at low pH indicates

Table 1. *The α-chymotrypsin-catalized hydrolysis of derivatives of N-acetyl-L-tryptophan at pH 7*

Acetyl-L-tryptophan Derivative	k_{cat} sec^{-1}	K_m (app) $\times 10^5$ M	k_2 sec^{-1}	k_3 sec^{-1}	Relative k_{OH^-} of acetate	Rate determining step
Amide	0.036	500	0.036	30	1	Acylation
Ethyl ester	26.9	9.7	480	29	2750	Deacylation
Methyl ester	27.7	9.5	500	29	5500	Deacylation
p-Nitrophenyl ester .	30.5	0.2	26,300	30.6	315000	Deacylation

that this is indeed the case. However, with a compound such as N-acetyl-L-tryptophan amide such a demonstration is not theoretically possible because the deacylation rate constant is much larger than the acylation rate constant, preventing the intermediate from building up to an appreciable concentration.

Kinetic[18] and trapping[19] experiments involving the chymotrypsin-catalysed hydrolysis and hydroxylaminolysis of methyl hippurate, acetyl-L-tyrosine ethyl ester and acetyl-L-tyrosine hydroxamic acid have been interpreted as being incompatible with the acyl-enzyme hypothesis. However, it now appears that at least the inconsistency with the reactions of the latter two compounds is removed by proper consideration of the reactions which occur in these systems [41, 42, 43]. If one considers the partitioning of the acyl-enzyme by hydroxylamine and water to lead to three compounds, carboxylate ion, hydroxamic acid and 0-acylhydroxylamine, one can explain the major features of these reactions. The key consideration is that the 0-acylhydroxylamine may react further, both enzymatically and non-enzymatically (with hydroxylamine) to give further products. By such an analysis, the apparent inconsistency of the hydroxylamine reactions is removed, and, therefore, subsequent discussion will maintain the premise that the acyl-enzyme mechanism is a general one.

pH Dependence

Of particular interest in analyzing the stepwise process involved in chymotrypsin is an analysis of the pH dependence of the various reactions. The pH effects will be discussed in terms of the mechanism shown in equation 3, above. It will be seen as the discussion of the pH effects proceeds that the pH effects confirm the mechanism of eq. 3.

A number of years ago, GUTFREUND and STURTEVANT[11] determined the pH dependence of k_3, the deacylation step, where ES' was acetylchymotrypsin. They found a sigmoid pH-rate profile with an inflection point about pH 7. This finding has been confirmed by others including ourselves, and it is now known that the pH dependence of the deacylation of acetyl-chymotrypsin[11], trimethylacetyl-chymotrypsin[18], and cinnamoyl-chymotrypsin[18] follow a sigmoid relationship, which implies that a group with a pK of about 7 in its basic form is involved in the deacylation step. The evidence for a sigmoid pH-rate profile is particularly good in the deacylation of cinnamoyl-chymotrypsin, where it has been shown that the flat maximum extends from about pH 8.5 to pH 13[18].

As pointed out above all chymotrypsin reactions cannot be broken down into the discrete steps designated in eq. 3, mainly because of difficulties of experimental observation, and therefore sometimes one must be content to determine not the pH dependence of k_2 or k_3, but rather the pH dependence of the overall rate constant, k_{cat}, which is equivalent to $k_2 k_3/(k_2 + k_3)$. The pH dependence of the catalytic rate constant of a number of specific substrates of chymotrypsin such as acetyl-L-phenylalanine ethyl ester, acetyl-L-tyrosine ethyl ester, and acetyl-L-tryptophan ethyl ester[20, 21] have been determined and shown to have sigmoid pH-rate profiles, quite similar to that found for k_3, with the slight modification that the pK of the group involved appears to be slightly lower than 7. This agreement between the pH dependence of an isolated k_3 step and the pH dependence of those overall catalytic constants which were earlier predicted to contain a rate-controlling deacylation step is further confirmation of the acyl-enzyme mechanism (Fig. 4).

Recently we have looked in detail at the pH dependence of the acylation step, k_2. Previously we had assumed that it would be a sigmoid pH-rate profile also, for symmetry arguments had led us and others to the conclusion that the enzymatic components of the transition states of the acylation and deacylation steps are identical[22]. The assumption that the pH dependence of acylation would show a sigmoid pH-rate profile, like that of deacylation, proved to be wrong. The pH-rate profile of acylation is a bell-shaped curve[21]. If this is so, then the pH dependence of any

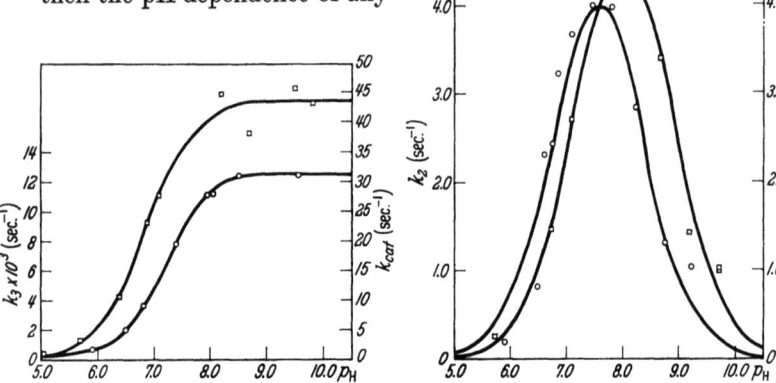

Fig. 4. ○ Deacylation of Cinnamoyl α-chymotrypsin in 1% acetonitrile-water, $k_3 \times 10^3$ sec^{-1}. □ α-Chymotrypsin catalyzed hydrolysis of N-acetyl-L-tryptophan ethyl ester in 0.81% acetonitrile-water k_{cat} sec^{-1} at 25.0°.

Fig. 5. α-Chymotrypsin-catalyzed hydrolysis of: ○ p-nitrophenyl acetate in 1.61% acetonitrile-water; (k_2 (sec^{-1})). □ N-acetyl-L-tryptophan amide in water at 25.0°; ($k_2 \times 10^2$ (sec^{-1}))

catalytic rate constant of a specific substrate whose rate-determining step is acylation should show a bell-shaped pH-rate profile. This is indeed the case: the pH-rate profile of the chymotrypsin-catalyzed hydrolysis of acetyl-L-tryptophan amide is a bell-shaped curve[21] (Fig. 5). The agreement between an isolated k_2 step and the pH dependence of those overall catalytic constants which were earlier predicted to contain a rate-controlling acylation step is further confirmation of the acyl-enzyme mechanism.

There are some further consequences of the dichotomy of pH-rate profiles which are of interest. One concerns the relationship between the plot of k_{cat} vs. pH and the plot of k_{cat}/K_m(app) vs. pH for an ester substrate whose deacylation step is rate-controlling. The former plot has already been shown to be a sigmoid curve. The latter plot, however, yields a bell-shaped curve. This behaviour can readily be explained by noting that k_{cat}/K_m(app) = k_2/K_m, and further that K_m does not vary with pH. Therefore, the same set of data for a specific ester substrate leads both to a sigmoid pH-rate profile (k_{cat} vs. pH) which is related to the deacylation rate constant, k_3, and also to a bell-shaped pH-rate profile ($k_{cat}/K_m(\text{app}) = k_2/K_m$ vs. pH) which is related to the acylation rate constant, k_2 (Fig. 6).

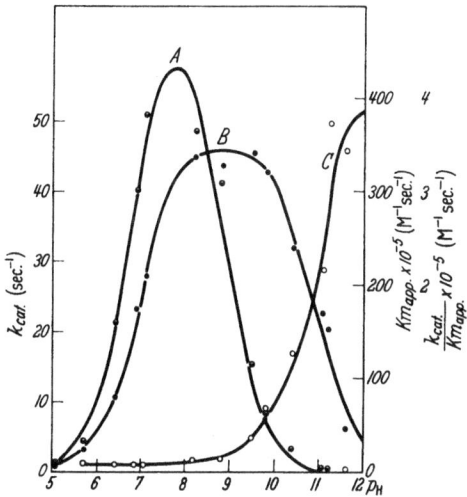

Fig. 6. α-Chymotrypsin-catalyzed hydrolysis of N-acetyl-L-tryptophan ethyl ester at 25.0° — 0.81% acetonitrile-water: A, k_{cat}/K_m; B, k_{cat}; C, $K_m(\text{app})$

It has been assumed in the discussion of the pH-rate profiles of the chymotrypsin-catalyzed hydrolysis of specific ester substrates that the curves are perfectly sigmoid in shape. This is true up to about pH 10. Calculations in Table I indicate that for the hydrolysis of acetyl-L-tryptophan ethyl ester, the ratio k_2/k_3 is about 16 at pH 7 and therefore that deacylation is rate-controlling. This certainly continues to be true up to about pH 10, but in this high pH region, k_3 is constant with pH, while k_2 is falling rapidly (k_3 is on the flat of the sigmoid and k_2 is on the right-hand leg of the bell). At some high pH it would be expected that k_2/k_3 would dip below unity, and therefore that the sigmoid curve of $k_{cat} = k_2 k_3/(k_2 + k_3)$ will fall off. This predicted behaviour was found (Fig. 6). Furthermore, since the ratio k_2/k_3 decreases with pH above pH 8, it would also be predicted that K_m (app) $= (k_3/(k_2+k_3))$

K_m would increase in this region, reaching eventually a maximum value when $k_3 \gg k_2$, which maximum value equals not $K_m(\text{app})$ but K_m. This predicted behaviour was also found (Fig. 6). Thus it is possible to experimentally determine K_m (app) and K_m from the same set of experiments. This finding and the relationship $(k_2/k_3 + 1) = K_m/K_m(\text{app})$ enables the direct calculation of the ratios k_2/k_3 corresponding to those shown in Table I. Good agreement is obtained between this calculation and that given earlier.

Thus the pH dependencies of various individual steps and overall reactions confirm the acyl-enzyme mechanism as well as provide interesting mechanistic data on the individual steps which will be considered later.

Characteristics of the individual steps

In order to elucidate completely the mechanism of chymotrypsin action, one must probe the mechanistic characteristics of each of the individual steps of the reaction. Those steps most amenable to investigation are those involving bond-making and bond-breaking, that is, the acylation and deacylation steps. These steps may be characterized first of all as nucleophilic reactions. This conclusion is reached by studies on the effect of structure on reactivity. Ordinarily in enzymatic investigations, one searches for the "specific substrate" with the implication that such a substrate will contain the magical "fit" necessary for the enzyme-substrate complex to form and for the subsequent reaction to take place. On the other hand, in physical organic chemistry, there is a large body of knowledge which relates structural effects (both electronic and steric) on reactivity to the detailed mechanism of the reaction. By minimizing differences in classical specificity and by introducing structural changes into the substrate that will result only in electronic effects on reactivity, mechanistic conclusion can be drawn concerning the acylation and deacylation steps. It has been found that the introduction of electron-withdrawing substituents into the substrate results in the facilitation of both the acylation[23] and the deacylation[24] reactions. From the magnitude of this facilitation, it appears that the transition states of the reactions resemble the reactions of nucleophiles such as hydroxide ion or imidazole with the corresponding substrates. These reactions may be described as reactions in which bond-making precedes bond-breaking; in simple cases, this is reflected in the formation of a tetrahedral addition intermediate [25].

The effect of 8 M urea, the usual denaturing solvent on the deacylation of cinnamoyl-chymotrypsin sheds light on the nature of the active site. When cinnamoyl-chymotrypsin is treated with 8 M urea, the pH-rate profile of the deacylation no longer follows the sigmoid curve shown in Fig. 4, but rather the profile is that of a base (hydroxide ion)-catalyzed reaction which becomes appreciable only at pH's above 11 [9]. In other words, the enzymatic process of deacylation is perturbed by 8 M urea to a non-enzymatic deacylation, presumably by unfolding of the tertiary structure. The rate of this non-enzymatic deacylation is almost identical to the rate of alkaline hydrolysis of 0-cinnamoyl-N-acetylserinamide, strongly supporting the isolation and spectral evidence that the acyl group is bound to a serine hydroxyl group on the enzyme.

The participation of an imidazole group of a histidine moiety of the enzyme is strongly suggested by the pH dependencies discussed above. Both acylation and deacylation reactions exhibit a pH dependency which (in part) can be interpreted to depend on a group of apparent pK_a 7 in its basic form. Since imidazole is the only group on the enzyme surface with a pK_a around neutrality (with the exception of the terminal α-ammonium ion) it is reasonable to guess that the imidazole group is indeed involved in the functioning of the active site. It must, however, be kept in mind that the kinetically determined pK_a is only an apparent constant which could be perturbed by any pre-equilibrium occurring before the rate-determining step. However, there are other lines of evidence which support the supposition that imidazole is involved in the catalytic function of the enzyme. One of these pieces of evidence is photooxidation studies. When chymotrypsin was photooxidized in the presence of methylene blue, a decrease in activity occurred, eventually leading to complete inactivation after four moles of oxygen had been absorbed per mole of enzyme. From analysis of the resulting inactive protein it was found that 1 mole of histidine and 2.4 moles of tryptophan were oxidized [26]. A more recent photooxidation study, which was carried out using both rate and "all or nothing" assays, indicates that a histidine residue and a methionine residue* are photooxidized as inactivation occurs[27]. Further evidence for the participation of an imidazole group comes from a derivatization experiment with the bromomethyl ketone corresponding to N-tosyl-L-phenylalanine. This reagent inactivates chymotrypsin, the halo-ketone moiety providing irreversible binding to the enzyme through alkylation. The enzyme so inhibited shows on analysis the loss of a histidine residue[30]. The negligible effect of 30% dioxane-water on the pK_a of the group involved in the deacylation of cinnamoyl-chymotrypsin is consistent with the presence of a nitrogen base such as imidazole. Finally model studies indicate that imidazole is indeed an efficient catalyst of ester hydrolysis around neutrality. In sum total, the evidence for the participation of an imidazole group of a histidine moiety in chymotrypsin catalysis seems to rest on firm ground.

On the basis of model studies, the imidazole group (or operationally, the basic group with an apparent pK_a of 7) may participate in the acylation and deacylation reactions either as a general basic catalyst[31] (Eq. 4) or as a nucleophilic catalyst[32, 33] (Eq. 5).

$$HN\underset{}{\frown}N + H_2O + \underset{CCl_3}{\overset{O}{\overset{\|}{C}}OEt} \longrightarrow \left[HN\underset{}{\frown}N\overset{\delta+}{\cdots}H\cdots O\cdots \right.$$

$$\left. \cdots \underset{CCl_3}{\overset{O}{\overset{\|}{C}}}\overset{\delta-}{\cdots}OEt \right] \longrightarrow HN\underset{}{\frown} + \underset{}{\frown}NH + HO\underset{CCl_3}{\overset{O}{\overset{\|}{C}}} + OEt^- \quad (4)$$

$$CH_3\overset{O}{\overset{\|}{C}}O\emptyset NO_2 + N\underset{}{\frown}NH \xrightarrow[HO\emptyset NO_2]{} CH_3\overset{O}{\overset{\|}{C}}-N\underset{}{\frown}N \xrightarrow{H_2O}$$

$$CH_3CO_2H + N\underset{}{\frown}NH \quad (5)$$

---

* There are two other series of experiments which indicate that the modification of a methionine residue near the active site leads to inhibition of enzyme activity[28, 29]. However, there is no evidence that the thiomethyl group of methionine participates in the catalytic action. For example, while an imidazole group will catalyze ester hydrolysis in a number of model systems, thioethers are not known to catalyze such hydrolyses. Furthermore,

The differentiation between these two mechanisms is not simple, even in non-enzymatic systems. Criteria that have been used most successfully to distinguish between these two pathways include: (1) observation of the unstable intermediate formed in nucleophilic catalysis; and (2) deuterium oxide solvent isotope effects. Both spectrophotometric and kinetic experiments involving the deacylation of cinnamoyl-chymotrypsin indicated no observable build-up of an unstable intermediate containing the acyl group bound to imidazole, the presumed intermediate in a nucleophilic catalysis by an imidazole group. These negative experiments unfortunately do not provide unambiguous specification of the pathway, since, if a cinnamoylimidazole intermediate were formed, it would be expected to be present only in small concentration, from thermodynamic considerations.

A positive clue to the role of imidazole in chymotrypsin catalysis is provided by the effects of deuterium oxide on the enzyme reaction. Before discussing these experiments, it is of interest to note the effect of deuterium oxide on the model reactions, equations 4 and 5[34]. The general basic catalysis carried out by imidazole (Eq. 4) results in an isotope effect (k_{H_2O}/k_{D_2O}) of approximately $2-3$; this is presumably due to the rate-determining proton (deuteron) transfer in the catalysis. The nucleophilic catalysis carried out by imidazole (Eq. 5) does not lead to an isotope effect ($k_{H_2O}/k_{D_2O} = 1.0$); in this catalysis there is no rate-determining proton transfer. It is feasible to attempt to specify chymotrypsin catalysis in these terms. In the deacylation of cinnamoyl-chymotrypsin in deuterium oxide, two effects can be noted[35]. The rate constant in D_2O is 2.5 fold slower than in water. Furthermore, the whole rate curve is displaced about 0.6 pH units to higher pH; that is, the pK_a of the basic group involved in the water reaction is 7.15 while that of the D_2O reaction is 7.75. It is known that the pK_a of imidazole changes from 7.04 in water to 7.56 in D_2O; this change therefore is entirely consistent with imidazole participation. The same rate depression and pK_a change in deuterium oxide is noted in the acylation step with p-nitrophenyl trimethylacetate

---

while photooxidation of the imidazole group leads to an inert enzyme, photooxidation of the methionine residue leads to a partially active enzyme, indicating that the former but not the latter group is essential to chymotrypsin action[27].

and in the catalytic rate constants of the hydrolysis of acetyl-L-tryptophan ethyl ester (deacylation rate-controlling) and of acetyl-L-tryptophan amide (acylation rate-controlling.).

It is conceivable that the effect of D_2O may be explained by a change in the hydrogen bonded structure of the enzyme, resulting in partial or full inactivation. However, there are a number of considerations that indicate that the D_2O results are not associated with changes in protein structure but rather with the mechanism of the reaction at the active site. The similarity of the isotope effects in chymotrypsin reactions to those in model systems is circumstantial evidence implying no structural complications. Chymotrypsin is at least not irreversibly inactivated in D_2O since enzyme solutions in D_2O give on titration exactly the expected concentration of active sites. Since 30% dioxane-water has no effect on the conformation of chymotrypsin, as judged by its negligible effect on k_{cat}, it is likely that deuterium oxide will not have such an effect. Finally identical effects of deuterium oxide have been observed with several other hydrolytic enzymes including trypsin and acetylcholinesterase; this similarity of isotope effects cannot be explained on the basis of random structural changes, but can be explained in terms of a common chemistry of the active site.

Apparently a true kinetic isotope effect of D_2O on the chymotrypsin reaction is being observed. The data indicate that each of the rate constants k_2, k_3 and k_{cat} is decreased in D_2O relative to that in H_2O by a factor of 2 to 3. This factor is too large to be attributed only to solvation of ions which may be produced in these steps. On the other hand, the factor of 2 to 3 is what one would expect for a reaction which involves a proton transfer in the rate-controlling step. The conclusion seems probable that these enzymatic steps do not involve the enzyme acting only as a nucleophile, but rather involve rate-determining proton transfers.

Mechanism

Assuming that the mechanism of chymotrypsin-catalyzed hydrolysis includes two catalytic steps, an acylation and a deacylation, the question arises as to the relationship of these two steps to one another. If we assume that chymotrypsin-catalyzed isotopic exchange reactions proceed through the same steps as the hydrolysis reaction, one can then write Eq. 6, paralleling Eq. 3, for the enzyme-catalyzed isotopic exchange of methyl ^{14}C esters with methanol[36]. Equations 6 and 3 are equivalent to one

$$\underset{\text{RCOMe*}}{\overset{O}{\|}} + En \rightleftharpoons \underset{\text{RCOMe*} \cdot En}{\overset{O}{\|}} \underset{\text{Me*OH}}{\overset{k_2}{\underset{k_{-2}}{\rightleftharpoons}}} \underset{\text{RCEn}}{\overset{O}{\|}} \overset{k_3}{\underset{k_{-3}}{\overset{\text{MeOH}}{\rightleftharpoons}}}$$

$$\underset{\text{RCOMe} \cdot En}{\overset{O}{\|}} \rightleftharpoons \underset{\text{RCOMe}}{\overset{O}{\|}} + En \qquad (6)$$

another except for the substitution of methanol for water in the deacylation step. Considering the similarity of the two nucleophiles, water and methanol, this change is not very profound. The isotopic exchange reaction is, of course, symmetrical about the acyl-enzyme; one can therefore equate $k_2 = k_{-3}$ and $k_3 = k_{-2}$, if one neglects isotope effects. From the principle of microscopic reversibility, the transition state of the k_3 step must contain exactly the same microscopic components as the transition state of the k_{-3} step. Therefore the transition states of all four steps must be identical to one another. The equivalence of the transition states of all these steps require that the enzymatic components of these transition states be identical to one another. Since these enzymatic components will be the same in a normal hydrolytic reaction as in the isotopic exchange reaction of Eq. 6, this argument leads to the conclusion that the enzymatic components of the transition states of acylation and deacylation are identical to one another[22]. One simple way to consider the acylation and deacylation reactions is to say that they are the microscopic reverse of one another, as far as the enzymatic components are concerned.

In considering the pH dependencies of the acylation and deacylation steps, it was pointed out that the pH-rate profile of deacylation was a pure sigmoid curve, implying the participation of a single basic group with an apparent pK_a of 7, while the pH-rate profile of acylation was a bell-shaped curve, implying the participation of two groups, a basic group with an apparent pK_a of 7 and an acidic group of pK_a 8.5. The two basic groups of essentially identical pK_a were identified previously as an imidazole group of a histidine moiety of the enzyme. The participation of this group in both the acylation and deacylation steps meets the requirements of the equivalence of the enzymatic components of the transition states of these two reactions, enunciated above. A question heretofore not considered is the identity and function of the acidic group of pK_a 8.5 which is observed kinetically in the acylation step.

General basic catalysis

General acidic-nucleophilic catalysis

In order to answer this question, and the allied question of how the acylation and deacylation reactions, which are enzymatically the microscopic reverse of one another, can have different pH dependencies, let us return to the consideration of proton transfers which the deuterium oxide isotope effects demand. Several mechanisms which involve a rate determining proton transfer have been proposed. They include: (1) a group on the enzyme acting as a general base; (2) two groups on the enzyme

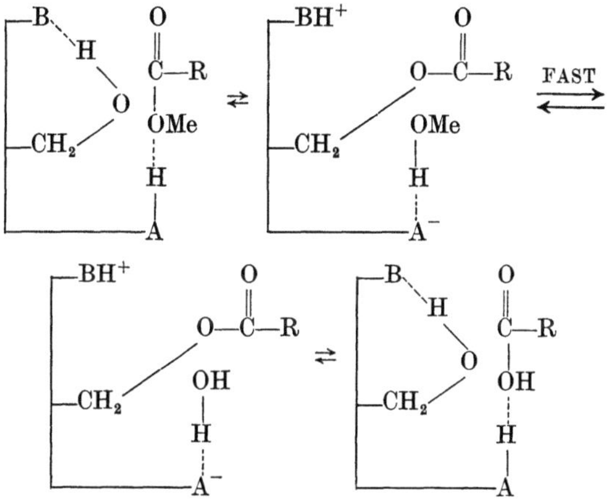

General acidic-general basic catalysis

acting together, one acting as a nucleophile and the other as a general acid; and (3) two groups on the enzyme acting together, one acting as a general base and the other as a general acid. These possibilities are schematically shown below.

The suggestions involving the participation of two catalytic groups can be ruled out because the experimental evidence is not in accord with the requirements of microscopic reversibility for these two mechanisms. Since acylation and deacylation are essentially the microscopic reverse of one another (with only a change in nucleophile), a postulate of a general acid-nucleophile (or general acid-general base) combination in the acylation direction requires that these two groups also be operative in the deacylation direction. This is not found experimentally. By process of elimination, one is therefore left with general basic catalysis to explain the rate-determining proton transfer.

By inference the acid of pK_a 8.5 which is kinetically observable in the acylation reaction is postulated not to participate directly in the enzymatic process as a general acid. How then can one picture the pH dependence which requires an acylation involving a general base and an acid *not* a general acid, and which requires a deacylation with only a general base.

There appear to be two general explanations for this behaviour[21]: (1) the acid of pK_a 8.5 can be a participant in the covalent changes, and thus exist in the enzyme-substrate complex, but not in the acyl-enzyme; (2) the acid can not participate in the covalent changes at all, but be necessary indirectly in the acylation, and not at all in the deacylation.

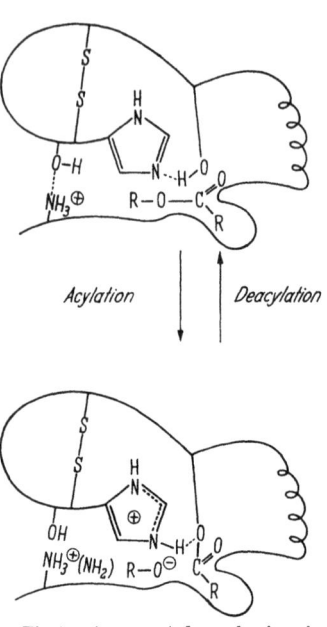

Fig. 7. A suggested mechanism in which an acidic group of pK_a 8.5 is operative in acylation but not in deacylation

Two possibilities of type (1) exist. One is that the acid of pK_a 8.5 is a serine hydroxyl group whose pK_a has been perturbed from 13.5 (the pK_a of the serine hydroxyl group in N-acetylserinamide[37]) to 8.5. Such a perturbation is large, but is in the realm of possibility if hydrogen bonding and electrostatic effects are operative. The acid of pK_a 8.5 may alternatively be a tyrosine hydroxyl group (of normal pK_a) which is acylated. This suggestion is attractive from the mechanistic point of view, and the spectrum and behaviour of cinnamoyl-chymotrypsin in 8 M urea are consistent with this possibility[9], but the spectral properties[38] and degradative products of DIP-chymotrypsin are not consistent with this suggestion.

Alternatively the acid of pK_a 8.5 may not participate in the covalent changes at all, neither as general acid catalyst nor as the group being acylated. A tentative suggestion shown in Fig. 7 pictures how the acidic group may be needed to stabilize the correct conformation of the active site in acylation, but not in deacylation. This tentative picture suggests that the imidazole act as a general base, removing a proton from the serine hydroxyl group in acylation, and the reverse in deacylation. It is suggested that in acylation the acid group of pK_a 8.5 ensures the positioning of the substrate with respect to the serine oxygen atom; but that in deacylation the acid group is not necessary because of the stabilization of the conformation by the covalent link of the acyl group to the serine hydroxyl group of the enzyme. This suggestion

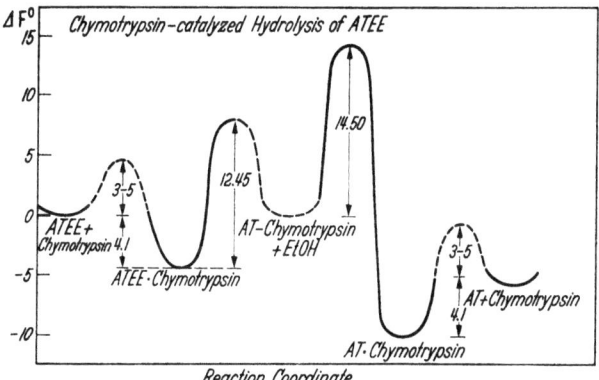

Fig. 8. The chymotrypsin-catalyzed hydrolysis of N-acetyl-L-tyrosine ethyl ester

is related to the fact that the acyl-enzyme is known to be more resistant to denaturation than is the enzyme. While this explanation is *ad hoc*, it does not contradict any of the experimental evidence at present.

Enzymatic efficiency and specificity

Fig. 8 depicts in a very approximate fashion the standard free energy vs. reaction coordinate diagram for the chymotrypsin-catalyzed hydrolysis of a specific substrate such as acetyl-L-tyrosine ethyl ester. Compared to the corresponding diagram for the hydroxide ion-catalyzed hydrolysis of this ester the most obvious differences are that the number of intermediates is larger in the enzymatic reaction and the height of any single peak is smaller in the enzymatic reaction. Another obvious difference between the enzymatic and non-enzymatic hydrolysis is that the catalyst complexes with the substrate in the enzymatic reaction, but not in the non-enzymatic reaction.

The previous discussion has provided a gross mechanism for the enzymatic process, but has left unanswered the problem of efficiency and specificity. That is, why is an ester such as acetyl-L-tyrosine ethyl ester hydrolyzed by chymotrypsin so fast and why is it hydrolyzed 10^6 fold faster than an ester such as ethyl acetate. This problem was originally answered by EMIL FISCHER[39] in terms of the provocative "lock and key" concept for the productive binding of enzyme and substrate. More recently KOSHLAND[40] has added the idea of an "induced fit" between enzyme and substrate leading to a configuration which is catalytically active. However, the chymotrypsin data which are available now allow one to consider the specificity problem in a simpler and more direct fashion. One can now calculate either directly or indirectly the rate constant of deacylation for a wide spectrum of acyl-chymotrypsins. Some of these data is shown in Table II. It is seen in Table II that the rate constants of these deacylations vary over a range of 10^6 fold. Of this variation, about 10^2 fold may be explained in terms of normal inductive and steric effects. This leaves approximately 10^4 fold which has been imposed by the enzyme. Thus, in the deacylation of these intermediates, the complete spectrum of specificity is still seen. This manifestation of specificity is a "kinetic specificity" as opposed to specificity of binding, the more classical variety.

Table 2. *Rates of deacylation of some acyl-chymotrypsins*

Acyl group	k_3 (sec $^{-1}$)
N-Acetyl-L-tyrosyl-	193
N-Acetyl-L-phenylalanyl-	173
N-Acetyl-L-tryptophanyl-	51
N-Acetyl glycyl-	2.3
Hippuryl-	0.315
Hydrocinnamoyl-	0.18
Cinnamoyl-	0.0125
Acetyl-	0.0068
Trimethylacetyl-	0.00013
Benzoyl-	0.0002

In the deacylation step, the substrate is bound to the enzyme in the form of a covalent linkage. Therefore, one cannot invoke the lock and key theory to explain the spectrum of specificities. Furthermore, the catalytic groups necessary for reaction must already be in their proper place, for one catalytic step, the acylation, has already taken place, and presumably the same catalytic entities act in the deacylation as in the acylation. Therefore, one cannot invoke the induced fit theory to explain the graded series of deacylation rate constants.

A picture that offers the opportunity of explaining the million-fold spread in the deacylation rate constants is depicted in Fig. 9, which attempts to illustrate the idea that although all the acyl groups in the acyl-enzyme are covalently attached to the oxygen atom of serine, the placement of the carbonyl group of the ester with respect to the water molecule and the catalytic entities of the protein is still variable unless the specificity of the acyl group fixes the position of the carbonyl portion of the acyl group rigidly and correctly. The requirement for the positioning of the carbonyl portion of the acyl group with respect to the catalytic components of the active site may be discussed in terms of the rotational entropy of activation necessary for the correct positioning of the carbonyl group. In a molecule such as acetyl-chymotrypsin, the group may have essentially free rotation in the sense depicted by Fig. 9, and thus the rotational entropy of activation would be large and the rate of reaction low. On the other hand, with a molecule such as N-acetyl-L-tyrosyl-chymotrypsin, presumably the interactions of the side chain with the enzyme surface forces a complete and correct rigidity of the carbonyl group with respect to the catalytic entities, leading to a low rotational entropy of activation and a maximal rate. This hypothesis is being tested presently.

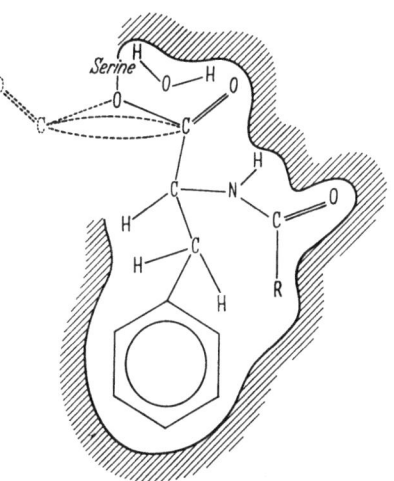

Fig. 9. The importance of rotational entropy of activation in the specificity of chymotrypsin action

In conclusion, it can be said that notwithstanding our very considerable ignorance of the structure of chymotrypsin, considerable progress has been made in the elucidation of its mechanism and of the elucidation of the mechanism whereby a protein catalyzes organic reactions. The pace of the progress in the field leads one to be optimistic about the possibility of reasonably definitive answers in the not too distant future.

References

[1] BALLS, A. K., and E. F. JANSEN: In: Advances in Enzymology, Vol. XIII, p. 321, F. F. NORD, ed. New York: Interscience Publishers 1952
[2] SCHAFFER, N. K., S. C. MAY JR. and W. H. SUMMERSON: J. biol. Chem. **206**, 201 (1954).
[3] HARTLEY, B. S.: Ann. Rev. Biochem. **29**, 45 (1960).
[4] WILCOX, P. E., J. KRAUT, R. D. WADE and H. NEURATH: Biochim. biophys. Acta (Amst.) **24**, 72 (1957). — WILCOX, P. E., E. COHEN and W. TAN: J. biol. Chem. **228**, 999 (1957).
[5] HILL, R. L., and E. L. SMITH: J. biol. Chem. **235**, 2332 (1960). — PERLMANN, G. E.: Nature (Lond.) **173**, 406 (1954).
[6] KOSHLAND JR., D. E.: In: The Mechanism of enzyme action, W. D. MCELROY and B. GLASS, eds. p. 608. Baltimore, Md.: Johns Hopkins Press 1954. — KOSHLAND JR., D. E.: In: The Enzymes, 2nd Ed., P. D. BOYER, H. LARDY and K. MYRBÄCK, eds., Vol. 1 p. 329. New York: Academic Press 1959.
[7] BERNHARD, S. A., and H. GUTFREUND: Proc. Int. Symposium Enzyme Chemistry, p. 124. Tokyo: Maruzen Co. 1958. — BERNHARD, S. A.: J. cell. comp. Physiol. **54**, Supp. 1, 195 (1959).
[8] WILSON, I. B., M. A. HATCH and S. GINSBURG: J. biol. Chem. **235**, 2312 (1960).
[9] BENDER, M. L., G. R. SCHONBAUM and B. ZERNER: J. Amer. chem. Soc. **84**, 2540 (1962) and references cited therein.
[10] HARTLEY, B. S., and B. A. KILBY: Biochem. J. **50**, 672 (1952); **56**, 288 (1954).
[11] GUTFREUND, H., and J. M. STURTEVANT: Biochem. J. **63**, 656 (1956).
[12] CHANCE, B.: Science **92**, 455 (1940); J. biol. Chem. **151**, 553 (1943).
[13] SCHONBAUM, G. R., K. NAKAMURA and M. L. BENDER: J. Amer. chem. Soc. **81**, 4746 (1959).
[14] SCHONBAUM, G. R., B. ZERNER and M. L. BENDER: J. biol. Chem. **236**, 2930 (1961).
[15] BENDER, M. L., and E. T. KAISER: J. Amer. chem. Soc. **84**, 2556 (1962).
[16] BENDER, M. L., and B. ZERNER: J. Amer. chem. Soc. **84**, 2550 (1962).
[17] ZERNER, B., and M. L. BENDER: J. Amer. chem. Soc. **85**, 356 (1963).
[18] BERNHARD, S. A., W. C. COLES and J. F. NOWELL: J. Amer. chem. Soc. **82**, 3043 (1960).
[19] CAPLOW, M., and W. P. JENCKS: J. biol. Chem. **238**, PC 1907 (1963).
[20] BENDER, M. L., G. R. SCHONBAUM and B. ZERNER: J. Amer. chem. Soc. **84**, 2562 (1962). — HAMMOND, B. R., and H. GUTFREUND: Biochem. J. **61**, 187 (1955). — CUNNINGHAM, L. W., and C. S. BROWN: J. biol. Chem. **221**, 287 (1956).

[21] BENDER, M. L., G. E. CLEMENT, F. J. KEZDY and B. ZERNER: J. Amer. chem. Soc. 85, 357 (1963).
[22] BENDER, M. L.: J. Amer. chem. Soc. 84, 2582 (1962).
[23] BENDER, M. L., and K. NAKAMURA: J. Amer. chem. Soc. 84, 2577 (1962).
[24] CAPLOW, M., and W. P. JENCKS: Biochem. 1, 883 (1962).
[25] BENDER, M. L.: J. Amer. chem. Soc. 73, 1626 (1951).
[26] WEIL, L., and A. R. BUCHERT: Fed. Proc. 11, 307 (1952).
[27] KOSHLAND JR., D. E., D. H. STRUMEYER and W. J. RAY JR.: Brookhaven, Symposia in Biology, No. 15, p. 101 (1962).
[28] GUNDLACH, G., and F. TURBA: Biochem. Z. 335, 573 (1962).
[29] LAWSON, W. B., and H. J. SCHRAMM: J. Amer. chem. Soc. 84, 2017 (1962).
[30] SCHOELLMAN, G., and E. SHAW: Fed. Proc. 21, 232 (1962); Biochem. biophys. Res. Commun. 7, 36 (1962).
[31] JENCKS, W. P., and J. CARRIUOLO: J. Amer. chem. Soc. 83, 1743 (1961).
[32] BENDER, M. L., and B. W. TURNQUEST: J. Amer. chem. Soc. 79, 1652, 1656 (1957).
[33] BRUICE, T. C., and G. L. SCHMIR: J. Amer. chem. Soc. 79, 1663 (1957).
[34] BENDER, M. L., E. J. POLLOCK and M. C. NEVEU: J. Amer. chem. Soc. 84, 595 (1962).
[35] BENDER, M. L., and G. A. HAMILTON: J. Amer. chem. Soc. 84, 2570 (1962).
[36] BENDER, M. L., and W. A. GLASSON: J. Amer. chem. Soc. 82, 3336 (1960).
[37] BRUICE, T. C., T. H. FIFE, J. J. BRUNO and N. E. BRANDON: Biochem. 1, 7 (1962).
[38] HAVSTEEN, B. H., and G. P. HESS: J. Amer. chem. Soc. 84, 448 (1962).
[39] FISCHER, E.: Ber. 27, 2985 (1894).
[40] KOSHLAND JR., D. E.: In: The Enzymes, 2nd Ed. P. D. BOYER, H. LARDY, and K. MYRBÄCK, eds., Vol. I, p. 333. New York: Academic Press 1959.
[41] KEZDY, F. J., G. E. CLEMENT and M. L. BENDER: J. biol. Chem. 238, PC 3141 (1963).
[42] CAPLOW, M., and W. P. JENCKS: J. biol. Chem. 238, PC 3140 (1963).
[43] EPAND, R. M., and I. B. WILSON: J. biol. Chem. 238, PC 3139 (1963).

Diskussion

Diskussionsleiter: WIELAND, *Frankfurt a. M.*

WIELAND: Dr. BENDER, I thank you very much for your most clear and interesting presentation of your results and I am going now to the discussion of your results.

RABIN (London): An interesting point which arises from Dr. BENDER's paper is whether the serine hydroxyl-imidazole hydrogen-bonded pair exists only on addition of the substrate, or an equivalent molecule, or whether it pre-exists in the free enzyme. The magnitude of the pK value for the imidazolium ion in the acylation step favours the view that the hydrogen-bonded pair is formed by the addition of the substrate, or equivalent (eg isopropyl group of DFP), perhaps by a conformational change in the protein. If the hydrogen-bonded pair pre-existed in the free enzyme, the determined pK value would surely be less than 7 since protonation of the imidazole base would require the complex to decompose.

I should like to suggest an extension to one of Dr. BENDER's mechanisms which simply explains why both an acid and base function are required in the acylation reaction but only a base function operates in the de-acylation. I have illustrated the mechanism in the slide. For the acylation reaction the lower pK value is of the imidazolium ion to produce the base species wich hydrogen bonds with the serine hydroxyl. The group required in the acid form is the proton attached to the other imidazole nitrogen. I suggest the pK of this (normally perhaps 14) is lowered to about 9 by hydrogen bonding. Although this may seem a large shift, it is not impossible, and the fact that the serine is turned into a powerful nucleophile requires that a very strong hydrogen bond must be involved. The processes involved can then be pictured as a concerted sequence of events as shown. A water molecule is shown as mediating the acid-assisted removal of the departing residue. It should be noted that the system has self enhancing properties: the movement of any of the protons of the hydrogen bonds in an anti-clockwise direction favours similar movements of other protons and both the removal of the leaving group and the attack of the nucleophile. As required by the Principle of Microscopic Reversibility, deacylation traces in reverse the pathway of acylation. The group required in the base form has a pK around 7 in the deacylation step and was required in the acid form for acylation. This is simply the pK value of an imidazolium ionisation. The group required in the acid form for deacylation is the other imidazole proton attached to nitrogen. However, there is no interaction, as with serine hydroxyl in the acylation step, to shift its pK to lower values: indeed, the reverse is the case as the weak interaction with the ester oxygen is acid stabilising.

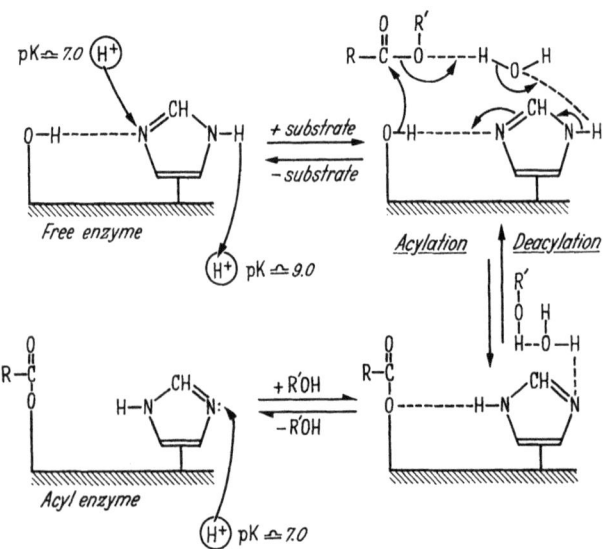

WIELAND: Thank you very much, Mr. RABIN.

BENDER: I think that this mechanism is a very interesting and provocative suggestion. This suggestion is related to one by M. A. MARINI and G. P. HESS, Nature **148**, 113 (1959) but is superior to it because the introduction of a water molecule into the cyclical system makes it stereochemically feasible.

WITZEL (Marburg a. d. Lahn): Ich habe versucht, in Analogie zu dem Ribonuclease-Mechanismus einen Mechanismus für die Chymotrypsinreaktion zu formulieren, bei dem das Imidazol zunächst das Proton von der Seringruppe übernimmt und dann anschließend auf den Sauerstoff des abzuspaltenden Alkohols überträgt (s. Ref. 5,). Das heißt im ersten Schritt katalysiert das Imidazol als Base den Aufbau eines Zwischenzustandes, im zweiten Schritt dann als konjugate Säure seinen Zerfall. Dieser Mechanismus stimmt überein mit den Postulaten, die hier Herr BENDER aufgestellt hat. Er bietet jedoch keine Erklärung für die Beteiligung einer Säuregruppe, die aus der p_H-Abhängigkeit für die Acylierungsreaktion zu fordern ist.

Vielleicht darf ich hierzu folgendes vorschlagen: Wenn in der Nachbarschaft des Serins eine zweite Base existiert, die bei p_H 7 in der protonierten Form vorliegt, so wird das Serin nur zum Imidazol eine Wasserstoffbrücke ausbilden können. Nach der Deprotonierung der zweiten Base im Bereich von p_H 8,5 kann aber dann auch eine Wasserstoffbrücke zu dieser nun stärkeren Base gebildet werden.

Hierbei kann jedoch der angenommene Zwischenzustand für die Acylierungsreaktion nicht mehr ausgebildet werden, die Geschwindigkeit dieser Reaktion wird also mit höherem p_H-Wert abnehmen.

Bei der Deacylierung des Serinesters muß das angreifende Wassermolekül wieder vom Imidazol aktiviert werden wie vorher das Serin-Hydroxyl (s. Ref. 5). Ebenso analog muß die Übertragung des Protons auf den Serin-Sauerstoff erfolgen. Eine zweite Base in der Nachbarschaft sollte nun diese Hydratisierung des Imidazols nicht stören können, so daß man im Deacylierungsschritt keinen Einfluß von dieser Base aus erwarten kann und eine Sigmoidkurve für die p_H-Abhängigkeit erhält. — Eine solche Erklärung würde natürlich zunächst voraussetzen, daß der Mechanismus, wie ich ihn formulierte, eine gewisse Begründung hat.

EIGEN (Göttingen): Wir haben die Protonierungs- und Deprotonierungsgeschwindigkeiten sämtlicher in den Aminosäuren auftretender (sowie auch eine große Zahl anderer) saurer und basischer Gruppen mit Hilfe der Relaxationsverfahren gemessen. Unter all diesen Gruppen nimmt Imidazol eine Sonderstellung ein. Einmal ist der pK-Wert des Imidazoliumions gleich 7. Das bedeutet, daß Imidazol im Neutralbereich ein optimaler Puffer ist. Dazu tritt aber noch ein dynamischer Effekt, der für optimale katalytische Eigenschaften im Neutralbereich von Bedeutung ist. Imidazol vermag am schnellsten in einer Konsekutivreaktion (in der der langsamste Schritt geschwindigkeitsbestimmend ist) ein Proton aufzunehmen und wieder abzugeben. Es gibt viele Säuren bzw. Basen, die entweder ein Proton schneller aufnehmen (im allgemeinen Systeme mit pK-Werten > 7) oder aber es schneller abgeben (Systeme mit $pK < 7$). Imidazol ist jedoch optimal hinsichtlich der Kopplung beider Schritte. Die Zeitkonstante für einen solchen gekoppelten Prozeß liegt etwas unterhalb von 10^{-3} sec; beim Zusammenwirken mit räumlich benachbarten Donator- und Acceptorgruppen kann sie sich bis auf etwa 10^{-5} sec erniedrigen (vgl. maximale Wechselzahlen bei Enzymreaktionen mit lokalisierter Säure-Basen-Katalyse). Die Protonenübertragungsreaktionen von Imidazol, soweit wir sie bisher untersucht haben, verlaufen mit optimaler Geschwindigkeit (Näheres s. Zit. 1). Darüber hinaus mögen weitere spezifische Einflüsse (z. B. der von ZIMMERMANN kürzlich beobachtete Protomerieeffekt (s. Zit. 2) für die Sonderstellung von Imidazol verantwortlich sein (vgl. auch Zit. 3). Man kann, von diesen Betrachtungen ausgehend, Mechanismen, wie sie z. B. von Herrn BENDER und Herrn WITZEL in ihren Vorträgen angegeben werden, näher charakterisieren. Mit Hilfe der zu messenden kinetischen Konstanten (die man in den meisten Fällen noch durch Messungen bei hohen Konzentrationen ergänzen kann, siehe meine Bemerkung zum Vortrag VEEGER), sowie unter Benutzung der theoretisch ableitbaren Maximalgeschwindigkeiten, lassen sich gewisse Mechanismen ausschließen. Die Bruttogeschwindigkeit und ihre verschiedenen Abhängigkeiten liefern im allgemeinen nur wenig Aussagen über den Mechanismus. So läßt sich z. B. aus der p_H-Abhängigkeit ein Zusammenwirken von Imidazol mit einer Säure (z. B. H_2O) nicht ohne weiteres von einem Zusammenwirken von Imidazolium mit einer Base (z. B. OH^-) unterscheiden.

BENDER: Your correction to the mechanism of general base catalysis, to include the diffusion-controlled reaction between imidazolium-Ion and hydroxide ion is well-taken. Certainly that reaction will take place before deacylation (k_3) occurs.

Literatur zur Diskussion

[1] EIGEN, M., and G. G. HAMMES: Advanc Enzymol. **25**, 1 (1963). — EIGEN, M.: Angew. Chem. **75**, 489 (1963).
[2] ZIMMERMANN, H.: Z. Elektrochem. **65**, 821 (1961).
[3] BRUICE, T. C., and G. L. SCHMIR: J. Amer. chem. Soc. **79**, 1663 (1957).

Beziehungen zwischen Struktur und Wirkung bei Hydrolasen

Von

H. Fasold, U. Gröschel-Stewart, G. Gundlach und F. Turba

Physiologisch-Chemisches Institut der Universität Würzburg

Mit 5 Abbildungen

1. Nomenklatur, physikalisch-chemische und sterische Voraussetzungen

Die alte Vermutung, nur ein kleiner Teil des Enzymmoleküls leiste seine ihm eigenen Umsetzungen, abgeleitet aus der meist so unterschiedlichen Größe des Substrates und Fermentes, findet ihre Bestätigung in abgewandelter Form in der Festlegung des *aktiven Zentrums* der neueren Enzymchemie. Danach ist nicht die gesamte Oberfläche solcher Proteine für die spezifische Reaktion von Bedeutung; das Substrat wird an einer bestimmten Stelle mit den wirksam gruppierten katalytisch aktiven Seitenketten einiger weniger Aminosäuren zusammengebracht und umgesetzt.

Bei dem Bemühen, diesen Bezirk abzugrenzen und zu markieren, ging man zunächst von der Arbeitshypothese aus, wonach jeder Eingriff am Ferment, der seine Aktivität vermindert, ohne seine Peptidketten-Sequenz oder räumliche Struktur zu stören, einen Teil des aktiven Zentrums getroffen haben muß. Doch ergeben sich bei der näheren Erkundung der eigentlich wirksamen Aminosäuren Bedenken, da einerseits das Zentrum auch unwirksame Seitenketten enthalten kann, andererseits aber Aminosäuren mit der Funktion, den Ladungszustand oder die räumliche Anordnung des Zentrums aufrecht zu erhalten, ohne selbst mit dem Substrat in Berührung zu kommen, nicht zur eigentlichen Wirkstelle gerechnet werden sollten. Hier hat Koshland[1] eine zweckmäßige Nomenklatur vorgeschlagen. Sie bezeichnet die auf Bindungslänge dem Substrat angenäherten Eiweißbausteine als *„Kontaktaminosäuren"*. Räumlich entferntere, aber mit definierter Funktion bei der Enzymwirkung beauftragte Seitenketten gehören zu „*Hilfsaminosäuren*", während schließlich die entscheidende räumliche Struktur an bestimmten Punkten rigide von „*beitragenden Aminosäuren*" festgehalten wird. Daneben existieren für die betrachtete Reaktion überflüssige Bauteile, wie die 80 von einem aktiven Rumpf der Enolase durch Leucinaminopeptidase abspaltbaren Aminosäuren[2].

Die Vielzahl der wirkungsverwandten Enzyme mit gleichen Cofermenten oder mit der gleichen Serin-Histidin-Carboxyl-Anordnung (s. unten) im Zentrum bei unterschiedlicher Spezifität lassen vermuten, daß ein Teil der Kontaktaminosäuren einem *Bindungszentrum* zugehört. Es bedingt die Spezifität und steht dem die Bindungswandlung ausführenden *Wirkungszentrum* räumlich nahe. Als experimentelle Indizien hierfür sei etwa die kompetitive Hemmung der Leucinaminopeptidase durch niedere Alkohole genannt (SMITH[3]), denn die optimalen Substraten des Fermentes (wie Leucin oder Valin) ähnelnden Verbindungen sind dabei am wirksamsten. Auch vermag das Chymotrypsinogen ein typisches Substrat des Chymotrypsins, N-Acetyl-3,5-Dibromtyrosinester zu binden[4]; das Wirkungszentrum sollte demnach durch die Aktivierung dem im Proferment schon freien Bindungszentrum zugesellt werden.

Rechnerisch läßt sich die außerordentliche *Reaktionsbeschleunigung durch Enzyme* durch die erzwungene gleichzeitige Reaktion von drei und mehr Teilnehmern und durch ihr Aufeinandertreffen in einer bestimmten optimalen räumlichen Orientierung deuten. Veranschlagt man etwa für die Wirkung einer Hydrolase das Zusammenspiel von drei katalysierenden Seitenketten, so ergibt die Abschätzung des Einflusses des Orientierungseffektes eine Steigerung der Reaktionsgeschwindigkeit in der Größenordnung von $10^{16}-10^{20}$; dies liegt im Bereich der experimentell nachgewiesenen Wirkungen (KOSHLAND[1]). Die unerläßliche Fixierung des Wirkungszentrums im Moment der Katalyse geschieht in den bis jetzt genügend genau bekannten Beispielen dadurch, daß in der Primärstruktur weit entfernte Teile der Wirk- und wohl auch der Bindungsstelle durch die Faltung des Proteins zusammengeführt werden. Im (durch Röntgenstrukturanalyse nach der Raumordnung völlig aufgeklärten) Myoglobinmolekül z. B. wird so das Häm durch das Zusammenwirken von mehreren, bis zu etwa 40 Reste weit in der 150 Bausteine umfassenden Kette voneinander entfernt liegenden Aminosäuren festgehalten (KENDREW, PERUTZ et al.[5]).

Wo die Röntgenstrukturanalyse nicht anwendbar ist, stellt die Aufklärung *der tertiären Struktur* und damit der *räumlichen Anordnung im aktiven Zentrum* eine schwierige Aufgabe dar. Hier mag die Methode, starre, spaltbare Brücken von bekannter Länge in das Molekül einzuführen, weiterführen[6]. Sie stellen gewissermaßen künstliche Nachbilduugen oder Nachbilder der Disulfidbrücken und der selteneren anderen kovalenten Brückenbindungen im Protein dar (s. unten).

Die Aufgabe, die *tertiäre Struktur* der globulären Proteine, wie dies die meisten Enzyme ja sind, aufrechtzuerhalten und gegen Denaturierung zu schützen, fiel nach früherer Vorstellung zu beträchtlichem Anteil diesen starren kovalenten Verstrebungen zu. Nach neuerer Auffassung ist jedoch die Raumstruktur schon zum großen Teil durch die Sequenz selbst bestimmt. Dabei gewinnen vor allem die *hydrophoben Haftkräfte* und *Wasserstoffbrücken* an Bedeutung; zu ihrer ungehinderten Ausbildung soll das Innere des Moleküls von Wassermolekülen frei sein (TANFORD[7]). Folgt man dieser Anschauung, so ergibt sich bei den Wirkungsweisen der Hydrolasen die Notwendigkeit, den vielfach ungeladenen oder allenfalls polaren Anteil des Substrates, der an das spezifitätsbedingende Bindungszentrum geheftet werden muß, in das Spiel der hydrophoben Bindungskräfte im Molekülinneren einzubeziehen. In gebundenem Zustand wird also sein überwiegender Oberflächenteil innerhalb der Enzymgrenzfläche liegen. Dennoch muß der Angriff der Wassermoleküle aus der umgebenden Hülle auf den Zwischenzustand, der im Wirkungszentrum des Fermentes an der zu spaltenden Bindung des Substrates herbeigeführt wird, zu ihrer hydrolytischen Lösung erfolgen können. Für das Chymotrypsin ergab sich aus kinetischen Messungen die Forderung nach einem eigenen Bindungszentrum für das Wassermolekül (BENDER[8]).

Zwangloser als die alte Vorstellung eines durch mannigfaltige Verstrebung starr gehaltenen aktiven Zentrums erklärt die Theorie der „*induzierten Paßform*" den Anheftungsvorgang. Danach führt das Substrat schon bei dem ersten Kontakt auf Bindungslänge mit dem Enzym an dessen flexiblem Bindungszentrum eine deutliche Änderung der Konformation[9] um mehrere Å-Einheiten dieses Teiles der Fermentoberfläche herbei; sie führt, etwa durch Öffnung einer hydrophoben Nische, zur erleichterten Einlagerung des spezifischen Substratteiles. Zugleich ändert sich damit die Orientierung des nahe benachbarten Wirkungszentrums. Gelangen dabei die katalytisch wirksamen Seitenketten in die richtige Lagerung, so wird die Enzymreaktion vollzogen, die angeheftete Substanz war ein echtes Substrat. Für das Beispiel des Chymotrypsins schließt HESS[10] auf derartige Änderung der Proteinkonformation während der Katalyse anhand von kinetischen Messungen, Beobachtung der Lichtstreuung, Differenzspektren, Änderungen der optischen Drehung, thermodynamischen Konstanten, vergleichenden Titrationen sowie der Oxydation einzelner Seitenketten mit N-Bromsuccinimid.

Diese Vorstellung des *flexiblen aktiven Zentrums* erklärt auch mühelos die Tatsache, daß häufig Substrate recht verschiedener Molekülgröße vom gleichen Enzym spaltbar sind (etwa die Dextransubstrate der Phosphorylasen) oder daß kleinere Moleküle als das spezifische Substrat, wie das Wassermolekül, nicht in das aktive Zentrum eindringen und mit einem energiereichen Übergangszustand an der Wirkstelle reagieren können.

2. Analyse der Wechselwirkung zwischen Struktur und Wirkung von Hydrolasen

Es hat nicht an erfolgreichen Versuchen gefehlt, die an der enzymatischen Wirkung beteiligten Aminosäurereste durch chemische Abwandlung des Gesamtmoleküls zu kennzeichnen. Der entscheidende Durchbruch in dieser Hinsicht stammt von JANSEN, NUTTING und BALLS[11], die zeigten, daß die enzymatische Aktivität von *Chymotrypsin* eben dann erlischt, wenn 1 Mol dieses Enzyms mit 1 Mol Diisopropylfluorphosphat reagiert hat. Bei dieser Reaktion wird die Hydroxylgruppe eines *Serinrestes* phosphoryliert und somit aus der großen Zahl der im Enzym vorhandenen Hydroxylgruppen als „aktiv" im Sinne eines katalytischen Zentrums hervorgehoben. Die weiteren Untersuchungen zeigten, daß außer Chymotrypsin eine Anzahl weiterer Enzyme mit Fluorphosphatestern zu reagieren vermag. Die Tab. 1 führt hierzu einige Beispiele an.

In der Nachbarschaft des aktiven Serins findet sich – mit Ausnahme des Subtilisins und der Phosphorylase A – stets eine freie Carboxylgruppe der Asparagin- oder der Glutaminsäure. Für

Beziehungen zwischen Struktur und Wirkung bei Hydrolasen

Tabelle 1

Enzym	Sequenz	Zitat
Chymotrypsin	-gly-asp-ser-gly-	12, 13, 14
Trypsin	-gly-asp-ser-gly-	15
Elastase	-gly-asp-ser-gly-	16
Thrombin	-gly-asp-ser-gly-	17
Pseudocholinesterase	-gly-glu-ser-ala-	18
Alkal. Phosphatase	-asp-ser-ala-	19
Phosphoglucomutase	-thr-ala-ser-his-asp-	20
Subtilisin	-thr-ser-met-ala-	21
Phosphorylase A	-glu-ileu-ser-val-arg-NH$_2$	22

die singuläre Aktivität eines Serinrestes gegenüber acylierenden Agentien hat man einen räumlich benachbarten Histidinrest als nucleophiles Agens verantwortlich gemacht. So läßt die p$_H$-Abhängigkeit der Enzymwirkung[23, 24, 25] des Chymotrypsins auf die Beteiligung eines Imidazolrestes (pK-Bereich 6,5—7,5) schließen. Bei der Photooxydation[26] schwindet die Fermentaktivität des Chymotrypsins parallel mit der Zerstörung eines der beiden Histidinreste; es werden aber dabei zugleich 2,5 Tryptophanreste oxydiert. Bei der Kupplung von Chymotrypsin mit Dinitrofluorbenzol[27, 28] bei p$_H$ 10,7 wird eine 50%ige Inaktivierung durch Einführung eines halben Mols des Dinitrophenylrestes erreicht, wobei eine Abnahme der allerdings für Histidin nicht spezifischen Diazoreaktion beobachtet wird. Eine Isolierung des labilen Reaktionsproduktes war bisher jedoch nicht möglich. Das gleiche trifft zu für die Reaktion von Chymotrypsin mit 1-Dimethyl-aminonaphthalin-5-sulfochlorid[29], wobei sich in stöchiometrischer Reaktion unter nahezu vollständigem Aktivitätsverlust ein instabiles fluorescierendes Conjugat, dessen Spektrum dem des entsprechenden Histidinderivats ähnelt, bildet. Zugabe von Substrat hemmt diese Reaktion, was für einen spezifischen Angriff des Sulfochlorids am Wirkungszentrum spricht. Der Nachweis, daß bei dieser Reaktion ein Histidinrest beteiligt ist, gelang uns indirekt[30]. Die Kupplung von p-Diazobenzolsulfonat mit nativem Chymotrypsin zeigt, daß die beiden im Molekül befindlichen Imidazolreste verglichen mit freien Histidin betont verzögert reagieren. In Gegenwart von Hemmstoff oder Substrat wird der Zutritt des Diazoniumsalzes zu den Histidinresten des Enzyms erleichtert. Doch erst die Entfaltung der Tertiärstruktur durch Zusatz von Harnstoff läßt die nunmehr freien Imidazolreste mit vergleichbarer Geschwindigkeit wie Histidin mit dem Diazoniumsalz reagieren. In einem mit 1-Dimethylaminonaphthalinsulfochlorid inaktivierten Chymotrypsin, das mit Harnstoff behandelt und gekuppelt wurde, findet sich

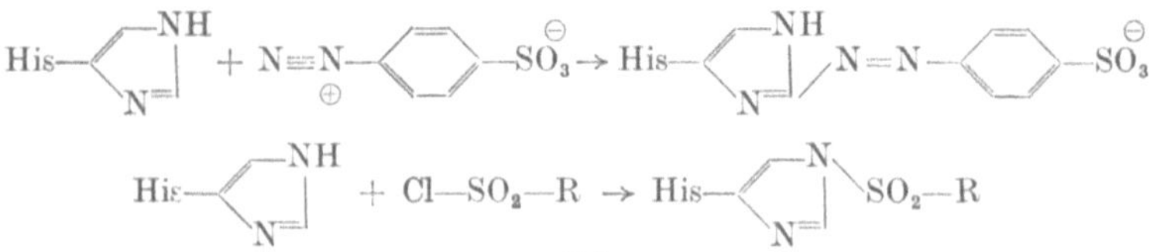

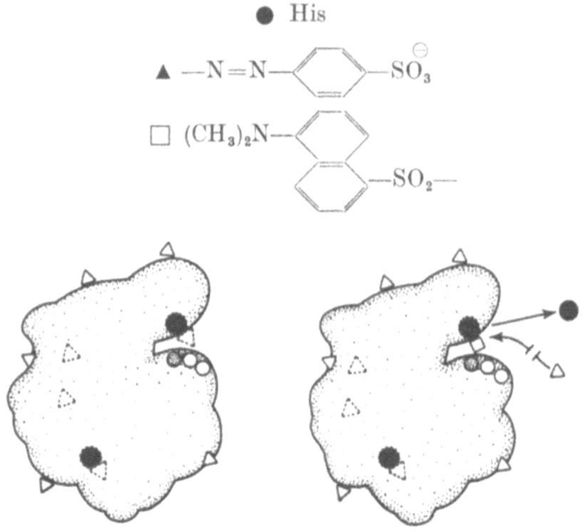

His—⟨NH/N=⟩ + N≡N—⟨⟩—SO₃ → His—⟨NH/N=⟩N=N—⟨⟩—SO₃⁻

His—⟨NH/N=⟩ + Cl—SO₂—R → His—⟨N/N=⟩SO₂—R

● His

▲ —N=N—⟨⟩—SO₃⁻

□ (CH₃)₂N—⟨⟩—⟨⟩—SO₂—

Abb. 1. Modell zur Substitution des reaktiven Histidins

nach der Säurehydrolyse noch etwa 30% eines Histidinrestes. Damit ist die hypothetische Rolle eines *Histidinrestes* im aktiven Zentrum erstmals gesichert.

Während im Ribonucleasemolekül ein Histidinrest durch seine Reaktionsbereitschaft mit Jodessigsäure zum entsprechenden Carboxymethylderivat unter parallelem Verlust der Enzymaktivität hervorsticht, woraus seine Beteiligung an der enzymatisch wirksamen Gruppe gefolgert wurde [31], ist ein solcher Umsatz beim Chymotrypsin nicht zu erreichen; beide Histidinreste entziehen sich der Reaktion mit Jodessigsäure oder Jodacetamid nahezu vollständig [32]. Um den Halogenacylrest so spezifisch wie möglich an den enzymatisch wirksamen Bezirk des Chymotrypsinmoleküls heranzuführen, synthetisierten wir die entsprechenden Halogenacylderivate von typischen Substraten und Hemmstoffen von der Art des Jodacetyl-L- bzw. D-Phenylalaninesters und prüften deren Wechselwirkung mit Chymotrypsin unter gleichzeitiger Kontrolle der Enzymaktivität. So wie den Diazoniumresten durch die Bindung von Substrat oder Hemmstoff im Substratzentrum [31] der Zutritt sterisch erleichtert wird, sollten diese substratanalogen Verbindungen durch Induktion einer adaptiven Paßform [33] an der Enzymoberfläche die Reaktion am aktiven Zentrum für das reaktive Halogen ermöglichen (Abbildung 2). Eine Höhlung der Moleküloberfläche, aus chemischen Versuchen für die Wirkungsgruppe erschlossen, läßt sich im Raummodell durch Röntgenstrukturanalyse direkt sichtbar machen [34].

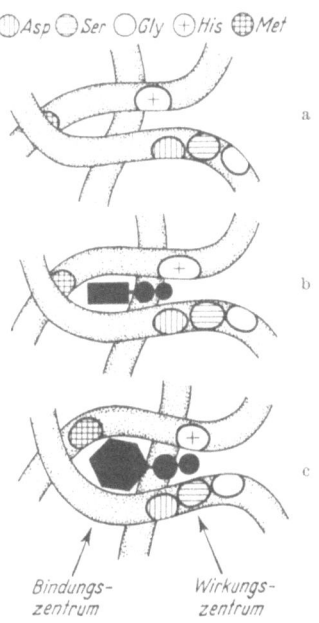

Abb. 2 a—c. Modell zur adaptiven Paßform. a natives Enzym, b Enzym mit zu kleinem Substratmolekül, c Enzym mit spaltbarem Substratmolekül

Es erweist sich, daß die Möglichkeit der Wechselwirkung zwischen Jodacyl und Enzym beim spaltbaren,

Tabelle 2. *Wechselwirkung zwischen Chymotrypsin und Halogenacylaminosäureestern.* Bestimmung der enzymatischen Restaktivität[1]

Reaktionspartner des Chymotrypsins	Esteraseaktivität in % des Ausgangswertes	
	pH 7,0	pH 8,0
Kontrollen ohne Zusatz....	100	100
Jodessigsäure	100	100
Jodacetamid	100	100
Chloracetyl-L-phe-methylester .	100	100
Chloracetyl-D-phe-methylester .	100	100
Jodacetyl-L-phe-methylester .	97,5	93
Jodacetyl-D-phe-methylester .	65	80
Jodacetyl-DL-try-methylester .	70	80

[1] Mittelwerte mehrerer Versuchsreihen; Streuung der Werte ±5% (Genauigkeit des Esterase-Testes). Reaktionszeit 14 Tage.

vorübergehend fixierten L-Substrat geringer ist als beim fester gebundenen D-Hemmstoff (s. Tab. 2). Jodacetyl-DL-Tryptophanester reagiert analog und quantitativ dem D-Phenylalaninderivat. Bei Verwendung der Chloracetyl-L- bzw. D-Phenylalaninester, die keine chemische Reaktion erwarten lassen, findet man keine Verminderung der Enzymaktivität. Parallel mit dem Verlust an Esteraseaktivität findet bei Verwendung von ^{14}C-markierten Verbindungen ein Einbau von Radioaktivität statt (Abb. 3).

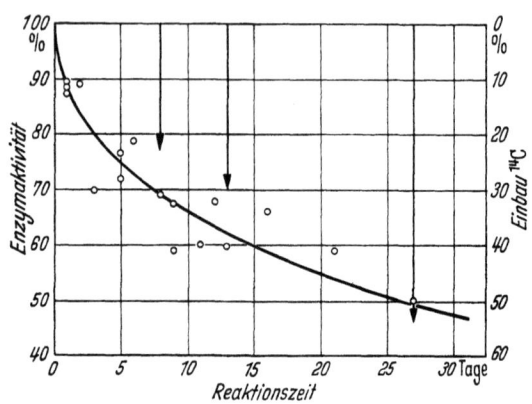

Abb. 3. Umsatz von Chymotrypsin mit Jodacetyl-^{14}C-D-phenylalaninmethylester. Abhängigkeit der enzymatischen Restaktivität und des Einbaues der ^{14}C-Aktivität von der Reaktionsdauer

Die Aminosäureanalyse der Reaktionsprodukte ergibt jedoch keine Abnahme des Histidingehaltes. Statt dessen erhalten wir einen neuen Gipfel, der im Elutionsdiagramm zwischen Prolin und Glycin auftritt und dem S-Carboxymethylhomocystein zuzuschreiben ist. Auch eine kleine Menge an Homoserin kann in den Hydrolysaten so inaktivierten Chymotrypsins nachgewiesen werden. Diese Befunde ermöglichen eine zwanglose Deutung der eingetretenen Reaktionen.

Genaue Aminosäureanalysen zeigen, daß durch die Reaktion mit den Jodacetylaminosäureestern nur die Menge an Methionin signifikant verändert wird. Unter Abspaltung von Halogenwasserstoff entsteht bei der Reaktion mit Methionin die Sulfoniumverbindung, die dem Carboxymethylsulfoniumsalz entspricht, das als Produkt des Umsatzes von Jodessigsäure mit Methionin beschrieben wird[35]. Beim Erhitzen mit Säure zerfällt diese Verbindung in die aromatische Aminosäure sowie in die bereits früher erkannten Verbindungen S-Carboxymethylhomocystein, Homoserin, dessen Lacton und Methionin. So wird die Tatsache verständlich, daß weder die Abnahme an Methionin noch die Größe der beiden neu gebildeten „Gipfel" in der Aminosäureanalyse nach Hydrolyse des Proteins der Aktivitätsverminderung des Ferments proportional gefunden wird (Formelschema).

$$\begin{array}{c}
CH_2OH \\
| \\
CH_2 \\
| \\
H-C-NH_2 \\
| \\
COOH
\end{array}$$

$$\begin{array}{c} CO \\ | \\ CH-(CH_2)_2 \\ | \\ NH \end{array} \quad \begin{array}{c} CH_3 \\ | \\ S\!\!-\!\!\!-\!CH_2-CO \\ + \\ NH \\ | \\ CH-CH_2-\!\!\bigcirc \\ | \\ ^*COOH \end{array} \xrightarrow{\text{Hydrolyse}} \begin{array}{c} COOH \\ | \\ CH-(CH_2)_2 \\ | \\ NH_2 \end{array} \uparrow \begin{array}{c} CH_3 \\ | \\ S-CH_2-COOH \\ + \end{array}$$

$$\swarrow \quad \searrow$$

$$\begin{array}{cc}
S-CH_2-COOH & S-CH_3 \\
| & | \\
(CH_2)_2 & (CH_2)_2 \\
| & | \\
H-C-NH_2 & H-C-NH_2 \\
| & | \\
COOH & COOH
\end{array}$$

*COOCH$_3$ im Fall der enzymatisch unspaltbaren D-Verbindung

Formelschema

Die Schlußfolgerung, daß ein *Methioninrest* in räumlicher Nähe des aktiven Zentrums den Mechanismus der Enzymwirkung des Chymotrypsins beeinflußt, deckt sich mit den Ergebnissen von KOSHLAND[36], der bei kinetischen Untersuchungen zur Photooxydation des Enzyms einen Aktivitätsverlust feststellt, den er der Oxydation von Methionin zuschreibt. Es scheint sich dabei um einen Methioninrest zu handeln[37], der in der Peptidkette des „aktiven Serins" vor das aminoendständige Glycin zu lokalisieren wäre. Der Abstand des Methionins von dem reaktiven Histidin des katalytischen Zentrums scheint uns durch den Wirkungsradius des

Jodatoms im Hemmstoffmolekül, dessen Estergruppe dem Histidin genähert sein soll, gegeben zu sein.

Der erste Hinweis, daß in der *Ribonuclease* das *Histidin* am katalytischen Zentrum beteiligt ist, stammt von WEIL und SEIBLES[38], die nachweisen konnten, daß mit der Zerstörung von Histidin durch Photooxydation die Fähigkeit, Ribonucleinsäuren zu spalten, erlischt. Mit Jod- bzw. Bromessigsäure[31, 39] gelingt es durch Reaktion des Enzyms bei p_H 5,5 einen der vier vorhandenen Histidinreste zu carboxymethylieren und das Molekül zu inaktivieren. Es kann darüber hinaus gezeigt werden, daß dieser Histidinrest, der dem Carboxylende des Moleküls nahesteht[40], nur dann mit Jodessigsäure reagiert, wenn die Konformation der Ribonuclease erhalten ist[41]. In 8 M Harnstoff-Lösung läßt sich keine Reaktion zwischen dem Histidin und der Jodessigsäure herbeiführen. Das gleiche gilt für das reduzierte und für das mit Perameisensäure oxydierte Enzym. Bemerkenswert erscheint, daß Ribonuclease nicht mit Jodacetamid bei p_H 5,5 inaktiviert werden kann. Dagegen kann man mit Jodessigsäure auch bei anderen p_H-Werten eine Inaktivierung des Moleküls herbeiführen, wobei dann entweder ein oder mehrere Methionine zu Carboxymethylsulfoniumsalzen oder Lysine entsprechend zu ε-Aminocarboxymethylverbindungen reagieren[42]. Daß ein *Lysinrest* für die enzymatische Wirkung wesentlich ist, erhellt aus dem Befund, daß bei der Guanidierung nur dann die Aktivität erhalten bleibt, wenn höchstens neun der zehn in der Ribonuclease vorhandenen ε-Aminogruppen modifiziert werden.

Durch begrenzte vorsichtige Behandlung der Ribonuclease mit Subtilisin[43] läßt sich vom Aminoende des Moleküls ein Peptid abspalten, dessen Trennung von dem verbleibenden „Proteinanteil" sofortige Inaktivierung bedeutet. Durch einfaches Zusammengeben der beiden Anteile in äquimolaren Mengen wird die Aktivität wiederhergestellt. An diesem Peptidanteil des Moleküls lassen sich chemisch leicht Modifizierungen vornehmen[44], die auf einen Nenner gebracht ergeben, daß dieses Peptid wohl für die „richtige" Konformation, nicht aber für die katalytische Wirkung wesentlich ist.

Den *Serin-Histidin-Fermenten* (Imidazol-Hydroxyl-Carboxyl-Typus = HIC-Typus) vom Prototyp des Chymotrypsins läßt sich die Gruppe der *Cysteinfermente* (Sulfhydryl-Carboxyl-Typus = SC-

Typus) gegenüberstellen, in denen der Sauerstoff der Hydroxylgruppe des „aktiven" Serinrestes durch den Schwefel der Sulfhydrylgruppe eines „aktiven" Cysteinrestes ersetzt ist.

Im *Papain* ist die SH-Gruppe des aktiven Zentrums in unmittelbarer Nachbarschaft von zwei Asparaginsäure-β-Carboxylen lokalisiert. Eines der Carboxyle dürfte als energiereiche S-Acyl-Bindung vorliegen (vgl. aber [45]), während das andere wahrscheinlich der Substratbindung dient. Darum sind Peptide mit basischen Resten bessere Substrate für Papain als solche mit sauren Seitenketten in Nachbarschaft zur spaltbaren Bindung, offenbar wegen der Abstoßung der negativ geladenen Reste.

Die Enzymwirkung vollzieht sich etwa nach dem Schema:

$$\begin{array}{c} \overline{\text{Enzym}} \\ \overline{\text{S—C}} \\ \parallel \\ \text{O} \\ +\text{R—C—NH}_2 \\ \parallel \\ \text{O} \end{array} \longrightarrow \begin{array}{c} \overline{\text{Enzym}} \\ \overline{\text{S}^-\text{OOC}} \\ \text{R—C} \\ \parallel \\ \text{O} \\ +\overset{+}{\text{NH}}_4 \end{array} \xrightarrow{\text{H}_2\text{O}} \begin{array}{c} \overline{\text{Enzym}} \\ \overline{\text{S—C}} \\ \parallel \\ \text{O} \\ +\text{RCOO}^- \end{array}$$

Durch Aminopeptidase oder Carboxypeptidase (nicht durch beide zugleich) läßt sich Papain zu einem stark verkleinerten, aber enzymatisch noch vollaktiven Molekülrumpf abbauen; der carboxylendständige Torso mit 74 Aminosäureresten enthält eine stark gefaltete Peptidkette, denn zwei um 59 Aminosäurereste entfernte Halbcystinreste vereinigen sich zur Disulfidbindung. Durch diese starke Faltung kommen offensichtlich ähnlich wie beim Chymotrypsin oder der Ribonuclease weitere „aktive" Aminosäuren ins Spiel, denn Auffaltung durch Guanidin oder Harnstoff zerstört die enzymatische Aktivität des Papainbruchstücks.

Zu den physiologisch interessantesten Cysteinfermenten gehört die *„Adenosintriphosphatase (ATPase)"* der kontraktilen Muskelproteine; sie ist im H-Meromyosinteil des Myosins bzw. Aktomyosins lokalisiert. Blockiert man die SH-Gruppen des nativen H-Meromyosins zeitlich fortschreitend durch ^{14}C-N-Äthylmaleinimid,

$$\text{R—SH} + \begin{array}{c} \text{H} \quad \text{O} \\ \parallel \\ \text{C—C} \\ \diagdown \\ \text{N—C}_2\text{H}_5 \\ \diagup \\ \text{C—C} \\ \parallel \\ \text{H} \quad \text{O} \end{array} \longrightarrow \begin{array}{c} \text{H} \quad \text{O} \\ \mid \parallel \\ \text{R—S—C—C} \\ \diagdown \\ \text{N—C}_2\text{H}_5 \\ \diagup \\ \text{C—C} \\ \mid \parallel \\ \text{H}_2 \quad \text{O} \end{array}$$

so geht zunächst der „Äthylendiamintetraacetat-empfindliche" Teil der Fermentwirkung (der dem *Bindungszentrum* der ATPase zuzuordnen ist) verloren, (während die „calciumaktivierbare" Wirkung, dem *katalytischen Zentrum* der ATPase entsprechend, wesentlich langsamer absinkt[46]). So kann dem Fermentbindungszentrum ein bestimmtes Cysteinpeptid zugeordnet werden, das nach tryptischem Abbau des ^{14}C-markierten H-Meromyosins durch

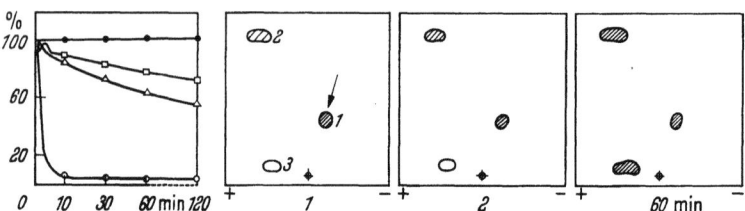

Abb. 4. Abnahme der Zahl der titrierbaren SH-Gruppen (△), der CaATPase (□), der ÄDTA-ATPase (○), des Aktinbindungsvermögens (●) bei H-Meromyosin. Abscisse: ^{14}C-NÄM-Einwirkungsdauer, Ordinate: Prozent der ursprünglich vorhandenen Aktivität

seine Position im Radioautogramm der zugehörigen Peptidkarte (Fingerprint-Diagramm) charakterisiert ist und das im gleichen Maß ^{14}C-Aktivität gewinnt, wie der „ÄDTA"-Anteil der ATPase-Aktivität abnimmt (Abb. 4). Ähnlich wie beim Papain ist eine Faltung am aktiven Zentrum anzunehmen; denn bereits 3 m Harnstoff bringt die Fermentwirkung zum Erlöschen (STRACHER[47]). Auch für die Synärese („Superpräzipitation", „Kontraktion") des Aktomyosin-Gels, die mit einer ATP-Spaltung einhergeht, fanden sich Hinweise auf einen SC-Typus dieser Wirkung (STAIB und TURBA[48]).

3. Modellversuche

Bringen nun in der Tat, wie bisher erläutert, einige wenige Aminosäure-Seitenketten im Enzymmolekül in ihrer Zusammenwirkung die katalytische Aktivität zustande, so besteht die Hoffnung, durch die genaue Kenntnis des Mechanismus eines Enzyms einer größeren Familie die Angriffsweise der ganzen Gruppe verstehen zu lassen. Andererseits gab diese Anschauung auch zu Versuchen Anlaß, den analytischen und kinetischen Untersuchungen am Ferment durch synthetische niedermolekulare Modelle des aktiven Zentrums entgegenzuarbeiten. Wie zu erwarten, begannen sie mit der Beobachtung der katalytischen Aktivität möglichst einfacher Verbindungen.

So diente als *Modell für Papain* die Reaktion des aktivierten Esters p-Nitrophenylacetat (pNPA) mit o-Mercaptobenzoesäure [49]. Die Steigerung seiner Hydrolyse durch diesen nucleophilen Katalysator ist beträchtlich, wenngleich er die Aktivität des Fermentes selbst bei weitem nicht erreicht. Für diese Reaktion wird in Analogie zu der Theorie der Papainwirkung ein zweistufiger Mechanismus gefordert:

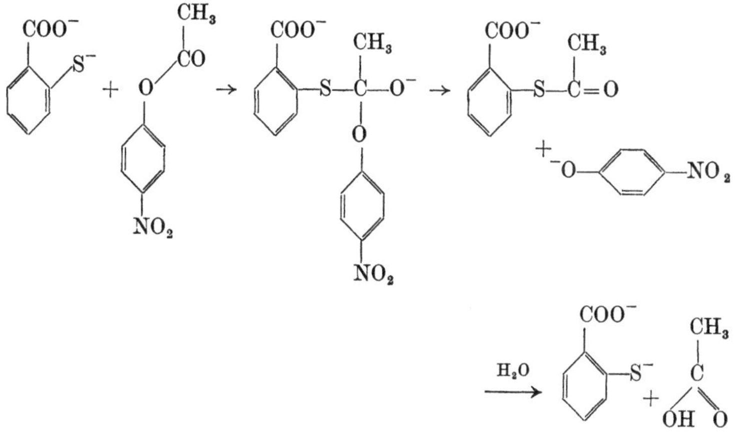

Der zweite, Geschwindigkeits-bestimmende Schritt dieses Moleküls vom „SC"-Typus wird dabei durch die benachbarte Carboxylgruppe katalysiert.

Die größte Anzahl der Untersuchungen beschäftigt sich jedoch mit Modellkörpern für die Histidin-Serin-Carboxyl-Enzyme (HIC-Typus) und ihren Reaktionen. Imidazol und viele seiner Derivate wurden ausführlich auf ihre Fähigkeit, als nucleophile Katalysatoren die Hydrolyse bestimmter Estersubstrate zu steigern, geprüft [50, 51, 52, 53]:

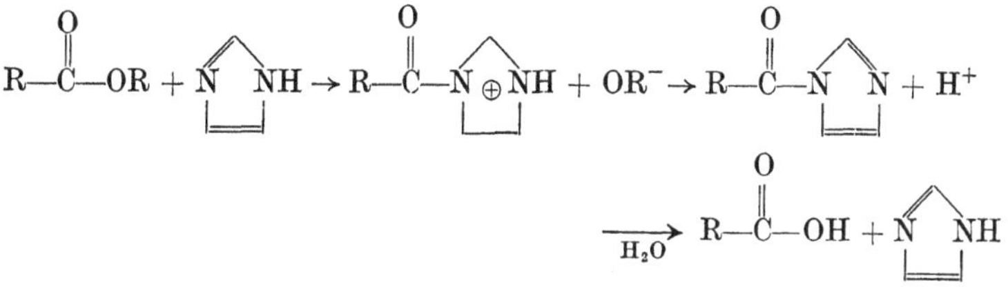

Durch Variation des p_H-Wertes des Milieus ergab sich anhand des Imidazols selbst die Proportionalität der katalytischen Wirkung zur Konzentration der freien Base und die Unabhängigkeit von der Menge des Imidazoliumions (BRUICE et al.[54]). Der Vergleich der Aktivität einfacher Imidazolderivate wie 2-Methylimidazol, 4-Methylimidazol, 4-Hydroxyimidazol u. a. und ihres pK-Wertes ergab keine einfache Beziehung. Den Beweis des nucleophilen Mechanismus lieferte die Isolierung des erwarteten im-acylierten Zwischenproduktes bei der Reaktion von Imidazol und N-Benzoyl-Histidin mit p-Nitrophenylacetat[55, 56]. Doch zeigt das Beispiel des N-Methylimidazols, das kein neutrales Zwischenprodukt bilden kann, aber die Hydrolyse des Estersubstrates noch katalysiert, daß die Umwandlung des N-Acetylimidazoliumions in N-Acetylimidazol kein unerläßlicher Schritt bei dieser Art der Katalyse ist.

Die Bedeutung der räumlichen Anordnung des Substrates am katalytischen Zentrum, wie sie das Enzym erzwingen kann, zeigt das Beispiel des p-Nitrophenylesters der γ-(4-Imidazolyl)-Buttersäure. Seine Solvolyse kommt der Reaktionsgeschwindigkeit des Chymotrypsin-pNPA-Systems nahe.

Der Anteil des Serins in derartigen Modellsystemen wird anschaulich nach der Reaktion von N-Acetylserinamid mit Acetylimidazol in wäßrigem System. Die Hydroxylgruppe dieser Verbindung ist ein etwa 3500fach besserer Acceptor für den Acetylrest als das Wassermolekül und übertrifft auch die des Äthanols um das Mehrhundertfache (JENCKS[57]). Das gleiche Ergebnis erhält man auch bei Zusatz von N-Acetylserinamid zu einem Histidin-pNPA-System, die Verbindung reagiert hier etwa 500fach schneller als Äthanol[58].

Doch wird ja neben dem nucleophilen Mechanismus für das aktive Histidin in HIC-Enzymen auch ein Angriff nach Art einer "general base catalysis" diskutiert, wobei der Imidazolrest durch Abzug eines Protons von einer nucleophilen Seitenkette während der Katalyse deren Reaktion mit dem Substrat fördert (WESTHEIMER[59]).

Eine Modellreaktion für diese Art der Katalyse mag die durch Imidazol beschleunigte Hydrolyse von O,N-Diacetylserin sein, denn ihre Geschwindigkeit, die im übrigen ebenfalls der enzymatischer Reaktionen nahekommt, wird in D_2O geringer als in H_2O gefunden[57], was als Zeichen der general base catalysis gewertet wird.

Es galt nun, durch Synthese geeigneter Kombinationen des Serins und Histidins in einem Molekül die räumlichen Abstände, wie sie im Enzym vorliegen, zu gewinnen. Dies sollte den Erfolg einer erheblichen Steigerung der katalytischen Aktivität an geeigneten Estersubstraten bringen.

Solche Untersuchungen bedienten sich einmal synthetischer Polypeptide, aus Histidin allein oder zusammen mit Serin zusammengesetzt. Der Einbau der zweiten Aminosäure konnte jedoch keine signifcante Steigerung der Katalyse gegenüber pNPA hervorrufen (KATCHALSKI[60]).

Eine andere Synthese versuchte den Abstand zwischen der Seitenkette des Serins und Histidins durch Einbau in ein cyclisches Peptid gezielt festzulegen (SHEEHAN[61]).

Das Cycloglycyl-L-Histidyl-L-Serylglycyl-L-Histidyl-L-Seryl zeigte ebenfalls eine nur geringe Steigerung der Katalyse bei pNPA gegenüber Histidin.

```
                    HN   N
                     \\ //
                      |
                     CH₂           HO
                      |              \
                     |              CH₂
HN—CH₂—CO—NH—CH—CO—NH—CH—CO
 |
 OC—CH—NH—CO—CH—NH—CO—CH₂—NH
   |                 |
   H₂C              CH₂
      \              |
       OH           N   NH
                     \\ //
```

Besser als derartige aliphatische Strukturen sollte die Einführung eines aromatischen Ringes in die Aminosäurefolge geeignet sein, räumliche *Vorzugsrichtungen* kurzer Peptidketten zu bestimmen. Daher synthetisierten wir als Serin-Histidin-Modell das Carbobenzoxy-L-Serylglycyl-m-Aminobenzoylglycyl-L-Histidinamid[58]:

```
                           CONH₂
                             |
     CO—NH—CH₂—CO—NH—CH—CH₂—
    /                              \
   |                              N   NH
    \                              \\ //
     \            O   CH₂OH
      NH—CO—CH₂—NH—C—CH—NH—Cbz
                   ‖
                   O
```

Die katalytische Fähigkeit an pNPA erwies sich, wie bei den beschriebenen Modellen, zunächst noch nicht signifikant größer als die bestimmter einfacherer Histidinderivate. Erst systematische Variation dieser und weiterer Aminosäurebausteine im Modell kann hier weiterführen. Denn es hatten sich inzwischen schon aus anderen Überlegungen Zweifel daran ergeben, ob Modelle, nur aus Serin und Histidin als wirksamen Bestandteilen zusammengesetzt, eine Nachahmung der aktiven Gruppe solcher Enzyme leisten können.

Auf die Seitenkette der Asparaginsäure, die in vielen HIC-Enzymen dem aktiven Serin benachbart ist, zielen andere Modellreaktionen, die zum Beispiel an β-Benzylestern von Asparaginsäurederivaten ausgeführt wurden. Dabei hydrolysierte der Ester des Carbobenzoxyasparagylserylglycinamids um den Faktor 10^6 schneller als Propionsäurebenzylester als Vergleichssubstanz. Als Intermediärstufe tritt ein *Imid* auf (KATCHALSKI et al.[62]):

$$\begin{array}{c}\text{Cbz-NH-CH-C-NH}\\|\quad\;\;\|\;\;|\\\text{CH}_2\;\;\text{O}\;\;\text{CH-CO-Gly NH}_2\\|\qquad\qquad|\\\text{O=C}\qquad\;\;\text{CH}_2\text{OH}\\|\\\text{O}\\|\\\text{CH}_2\\|\\\text{C}_6\text{H}_5\end{array}\quad\longrightarrow\quad\begin{array}{c}\text{Cbz-NH-CH}\\|\\\text{CH}_2\;\;\text{C=O}\\|\quad\;\;\;\;\diagdown\quad\text{CH}_2\text{OH}\\\text{O=C-N}\\\quad\;\;\;\;\diagup\\\qquad\quad\text{CH}\\\qquad\quad|\\\qquad\quad\text{C=O}\\\qquad\quad|\\\qquad\quad\text{GlyNH}_2\end{array}$$

$\searrow$ C$_6$H$_5$-CH$_2$OH

$$\xrightarrow{\text{H}_2\text{O}}\quad\begin{array}{c}\text{Cbz-NH-CH-C=O}\\|\qquad\;\;|\\\text{CH}_2\;\;\text{NH}\\\diagdown\quad\;\;\diagup\quad\text{CH}_2\text{OH}\\\;\;\text{C}\qquad\text{CH}\\\diagup\;\;\diagdown\qquad|\\\text{$^-$O}\quad\;\text{O}\quad\;\text{C=O}\\\qquad\qquad|\\\qquad\qquad\text{GlyNH}_2\end{array}$$

Bei Abwesenheit der Glycinamidgruppe oder des Serinhydroxyls sank die Verseifungsgeschwindigkeit stark ab, die Funktion dieser beiden Gruppen ist noch unklar. Doch tritt hier zutage, daß auch die Amidgruppe selbst als Katalysator einer hydrolytischen Reaktion arbeiten kann, eine bis dahin wenig berücksichtigte Möglichkeit.

Ähnliche Indizien lassen sich auch an einfachen Histidinderivaten gewinnen[58] (Abb. 5). Histidinamid zeigt höhere (II) Aktivität als Histidin (I) an pNPA; dies kann durch die freie Aminogruppe in Analogie zu anderen derartigen Verbindungen bedingt sein. Doch zeigt auch N-Acetylhistidinamid (III) eine nahezu gleich hohe Wirkung, was auf eine Beteiligung der Amidbindung an der Katalyse schliessen läßt. Auffallend ist nun der Einfluß einer benachbarten freien Carboxylgruppe. Der zunächst deutliche höhere Einfluß von N-Acetylhistidin bei p$_H$ 8,0 sinkt langsam ab, die Hydrolysenkurve ist nicht linear (V). Bei p$_H$ 6 ist dieser Effekt nicht zu beobachten. Noch ausgeprägter zeigt er sich aber bei Umwandlung der Amidgruppe in eine Imidgruppe durch Substitution des Histidins mit einem Phthalylrest. Die Verbindung bewirkt zunächst eine Katalyse, die der des Imidazols nahekommt, (VI) sinkt aber dann ab. Den Effekt der Carboxylgruppe zeigt das Phthalylhistamin auf (VII), dessen Wirksamkeit niedriger liegt; aber auch seine Hydrolysenkurve bleibt nicht linear. Diese Form der Reaktion läßt sich allerdings beim Phthalylhistidin auch durch Senkung des p_H auf 6,0 und darunter nicht beseitigen. Seine Aktivität liegt dann etwa doppelt so hoch wie die des N-Acetylhistidins.

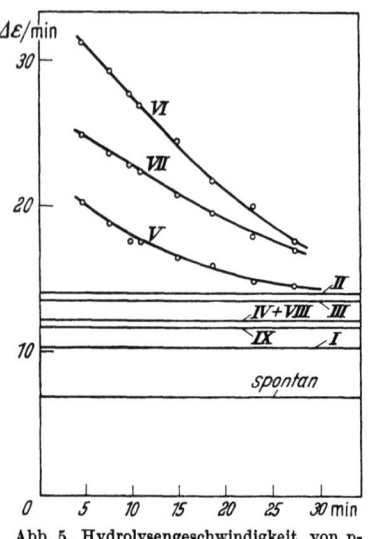

Abb. 5. Hydrolysengeschwindigkeit von p-Nitrophenylacetat unter dem Einfluß von Histidinderivaten

Diese Messungen deuten auf eine Beteiligung des dem Imidazolring benachbarten *Amidstickstoffes* hin, möglicherweise beeinflußt durch eine benachbarte freie *Carboxylgruppe*. Nun hat WESTHEIMER auf die Möglichkeit einer nucleophilen Enzymkatalyse durch einen Amidstickstoff oder seines Beitrages zur katalytischen Wirkung des Histidins hingewiesen[59]. Versuche, einen ähnlichen Abklingeffekt wie bei den Substanzen V — VII in Abb. 5 durch Einbau eines Asparaginsäurerestes in Serin-Histidin-Modelle zu erzielen, müssen allerdings die leichte Möglichkeit einer Wechselwirkung des Carboxylations mit dem benachbarten Imidazolring berücksichtigen; so ergibt die Ankupplung von Cbz-Asparaginsäure an Stelle des Serins oder an dessen freigesetzte Aminogruppe in unserem Modell (VIII in Abb. 5) eine Verringerung der Imidazolkatalyse gegenüber Acetylhistidinamid.

Literatur

[1] KOSHLAND, D. E.: Advanc. Enzymol. **22**, 45 (1960).
[2] NYLANDER, O., and B. G. MALMSTRÖM: Biochem. biophys. Acta **34**, 196 (1959).

[3] SMITH, E., N. C. DAVIS, E. ADAMS and D. H. SPACKMAN: In: W. D. MCELROY and B. GLASS. Ed.: The mechanism of enzyme action, p. 291. Baltimore: John Hopkins Press 1954.
[4] HERRIOTT, R. M.: In: W. D. MCELROY and B. GLASS. Ed.: The mechanism of enzyme action, p. 24. Baltimore: John Hopkins Press 1934.
[5] KENDREW, J. C., H. C. WATSON, B. E. STRANDBERG, R. E. DICKERSON, D. C. PHILLIPS and V. C. SHORE: Nautre (Lond.) 190, 666 (1961).
[6] FASOLD, H., u. F. TURBA: Biochem. Z. 337, 80 (1963).
[7] TANFORD, C.: J. Amer. chem. Soc. 84, 4240 (1962).
[8] BENDER, M. L., and W. A. GLASSON: J. Amer. chem. Soc. 82, 3336 (1960).
[9] KOSHLAND, D. E., J. A. YANKEELOV and J. A. THOMA: Fed. Proc. 21, 1031 (1931).
[10] LABOUESSE, B., B. H. HAVSTEEN and G. P. HESS: Proc. nat. Acad. Sci. 48, 2137 (1962).
[11] JANSEN, E. F., F. NUTTING and A. K. BALLS: J. biol. Chem. 179, 201 (1949).
[12] TURBA, F., and G. GUNDLACH: Biochem. Z. 327, 186 (1955).
[13] SCHAFFER, N. K., R. R. ENGLE, L. SIMET, R. W. DRISKO and S. HERSHMAN: Fed. Proc. 15, 347 (1956).
[14] OSTERBAAN, R. A., P. KUNST, J. VAN ROTTERDAM and J. A. COHEN: Biochem. biophys. Acta 27, 556 (1958).
[15] DIXON, G. H., D. L. KAUFMANN and H. NEURATH: J. Amer. chem. Soc. 80, 1260 (1958).
[16] NAUGHTON, M. A., and F. SANGER: Biochem J. 78, 156 (1961).
[17] GLADNER, J. A., and K. LAKI: J. Amer. chem. Soc. 80, 1263 (1958).
[18] JANSZ, H. S., D. BRONS and M. G. P. J. WARRINGA: Biochem. biophys. Acta 34, 573 (1959).
[19] MILSTEIN, C.: Biochem. biophys Acta 67, 171 (1963).
[20] MILSTEIN, C., and F. SANGER: Biochem. J. 79, 456 (1961).
[21] SANGER, F., and D. C. SHAW: Nature (Lond.) 187, 872 (1960).
[22] FISHER, E. H., D. J. GRAVES, R. E. S. CRITTENDEN and E. G. KREBS: J. biol. Chem. 234, 1698 (1959).
[23] CUNNINGHAM, L. W., and C. S. BROWN: J. biol. Chem. 221, 287 (1956).
[24] HAMMOND, B. R., and H. GUTFREUND: Biochem. J. 61, 187 (1955).
[25] LAIDLER, K.: Discuss. Faraday Soc. 20, 93 (1955).
[26] WEIL, S., S. JAMES and A. R. BUCHERT: Arch. Biochem. 46, 266 (1953).
[27] MASSEY, V., and B. S. HARTLEY: Biochem. biophys. Acta 21, 361 (1956).
[28] WHITAKER, J. R., and B. J. JANDORF: J. biol. Chem. 223, 751 (1956).
[29] HARTLEY, B. S., and V. MASSEY: Biochim. biophys. Acta 21, 58 (1956).
[30] GUNDLACH, G., C. KÖHNE and F. TURBA: Biochem. Z. 336, 215 (1962).
[31] GUNDLACH, H. G., W. H. STEIN and S. MOORE: J. biol. Chem. 234, 1754 (1959).
[32] GUNDLACH, G., u. F. TURBA: Biochem. Z. 335, 573 (1962).
[33] KOSHLAND, D. E.: Proc. nat. Acad. Sci. (Wash.) 44, 98 (1958).
[34] KRAUT, J., L. C. SIEKER, D. F. HIGH and S. T. FREER: Proc. nat. Acad. Sci. (Wash.) 48, 1417 (1962).
[35] GUNDLACH, H. G., S. MOORE and W. H. STEIN: J. biol. Chem. 234, 1761 (1959).

[36] RAY, W. J., H. G. LATHAM, M. KATSOULIS and D. E. KOSHLAND: J. Amer. Chem. Soc. **82**, 4743 (1960).
[37] SCHACHTER, H., and G. H. DIXON: Biochem. biophys. Res. Comm. **9**, 132 (1962).
[38] WEIL, L., and T. S. SEIBLES: Arch. Biochem. **54**, 368 (1955).
[39] BARNARD, E. A., and W. D. STEIN: J. molec. Biol. **1**, 339 (1959).
[40] STEIN, W. D., and E. A. BARNARD: J. molec. Biol. **1**, 350 (1959).
[41] STARK, G. R., W. H. STEIN and S. MOORE: J. biol. Chem. **236**, 436(1961)
[42] KLEE, W. A., and F. M. RICHARDS: J. biol. Chem. **229**, 489 (1957).
[43] RICHARDS, F. M., and P. J. VITHAYATHIL: J. biol. Chem. **234**, 1459 (1959).
[44] SCHERAGA, H. A., and J. A. RUPLEY: In: F. F. NORD, Advanc. Enzymol. **24**, 161 (ff.) (1962).
[45] SANNER, T., and A. PIHL: J. biol. Chem. **238**, 165 (1963).
[46] GRÖSCHEL-STEWART, U., and F. TURBA: Biochem. Z. **337**, 104, 109 (1963).
[47] STRACHER, K.: J. biol. Chem. **235**, 2302 (1960).
[48] STAIB, W., and F. TURBA: Biochem. Z. **327**, 473 (1956).
[49] SCHONBAUM, G. R., and M. L. BENDER: Abstracts of Papers Presented at the 136th Meeting of the American Chem. Soc. Atlantic City, N. J. Sept. 1959, p. 51-P.
[50] BENDER, M. L., and B. M. TURNQUEST: J. Amer. chem. Soc. **79**, 1652 (1957).
[51] BERNHARD, S. A., and H. GUTFREUND: Proc. of the Int. Symp. of Enzyme Chemistry, Tokyo, Maruzen, 1958, p. 124.
[52] BRUICE, T. C., and G. L. SCHMIR: Arch. Biochem. **63**, 484 (1956).
[53] BROUWER, D. M., M. J. VAN DER VLUGT and E. HARINGA: Proc. kon. ned. Akad. Wet. **60 B**, 275 (1957).
[54] BRUICE, T. C., and G. L. SCHMIR: J. Amer. chem. Soc. **81**, 4522 (1959).
[55] LANGENBECK, W., u. R. MAHRWALD: Chem. Ber. **90**, 2423 (1957).
[56] BRECHER, A. S., and A. K. BALLS: J. biol. Chem. **227**, 845 (1957).
[57] ANDERSON, B. M., E. H. CORDES and W. P. JENCKS: J. biol. Chem. **236**, 455 (1961).
[58] AHMAD, W. U., H. FASOLD, I. SCHMIDT u. F. TURBA: Unveröffentl. Ergebn.
[59] WESTHEIMER, F. H.: Advanc. Enzymol. **24**, 441 (1962).
[60] KATCHALSKI, E., G. D. FASMAN, E. SIMONS, E. R. BLOUT, F. R. N. GURD, and W. L. KOLTUN: Arch. Biochem. **88**, 361 (1960).
[61] SHEEHAN, J. C., and D. N. MCGREGOR: J. Amer. chem. Soc. **84**, 3000 (1962).
[62] BERNHARD, S. A., E. KATCHALSKI, M. SELA and A. BERGER: J. cell. comp. Physiol. **54**, Suppl. 1, 195 (1959).

The catalytic site and mechanism of action of bovine pancreatic ribonuclease

By

B. R. RABIN AND A. P. MATHIAS

Department of Biochemistry, University College, London, England

With 15 Figures

Bovine pancreatic ribonuclease is the only enzyme for which the primary structure is known (HIRS, MOORE and STEIN, 1960; SMYTH, STEIN and MOORE, 1962; POTTS et al., 1962; GROSS and WITKOP, 1962). The nature of the secondary and tertiary structure is, as yet, little understood although models have been proposed (SCHERAGA, 1960; PARKS, 1960; PANAR and WESTHEIMER, 1961), but it is wise to postpone discussion of the relationship between catalytic function and structural detail until definite information is available. The chemistry of ribonuclease has been adequately reviewed (SCHERAGA and RUPLEY, 1962; WESTHEIMER, 1962) and only data of direct revelance to the catalytic mechanism will be discussed in this paper.

Ribonuclease contains 4 histidine residues in positions 12, 48, 105 and 119. WEIL and SEIBLES (1955) first obtained information that the integrity of one or more of these was essential for catalysis by photo-oxidation experiments in the presence of methylene blue. As with all experiments of this type, where activity is lost by substitution or destruction of a particular amino acid, the interpretation is uncertain and the assumption that the particular amino acid is involved in interactions with the substrate is unjustifiable in the absence of more definitive data.

ZITTLE (1946) first showed ribonuclease was inhibited by high concentrations of halageno-acetic acids. STEIN and BARNARD (1959) identified histidine 119 as the group reacting with bromacetic acid at pHs around neutrality, but more detailed work (CRESTFIELD, STEIN and MOORE, 1961) on the inhibition with iodoacetic acid at pHs near 6.0 showed the product to consist of two monocarboxymethylated derivatives. The groups carbomethylated are, in the major product, the 1 position of histidine 119, and in the minor product, the 3 position of histidine 12. No reaction occurs between ribonuclease and iodoacetamide under similar conditions (GUNDLACH, STEIN and MOORE, 1959), although this

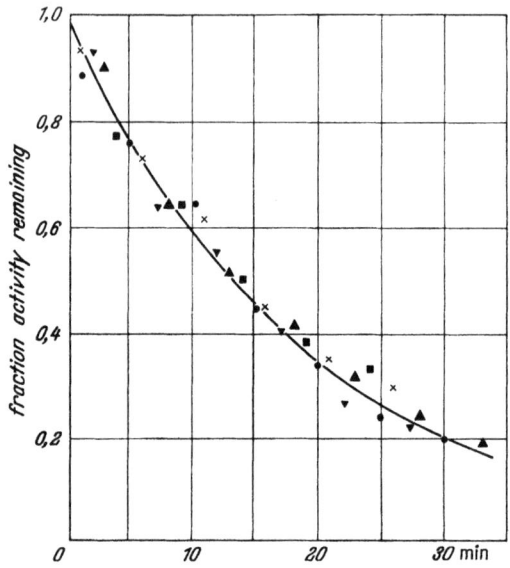

Fig. 1. Inhibition of ribonuclease by iodoacetate. Reaction conditions: 40°C, ionic strength 0.02, pH 5.25, iodoacetate concentration 0.02 M. Ribonuclease concentrations (mg/ml); ●, 0.965; ■, 0.772; ▲, 0.379; ▼, 0.386; ×, 0.193

is normally more reactive towards nucleophiles, suggesting the negative charge on the carboxyl is required for reactivity. The simplest explanation is that interaction of a positive locus on the protein with the negative carboxyl binds iodoacetate in a favourable position for nucleophilic attack by an imidazole group. It would seem that histidine 12 and 119 are so arranged that the cationic form of one promotes the reactivity of the other in this way.

To attempt to gain further understanding of the alkylation of ribonuclease the detailed kinetics of the process have been investigated in this laboratory (LAMDEN, MATHIAS and RABIN, 1962). Plots of the fraction of activity remaining as a function of time of incubation with iodoacetic acid for several different enzyme concentrations are shown in Fig. 1. When plotted in this fashion, the decay curves are independent of initial enzyme concentration. This clearly shows that the chemical reaction, on which the decay process depends, is first order in enzyme concentration. It has also been shown (LAMDEN, MATHIAS and RABIN, 1963) that the reaction is first order in iodoacetic acid concentration. The concentration of iodoacetic acid is much greater than that of the enzyme in these experiments and it is convenient, for experiments at constant iodoacetate concentration, to measure the apparent first order rate constant for the loss of enzyme activity. The variation of this parameter with pH at 40°C, $I = 0.02$, 0.02 M iodoacetic acid is shown in Fig. 2. The experimental data can be fitted to the following scheme:

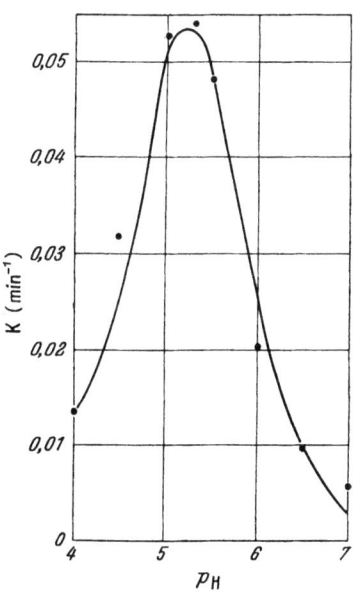

Fig. 2. Variation with pH of apparent first order rate constant for the inactivation of ribonuclease by iodoacetate at 40°C. $I = 0.02$ and [Iodoacetate] 0.02 M. The points are experimental and the line calculated assuming $k = \bar{k}/(1 + [\text{H}]/K_b + K_a/[\text{H}])$ with the following values for the constants: $\bar{k} = 0.11$ min^{-1}; $pK_b = 4.85$; $pK_a = 5.55$

$$\text{EH}_2 \underset{}{\overset{K_b}{\rightleftarrows}} \text{EH} \underset{}{\overset{K_a}{\rightleftarrows}} \text{E}$$
$$+$$
$$\text{iodoacetate}$$
$$\downarrow \bar{k}$$
$$\text{inactive enzyme}$$

EH_2, EH and E are enzyme species in different states of ionisation. The variation of the measured rate constant with pH fits the following equation, which is also predicted by the above scheme:

$$k = \bar{k}/(1 + [\text{H}^+]/K_b + K_a/[\text{H}^+]). \tag{1}$$

K_b and K_a are the macroscopic dissociation constants of the pair of acids involved in the reaction and not the intrinsic constants of the individual groups. The reaction with iodoacetate occurs when one of these groups is in the acid form and the other in the base form. The determined values of the constants are given in table 1.

Table 1. *The kinetic parameters for the alkylation of ribonuclease (73 μM) with iodoacetate (0.02 M) at 40° C and I = 0.02*

$$\bar{k} = 0{,}10 \pm 0.04 \text{ min}^{-1}$$
$$pK_b = 4.85 \pm 0.13$$
$$pK_a = 5.55 \pm 0.13$$

The curve in Fig. 2 was calculated assuming the values of the constants in Table 1 and the points are experimental. The agreement is very satisfactory.

It is tempting to identify this pair of histidines as part of the active site of the enzyme. Consistent with this idea, competitive inhibitors protect ribonuclease against alkylation and the order of effectiveness of isomeric cytidine phosphates, $2' > 3' > 5'$ (ROSS, MATHIAS and RABIN, 1962) is the same as their order of effectiveness as inhibitors of the hydrolysis of cytidine $2'$, $3'$-phosphate. The enzyme is also protected by very low concentrations of sulphate (GUNDLACH, MOORE and STEIN, 1959) and pyrophosphate (LAMDEN, MATHIAS and RABIN, 1963) against alkylation by iodoacetate at low ionic strength. The implications of these findings will be discussed later.

A detailed investigation of the kinetics of the hydrolysis of cytidine $2',3'$-phosphate by ribonuclease has been carried out in this laboratory (HERRIES, MATHIAS and RABIN, 1962). At a fixed temperature, pH and ionic strength, the kinetic data can be interpreted in terms of the following reactions:

$$\text{E} + \text{S} \xrightleftharpoons[k_{-1}]{k_{+1}} \text{ES} \xrightarrow{k_{+2}} \text{EP} \xrightleftharpoons[k_{-3}]{k_{+3}} \text{E} + \text{P} \tag{2}$$

k_{+2} and $K_m = (k_{+2} + k_{-1})/k_{+1}$ were calculated by statistical procedures from the variation of initial velocity with substrate concentration. $K_p \ (= k_{+3}/k_{-3})$ was obtained by measuring initial velocities at varying substrate concentrations in the presence of a constant amount of cytidine $3'$-phosphate. In some instances K_p was also obtained by analysis of data along the progress curve of the reaction. Some of the experimental results are shown in Fig. 3. The data can be fitted to the following equations:

$$k_{+2} = \bar{k}_{+2}/(1 + [H^+]/K_{b'} + K_{a'}/[H^+]) \quad (3)$$

$$k_{+2}/K_m = \bar{k}_{+2}/\bar{K}_m (1 + [H^+]/K_b + K_a/[H^+]) \quad (4)$$

The derivation of a reaction scheme from the observed kinetics is hazardous and there are many warnings in the literature (BRUICE

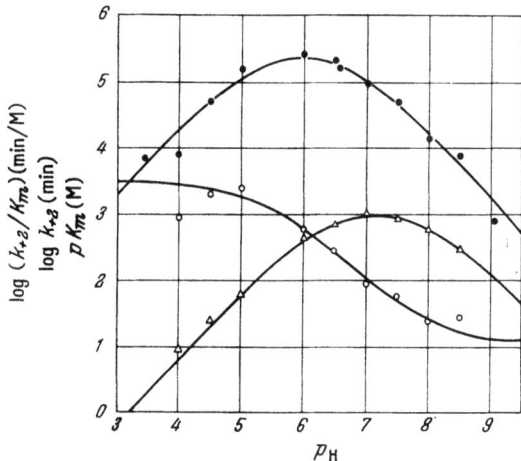

Fig. 3. Variation with pH of the logarithms of the kinetic parameters for the hydrolysis of cytidine 2′,3′-phosphate at 25° and I 0.20. The points are experimental, and the lines are calculated. ●, log (k_{+2}/K_m); ○, pK_m; △, log k_{+2}

and SCHMIR, 1959; LAIDLER, 1958; DIXON and WEBB, 1958) on the dangers of this procedure. For ribonuclease the situation is simplified because there is abundant evidence that $k_{-1} \gg k_{+2}$. Thus K_m becomes equal to k_{-1}/k_{+1} and is equal to the dissociation constant of the enzyme-substrate complex. Part of the evidence for this is illustrated in Fig. 4. The hydrolysis of cytidine 2′, 3′-phosphate is inhibited in a non-competitive fashion by ethylene glycol and, according to MORALES (1955), this indicates equilibrium kinetics (see BERNHARD and GUTFREUND, 1960). A second line of evidence is the similarities of the variations of K_p and K_m with pH as shown in Fig. 5. K_p is undoubtedly the dissociation constant of the enzyme-product complex, and it is reasonable to infer that K_m is the

102   B. R. RABIN and A. P. MATHIAS:

analogous constant of the enzyme-substrate complex. This parallelism would be difficult to explain on any other basis. WITZEL and

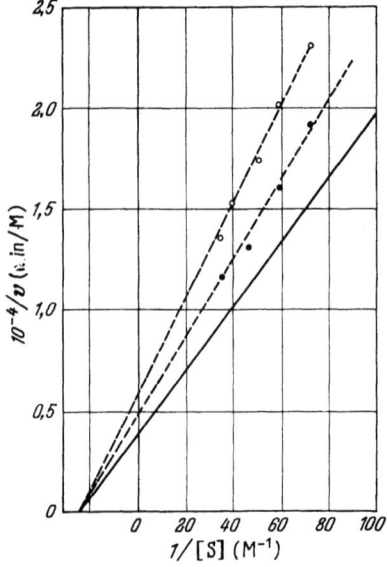

Fig. 4. Non-competitive inhibition by ethylene glycol of the hydrolysis of cytidine 2',3'-phosphate. Full line, no ethylene glycol; broken lines: ●, 1.8 M-ethylene glycol; ○, 3.6 M-ethylene glycol. The reactions were carried out at I 0.2 and pH 8.0; the concentration of ribonuclease was 0.365 μM. The results were obtained by titrimetric assay

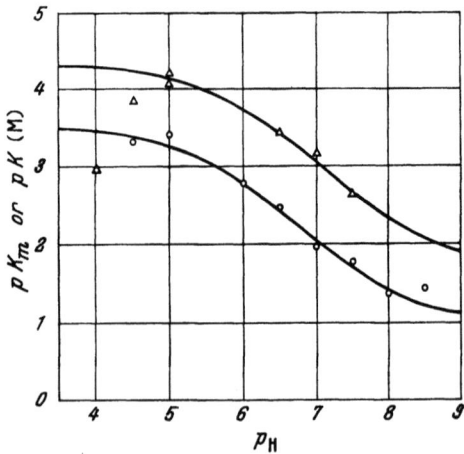

Fig. 5. Variation with pH of the negative logarithms of the Michaelis constant and the dissociation constant of the product-enzyme complex for the hydrolysis of cytidine 2',3'-phosphate at 25° and I 0.20. The points are experimental and the line for pK_m is calculated; the line for pK_p is of the same shape. ○, pK_m; △, pK_p. The experimental points coincide at pH 4.0

BARNARD (1962a) have shown that, for the cyclisation fo a series of esters of cytidine 3'-phosphate and uridine 3'-phosphate, K_m changes little wheraes big changes in k_{+2} are observed. This is understandable if K_m is an equilibrium constant and independent of k_{+2}.

The kinetic data are readily interpreted, on the assumption of equilibrium kinetics in terms of the following reaction scheme:

$$EH_2 \underset{}{\overset{K_b}{\rightleftharpoons}} EH \underset{}{\overset{K_a}{\rightleftharpoons}} E$$
$$\updownarrow \qquad \updownarrow K_m \qquad \updownarrow$$
$$EH_2S \underset{}{\overset{K_{b'}}{\rightleftharpoons}} EHS \underset{}{\overset{K_{a'}}{\rightleftharpoons}} ES$$
$$\downarrow \overline{k_2}$$
$$\text{Products}$$

K_b and K_a are the macroscopic acid dissociation constants of a pair of groups, one required in the acid form and the other in the base form, at the catalytic site of the free enzyme. $K_{b'}$ and $K_{a'}$ are the analogous constants of the groups at the catalytic site of the enzyme-substrate complex. These are hybrid constants in the sense that they contain the activity of the hydrogen ion and the concentrations of other species. The values of the constants are given in Table 2.

Table 2. *Dissociation constants of the ionising groups at the active site of ribonuclease at 25° C and I = 0.20*

free enzyme		enzyme-substrate complex	
pK_b	5.22 ± 0.20	p$K_{b'}$	6.30 ± 0.09
pK_a	6.78 ± 0.20	p$K_{a'}$	8.10 ± 0.09

The microscopic constants of the individual groups differ significantly from these macroscopic constants, but the assumption that the group required in the base form has the lower pK value is unwarranted, and contrary to a recent statement (SCHERAGA and RUPLEY, 1962), the alternative possibility would give the same values for the dissociation constants.

The data in Table 2 for the free enzyme suggest that the two groups are imidazole residues and further evidence for this will be presented later. If the pK values do not invert in passing from the enzyme to the enzyme-substrate complex, binding of the substrate causes an increase in both pK values. This makes it unlikely that the group required in the base form binds the substrate (FINDLAY et al., 1962c), and we shall present evidence that this base site is involved in binding water. It may be assumed that the group required in the acid form interacts with the substrate and data relevant to this interaction are contained in Table 3.

Table 3. *Kinetically determined dissociation constants at pH 7.50, 25° C and $I = 0.2$ for ribonuclease-nucleotide complexes*

nucleotide	K (M)
Cytidine 2',3'-phosphate	$1.7 \pm 0.2 \times 10^{-2}$
Cytidine 3'-phosphate	$2.1 \pm 0.2 \times 10^{-3}$
Cytidine 2'-phosphate	$7.2 \pm 0.8 \times 10^{-4}$

Cytidine 2'-phosphate binds more strongly to ribonuclease than the product, cytidine 3'-phosphate, or the substrate, cytidine 2',3'-phosphate. This is understandable if there is electrostatic interaction between the 2' oxygen and a positive locus on the enzyme, and it has been suggested (FINDLAY et al., 1960) that this positive locus is the group required in the acid form. The existence of a kinetically determinable value of $K_{a'}$ indicates that the species ES exists. It follows that interaction must occur between the substrate and one or more groups in the enzyme which do not change their sites of ionisation in the pH range 4—8.5. These probably define the specificity of the enzyme by interactions with the pyrimidine ring.

There are differences between the pK values, particularly pK_a, of the groups responsible for the catalysis (Table 2) and the groups involved in the reaction with iodoacetate (Table 1). These may be accounted for, at any rate in part, by the different conditions of temperature and ionic strength, and the inherent errors involved in the experiments.

Recent work in this laboratory (DEAVIN, 1963) shows marked inhibition by low concentrations of pyrophosphate of the hydrolysis of cytidine 2', 3'-phosphate at $I = 0.02$, 25°C, pH 5.2. This removes some of the reservations which have been expressed (FINDLAY et al., 1962c) on the identification of the sites of alkylation with the catalytic site and suggests the original identification of the groups at the catalytic site (FINDLAY et al., 1960) is probably correct. It is of interest that binding studies (SAROFF and CAROL, 1962) have been interpreted as demonstrating the existence of two binding sites for sulphate, each consisting of a pair of histidine residues, and multiple binding of phosphate ions (ROSEMEYER and SHOOTER, 1961) has also been demonstrated.

Ribonuclease is active in high concentrations of organic solvents (FINDLAY, MATHIAS and RABIN, 1960, 1962a, 1962b) and this property has been utilised to determine the charge types of the dissociations at the catalytic site of the enzyme. There are two possible sorts of dissociating groups in proteins: neutral acids, like acetic, which ionise with separation of charges, $HA = H^+ + A^-$; and cationic acids, like ammonium ion, which ionise without separation of charges, $HA^+ = H^+ + A$. In all reported instances the pKs of neutral acids increase when water is replaced by a solvent. Thus the pK of acetic acid at 25°C is 4.76 in water (HARNED and OWEN, 1960), 6.82 in formamide (MANDEL and DECROLY, 1960), 9.72 in methanol (BACARELLA et al., 1955) and 10.14 in aqueous dioxan (82% w/w) (HARNED and OWEN, 1950). In contrast the pKs of cationic acids are very little affected by solvents and, if anything, small decreases in pKs are observed.

The shifts in pKs in the presence of solvents depend mainly on the charge type of the acid and the nature of the solvent, and rather little on the detailed structure of the acid. Thus it may be assumed that acids of the same charge type show quantitatively the same shifts in pKs regardless of whether they are buffers or groups on the proteins.

Solvents will, in general, affect the binding of the substrate to the enzyme in an unpredictable and not readily interpretable fashion. This factor has been eliminated by measuring the rate of decomposition of the enzyme-substrate complex, and the following solvent effects have to be considered: (a) conformational changes in the enzyme-substrate complex; (b) changes in pKs of buffers and ionising groups at the catalytic site; (c) changes in the solvation of the transition state relative to the reactants; (d) changes in the concentration of water as a reactant. Under the conditions of the experiments to be described (a) and (c) cannot be dominant effects because the effects are qualitatively similar for dioxan and formamide, which differ profoundly in their dielectric and hydrogen-bonding properties. Effects due to (d) are easily allowed for.

For ribonuclease, experimental conditions have been found in which solvent effects are primarily due to shifts in the pKs of buffers and groups at the catalytic site (FINDLAY, MATHIAS and RABIN, 1962b). To analyse the situation we will consider the

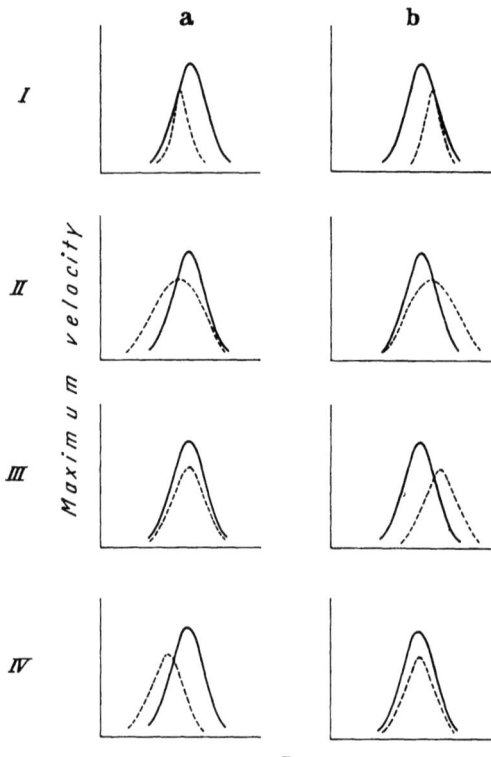

Fig. 6. Theoretical pH (water)-activity curves in water (full lines) and in a solvent-water mixture (broken lines) for the possible ionizing pairs at the active centre of an enzyme: (i) neutral-cation, (ii) cation-neutral, (iii) neutral-neutral and (iv) cation-cation in two series of buffers: (a) neutral-acid buffers and (b) cationic-acid buffers. The ordinate is a measure of the maximum velocity. The abscissa is the pH with water replacing the solvent

effects of the solvent on the buffer and catalytic site separately. If the solvent changes the pK of the buffer by an amount $+b$, then the pH of the solution will be changed by the same amount. If the pH curves are plotted in terms of the pH the solution would have in the absence of solvent (*not* the pH in the actual solvent mixture, which is difficult to measure), the solvent will cause the pH curve to be displaced along the pH axis by an amount of $-b$ in the absence of any effects on the protein. The pH curve shifts in the opposite direction but by an equal amount to the shift in the pK of the buffer. Suppose the pK of a group at the catalytic site changes by $+x$ in the presence of solvent. In the absence of changes in the pK of the buffer, the pH curve will shift along the pH axis by $+x$. Effects due to changes in the pKs of the buffer and the active site are additive.

The variation of k_{+2} with pH has been measured (FINDLAY, MATHIAS and RABIN, 1962b) in water, 50% v/v formamide in two series of experiments with cationic and neutral acid buffers covering the entire pH range. In terms of charge type, there are 4 possible pairs of groups at the active site and, as shown in Fig. 6, these can be clearly and unambiguously distinguished by solvents. These curves have been drawn on the assumption that the pKs of neutral acids shift to higher values in the presence of solvents whereas the

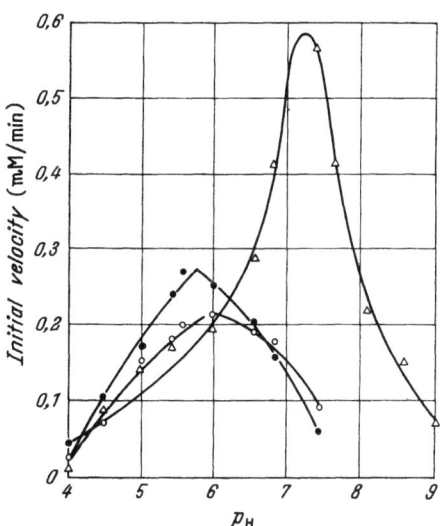

Fig. 7. pH-activity curves for ribonuclease in a series of neutral-acid buffers: in water ($\triangle$), in 50% (v/v) dioxan (●), and in 50% (v/v) formamide (○). The concn. of substrate was 0.05 M, and that of ribonuclease 0.0125 mg/ml

pKs of cationic acids are not affected. The abscissa in this figure is the pH the solution would have on replacing the solvent by water. There is never any need to measure the pH in the solvents, nor is it necessary to define the pH scale in the solvent systems. The pH curve shifts only when the charge type of the buffer and the active site differ and no shift occurs when the buffer and active site are of the same charge type. The experimental data for ribonuclease are shown in Fig. 7 and 8 and it is clear that ribonuclease behaves as iv in Fig. 6. This provides compelling evidence that both the

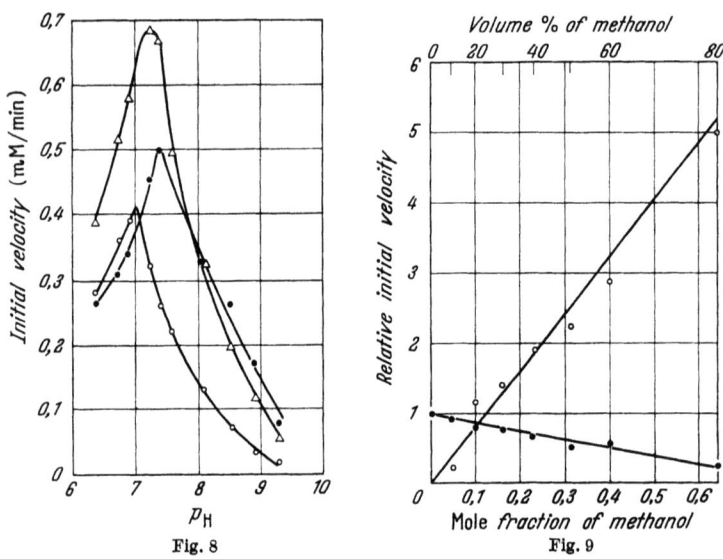

Fig. 8. pH-activity curves for ribonuclease in a series of cationic-acid buffers: in water (△), in 50% (v/v) dioxan (●), and in 50% (v/v) formamide (○). The concn. of substrate was 0.05 M, and that of ribonuclease 0.0125 mg/ml

Fig. 9. Variation of rates of methanolysis and hydrolysis with methanol concentration. ○, Initial rate of formation of cytidine 3'-phosphate methyl ester; ●, initial rate of formation of cytidine 3'-phosphate. The initial concentration of cytidine 2',3'-phosphate was 0.05 M in citrate buffer, pH 6.9. The rates are expressed relative to the initial rate of hydrolysis in the absence of methanol, which is taken as unity

groups at the catalytic site of the enzyme are cationic acids and the magnitude of the pK values (Table 2) strongly implicates imidazole residues.

As previously discussed, there are indications that the group required in the base form in the hydrolysis of cytidine 2',3'-phosphate does not bind the substrate. It is tempting to assume that its function is to interact with and enhance the nucleophilic properties of water. Many alcohols inhibit the hydrolysis of cytidine 2',3'-phosphate non-competitively (FINDLAY, MATHIAS and RABIN,

1960, 1962a) as illustrated in Fig. 4 for ethylene glycol. In the presence of some alcohols, including ethylene glycol, esters of cytidine 3'-phosphate are formed. The rate of ester formation increases in a linear fashion with the mole fraction of alcohol as shown for methanol in Fig. 9 and the data are entirely in accord with the idea there is a site at which either water or alcohol can be bound on the enzyme. It is of interest that very high rates of methyl ester formation are obtained in 80% v/v methanol. The relative effectiveness of some alcohols is shown in Table 4 (FINDLAY, MATHIAS and RABIN, 1962a).

Table 4. *Initial rates of alcoholysis of cytidine 2',3'-phosphate*

[The rates are expressed per unit mole fraction of alcohol and are relative to the rate of hydrolysis in the absence of alcohol which is taken as unity. Ethylene diamine buffer pH 7.0 (0.2 M), substrate 0.04 M, enzyme, 0.01 25 mg/ml]

hydroxyl compound	relative initial rate
Water	1.0
Methanol	8.0
Ethanol	2.6
Propan-1-ol	0.6
Propan-2-ol	0.0
Benzyl alcohol	0.0
Ethylene glycol	10.0
Ethylene glycol monoethyl ether	1.1
Glycerol	22.5
Propan-1,3-diol	3.5
Propan-1,2-diol	2.8
Butane-1,4-diol	3.1
Butane-1,3-diol	1.9
Butane-2,3-diol	0.0
Hydroxylamine	0.0

Polyhydroxy alcohols are the most reactive. The increase in rate in passing from water to methanol suggests hydrophobic interaction between the methyl group and a site on the protein. However, in the series, methanol, ethanol, propanol, increasing chain length causes the rate to decrease. This is not likely to be due to steric hindrance in view of the high rate with glycerol, and it seems more probable that the additional carbon atoms come near to a hydrophilic region on the enzyme. This region would be responsible for the high rates with polyhydroxy alcohols and would bind a ribose hydroxyl in the degradation of RNA.

The effect of solvents on the ratio of the initial rates of methanolysis to hydrolysis has been investigated with a constant methanol: water ratio but varying concentrations of another inert solvent (dioxan, formamide). Changes induced in the binding or activation of the substrate will have no effect on this rate ratio which depends

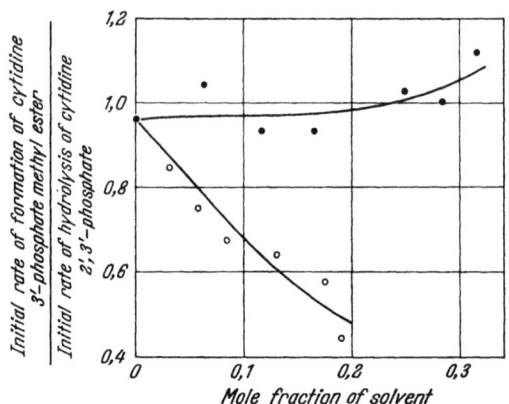

Fig. 10. Effects of organic solvents on the ratio of the initial velocities of methanolysis and hydrolysis. ●, Formamide; ○, dioxan. The substrate was cytidine 2′,3′-phosphate (0.05 M) in citrate buffer, pH 6.9. The ratio of water to methanol was 3:1 (v/v) throughout

only on the relative binding or activation of methanol and water. Changes in the conformation of the protein will affect this ratio only in so far as they cause differential changes in alcohol and water binding. These assumptions are validated by the finding that the ratio of rates of methanolysis to hydrolysis is independent of pH over the range 5.6—7.1 in citrate buffer in water although the individual rates vary markedly over this range. The ratio is constant, but has a different value, over the same pH range in 50% dioxan. The effects of dioxan and formamide on the ratio of the initial rates of methanolysis to hydrolysis are shown in Fig. 10. The rate of methanolysis is relatively reduced by the presence of dioxan, though it tends to be increased by formamide. Thus dioxan interferes with the binding of methanol relative to water and this is consistent with the existence of a complex site at which either water or alcohol is bound.

A considerable gap in our knowledge of ribonuclease, and indeed enzymes in general, is a precise understanding of the nature of the interaction involved in the formation of the enzyme-substrate complex. The specificity of ribonuclease (SCHERAGA and RUPLEY, 1962) suggests that the pyrimidine ring is involved in binding and the elegant experiments of WITZEL (1960) have further defined the molecular basis of the specificity. It is possible to investigate some

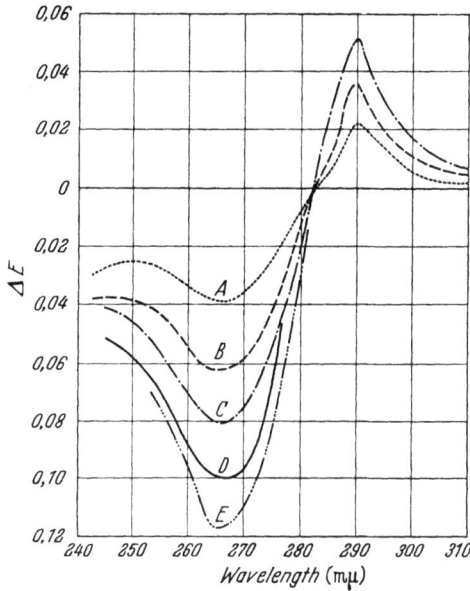

Fig. 11. Difference spectra of ribonuclease plus cytidine 3'-phosphate in the presence of increasing concentrations of zinc chloride: A, 0.04 mM; B, 0.08 mM; C, 0.12 mM; D, 0.16 mM (omitted at wavelengths longer than 280 mμ; E, 0.20 mM (omitted at wavelengths longer than 280 mμ)

aspects of the binding of cytidine nucleotides to ribonuclease spectrophotometrically (MATHIAS, RABIN and ROSS, 1960; HUMMEL, VERPLOES and NELSON, 1961, ROSS, MATHIAS and RABIN, 1962). The binding is reduced by alkylation of the enzyme, although the precise significance of this is not yet clear. An interesting finding is that cytidine 3'-phosphate, but not cytidine 2' or 5' phosphates, forms a ternary complex with zinc ions and ribonuclease at $I = 0,2$, pH 6.9 and 25°C as shown in Fig. 11 and this has been confirmed by kinetic experiments (ROSS, MATHIAS and RABIN,

1962). No ternary complex is observed with alkylated ribonuclease and it is possible that histidine 119 is one site of the interaction of ribonuclease with zinc ions (FINDLAY et al., 1960).

Inhibition of ribonuclease at higher concentrations of zinc ions is associated with the formation of a metal-protein complex (ROSS, MATHIAS and RABIN, 1962). The formation constant for this ($\log K = 3.9$ at 25°C, pH 6.9, $I = 0.2$) cannot be accounted for by

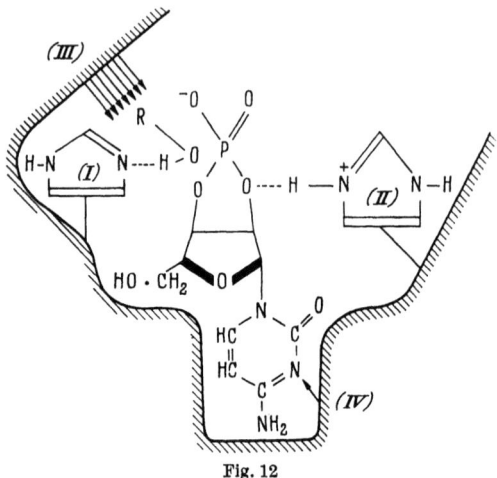

Fig. 12

co-ordination with a single imidazole group and it is tempting to speculate that both imidazoles at the catalytic site are involved.

On the basis of the evidence presented above it has been suggested (FINDLAY et al., 1960, 1962c) that the enzyme-substrate complex for ribonuclease and cytidine 2',3'-phosphate is as depicted in Fig. 12. We will refer to this reaction as the forward reaction. I and II are the imidazole groups, probably those of histidine 12 and 119, concerned in the catalysis. I is required in the base form and acts as a hydrogen bond acceptor with the attacking nucleophile, water or an alcohol, thus enhancing its reactivity. There are additional sites for interaction between the alcohol R group and the protein designated III. II is required in the acid form and acts as a hydrogen bond donor with the 2' oxygen of the substrate. This weakens the bond between phosphorus and 2' oxygen and favours its heterolytic scission with the electrons of the bond passing to the oxygen. IV is the site binding the pyrimidine and it is largely responsible for the specificity of the catalysis. The transition state of the reaction is shown in Fig. 13. The reaction is a nucleophilic displacement about the phosphorus atom catalysed by hydrogen bonding to acid and base groups on the protein. The proton of a hydrogen bond can occupy one of two positions of minimum energy between the constituent atoms (PAULING, 1945). The catalysis is effected by the shift of protons from one energy minimum to the other in the reverse direction to the arrows in Fig. 13, preserving the hydrogen bond structure and interchanging the

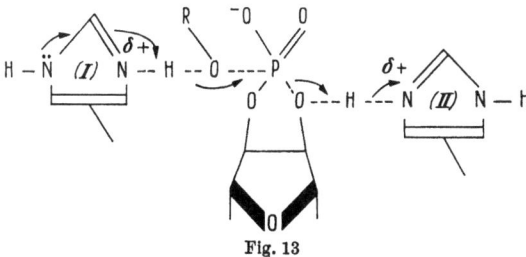

Fig. 13

donor and acceptor roles of the constituents of the hydrogen bond. The prior shift of protons greatly favours the phosphoryl shift by lowering the energy barrier between reactants and products. The combined result of the proton and phosphoryl shifts gives the structure in Fig. 14 the products of the reaction. If R is other than hydrogen, this is the enzyme substrate complex of ribonuclease and an ester of cytidine 3'-phosphate. The formation of cytidine 2'.3'-phosphate from substrates of this sort, the reverse reaction, takes place by complete reversal of the pathway described for the forward reaction, in accordance with the Principle of Microscopic Reversibility. In the reverse reaction the roles of the imidazoles are reversed and the conjugate forms to those needed in the forward reaction are required. I, in the acid form, functions as a hydrogen bond donor and II, in the base form, acts as a hydrogen bond acceptor. This illustrates a general principle of enzyme chemistry, the Principle of Conjugate Requirements (RABIN, 1958), which applies to acid and base groups on the protein which catalyse the reaction by bonding to attacking and departing nucleophiles. These groups are always required in their conjugate forms for catalysis of the reverse reaction. This principle applies only to attacking and departing groups and not to interactions solely concerned with binding such as III and IV.

WITZEL and BARNARD (1962b) have obtained quantitative data, at a single pH, for a series of ester substrates with different nucleosides as R groups. They found considerable variation in the rates of decomposition of the enzyme-substrate complexes (k_{+2}) with changes in R, but smaller changes in K_m. This effect might be partly due to different pK values for the enzyme-substrate com-

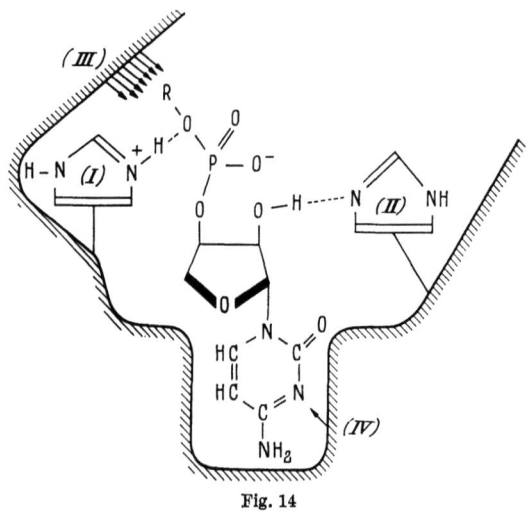

Fig. 14

plexes. If the interaction between the R group and III (Fig. 14) controls the proper positioning of the substrate for interaction with the imidazolium ion I, then changes in R could cause big changes in k_{+2}. In the absence of R group binding interaction can occur between I and a negatively charged oxygen attached to phosphorus giving an abortive enzyme-substrate complex. The formation of this abortive complex is favoured by electrostatic factors and opposed by R group binding. Thus interaction between R and III can be of significant kinetic importance without having a dominant effect on the actual formation of the enzyme substrate complex and hence the parameter K_m. Interactions with the most effective nucleoside R group, adenosine, are powerful enough to lower significantly the value of K_m (WITZEL and BARNARD, 1962b). For adenosine, interaction at II might be sufficient to allow the formation of the enzyme-substrate complex in the absence of any binding at the pyrimidine site IV and this could accont for the slow hydrolysis of polyadenylic acid by ribonuclease (BEERS, 1960).

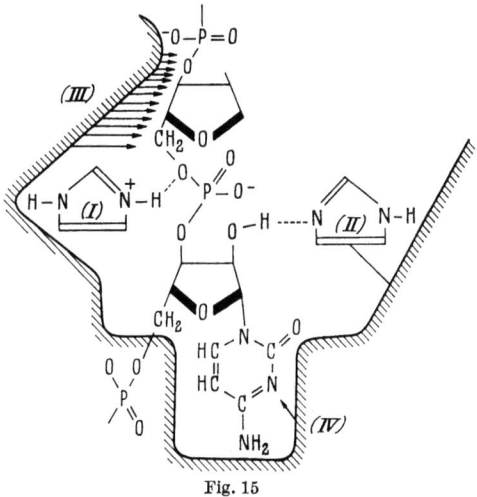

Fig. 15

The enzyme-substrate complex for RNA is shown in Fig. 15, and it is essentially the same as the complex formed with esters of cytidine 3'-phosphate.

There can be little doubt that modern methods of enzyme chemistry can give considerable insight into one of the most important and challenging problems of molecular biology, the mechanisms of enzyme catalysis. The mechanisms outlined in this paper are not presented in any spirit of rigid dogmatism but rather as a guide to future experimentation, to be accepted or rejected in the light of future investigations.

Acknowledgements

We acknowledge the following for grants in support of this research: Central Research Fund, University of London, The Wellcome Trust, The Medical Research Council, The Department of Scientific and Industrial Research. We are indepted to the Editorial Board, The Biochemical Journal, for permission to reproduce several figures.

References

BACARELLA, A. L., E. GRUNWALD, H. P. MARSHALL and E. L. PURLEE: J. Org. Chem. **20**, 747 (1955).
BARNARD, E. A., and A. RAMEL: Nature (Lond.) **195**, 243 (1962).
BEERS, R. F.: J. biol. Chem. **235**, 2393 (1960).
BERNHARD, S. A., and H. GUTFREUND: Progr. Biophys. **10**, 115 (1960).
BRUICE, T. C., and G. L. SCHMIR: J. Amer. chem. Soc. **81**, 4552 (1959).
CRESTFIELD, A. M., W. H. STEIN and S. MOORE: Personal communisation. 1961.
DEAVIN, A.: Unpublished experiments in this laboratory. 1963.
DIXON, M., and E. C. WEBB: Enzymes. Longmans Green 1958.
FINDLAY, D., A. P. MATHIAS and B. R. RABIN: Nature (Lond.) **187**, 601 (1960).
—, D. G. HERRIES, A. P. MATHIAS, B. R. RABIN and C. A. ROSS: Nature (Lond.) **190**, 781 (1960).
—, A. P. MATHIAS and B. R. RABIN: Biochem. J. **85**, 134 (1962a); **85**, 139 (1962b).
—, D. G. HERRIES, A. P. MATHIAS, B. R. RABIN and C. A. ROSS: Biochem. J. **85**, 152 (1962c).
GROSSE, E., and B. WITKOP: J. biol. Chem. **237**, 1856 (1962).
GUNDLACH, H. G., W. H. STEIN and S. MOORE: J. biol. Chem. **234**, 1754 (1959).
HARNED, H. S., and B. R. OWEN: The Physical Chemistry of Electrolytic Solutions. 2nd. Ed. New York: Reinhold 1950.
HERRIES, D. G., A. P. MATHIAS and B. R. RABIN: Biochem. J. **85**, 127 (1962).
HIRS, C. H. W., S. MOORE and W. H. STEIN: J. biol. Chem. **235**, 635 (1960).
HUMMEL, J. P., D. A. VERPLOES and C. A. NELSON: J. biol. Chem. **236**, 3168 (1961).
LAIDLER, K. J.: The Chemical Kinetics of Enzyme Action. Oxford: University Press 1958.
LAMDEN, M. P., A. P. MATHIAS and B. R. RABIN: Biochem. biophys. Res. Commun. **8**, 209 (1962).
— — — Submitted for Publication. 1963.
MANDEL, M., and P. DECROLY: Trans. Faraday Soc. **56**, 29 (1960).
MATHIAS, A. P., B. R. RABIN and C. A. ROSS: Biochem. biophys. Res. Commun. **3**, 625 (1960).
MORALES, M. F.: J. Amer. chem. Soc. **77**, 4169 (1955).
PANAR, M., and F. H. WESTHEIMER: Personal Communication 1961.
PARKS, J. M.: Brookhaven Symposia in Biol. **13**, 132 (1960).
PAULING, L.: The Nature of the Chemical Bond. P. 301. Cornell University Press 1945.
POTTS, J. T., A. BERGER, J. COOKE and C. B. ANFINSEN: J. biol. Chem. **237**, 1851 (1962).
RABIN, B. R.: Symp. Biochem. Soc. **15**, 21 (1958).
ROBINSON, R. A., and R. H. STOKES: Electrolyte Solutions. London: Butterworths 1955.
ROSEMEYER, M. A., and E. M. SHOOTER: Personal Communication 1961.
ROSS, C. A., A. P. MATHIAS and B. R. RABIN: Biochem. J. **85**, 145 (1962).

SAROFF, H. A., and W. R. CARROLL: J. biol. Chem. **237**, 3384 (1962).
SCHERAGA, H. A.: J. Amer. chem. Soc. **82**, 3847 (1960).
— and J. A. RUPLEY: Advanc. Enzymol. **24**, 161 (1962).
SMYTH, D. G., W. H. STEIN and S. MOORE: J. biol. Chem. **237**, 1845 (1962).
STEIN, W. P., and E. A. BARNARD: J. Mol. Biol. **1**, 350 (1959).
WEIL, L., and T. S. SEIBLES: Arch. Biochem. **54**, 368 (1955).
WESTHEIMER, F. H.: Advanc. Enzymol. **24**, 441 (1962).
WITZEL, H.: Ann. Chem. **635**, 182 (1960).
— and E. A. BARNARD: Biochem. biophys. Res. Commun. **7**, 289 (1962a).
— Biochem. biophys. Res. Commun. **7**, 295 (1962b).
ZITTLE, C. A.: J. biol. Chem. **163**, 111 (1946).

Diskussion zu den Vorträgen FASOLD et al. und RABIN/MATHIAS

Diskussionsleiter: WIELAND, *Frankfurt a. M.*

WIELAND: Herr Dr. GUNDLACH, ich darf Ihnen sehr danken. Sie haben jetzt die Aufmerksamkeit vom Imidazol zu SH- und Carboxylgruppen gelenkt. Bei einigen Enzymen findet man aber keine Asparaginsäure in der Nähe des Serins im aktiven Bezirk.

GUNDLACH: Vielleicht könnte man sagen, daß die Carboxylgruppe in einem anderen Bezirk des Moleküls liegt. Wir müssen ja auch annehmen, daß Histidin in einer anderen Peptidkette liegt als das aktive Serin.

SCHNEIDER (Tübingen): [Herr Dr. SCHNEIDER bezieht sich nun auf die Arbeiten von BERNHARD et al.: J. cell comp. Physiol. 54, Suppl. 1, 195 (1959), nach denen bei der Hydrolyse von Cbz-Asparaginsäure-Halbester-Peptiden ein cyclisches Imid intermediär auftritt, s. a. S. 16].

Wir haben uns auch mit Untersuchungen zu diesem Problem beschäftigt, und ich möchte einige Resultate erwähnen. Die hohe Spaltungsgeschwindigkeit bei Estern, bei denen Serin am Ring steht, finden Sie auch, wenn Threonin am Ring steht, nicht aber mit Homoserin oder Histidin. Wenn man die OH-Gruppe des Serins acetyliert, findet man Verseifungsgeschwindigkeiten des Asparagylesters, die der Verbindung mit Glycin an dieser Stelle entsprechen. In der Literatur ist behauptet worden, daß die Verseifungsgeschwindigkeit eines O-Acetyl-Serin-Peptids durch die Nachbarschaft von Asparaginsäure erhöht wird. Wir haben daher Acetyl · Asparagyl · O-Acetyl · Serinamid hergestellt und die Verseifungsgeschwindigkeit dieses Acetylesters gemessen. Es zeigte sich, daß diese Geschwindigkeit in derselben Größenordnung wie die einfacher O-Acetyl-Serin-Peptide liegt. Auch mit Histidin an verschiedenen Stellen des Moleküls können wir keine Erhöhung dieser Geschwindigkeit erreichen. Erhebliche Effekte bestehen aber bei Cyclo-Histidinserin.

Zu Ihren Prüfungen über die p-Nitro-Phenylacetathydrolyse: wenn man die Aktivität von Imidazol-Derivaten gegenüber p-Nitrophenylacetat feststellt, sollte man die pK-Werte mit in Rechnung setzen. Bei Histidin ist der pK-Wert der NH_2-Gruppe etwa 9,2 und der des Pyridin-Stickstoffs im Imidazol etwa 6,1. Beim Histidinamid beträgt der pK-Wert der Aminogruppe etwa 7,6 und der des Pyridin-Stickstoffs 5,4. Wenn man bei hohem p_H-Wert die katalytische Aktivität bestimmt (etwa p_H 8), dann wird die zu erwartende Abnahme der katalytischen Aktivität infolge des erniedrigten pK-Wertes des Imidazol-Stickstoffs überkompensiert durch die Abnahme des pK-Wertes der Aminogruppe. Jetzt tritt nämlich eine Acetylierung der Aminogruppe unter Freisetzung von p-Nitrophenol ein. Bei p_H 6 ist die Aktivität von Histidinamid, Histidinäthylester oder Histidinhydrazid geringer. Das entspricht den Verschiebungen der Dissoziationskonstanten bei Substitution am Histidin. Ich glaube nicht, daß die Carbonamidgruppe eine große Rolle spielt; denn Histidinäthylester verhält sich genau so. Bei Phtalylhistidin beträgt der pK-Wert des Pyridin-Stickstoffs 6,95 wie bei

Imidazol, und seine katalytische Aktivität stimmt mit der von Imidazol etwa überein.

Zu Ihrer Bemerkung über das Rest-Protein der Ribonuclease und die Reaktivierung durch Mischen mit dem abgespaltenen Peptid möchte ich auf eine ganz neue Arbeit von KLAUS HOFFMANN hinweisen. Er hat dieses Rest-Protein mit synthetischen Peptiden zusammengebracht. Nur ein Peptid, an dessen Ende sich die Sequenz Histidyl-Methionin befindet, restituiert die Aktivität dieses Rest-Proteins aus der Ribonuclease zu 72%. Daraus hat HOFFMANN den Schluß gezogen, daß tätsächlich die Sequenz Histidyl-Methionin für die Aktivität von Bedeutung ist.

WIELAND: Danke sehr. Das wäre dann die erste Partialsynthese eines Enzyms. Wie groß, Herr SCHNEIDER, ist die Beschleunigung der Hydrolyse durch Modell-Peptide?

SCHNEIDER: Wir haben eine große Zahl von Methionin-, Histidin-, Asparaginsäurepeptiden auf ihre katalytische Aktivität gegenüber p-Nitrophenylacetat getestet; im Grunde enttäuschen alle. Die Aktivität geht fast nicht über die von Imidazol hinaus. Das stimmt mit Angaben in der Literatur überein. Chymotrypsin ist gegenüber p-Nitrophenylacetat 10000 mal wirksamer als Imidazol. Die Aktivität, die man mit Modellpeptiden beobachtet, geht mit den pK-Wertverschiebungen parallel. Die Stellung von Histidin am Aminoende, Carboxylende oder mitten in der Peptidkette bedingt pK-Wertverschiebungen um 0,5 Einheiten. Eine Ausnahme ist das Cyclo-Histidyl-Serin, hier besteht tatsächlich eine Wirkung zwischen der OH-Gruppe des Serins und der Imidazolgruppe des Histidins. Aber die Untersuchungen sind noch nicht abgeschlossen. Ich möchte nur noch erwähnen, daß bei Cyclo-Histidyl-Histidin die pK-Wertverschiebungen, die durch Wechselwirkung der beiden Imidazole zustande kommen, sehr interessant sind.

Zwischenfrage WIELAND: Ketopiperazin?

SCHNEIDER: Ja, Ketopiperazin. Der pK-Wert eines Histidin-Imidazols ist auf 5,4 erniedrigt und der des zweiten Imidazoles auf 6,8 erhöht.

WIELAND: Herr ALBERS, Sie wollten sich zum Wort melden.

ALBERS (Mainz): Ich wollte nur eine kurze Bemerkung über die alkalische Phosphatase machen, bei der ebenfalls das Serin die aktive Gruppe sein soll. Bei der Phosphatase kann man feststellen, wie diese Gruppe funktioniert. Es ist nicht die anfnehmende Gruppe, sondern die übernehmende Gruppe. Wenn diese Gruppe blockiert ist, etwa durch Alkylphosphorylierung, dann kann die Reaktion nicht weitergehen. Primär wird das Phosphat, etwa Glycerophosphat, durch Zink aufgenommen, das als aktive Gruppe im Ferment enthalten ist. Das kann man durch die kompetetive Hemmung nachweisen, die die Phosphatase mit Cystein erfährt, das nur am Zink angreifen kann. Kinetische Messungen entscheiden einwandfrei, daß das Zink die übernehmende Gruppe und das Serin die aufnehmende ist. Das ist vielleicht interesasnt, weil bisher keine Metalle im Spiel gewesen sind, außer im Hinblick darauf, wie sie gegebenenfalls die Fermentmoleküle zusammenfalten.

Gewiß faltet Zink in einem außerordentlich festen Komplex die Kette der Phosphatase zusammen. Die Dissoziationskonstante ist etwa 10^{-14}. Das Magnesium das auch als Aktivator der Phosphatase gilt — ohne Magnesium ist sie inaktiv —, hat ganz andere Funktionen; es faltet zusammen, damit kleine Moleküle, wie Glycerophosphat, aufgenommen werden können. Größere Substratmoleküle werden hingegen auch ohne Magnesium aufgenommen.

WIELAND: Dankeschön, Herr ALBERS. Sie haben die Aufmerksamkeit jetzt auf eine weitere Wirkungsgruppe gerichtet, in diesem Fall das Zinkion. Wie stellen Sie sich vor, daß das Zinkion Phosphorsäure aufnimmt? Als Komplex, oder?

ALBERS: Ja.

EIGEN (Göttingen): Wir haben bei einfachen Metallkomplex-Kinetikuntersuchungen gefunden, daß das Zink in zwei Formen schon im einfachen Komplex besteht, und zwar in einer oktaedrischen und einer tetraedrischen Form. Die oktaedrische substituiert sehr schnell, etwa mit 10^7—$10^8 \%$ pro Sekunde; die Umwandlung der tetraedrischen braucht dagegen mehrere msec, 20—50 msec, einfach aus entropischen Gründen. Nun ist die Frage, ob z. B. in der Kohlensäure-Dehydratase die Wirkung des Zinks ähnlich ist, ob es dort auch tetraedrisch gebunden ist. Es gibt einige Anhaltspunkte; man kann das Zink durch Kobalt ersetzen. Es sind Untersuchungen aus dem Laboratorium von MAHNSTRÖM in Uppsala. Die Frage ist, in welchem Maße man in Ihrem Fall das Zink durch Kobalt ersetzen kann, um zu entscheiden, in welcher Weise das Zink gebunden ist. Das Magnesium sollte auf alle Fälle oktaedrisch gebunden sein, nicht tetraedrisch.

ALBERS: Wir haben Kobalt noch nicht untersucht; man kann aber Zink durch Kupfer ersetzen und eine Kupferphosphatase aufbauen; damit ist wenig zu entscheiden. Durch Mangan kann man es auch ersetzen. Das ist aber eine alte Weisheit, die nicht von uns stammt. Ich glaube aber, man muß hier sehr stark unterscheiden zwischen der Magnesiumaktivierung, der Zusammenfaltung des Moleküls, und der Zinkaktivierung, wenn man diese überhaupt als Aktivierung bezeichnet, Zink als wirklich aktive Gruppe ist ja Bestandteil des Moleküls geworden.

FASOLD: Ich möchte auf die Diskussionsbemerkung zu den einfachen Histidinderivaten eingehen. Die katalytische Fähigkeit gegenüber p-Nitrophenylacetat geht allerdings bei mehreren Imidazolabkömmlingen dem pK-Wert parallel. Andrerseits gibt es substituierte Histidine, die nicht hierzu passen; so weist das N-Acetylhistidin einen pK-Wert von 7,05 auf, besitzt aber viel geringere Aktivität als Imidazol mit pK 6,95. Zum anderen möchte ich noch eine Bemerkung zu dem Abschnitt über das Actomyosin in unserem Manuskript machen. Nach dem Fingerprintverfahren kann man zwei Peptide mit 2 SH-Gruppen 2 verschiedenen aktiven Zentren zuordnen. Wir versuchen z. Z. mit Azofarbstoffen die Distanz dieser beiden SH-Gruppen zu eruieren. Im einfachsten Fall also mit einem Azobenzol, das zwei Maleinimidgruppen trägt.

WIELAND: Ich danke Ihnen sehr.

GUNDLACH: Ich möchte eine Bemerkung zum S-Peptid der Ribonuclease machen. Die Gruppe an der Yale-University hat bereits festgestellt, daß dieses Peptid nach Oxydation mit Perameisensäure, d. h. Methionin ist ins Sulfon überführt, nur sehr schwach gebunden wird, daß also Methionin eine besondere Funktion bei der Bindung an den Proteinanteil dieses Ferments innewohnt. So wäre es dann auch erklärlich, daß erst ab dieser Aminosäure eine Reaktivierung erfolgen kann. Eine andere Frage wäre, ob ein Peptid, in dem Histidin durch Glycin ersetzt wäre, die Aktivität ebenso reaktivieren könnte.

Diskussion zum Beitrag RABIN/MATHIAS

RABIN: I should like to report some work on the ionisation of sulphydryl groups in enzymes which is directly relevant to the contribution of Professor WALLENFELS. Mr. HOLLAWAY in our laboratory has measured the pK of the reactive sulphydryl group in the plant proteolytic enzyme Ficin by measuring the second order rate constant for the reaction of the protein with chloracetamide as a function of pH. The enzyme has one sulphydryl group which reacts under the conditions of the experiments and the reaction was followed by measuring the loss of catalytic activity. It can be seen in the slide that the

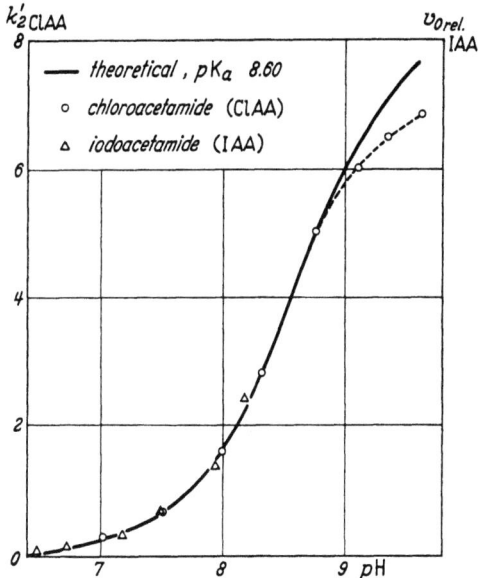

variation of the second order rate constant with pH fits a titration curve for a group with a pK of 8.60. The deviations at high pH are probably due to ionisation of other groups modifying the ionisation of the sulphydryl. Also shown in the slide are data for the reaction with iodoacetamide, which were obtained by measuring the iodide produced in the reaction with the protein. It can be seen that essentially the same pK value is obtained. In regions more acid than, and remote from, the pK, the rate increases tenfold for each increase of one pH unit. It is clear that the reaction involves the attack of a mercaptide ion on the reagent and that the active site of Ficin contains a sulph'ydryl group which can freely ionise. This is contrary to the postulate that the active site of the enzyme is a thiol ester as suggested by E. L. SMITH. It is also unlikely that the sulphydryl group is hydrogen bonded to a carboxyl as suggested by HAMMOND and GUTFREUND.

In sharp contrast to Ficin, the sulphydryl group at the active site of Yeast Alcohol Dehydrogenase reacts with iodoacetamide at a rate independent of pH over the pH range 4.5—10.5. Similarly the sulphydryl group at the active site of creatine phosphokinase has a reactivity towards iodoacetamide independent of pH between pH 6.0 and 10.0. We have suggested for both of these enzymes that the reactive species is a sulphydryl hydrogen bonded to the base species of an imidazole.

SUND: Dr. RABIN's slide on the variation of rate of inactivation of yeast alcohol dehydrogenase [cf. also Nature **196**, 658 (1962)] showed experiments between pH 4 und 11. From others and our own experiments we know [cf. H. SUND and H. THEORELL: In: The Enzymes (ed. by P. D. BOYER, H. LARDY, and K. MYRBÄCK), 2nd ed., Vol. 7, p. 25. New York and London: Academic Press 1963] that the activity of yeast alcohol dehydrogenase below pH 6 is very low. In addition the enzyme is unstable in this pH region. At these low pH values if one considers the rate it seems to be questionable to get correct informations about the mechanism of the reaction catalyzed by yeast alcohol dehydrogenase. Also in my opinion it seems doubtful to attribute a pK-value of about 4.5 to an imidazole group. The pK-value of imidazole is 6.95 and of the imidazole group in histidine is 6.0. To my knowledge there is no case (with the exception of halogen imidazole derivatives [cf. E. A. BARNARD and W. D. STEIN: Advances in Enzymology **20**, 51 (1958)] in which an imidazole group possesses a pK-value of about 4.5 which is abnormally low.

WIELAND: Heute vormittag haben wir das Wesentlichste vom neusten Stand der Forschungen an der Enzymoberfläche kennengelernt. Ich darf den Vortragenden sehr herzlich danken, besonders Herrn BENDER, der uns einen detaillierten Einblick in seine Arbeitsmethode gegeben hat; aus seinem Vortrag ist vielleicht am allerklarsten die Problematik hervorgegangen. Hingewiesen wurde auf die modernen Mittel, die man hier anzuwenden bestrebt sein wird: einmal sogenannte Klammersubstanzen. In diesem Zusammenhang darf ich den ersten Autor dieser verbindenden Klasse in der Proteinchemie, der hier bei uns ist, nennen. Es ist nämlich Herr ZAHN aus Aachen, der auf dem Gebiet der Wollchemie die doppelt funktionierenden Klammersubstanzen eingeführt hat. Und das zweite ist die Einführung von substratanalogen Hemmstoffen. Wenn ich nicht irre, so hat man hier das Vorbild in der Natur, das Azaserin, ein Hemmstoff, der dem Glutamin entspricht und der sich an Enzyme, in denen das Glutamin seine Ammoniakgruppe abgegeben hat, anlagert und alkylierend wirkt, also die Wirkgruppe zerstört. Vielleicht sollte man auch diese Idee noch weiter aufgreifen und als Alkylierungsmittel aliphatische Diazoverbindungen geeigneten Baues einsetzen.

Zur Katalyse bei der Ribonuclease-Reaktion

Von

HERBERT WITZEL

Chemisches Institut der Universität Marburg

Mit 3 Abbildungen

I. Einführung

Die 3'-5'-Phosphorsäure-Diesterbindung, wie sie in der Ribonucleinsäure vorliegt, ist in neutralem Milieu stabil. Ihre Spaltung kann jedoch durch OH^-- und H^+-Ionen katalysiert werden. OH^--*Ionen* übernehmen dabei das Proton der in α-Stellung stehenden 2'-OH-Gruppe. Das dadurch entstehende Alkoholat-Anion ist nun ein sehr starkes Nucleophil und kann den im Monoanion weniger stark elektrophilen Phosphor angreifen. Dabei verläßt nur der 5'-Alkohol-, nicht der 3'-Alkohol-Sauerstoff den Phosphor, und es bildet sich zunächst ein 2'-3'-cyclischer Diester. Die Reaktion verläuft offensichtlich nach dem Typ einer S_N2-Reaktion[1, 2, 3].

H^+-*Ionen* protonieren die Phosphatgruppe und erhöhen die Elektrophilie am Phosphor. Dadurch kann nun die weniger stark nucleophile undissoziierte 2'-OH-Gruppe angreifen. Es wird dabei sowohl die 5'- als auch die 3'-Esterbindung gespalten, so daß neben der Ausgangsverbindung und den über die 2'-3'-cyclischen Diester entstandenen Monoestern auch 2'-5'-Diester im Verlauf der Reaktion zu beobachten sind. Dies kann nur durch die Annahme eines Additionsmechanismus mit einem stabilen Zwischenzustand mit 5-bindigem Phosphor befriedigend erklärt werden[1, 2, 3], analog dem Mechanismus der Esterhydrolyse bei Carbonsäureestern[4]. Der Zerfall des Zwischenzustandes bedarf dann einer weiteren Katalyse durch Protonen, die sowohl am C-2'-, C-3'- als auch am C-5'-Sauerstoff ansetzen können.

Die Hydrolyse der gebildeten 2'-3'-cyclischen Diester zu einem Gemisch der 2'- und 3'-Monoester mit Hilfe von OH^-- und H^+-Ionen verläuft offensichtlich über die gleichen Mechanismen wie die Diesterspaltung.

Ein *Einfluß der Base* des 3'-Nucleotids auf die Reaktionsgeschwindigkeiten ist bei den Dinucleosidphosphaten sichergestellt worden[5]. Er kann durch die Existenz einer unterschiedlich starken Wasserstoffbrücke zwischen dem N_3 der Purinbasen bzw. dem C-2-Sauerstoff der Pyrimidinbasen und der 2'-OH-Gruppe, deren Nucleophilie dadurch erhöht wird, erklärt werden. Diese Wasserstoffbrücke ist durch mehrere unabhängige Methoden gesichert[3, 5].

Die *Pankreas-Ribonuclease* spaltet die 3'-5'-Diester in neutralem Milieu, wobei zunächst ebenfalls 2'-3'-cyclische Diester gebildet werden, die dann in einem weiteren Reaktionsschritt hydrolysiert werden. Eine Reaktion in neutralem Milieu ist jedoch nur dann zu erwarten, wenn entweder die Nucleophilie der angreifenden 2'-OH-Gruppe oder die Elektrophilie am Phosphor (oder auch beide) gesteigert werden. Die Reaktion erfordert spezifisch eine Pyrimidinbase und eine Bindung der Phosphorsäure in 3'-Stellung. Bei der Umesterung wird nur die 5'-Esterbindung gespalten. Statt des 5'-Nucleosids kann auch ein anderer Alkohol mit der Phosphorsäure verestert sein. Beim zweiten Schritt, der Hydrolyse des gebildeten 2'-3'-cyclischen Diesters, wird nur die 2'-Esterbindung gespalten, so daß nur die 3'-Monoester entstehen. Ein Diestermonoanion ist Voraussetzung, Triester reagieren nicht.

Zur Erklärung der Spezifität für die Pyrimidinbasen kann sowohl eine spezifische Bindung wie auch eine spezifische Katalyse in Betracht gezogen werden. Die Ergebnisse der nichtenzymatischen Spaltung, bei der die Pyrimidinbasen höhere Geschwindigkeiten verursachen als die Purinbasen[5], hatten auf die zweite Möglichkeit hingewiesen.

Allein eine Erhöhung der Nucleophilie der 2'-OH-Gruppe durch das Enzym über die Pyrimidinbase und ihre Wasserstoffbrücke kann ausgeschlossen werden, da die im Extremfall zu erreichende stärkste Aktivierung, das ist beim Uridin nach Deprotonierung zur C_4-O^--Gruppe, nicht zu einer Spaltung ohne Enzym ausreicht. Eine direkte Aktivierung der 2'-OH-Gruppe durch das Enzym scheidet ebenfalls aus, da sonst Triester, aber auch Ester der N_3-Methyluridylsäure oder, wenn auch vielleicht mit geringeren Geschwindigkeiten, Ester der Adenylsäure gespalten werden sollten.

Da deshalb ein Ansatzpunkt des Enzyms an der nucleophilen Seite sehr unwahrscheinlich ist, muß für die Reaktion eine Erhöhung der Elektrophilie am Phosphor durch das Enzym gefordert werden. Dies könnte durch eine Protonierung am Sauerstoff des 5'-Nucleosids geschehen, doch liegt eine Protonierung am Anion-Sauerstoff wesentlich näher, zumal bei seinem Fehlen in den Triestern keine Reaktion erfolgt. Dann sollte der Weg aber wieder über einen Zwischenzustand führen, der vom Enzym zusätzlich stabilisiert werden muß. Da bei dessen Zerfall in der enzymatischen Reaktion die Spaltung der 5'-Bindung vor der der 3'-Bindung, im zweiten Schritt die Spaltung der 2'-Bindung vor der der 3'-Bindung bevorzugt ist, kann geschlossen werden, daß die Katalyse des

(II und V beschreiben Vorgänge und stellen keine definierten Zustände dar.)

Zerfalls nicht wahllos erfolgt, sondern mit Hilfe der Pyrimidinbase an den beiden erwähnten Esterbindungen geschieht.

An einem Kalottenmodell kann man erkennen, daß eine direkte Übertragung des Protons der 2'-OH-Gruppe auf den 5'-Sauerstoff unter Mitwirkung der Pyrimidinbase möglich ist, jedoch aus sterischen Gründen nicht mit Hilfe einer Purinbase[6]. Dies erklärt die absolute Spezifität des Enzyms für die Pyrimidin-Diester. Beim zweiten Schritt führt ein direkter Angriff eines Wassermoleküls ohne Mitwirkung einer Pyrimidinbase ebenfalls nicht zu einer Hydrolyse. Daraus kann geschlossen werden, daß auch hier eine direkte Übertragung des Protons von einem aktivierten Wassermolekül auf den 2'-Sauerstoff mit Hilfe der Pyrimidinbase stattfindet.

Diese Überlegungen führten seinerzeit zur Postulierung eines Mechanismus nach dem Schema I–VI[6], bei dem die Pyrimidinbase nur an der Katalyse beteiligt ist, die Bindung zum Enzym aber durch die Phosphatgruppe erfolgt, die dadurch gleichzeitig aktiviert wird. Beide Schritte, die Umesterung sowie die Hydrolyse, erscheinen unabhängig. Da ein Ersatz von HOH durch HOR' wieder rückwärts zu Diestern führt[6a], müssen gleiche Übergangszustände für beide Reaktionsschritte angenommen werden (s. M. L. BENDER, 2. Vortrag).

II. Kinetische Untersuchungen der Reaktion
A. Die Katalyse durch die Pyrimidinbase

Die Reaktion folgt einer Michaelis-Menten-Kinetik:

$$E + S \underset{k_{-1}}{\overset{k_1}{\rightleftarrows}} ES \xrightarrow{k_2} E + Pr.$$

Unter der vereinfachten Annahme, daß $K_m \left(= \dfrac{k_{-1} + k_2}{k_1} \right)$ eine Aussage über das Bindungsgleichgewicht darstellt, k_2 jedoch über den katalysierten Prozeß, läßt sich zunächst prüfen[7], welche dieser beiden Größen durch eine Veränderung an der Pyrimidinbase betroffen wird. Tab. 1 zeigt die Werte für die 2'-3'-cyclischen Diester des Cytidins und des 4-N-acetyl-cytidins sowie des Uridins und des 5,6-Dihydrouridins. Beide Paare waren so gewählt, daß eine Bindung an das Enzym über den 4-Substituenten oder eine π-Wechselwirkung hätte erkannt werden müssen.

Tabelle 1. *Kinetische Konstanten für die Hydrolyse von 2'-3'-cyclischen Phosphaten bei 27°, K_m in mM, k_2 in sec^{-1}, nach* LINEWEAVER-BURK

Substrat	pH 7,0		pH 5,8	
	K_m	k_2	K_m	k_2
Cp	3,3	5,5	0,4	2,0
	3	16*		
4-N-acetyl-Cp	5,5	0,45	0,4	0,17
Up	5,0	2,2	0,5	1,0
	5	6*		
Dihydro-Up	5—7	0,5*		

* p_H-stat-Werte in 0,2 M NaCl. Alle anderen Werte aus spektrophotometrischen Messungen in Pufferlösungen: p_H 7 = 0,1 M Imidazol, p_H 5,8 = 0,1 M Acetat, beide mit NaCl auf Ionenstärke 0,2 gebracht.

Da sich k_2 um einen Faktor von über 10 ändert, K_m aber praktisch gleich bleibt, kann — wiederum vereinfacht — geschlossen werden, daß die Pyrimidinbase am katalytischen Prozeß beteiligt sein muß. Weiterhin muß aus der Konstanz von K_m gefolgert werden, daß entweder k_2 klein gegenüber k_{-1} ist, oder daß alle Konstanten sich proportional geändert haben. In beiden Fällen kann keine Beziehung der Pyrimidinbase zur Affinität des Substrats zum Enzym erwartet werden. Damit ergeben sich aus der Kinetik die gleichen Schlußfolgerungen, die schon aus nicht-kinetischen Argumenten zu ziehen waren, und die Annahme einer Bindung und Aktivierung der Phosphatgruppe durch das Enzym gewinnt eine Rechtfertigung.

Unter dieser Annahme muß aber mit der Ausbildung eines Zwischenzustandes* im Verlauf der Reaktion gerechnet und k_2 seinem Zerfall in Richtung der Produktbildung zugeschrieben werden, während k_{-1} dem Zerfall in Umkehr zu seiner Entstehung

---

* (Zur Nomenklatur: Der hier gebrauchte Ausdruck „Zwischenzustand" würde dem englischen "intermediate state" entsprechen, nicht dem "transition state", der als „Übergangszustand" dem Berg im Energie-Verlaufs-Diagramm vorbehalten sein sollte, während der Enzym-Substrat-Komplex eine Mulde auf der Höhe des Übergangszustandes dargestellt. Der Autor würde deshalb die Behandlung des Enzym-Substrat-Komplexes als enzymstabilisierten Zwischenzustand vorziehen und auch intermediate state complex vor dem nur bedingt korrekten transition state complex bevorzugen. — Der Ausdruck „Zwischenprodukt" gilt dann für eine im Verlauf der Gesamtreaktion auftretende Verbindung, wenn sie eine Mulde in der Höhe des Grundzustandes darstellt.)

(k_1) zugehören sollte. Dann läßt sich der in der Klammer beschriebene Vorgang II (und analog V) aufgliedern in die Schritte VII–IX:

[Structures VII, VIII, IX shown]

Die Protonierung, mutmaßlich eine durch die Diffusion begrenzte Gleichgewichtsreaktion, führt zu VII. Es folgt der Angriff des 2′-Sauerstoffs am Phosphor (k_1). Dabei übernimmt die Pyrimidinbase das Proton, während das Enzym den Zwischenzustand mit dem sehr stark nucleophilen 5-bindigen Phosphor und den beiden negativen Ladungen, wie unten beschrieben werden wird, stabilisiert. Als konjugate Säure kann dann die Pyrimidinbase den Zerfall des Zwischenzustandes katalysieren. Auf Grund der am Modell demonstrierten sterischen Situation hat jedoch das Proton die Möglichkeit, sowohl mit dem 5′-Sauerstoff (Produktbildung), als auch dem 2′-Sauerstoff (Rückreaktion) zu reagieren. Ein solcher Ablauf erfordert eine Michaelis-Menten-Kinetik, wie sie beobachtet wird, wobei ES jetzt den durch das Enzym stabilisierten Zwischenzustand VIII darstellt.

Die Frage bleibt offen, wie weit die *gemessenen* Konstanten mit denen dieser Reaktionsfolge identifiziert werden können, vor allem ob in $K_m = \dfrac{k_{-1} + k_2}{k_1}$ wirklich *nur* diese Konstanten eingegangen sind oder noch ein vorgelagertes Bindungsgleichgewicht zu berücksichtigen ist. Gegen ein vorgelagertes Bindungsgleichgewicht spricht ein sehr starkes Argument, nämlich, daß andere Phosphorsäurediester-Monoanionen, die nicht in der Lage sind, den Zwischenzustand aufzubauen, wie cyclische Adenylsäure oder auch ApC, die Reaktion nicht hemmen.

Dieses Reaktionsschema VII—IX, entwickelt aus der Interpretation der erwähnten Ergebnisse, führt zu neuen prüfbaren Konsequenzen: Wenn der Zerfall des Zwischenzustandes säurekatalysiert ist durch die protonierte Pyrimidinbase, dann muß mit einer Änderung von k_2 auch k_{-1} sich proportional ändern. Beide Konstanten sind also gekoppelt. Eine Konstanz von K_m, wie sie gefunden wurde, kann dann aber nur bei einer gleichzeitigen Mitänderung von k_1 erwartet werden.

Dies führt zu dem Paradoxon, daß bei einer hohen Basizität der Pyrimidinbase k_1 hoch sein soll, daß dann aber auch k_{-1} und k_2 hoch sein müssen, obwohl eine um so geringere Acidität der konjugaten Säure erwartet werden müßte. Dieses Paradoxon kann nur dann aufgelöst werden, wenn man einen Wechsel der Elektronendichte am C-2-Sauerstoff im Verlauf der Reaktion annimmt. Ersetzt man für den Vergleich der Reaktionsgeschwindigkeiten Basizität und Acidität durch Nucleophilie und Elektrophilie, dann sollte ein Faktor existieren, der beide gleichzeitig erhöhen kann.

Es wurde deshalb untersucht[7, 8], wie k_2 von verschiedenen Eigenschaften der Pyrimidinbase abhängt. Bei praktisch konstantem K_m zeigte sich zunächst bei X und XI als Basen (s. Tab. 1), daß mit einer Verminderung der Basizität ein Absinken von k_2 einhergeht; in der Serie XII—XIV ist die Basizität bei XIII am höchsten, bei XIV mindestens die gleiche wie bei XII, dennoch sinken die Reaktionsgeschwindigkeiten von 6 auf 0,5 und auf 0 ab. Damit kann die Basizität der Pyrimidinbase (und auch die Acidität der konjugaten Säure) nicht die entscheidende Rolle spielen.

Als auffallende Merkmale für Verbindungen, die eine höhere Nucleophilie besitzen als ihrer Basizität entspricht, sind im wesentlichen die Polarisierbarkeit und ein freies Elektronenpaar in α-Stellung zur nucleophilen Gruppe diskutiert worden[9, 10]. Unter diesem Aspekt wurde die Serie XII—XIV um die Serie XV—XVIII erweitert. Aus dem Vergleich von Halbwertszeiten unter gleichen Bedingungen[8] ergibt sich folgendes Bild: Die Reduzierung von drei auf zwei konjugierte Doppelbindungen (XII—XIII) ist mit einem Absinken der Geschwindigkeit um den Faktor 10 verknüpft. Zwischen Uridin und Pseudouridin (XII und XV) liegt ein Faktor von 5. 1-Methyl-Pseudouridin (XVI), mit der gleichen Mesomeriestruktur wie XV, weist fast die gleiche Geschwindigkeit auf. Dagegen liegt die Geschwindigkeit für 3-Methyl-pseudouridin (XVII), das dem Uridin (XII) entspricht, wieder bei diesem. Da die Methylgruppen in XIV und XVII isoster sind, scheidet ein sterischer Grund für den Verlust der katalytischen Aktivität bei XIV aus. 1,3 Dimethyl-pseudouridin zeigt keine Reaktion, obwohl eine konjugierte Doppelbindung zur C-4-Carbonylgruppe vorhanden ist. Eine solche Konjugation reicht demnach in XIII nicht für den katalytischen Effekt aus.

XIX

Andererseits tritt bei den nicht reagierenden Verbindungen XIV und XVIII, ergänzt durch XIX, als gemeinsames Kennzeichen eine Veränderung an der solvatophilen Gruppierung (XX) auf. Diese Gruppe ist in XII, XIII, XV und XVI in direkter Konjugation zur Carbonylgruppe, bei XVII ist eine $-C=C$-Gruppe eingeschoben. Diese Ergebnisse weisen darauf hin, daß offensichtlich zwei Faktoren die Reaktionsgeschwindigkeiten bestimmen, nämlich die Gegenwart einer solvatophilen Gruppe als Voraussetzung sowie die Polarisierbarkeit, die für die Höhe der absoluten Werte verantwortlich ist.

Der erste Hinweis für die Abhängigkeit der Reaktionsgeschwindigkeiten von der Polarisierbarkeit war bei der Untersuchung des ersten Schrittes der Reaktion mit Dinucleosidphosphaten als Substrate gefunden worden[11].

Tabelle 2. *Kinetische Konstanten für die Umesterung der Dinucleosidphosphate bei p_H 7,0 (Imidazol-Puffer) 26°C, nach* LINEWEAVER-BURK, K_m *in mM,* k_2 *in sec^{-1}*

Substrat	k_2	K_m	Substrat	k_2	K_m
CpA	3000	1,0	UpA	1200	1,9
CpG	500	3,0	UpG	—	—
CpC	240	4,0	UpC	40	3,0
CpU	27	3,7	UpU	11	3,7
Cp (cycl.)	5,5	3,3	Up (cycl.)	2,2	5,0
Cp-benzyl	2	3			
Cp-methyl	0,5		(Aus der Anfangsgeschwindigkeit, K_m als unverändert angenommen)		

Tab. 2 zeigt, daß k_2 von der Natur des austretenden Nucleosids enorm stark beeinflußt wird. Die Erhöhung von k_2 gegenüber den Methyl- und Benzylestern mußte aus mehreren Gründen[11] auf eine π-Wechselwirkung zwischen beiden Basen zurückgeführt werden. Eine solche sollte sich im wesentlichen nur auf die Polarisierbarkeit auswirken. Der Effekt kann nicht durch eine Änderung der Basizität oder Acidität der katalysierenden Pyrimidinbase unter dem Einfluß der zweiten Base erklärt werden. Dieser Interpretation folgend, mußte geschlossen werden, daß bei unverändertem K_m-Wert auch die Geschwindigkeitskonstanten k_1 und k_{-1} gesteigert sein müssen, daß also die Polarisierbarkeit offensichtlich ein Prinzip ermöglicht, bei dem die Erhöhung der Basizität für k_1 mit einer entsprechenden Erhöhung der Acidität für k_{-1} und k_2 verbunden sein muß.

Der Ausgangspunkt dieser Untersuchungen an den verschieden abgewandelten Pyrimidinbasen war die Fragestellung, ob und unter welchen Umständen an einen Wechsel der Elektronendichte am C-2-Sauerstoff (in der Pseudouridin-Serie entsprechend der unterschiedlichen Nummerierung am C-4) in der Zeit zwischen Bildung und Zerfall des Zwischenzustandes gedacht werden kann. Die Ergebnisse zeigen, daß die Reaktionsgeschwindigkeiten offensichtlich von einem mesomeren System abhängen, das durch verschiedene Resonanz-Strukturen beschrieben werden kann, und bei dem die für die Katalyse verantwortliche C-2-Carbonylgruppe noch mit einer solvatophilen Gruppe gekoppelt ist. Obwohl die quantitativen Untersuchungen an Modellverbindungen noch nicht abgeschlossen sind, scheint jetzt schon die Annahme berechtigt, daß die durch thermische Stöße gestörten Beziehungen der solvatophilen Gruppe zum polaren Solvens den geforderten Wechsel in der Gleichgewichtslage des mesomeren Systems verursachen können. So sollte die Bildung einer Wasserstoffbrücke zum C-4-Substituenten (XIX, bei a) oder die Trennung einer solchen beim N-3 (bei b) mit einer Erhöhung der Elektronendichte am C-2-Sauerstoff einhergehen, die Bildung am N-3 oder die Trennung am C-4-Substituent jedoch mit einer Verminderung. Die induzierten Verschiebungen sollten umso größer sein, je leichter polarisierbar das System ist. Ein Übergang der einen in die andere Form, entsprechend einer Tautomerie, ist durch die sterische Situation, durch die der Wechsel in einem 6-Ring-System ablaufen kann, äußerst begünstigt. Auf die Analogie zu dem α-Hydroxypyridin-System von SWAIN und BROWN[10] sei hingewiesen.

Unsere Vorstellungen lassen sich allgemein auf das Problem der Nucleophilie und Elektrophilie übertragen: Die Reaktionsgeschwindigkeit für die Umsetzung eines Nucleophils mit einem Elektrophil folgt normalerweise der Basizität des Nucleophils, die durch das Protonengleichgewicht gemessen wird. Ist die nucleophile Gruppe jedoch Teil eines leicht polarisierbaren Systems mit einer solvatophilen Gruppe, dann ist die Elektronendichte von außen induzierten Schwankungen unterworfen. Dabei können kurzzeitig Basizitäten auftreten, die wesentlich höher sind als die durch das Protonengleichgewicht gemessene Durchschnittsbasizität, eine thermodynamische Konstante. *Für die Reaktionsgeschwindigkeiten sind jedoch nur die aktuellen Werte ausschlaggebend.*

Abb. 1b veranschaulicht, daß bei einer schwachen Base, wenn sie einem leicht polarisierbaren System zugehört, wesentlich öfter

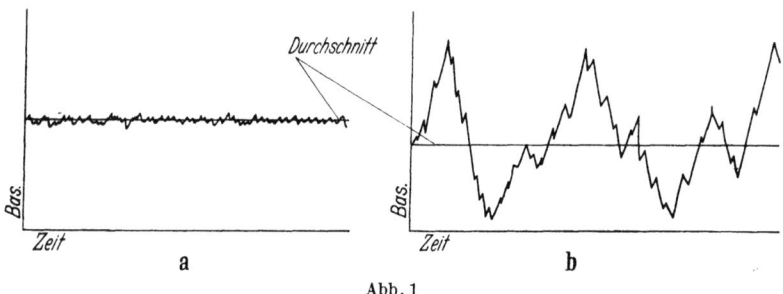

Abb. 1

hohe Basizitäten auftreten, die die Energie zur Überschreitung des Übergangszustandes beinhalten, im Gegensatz zu der in 1a dargestellten stärkeren aber nicht polarisierbaren Base.

Das gleiche gilt, wenn die Reaktionsgeschwindigkeit eines Nucleophils (RAH) durch eine Base B—R' erhöht werden soll:

$$R-A-H + B-R' \longrightarrow R-A-H \cdot \cdot B-R'$$

Normalerweise sollte die Erhöhung der Geschwindigkeit von der Stärke der Wasserstoffbrücke und diese von der Basizität der Base abhängen. Ist die basische Gruppe jedoch Teil eines leicht polarisierbaren Systems mit einer solvatophilen Gruppe, dann können bei einer relativ schwachen Base kurzzeitig wesentlich höhere aktuelle Basizitäten auftreten, die wiederum sehr hohe Geschwindigkeiten verursachen. Umgekehrt sollte dann auch bei der konjugaten Säure HBR' die aktuelle Acidität höher sein können, als die durch den pK-Wert definierte Acidität.

In das Konzept der solvatophilen Gruppe ist der von EDWARDS und PEARSON[10] diskutierte α-Effekt nun leicht einzuordnen. Hiernach wird durch ein zur nucleophilen Gruppe in α-Stellung befindliches freies Elektronenpaar (z. B. in HOO^-) die Nucleophilie gegenüber dem aus der Basizität des Nucleophils zu erwartenden Wert stark erhöht. Auch hier wird die Basizität bei einem durchschnittlich solvatisierten Molekül gemessen, dessen aktuelle Basizität durch den ständigen Wechsel der Beziehung des freien Elektronenpaars mit dem Solvens starken Schwankungen unterworfen sein muß.

Prinzipiell läßt sich demnach sagen, daß höhere Reaktionsgeschwindigkeiten erzielt werden können durch eine höhere Basizität der katalysierenden Base oder, bei einer geringeren Basizität, durch eine höhere Polarisierbarkeit innerhalb des Systems, in das diese Base eingebaut ist.

Enzyme können im physiologischen p_H-Bereich keine starken Basen als katalysierende Gruppen verwenden, da sie protoniert wären. Sie haben jedoch die Möglichkeit, das zweite Prinzip auszunutzen, nämlich durch Bindung des protonierten Nucleophils an eine schwache Base, die Teil eines leicht polarisierbaren Systems ist, den gleichen katalytischen Effekt hervorzurufen. Ein sehr wirkungsvoller Weg, die Polarisierbarkeit und damit die Reaktionsgeschwindigkeiten weiter zu erhöhen, scheint über π-Wechselwirkungen gangbar zu sein, die hier im Falle der Dinucleosidphosphate (s. Tab. 2) allerdings nur eine Angelegenheit innerhalb des Substrats darstellen.

Der Unterschied bei einem Vergleich der Reaktionsgeschwindigkeiten einer nichtenzymatischen basenkatalysierten Reaktion, extrapoliert auf p_H 7, mit der enzymatisch katalysierten Reaktion wird sich in den meisten Fällen durch dieses Prinzip erklären lassen. Eine quantitative Fassung erscheint nicht aussichtslos.

Zur Interpratation der Nucleophilie als aktuelle Basizität gelangt man auch auf dem umgekehrten Weg. Wenn die Reaktion eines Nucleophils mit einem Elektrophil als generalisierte Säure-Basenreaktion betrachtet wird, dann muß dort, wo die Reaktionsgeschwindigkeiten höher sind, die aktuelle Basizität oder Acidität zum Zeitpunkt der Reaktion höher sein als die durch ein Gleichgewicht gemessenen Durchschnittswerte.

B. Die Katalyse durch das Enzym

Nimmt man auf Grund der in A diskutierten Ergebnisse an, daß die Reaktion des Substrats mit dem Enzym nur in der Ausbildung des stabilisierten Zwischenzustandes besteht, so kann man zunächst zwei Bedingungen für die aktive Seite am Enzym postulieren. Zunächst muß an eine Erhöhung der Elektrophilie am Phosphor gedacht werden, die in Abwesenheit von Lewis-Säuren nur durch eine Protonierung am Phosphat-Anion vorstellbar ist. Weiterhin sollten für die Stabilisierung des Zwischenzustandes den beiden negativen Ladungen zwei positive Ladungen in einem durch den $P\genfrac{}{}{0pt}{}{\diagup O^-}{\diagdown O^-}$-Winkel gegebenen Abstand gegenüberstehen, von denen die eine mit dem in der ersten Bedingung geforderten Proton verbunden sein sollte.

Eine einfache Protonierung des Phosphat-Monoanions wie in der nichtenzymatischen säurekatalysierten Reaktion kann jedoch in neutralem Milieu wegen des niedrigen pK-Wertes (bei 1) nicht angenommen werden. Deshalb muß wieder an ein Proton gedacht werden, das eine nur geringe Acidität besitzt, dafür aber in Verbindung mit einem leicht polarisierbaren System steht. Der mit der Ausbildung des 5-bindigen Phosphat-Dianions erfolgende Anstieg des pK-Wertes kann dann ein echtes Protonierungsgleichgewicht mit der nur schwach aciden Enzym-Gruppe während der Existenz des Zwischenzustandes ermöglichen.

Anhaltspunkte für eine Gruppierung am Enzym, die diesen Vorstellungen gerecht zu werden vermag, suchten wir aus einer Analyse der p_H-Abhängigkeit von K_m und k_2 sowie aus dem ungewöhnlichen Verlauf einer chemischen Reaktion zu erhalten[8a].

Die p_H-Abhängigkeit von K_m für verschiedene Dinucleosidphosphate (Substrate des ersten Schrittes) und 2'-3'-cyclische Phosphate (Substrate des zweiten Schrittes) wurden gemessen[8]. Einige Werte für $1/K_m$ sind in Abb. 2 wiedergegeben.

Sie entsprechen den von RABIN u. Mitarb.[13] sowie von LITT[14] an 2'-3'-cyclischer Cytidylsäure gefundenen Werten. Das Optimum der Bindung ist bei p_H 5,6. Die Kurven gestatten die Annahme von zwei ionisierenden Gruppen mit pK-Werten von 5 und 6,2, offensichtlich zu Imidazolen gehörig. Sie bestimmen die Menge an aktivem Enzym für jeden p_H-Wert nach dem Schema in Abb. 3. Es wurde hier die $1/K_m$-Kurve, nicht wie üblich[13] die V/K_m-Kurve herangezogen, da die Katalyse getrennt vom Enzym abläuft und auch die Bindung der Inhibitoren (K_i) parallel zu K_m[13], jedoch nicht zu V/K_m erfolgt.

Sollte die Bindung durch ein Imidazolium-Kation erfolgen, wie von RABIN[13] vorgeschlagen, dann wäre der nach der sauren Seite

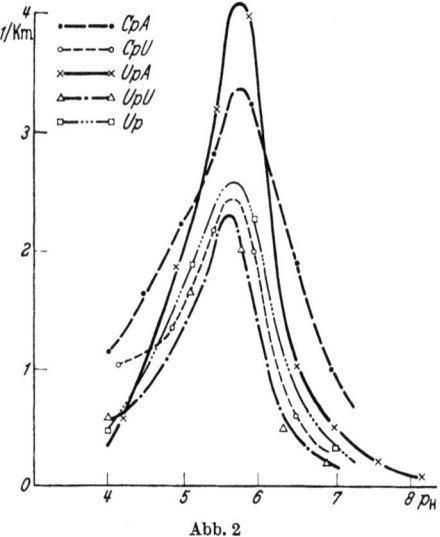

Abb. 2

abfallende Ast der p_H-Abhängigkeitskurve nicht ohne weiteres erklärbar. Auch sollte bei einem solchen Mechanismus der pK-Wert des im ersten Schritt als Säure wirkenden Imidazolium-Ions sich im zweiten Schritt ändern, da es dort als Base wirken soll, während vorher das als Base wirkende Imidazol zum Imidazolium-Ion wird. Die Gleichheit der p_H-Abhängigkeitskurve für beide Schritte würde dann einen Tausch der pK-Werte der beteiligten Imidazole erfordern.

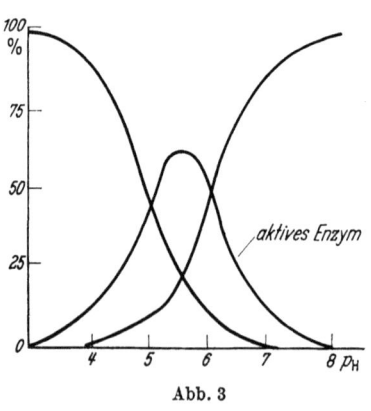

Abb. 3

Es galt deshalb aus den beiden Imidazolen ein System zu konstruieren, das sowohl den nach der alkalischen und sauren Seite abfallenden Ast der Kurve, wie auch die Gleichheit der

Kurven für den ersten und zweiten Schritt zu erklären vermag und auch den bereits erwähnten Voraussetzungen für die Stabilisierung des Zwischenzustandes gerecht wird.

Da beide Imidazole, wenn sie in die Imidazolium-Form übergehen, offensichtlich ihre Bindungsfähigkeit verlieren, können sie nicht die zwei positiven Ladungen, die zur Stabilisierung benötigt werden, beisteuern. Umgekehrt sind beide Imidazole in der ungeladenen Form ebenfalls unwirksam, so daß angenommen werden muß, daß nur die eine der beiden Ladungen von ihnen stammt. Weiterhin muß diese Ladung in einem definierten Abstand zur zweiten positiv geladenen Gruppe festgelegt sein, was nur vorstellbar ist, wenn das eine als Imidazolium-Ion wirkende Imidazol über eine Wasserstoffbrücke zu einer Base, die mit pK 5 offensichtlich zum zweiten Imidazol gehört, fixiert wird. Es entsteht dann ein Diimidazol-System XXII, das in der triprotonierten Form sowohl eine festgelegte Ladung als auch eine noch genügende Acidität aufweist, um mit dem stark basischen Dianion des 5-bindigen Zwischenzustandes in ein Gleichgewicht treten zu können. Dieses System wird durch eine weitere Protonierung, die dem pK 5 zugehören würde, aufgehoben. Durch eine Deprotonierung, zu der der pK 6 gehört, gehen Ladung und Acidität verloren.

XXII

Für dieses System sind chemische Argumente anzuführen. BARNARD und STEIN[15], sowie GUNDLACH u. a.[16] fanden, daß bei der

Reaktion des Enzyms mit Brom- oder Jodessigsäure die Carboxymethylierung eines Histidins zur Inaktivierung führt. Es reagieren entweder Histidin 119 (90%) am N_1 oder His 12 (10%) am N_3, aber nie beide[17]. Das p_H-Optimum liegt wiederum bei p_H 5,3—5,5[15,16,18]. Das entspricht nicht dem optimalen p_H-Wert für die Carboxymethylierung des Histidins selbst, der über 8 liegt, und auch nicht der vorwiegenden Reaktion an N_3 unter diesen Bedingungen. Es muß also angenommen werden, daß N_1 des His 119 sowie N_3 des His 12 eine abnorm hohe Nucleophilie bei p_H 5,5 besitzen, die oberhalb und unterhalb dieses p_H-Wertes wieder verloren geht. Weiterhin ist auffällig, daß nach Oxydation und Reduktion des Enzyms oder bei Behandlung mit Harnstoff zusammen mit der Konformationsänderung sowohl die Aktivität als auch die Reaktivität mit Jodessigsäure verloren geht[19].

Bei der Carboxymethylierung reagiert nur das Jodacetat-Anion, das offenbar durch eine positiv geladene Gruppe der Nachbarschaft gebunden wird. Von hier aus erreicht die reagierende CH_2-Gruppe die beiden Stickstoffe, die deshalb eng beieinander stehen müssen. Eine hohe Reaktivität ist dann zu erwarten, wenn das eine Imidazol als Base reagieren kann, das andere Imidazol jedoch als Imidazolium-Kation gleichzeitig ein Proton zur Reaktion mit dem Halogen zur Verfügung stellen kann. Da beide Imidazole reagieren, ist wieder zu erwarten, daß das Proton wechselweise beiden Imidazolen zugehören kann wie in dem System XXII. Dieses muß nach der Carboxymethylierung seine Aktivität, d. h. die Bindungsfähigkeit, verlieren.

XXIII

(RICHARDs rekombiniertes Enzym[20], das trotz carboxymethyliertem His 12 noch aktiv ist, kann die Form XXIII besitzen, in der bei der Rekombinierung das His 12 sich gedreht haben mag.)

Die Berechtigung zur Annahme dieses Diimidazol-Systems kann weiterhin aus den Untersuchungen der p_H-Abhängigkeit der Hemmung der Reaktion durch das als Produkt entstehende Phosphorsäure-Dianion abgeleitet werden. Da die Identifizierung der hierzu benötigten zweiten positiv geladenen Gruppe (ev. Lys.41), die auch wahrscheinlich für die Bindung des Jodacetat-Anions verantwortlich sein muß, noch nicht endgültig ist, kann erst zu einem späteren Zeitpunkt hierauf eingegangen werden.

Diese chemischen und kinetischen Argumente sprechen nun für eine Formulierung des enzymstabilisierten Zwischenzustandes in der Form XXIV, wobei den beiden negativ geladenen Phosphat-Sauerstoffen das Proton des Diimidazol-Systems sowie die noch nicht identifizierte positive Gruppe ($-X$) gegenüberstehen. Es ist durchaus möglich, daß die Bindung auch am Außenproton des His 119 ansetzt. Auf dieser Basis ist nun möglich zu erklären, warum Dianionen (Mononucleotide, Phosphat, Sulfat usw.) gebunden werden, nicht aber Diester-Monoanionen, es sei denn, daß sie als Substrate in der Lage sind, im Zwischenzustand ein Dianion aufzubauen.

XXIV

Wird ein solcher Zwischenzustand angenommen, so sind für seinen Zerfall sowie für seine Bildung weitere kinetische Konsequenzen zu fordern, die sich in der p_H-Abhängigkeit von k_2 zeigen müssen.

Tabelle 3. p_H-*Abhängigkeit von k_2 und errechnete Werte von k_2 und k_2 corr. in sec^{-1} für UpA*[8]

p_H	4,1	4,9	5,5	5,9	6,5	7,0	7,55	8,1
k_2	440	700	1000	1280	2560	3500	5000	2500
$\overline{k_2}$	220000	60000	20000	10000	9500	6700	8300	6700
k_2 corr.	3500	1870	1660	2300	8800	23300	83000	250000

Tab. 3 zeigt die Werte für UpA; weitere Werte, auch für Cp-Verbindungen, sind in [3] angegeben. In Übereinstimmung mit den von RABIN u. Mitarb. an 2'-3'-cyclischer Cytidylsäure gefundenen Werten liegt das Maximum für k_2 bei p_H 7,4. Wenn man das von RABIN[13] vorgeschlagene Schema (I) der Reaktion zugrunde legt, für dessen Annahme uns allerdings kein zwingender Grund vorzuliegen scheint, dann sollte k_2 den Zerfall der Species EHS darstellen, die im Gleichgewicht steht mit EH_2S und ES, beide nicht zerfallend, und man könnte wieder zwei pK-Werte für den Enzymsubstratkomplex errechnen, die bei 6,8 und 8,0 liegen.

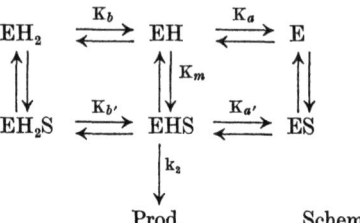

Schema I

Dann sollte sich aber aus der für jeden p_H-Wert errechenbaren Menge an zerfallendem Komplex EHS eine p_H-unabhängige Konstante $\bar{k}_2$ errechnen lassen. Wie Tab. 3 zeigt, ist dies *nicht* der Fall. Dagegen kann für das hier vorgeschlagene System eine solche Konstante nicht erwartet werden, da EH_2S und ES nicht existieren können.

So darf für die Enzymreaktion folgendes Schema (II) angenommen werden:

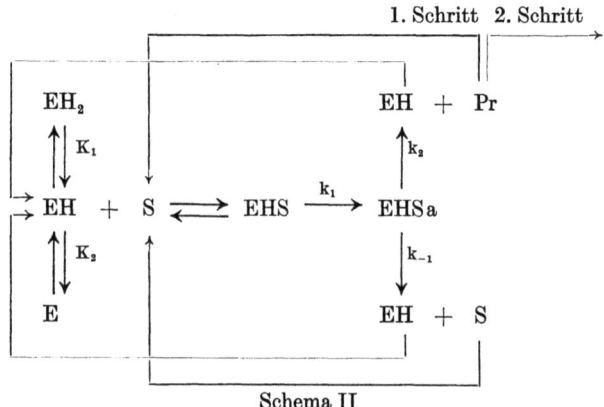

Schema II

Unter Zugrundelegung dieses Schemas liefern die gemessenen Werte weitere Rückschlüsse: Wenn k_2 für CpA bei p_H 7,0 etwa

3000 ist und $K_m = 10^{-3}$, dann muß k_1 wenigstens $3 \cdot 10^6$ sein, wahrscheinlich aber noch höher. Solche Geschwindigkeiten sind aber für die Gleichgewichte zwischen den 3 Systemen in XXII (wenn auch noch nicht gemessen) sehr unwahrscheinlich. Das heißt, Gleichgewicht K_1 und K_2 könnten sehr langsam gegenüber der Reaktion selbst sein. Unter dieser Annahme aber muß die Konzentration von EHSa aus der Konzentration an aktivem Enzym errechnet werden (nach Abb. 3). Dann erhält man die $k_{2\,corr.}$ Werte in Tab. 3, die nun zeigen, daß der Komplex EHSa am stabilsten bei p_H 5,3 ist und daß sein Zerfall auf der alkalischen Seite der OH^--Konzentration, auf der sauren Seite der H^+-Konzentration folgt. Das ist exakt das, was von dem triprotonierten Diimidazolsystem gefordert werden muß, das in der di- oder tetraprotonierten Form den Zwischenzustand nicht mehr stabilisieren kann.

Da das Protonierungsgleichgewicht als relativ langsam angenommen werden muß, ist die Häufigkeit, mit der die Bindung geschwächt wird, bei allen Verbindungen gleich und nur von der H^+ oder OH^--Konzentration abhängig. Die absoluten Werte für den Zerfall müssen deshalb bei den verschiedenen Verbindungen nur von der aktuellen Acidität des Pyrimidinium-Protons abhängen. Dieses beherrscht den geschwindigkeitsbestimmenden Schritt, nicht die vollzogene Protonierung oder Deprotonierung des Diimidazol-Systems, die sonst gleiche k_2-Werte für alle Verbindungen verlangen würde.

Da K_m sich ebenfalls mit der OH^--Konzentration ändert wie k_2 (und dementsprechend k_{-1}), kann weiter geschlossen werden, daß k_1 eine Konstante für einen p_H-unabhängigen Schritt ist. Dies stimmt wieder mit dem angenommenen Mechanismus überein, bei dem k_1 dem Angriff der 2'-OH-Gruppe zugehört.

Es könnte noch diskutiert werden, daß k_1 und k_{-1} die Konstanten für das Gleichgewicht EH + S ⇌ EHS sind. Hiergegen kann das bereits erwähnte Argument angeführt werden, daß nämlich andere Diester-Monoanionen, die keinen stabilisierbaren Zwischenzustand auszubilden vermögen (wie ApA oder 2'-3' cyclische Ap), die Reaktion nicht hemmen, während 2'- oder 3'-Ap ähnlich wie die 2'- und 3'-Cp starke Inhibitoren sind. Eine Hemmung müßte aber resultieren, wenn das Gleichgewicht der Monoanionen mit dem Enzym geschwindigkeitsbestimmend wäre. Es scheint deshalb die Annahme gerechtfertigt zu sein, daß dieses

Gleichgewicht durch die Diffusion begrenzt wird. Andererseits zeigt dieser Unterschied zwischen 2'- und 3'-Ap als Dianion und 2'-3' cyclischer Ap als Monoanion, daß die Base nicht an der Bindung beteiligt sein kann, wie in [13] postuliert wird.

Eine weitere Besonderheit des Mechanismus sei erwähnt, daß nämlich k_{-1} nicht der Rückreaktion von k_1 entspricht, d. h. nicht zu EHS sondern zu EH + S führt. Da das Produkt des ersten Schrittes gleichzeitig das Substrat für den zweiten Schritt ist, müßte unter der Annahme, daß die Bildung von EHS eine begrenzende Reaktion darstellt, die Hydrolyse der 2'-3' cyclischen Verbindungen schneller verlaufen, wenn sie unmittelbar aus dem ersten Schritt entstehen, als bei einem Start mit diesen Verbindungen, wenn EHS erst gebildet werden muß. Das sollte auch geschehen, wenn das Substrat an zusätzlichen Stellen gebunden würde, da das Produkt des ersten Schrittes das Substrat des zweiten ist und keine Zeit mehr für eine erneute Bindung benötigt werden würde. Es sind jedoch keine Unterschiede in der Geschwindigkeit gefunden worden[11].

Der hier beschriebene Mechanismus und die Interpretation der kinetischen Daten zeigen deshalb nur wenige Berührungspunkte zu dem von RABIN u. Mitarb. aufgestellten Mechanismus. (Zur Vermeidung von Mißverständnissen sei hier betont, daß die Konzeption der Arbeit nicht der hier angewandten deduktiven Darstellung folgte.)

III. Die Katalyse bei der Chymotrypsin-Reaktion; eine Anwendung des bei der Ribonuclease gefundenen Prinzips*

Die hauptsächlich aus kinetischen Daten gewonnenen Anhaltspunkte für den Mechanismus der Chymotrypsin-Reaktion sind in der letzten Zeit eingehend besprochen worden[21, 22]. Danach ergibt sich, daß die Esterspaltung aus zwei Schritten besteht, nämlich einer Umesterung, wobei der Acylrest unter Freisetzung des Alkohols zunächst auf ein Serin übertragen wird, gefolgt von einer Hydrolyse der Serinesterbindung, bei der als Endprodukt die Carbonsäure entsteht. Wesentlich ist die aus mehreren Argumenten getroffene Feststellung von BENDER[21], daß beide Schritte

---

* Es kann an dieser Stelle nur in beschränktem Umfang auf die Literatur eingegangen werden. Im einzelnen wird auf die Zusammenstellungen in den Referenzen 21—25 hingewiesen.

über identische Mechanismen verlaufen müssen, bei denen eine basische Gruppe, offensichtlich der Imidazol-Rest eines Histidins, an der Katalyse beteiligt ist, und ein Protonenübergang den geschwindigkeitsbestimmenden Schritt darstellt.

Diese Problematik ist die gleiche, wie sie bei der Reaktion der Ribonuclease aufgetreten war*, die ebenfalls zunächst zu einer Umesterung führt und von einer Hydrolyse gefolgt wird. Dem Carbonsäureester (oder Amid) steht dort ein Phosphorsäurediester gegenüber, dem Serin-Hydroxyl die 2'-OH-Gruppe der Ribose, die von einer Base (der Pyrimidinbase) aktiviert wird. Der Rolle der Pyrimidinbase sollte hier die Rolle des Imidazols entsprechen.

Dehnt man die Analogie weiter aus, so läßt sich sagen, daß das Imidazol für den ersten Schritt der Chymotrypsin-Reaktion das

---

* Die Indentität der Problematik der beiden Enzymreaktionen wurde vom Autor bereits auf der Tagung der schweizerischen, französischen und deutschen Gesellschaften für Physiologische Chemie in Zürich (10. bis 12. 10. 1960) betont.

Serin-Hydroxyl als angreifendes Nucleophil aktiviert, für den zweiten Schritt das als Nucleophil angreifende Wassermolekül. In beiden Fällen würde das Proton des angreifenden Nucleophils auf den Sauerstoff der zu spaltenden Esterbindung übertragen werden, so daß die Reaktion dem Schema XXV–XXX, völlig analog I–VI, folgen sollte.

Da wiederum eine Michaelis-Menten-Kinetik befolgt wird, sollte der in die Klammer gesetzte Vorgang XXVI (und analog XXIX) sich als stabilisierter Zwischenzustand (nicht zu verwechseln mit dem Acyl-Enzym als Zwischenprodukt[21]) beschreiben lassen mit einem 4-bindigen Kohlenstoff, bei dem das zunächst von dem Imidazol übernommene Proton die Wahl hat, mit dem Sauerstoff der Serinesterbindung oder mit dem Sauerstoff des ursprünglichen Ester-Alkohols zu reagieren, dargestellt durch XXXI–XXXIII.

Hieraus ergibt sich für die Kinetik ein Schema,

$$E + S \underset{k_{-1}}{\overset{k_1}{\rightleftarrows}} ESa_1 \overset{k_2}{\longrightarrow} ES \underset{k_{-3}}{\overset{k_3}{\rightleftarrows}} ESa_2 \overset{k_4}{\longrightarrow} E + Pr,$$

bei dem ohne vorgelagertes Bindungsgleichgewicht k_1 dem Angriff des Serin-Sauerstoffs zuzuschreiben ist. ESa_1 ist der stabilisierte Zwischenzustand mit der konjugaten Imidazolium-Säure, k_{-1} gehört zur Reaktion des Protons mit dem Serin-Sauerstoff und der Rückbildung zum Ausgangsprodukt, k_2 zur Reaktion mit dem ursprünglichen Esteralkohol, wobei als Zwischenprodukt das stabile acylierte Enzym ES entsteht. Es folgt als selbständige zweite Reaktion der Angriff des vom Imdidazol aktivierten Wasser-Sauerstoffs am Carbonyl-Kohlenstoff (k_3) mit der Ausbildung des neuen stabilisierten Zwischenzustandes ESa_2, dessen Zerfall durch das Imidazolium-Proton in Richtung nach ES erfolgen kann (k_{-3}) oder durch die Reaktion des Protons mit den Serinester-Sauerstoff zur Bildung des Endproduktes führt (k_4).

Da Ester mit einer geringeren Elektrophilie am Carbonyl-Kohlenstoff nicht reagieren, muß eine hohe Elektrophilie als Voraussetzung zur Reaktion gefordert werden. Eine solche kann gewonnen werden sowohl durch die Natur der Alkoholgruppe (Typ Nitrophenylacetat) als auch durch die des Acylrestes (Typ Zimtsäureester). Eine besondere Steigerung der Elektrophilie könnte durch einen intramolekularen Protonenangriff am Carbonyl-O erreicht werden, der vielleicht bei den Verbindungen mit einer β-ständigen CH_2-Gruppe auftritt (XXXIV). Die intramolekulare Protonierung würde gleichzeitig die Möglichkeit zur Stabilisierung

XXXIV   XXXV

des Zwischenzustandes wie in XXXV schaffen. Damit ist das Aktivierungsmuster gerade umgekehrt zu dem der Ribonuclease-Reaktion. Das Enzym übernimmt mit dem Serin-OH-Imidazolsystem die Katalyse auf der nucleophilen Seite, die bei der Ribonuclease intramolekular durch das System 2'-OH-Gruppe-Pyrimidinbase erfolgt. Die elektrophile Seite mit der Aktivierung des Substrats und der Stabilisierung des Zwischenzustandes geschieht beim Chymotrypsin intramolekular, während sie bei der Ribonuclease durch das Enzym erreicht wird.

Mit der Annahme einen solchen Mechanismus, der in völliger Übereinstimmung steht mit BENDERS[22] Postulaten, ergeben sich kinetische Konsequenzen.

Zunächst ist bei den Substraten mit intramolekularer Aktivierung in der Acyl-Gruppe in beiden Schritten die gleiche Elektrophilie am Carbonyl-Kohlenstoff zu erwarten. Dann wird aber der zweite Schritt genauso schnell verlaufen können wie der erste Schritt, da hier der Serinester direkt neben dem Imidazol, das das Wassermolekül aktiviert, fixiert ist (Erhöhung der aktuellen Konzentration). Bei den Amiden ist die Elektrophilie sicher geringer als bei dem gebildeten Serinester, so daß hier der zweite Schritt wesentlich schneller sein kann als der erste. Eine Isolierung der intramolekular aktivierten Enzym-Ester als Zwischenprodukte dürfte deshalb hier kaum möglich sein.

Bei den Substraten mit einer Aktivierung durch den Alkohol-Rest verläuft der erste Schritt entsprechend der hohen Elektrophilie und der geringen Stabilisierung des Zwischenzustandes sehr schnell, der zweite jedoch bei dem nicht mehr aktivierten Serinester sehr langsam, so daß dieser Schritt geschwindigkeitsbestimmend ist und die Isolierung des acylierten Enzyms möglich wird.

Unter den Effekten, die sich auf die Konstanten k_1, k_{-1} und k_2 und damit auf K_m im einzelnen auswirken, muß der Einfluß der α-Acylamino-Gruppe besonders beachtet werden. Der Angriff des Serinhydroxyls muß so erfolgen, daß dem Sauerstoff der Carbonyl-Kohlenstoff, dem Wasserstoff jedoch der Ester-Sauerstoff gegenübersteht. Damit ist die Ausbildung des Zwischenzustandes sterisch festgelegt. Erfolgt nun eine Stabilisierung der Ladung am Carbonyl-Sauerstoff unter Mitwirkung der β-Wasserstoffe, dann ist auch die Lage der α-Wasserstoffe festgelegt. An einem Kalottenmodell kann man nun leicht erkennen, daß bei der Substitution eines Wasserstoffs durch eine Acylamino-Gruppe in der L-Stellung der Amino-Wasserstoff direkt den Sauerstoff des abzuspaltenden Alkohols berührt, in der D-Stellung jedoch den Serin-Sauerstoff (XXXVI).

Bei einer ausreichend hohen Elektrophilie dieses Wasserstoffs erfolgt dadurch eine zusätzliche Katalyse, die sich in der L-Reihe nur auf k_2 und somit auf die Produktbildung erstreckt, in der D-Reihe jedoch nur auf k_{-1}, also auf die Rückreaktion. Bereits aus der Tatsache, daß bei solchen Substraten der K_m-Wert der reagierenden L-Verbindung und der K_i-Wert der nicht reagierenden D-Verbindung gleich groß sind, muß geschlossen werden, daß die Stereospezifität nicht in dem „Bindungsgleichgewicht" sondern nur in der Katalyse liegen kann. K_m ist demnach bei den L-Verbindungen lediglich durch k_2/k_1 bestimmt, K_i bei den D-Verbindungen durch k_{-1}/k_1. Je geringer die Elektrophilie des Wasserstoffs an diesem α-Substituenten wird, desto mehr muß die Stereospezifität zurücktreten. — Damit ist wiederum eine Analogie zur Ribonuclease-Reaktion gegeben, bei der die Spezifität ebenfalls durch das Substrat bedingt ist, von dem die Ausbildung eines spezifischen Zwischenzustandes abhängt.

Im folgenden sollen einzelne Effekte, die durch verschiedene Substitutionen an den Substraten zu erwarten sind, in groben Zügen skizziert werden. Auswirkungen auf k_3 (bzw. k_4) lassen sich leichter übersehen als solche auf K_m, da die meisten Effekte in unterschiedlichem Ausmaß sowohl k_1 als auch k_{-1} und k_2 beeinflussen. Es wird dabei von der allgemeinen Formel

$$R_2-\underset{\underset{R_1}{|}}{CH}-\overset{\overset{O}{\|}}{C}-R_3$$

ausgegangen, in der R_3 die abzuspaltende Gruppe darstellt, die das Proton des Serinhydroxyls übernimmt, während R_2 und R_1 verschiedene Gruppen darstellen, die die Aktivierung oder die Stabilisierung des Zwischenzustandes unterstützen können.

1. Wenn R_1 und R_2 durch H ersetzt sind, ist eine Reaktion nur möglich, wenn die Elektrophilie des Carbonyl-Kohlenstoffs durch den Rest R_3 erhöht ist wie etwa beim Nitrophenylacetat. Dadurch wird die Geschwindigkeit des ersten Schrittes wesentlich höher als die des zweiten Schrittes, bei dem eine Aktivierung des Serinesters entfällt. Zusammenhänge zwischen Struktur und Reaktionsraten sind von BENDER[22] bereits diskutiert worden.

Wenn $R_1 =$ H und $R_2 =$ CH_2—R′ ist, ist intramolekular eine Erhöhung der Elektrophilie durch Wechselwirkung eines β-Wasserstoffs mit dem Carbonyl-Sauerstoffs möglich, so daß auch Verbindungen mit einem nicht aktivierenden R_3 reagieren können (Tab. 4,1). Dabei kann R_3 auch durch eine CH_2—COO^--Gruppe (IV,2) vertreten werden[27]. Hier wird das Serinproton auf einen aktivierten Kohlenstoff übertragen. Beim Ester CH_2—COOR (IV, 3) muß dieser Übergang leichter geschehen, also k_2 höher werden, aber auch k_1 muß höher werden und dadurch einen niedrigeren K_m-Wert verursachen.

Substitution am α-Kohlenstoff (R_1) wirkt sich durch einen induktiven Effekt auf allen Konstanten aus, so daß ohne nähere Kenntnis des Ausmaßes keine konkreten Voraussagen für K_m und k_2 zu treffen sind (IV, 4).

Besitzt der Substituent noch einen elektrophilen Wasserstoff, wie bei der OH- oder NH_2-Gruppe, dann sind unterschiedliche Werte für die L- und D-Isomeren zu erwarten (VI, 5, 6). Diese Unterschiede führen bei einer Acylamido-Gruppe zu einer scheinbaren absoluten Spezifität. Durch die benachbarte Carbonyl-Gruppe erhält der Amido-Wasserstoff eine höhere Elektrophilie, so daß die k_2-Werte (bei den D-Verbindungen entsprechend die k_{-1}-Werte) wesentlich gesteigert sind. Zu dieser Steigerung trägt offensichtlich eine zusätzliche Beziehung des Sauerstoffs dieser Carbonyl-Gruppe mit dem zweiten β-Wasserstoff bei. Dadurch wird das den Zwischenzustand stabilisierende System leichter polarisierbar (s. XXXVI), was sich wiederum auch auf k_1 auswirkt. Da die Auswirkung auf beiden Konstanten im Ausmaß

Tabelle 4. $K_{m'}$- und $k_{2'}$-Werte von Substraten des Typs R_2—CH(R_1)—CO—R_3

IV	R_2	R_3	R_1	$K_{m'}{}^+$	$k_{2'}{}^+$
1	C_6H_5—CH_2	OCH_3	H	0,2	22
2	HO—C_6H_4—CH_2	CH_2—COO^-	H	140	0,8
3	HO—C_6H_4—CH_2	CH_2—COOEt	H	40	2,3
4	C_6H_5—CH_2	OCH_3	DLCl	2,3	83
5	C_6H_5—CH_2	OCH_3	LOH	10	14
6	C_6H_5—CH_2	OCH_3	DOH	35	2,4

$^+$ $K_{m'}$ in mMol, $k_{2'}$ in mMol/min/mg Protein-N/ml (beide Konstanten nur bedingt identisch mit den im Text interpretierten Konstanten K_m und k_2). 1—6 aus DIXON and WEBB „Enzymes" New York 1958, S. 270.

Tabelle 5. $K_{m'}$- und $k_{2'}$-Werte von Substraten des Typs R_2—CH(NH—CO—$R_{1'}$)—CO—R_3

V	R_2	$R_{1'}$	R_3	$K_{m'}{}^+$	$k_{2'}{}^+$
1	HO—C_6H_4—CH_2	H	NH_2	12	0,45
2	HO—C_6H_4—CH_2	H	$NHNH_2$	9,8	0,058
3	HO—C_6H_4—CH_2	OC_2H_5	NH_2	7	0,85
4	HO—C_6H_4—CH_2	CH_3	NH_2	32	2,6
5	HO—C_6H_4—CH_2	CH_3	$NHNH_2$	29,5	1,1
6	HO—C_6H_4—CH_2	$CHCl_2$	$NHNH_2$	5,2	0,7
7	HO—C_6H_4—CH_2	$\beta\,C_6H_4N$	NH_2	12	5
8	HO—C_6H_4—CH_2	C_6H_5	NH_2	2,5	4
9	HO—C_6H_4—CH_2	$\beta\,C_6H_4N$	$NHNH_2$	8	0,84
10	HO—C_6H_4—CH_2	C_6H_5	$NHNH_2$	2,2	0,5
11	HO—C_6H_4—CH_2	(R_1) NCH$_3$—COCH$_3$	OCH_3	—	—
12	C_6H_5—CH_2	CH_2—COCH$_3$	OCH_3	0,49	0,91

1—12 aus HEIN und NIEMANN [26].

uneinheitlich ist, verlieren hier deduktive Aussagen an Wert, so daß nur anhand der in Tab. 5 zusammengestellten gemessenen Daten eine grobe Richtung aufgezeigt werden kann.

Je saurer die Acylamidogruppe ist, um so höher wird k_1 (um so niedriger K_m); k_2 ist niedrig. Wenn die Wechselwirkung des Sauerstoffs der Acylamidogruppe mit dem β-Wasserstoff nur gering ist, sinkt k_2, aber auch die Stereospezifität tritt zurück, wie bei den Formamido-Verbindungen gefunden[26]. Je basischer die Gruppe wird, um so niedriger wird k_1 (um so höher K_m), während k_2 größer wird. Bei einer acidifizierenden Acylgruppe mit einem leicht polarisierbaren System wird, wie zu erwarten, K_m niedrig und k_2 hoch. Der Einfluß einer solvatophilen Gruppe hierin kann in dem Unterschied zwischen der Benzol- und der Nicotinyl-Verbindung (V, 7—10) erkannt werden. Interessant ist, daß bei der Nicotinylgruppe k_2 wieder von der Natur und Konzentration der Pufferbasen abhängt[28]. Bei der Ribonuclease-Reaktion, wo die solvatophile Gruppe eine wichtige Rolle spielt, wurde diese Beobachtung ebenfalls gemacht[3, 7].

Wird der Amidowasserstoff durch eine CH_3-Gruppe ersetzt (V, 11), fällt k_2 auf kaum meßbare Werte zurück. Ähnlich, wenn auch nicht so stark, sinkt k_2, wenn —NH— durch —CH_2— (V, 12) ersetzt wird. Es ist nicht überraschend, daß eine Acetylamido-Gruppe oder auch nur ein Hydroxyl in der β- statt der α-Stellung ebenfalls stereospezifische Effekte hervorruft[29].

2. In R_2 geht der wohl wichtigste Effekt von der β-CH_2-Gruppe aus, die in Wechselwirkung mit dem Carbonyl-Sauerstoff treten kann. Damit wird k_1 erhöht, aber auch die Stabilisierung des Zwischenzustandes begünstigt mit einem Einfluß auf k_{-1} und k_2. Da eine folgende Cyclohexylgruppe etwa die gleichen Konstanten aufweist wie eine Phenylgruppe (VI, 1, 2), kann bei den guten Substraten (Acylamidoverbindungen) die Acidität oder Aktivierung der beiden Wasserstoffe selbst keine entscheidende Rolle spielen. Daraus kann geschlossen werden, daß die Wirkung dieser Gruppe hauptsächlich von der Ausbildung (s. XXXIV) des leicht polarisierbaren Systems Estersauerstoff — Amido-Wasserstoff — Carbonyl-Sauerstoff — β-Wasserstoffe — Carbonylsauerstoff des Esters ausgeht. Dieses System scheint bei einer größeren und relativ steifen R_2-Gruppe gegen thermische Stöße mehr stabilisiert. So sinkt k_2 beim Ersatz des 6-Ringes durch eine Isopropylgruppe (Leucin VI, 8) um einen Faktor von 10 bei praktisch nicht verändertem K_m-Wert. Werden beide β-Wasserstoffe durch CH_3-Gruppen ersetzt (VI, 7), erfolgt keine Reaktion mehr. Wird nur ein Wasserstoff ersetzt durch eine CH_3-Gruppe (Valin, VI, 9), fällt k_2 gegenüber Leucin um eine weitere Zehnerpotenz zurück. Aber auch k_1 und damit K_m werden stark beeinträchtigt. Dieses kann dadurch erklärt werden, daß zunächst das leicht polarisierbare System unterbrochen ist und daß der verbleibende Wasserstoff statt mit dem Estercarbonyl-Sauerstoff nun mit dem Aminoacyl-Sauerstoff in Beziehung tritt. Die Effekte in VI, 10, 11 stützen diese Annahme. Zunächst sieht man, daß K_m über k_1 von R_3 mit seinem Einfluß auf die Elektrophilie am Carbonyl-Kohlenstoff abhängt. Weiter zeigt sich die Abhängigkeit von R_1, wenn bei herabgesetzter Nucleophilie am Acylamino-Sauerstoff der Wert für K_m wieder sinkt. Die gleichen Faktoren scheinen die Kinetik der Alaninverbindungen zu beherrschen (VI, 13—15).

Neben der β-Aktivierung ist noch eine weitere Aktivierungsmöglichkeit gegeben, die offensichtlich um so mehr in den Vordergrund tritt, je mehr die β-Aktivierung erschwert ist. Auch der Wasserstoff der Acylamidogruppe kann zum Sauerstoff des Estercarbonyls in Beziehung treten und so sehr hohe k_1-Werte (und entsprechend niedrige K_m-Werte) verursachen. Das ist besonders zu erwarten, wenn R_1 eine Benzoylgruppe ist (VI, 16, 17). Damit

Tabelle 6. $K_{m'}$- und $k_{2'}$-Werte für Substrate des Typs
$$R_2-\overset{\overset{\displaystyle NH-\overset{\overset{O}{\|}}{C}-R_{1'}}{|}}{CH}-\overset{\overset{O}{\|}}{C}-R_3$$

VI	R_2	$R_1{'}$	R_3	$K_{m'}{}^+$	k_2
1	$C_6H_{11}-CH_2-$	CH_3	NH_2	27	0,65
2	$C_6H_5-CH_2-$	CH_3	NH_2	31	0,80
3	$C_6H_5-CH_2-$	CH_3	OC_2H_5	1,1	2600
4	$HO-C_6H_4-CH_2-$	CH_3	OC_2H_5	0,7	2900
5	$\beta-(C_8H_6N)-CH_2-$ (Try)	CH_3	OC_2H_5	0,09	760
6	$C_6H_5-CH_2-$	CH_3	OCH_3	1,9	918
7	$C_6H_5-C(CH_3)_2-$	CH_3	OCH_3	—	—
8	$(CH_3)_2CH-CH_2-$ (Leu)	CH_3	OCH_3	2,9	67
9	$(CH_3)_2CH-$ (Val)	CH_3	OCH_3	117	2,26
10	$(CH_3)_2CH-$ (Val)	CH_3	$OCH(CH_3)_2$	177	1,22
11	$(CH_3)_2CH-$ (Val)	CH_3	OCH_2CH_2Cl	19	3,32
12	$(CH_3)_2CH-$ (Val)	C_6H_5	OCH_3	4,3	0,65
13	CH_3 (Ala)	CH_3	OCH_3	611	19
14	CH_3 (Ala)	C_6H_5 (L)	OCH_3	9,8	3,8
15	CH_3 (Ala)	C_6H_5 (D)	OCH_3	3,2	0,155
16	H	C_6H_5	OCH_3	2,55	8,98
17	H	CH_3	OCH_3	10	0,12
18	L—3 CDIC			11,3	2,42
19	D—3 CDIC			0,55	331

1—16, 18, 19 aus HEIN und NIEMANN[26], 17 aus WOLF und NIEMANN[30].

XXXVII

geht aber der katalytische Effekt dieser Gruppe auf k_{-1} und k_2 verloren, so daß neben niedrigen k_2-Werten auch ein Verlust der Stereospezifität resultiert (VI, 14, 15). Beide Mechanismen können nebeneinander auftreten.

Dieser Typ der Aktivierung scheint auch verantwortlich für die Umkehr der Stereospezifität beim 3-Carbomethoxydihydroisocarbostyril (3-CDIC, VI, 18, 19) zu sein, bei dem die D-Verbindung bevorzugt gespalten wird[23, 26]. Wenn die Reaktion in XXXVII in einer axialen Stellung der COOR-Gruppe stattfindet, ist die Stellung der CH_2-Wasserstoffe fixiert. Von ihnen wird nun im Zwischenzustand bei den D-Verbindungen der Sauerstoff des abzuspaltenden Alkohols, bei den L-Verbindungen der der Serinesterbindung, berührt. Dadurch entsteht wieder eine stereospezifische Katalyse, die jedoch offensichtlich nicht absolut ist (was gleiche K_m- und K_i-Werte erfordern würde).

3. R_3 wirkt sich nur auf den ersten Schritt der Reaktion aus. Die k_1-Werte werden von dem Einfluß auf die Elektrophilie am Carbonyl-Kohlenstoff bestimmt. So zeigen die K_m-Werte den erwarteten Anstieg zwischen der Nitrophenyl- und der $NHCH_3$-Gruppe (VII, 1—8). Die k_3-Werte fallen in der gleichen Richtung ab, was darauf hinweist, daß die Polarisierung der Bindung die wohl wesentliche Rolle spielt.

Tabelle 7. $K_{m'}$- und $k_{2'}$-Werte für Substrate mit $R_1 = NHCOCH_3$, $R_2 = CH_2-C_6H_4OH$ und R_3 wie angegeben

VII	R_3	$K_{m'}{}^+$	$k_{2'}{}^+$
1	—O—$C_6H_4NO_2$**	0,03	8400
2	—O—C_2H_5	0,7	2900
3	—O—CH_3	1,8	919
4	—NHOH	43	33
5	—$NHCH_2CONH_2$	23	7,3
6	—NH_2	32	2,4
7	—$NHNH_2$	30	1,1
8	—$NHCH_3$	61	

[1] Aus MARTIN et al.[31], 2—8 aus HEIN und NIEMANN[26].
** $R_1 = NHCOOCH_2C_6H_5$.

Eine Theorie zur Erklärung der unterschiedlichen Effekte, die die einzelnen Gruppen R_1, R_2 und R_3 auf die kinetischen Konstanten ausüben, wurde von HEIN und NIEMANN[23] auf der Basis einer Bindung dieser Gruppen an komplementären Orten der Enzymoberfläche versucht.

Aus der Analogie der Chymotrypsin-Reaktion mit der Ribonuclease-Reaktion wird auch die Reaktion der Serin-Gruppe mit Diisopropylfluorphosphat oder ähnlichen Verbindungen verständlich. In beiden Fällen greift eine durch eine Base aktivierte OH-Gruppe am Phosphor an, der ebenfalls aktiviert sein muß. Dies geschieht bei dem Diester XXXVIII durch eine Protonierung von seiten der Ribonuclease, beim Chymotrypsin ist der Phosphor durch ein Fluor in der Elektrophilie gesteigert (XXXIX). Auf dieses wird das Proton des Serin-Hydroxyls mit Hilfe des Imidazols übertragen. Nach Austausch des HF gegen H$_2$O erfolgt keine

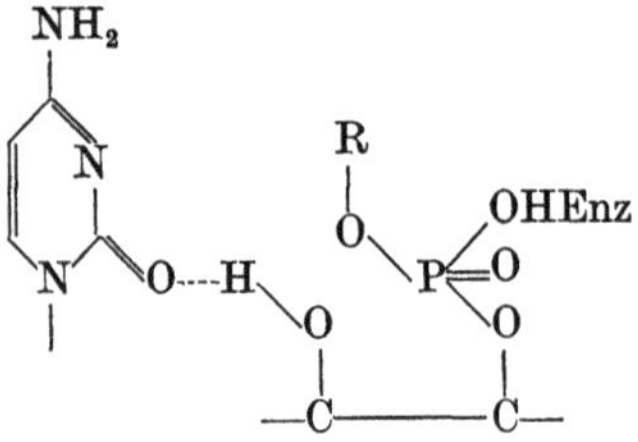

XXXVIII 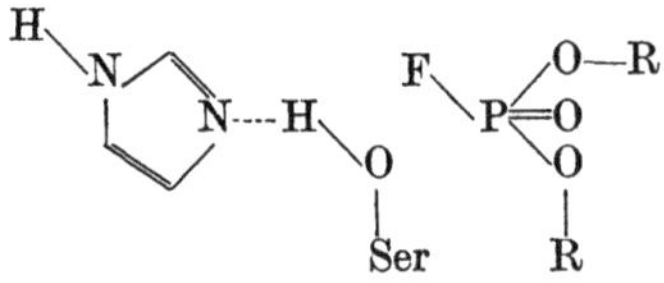   XXXIX

Hydrolyse, da jetzt die Elektrophilie am Phosphor stark herabgesetzt ist, das Enzym ist inaktiviert. An einer anderen Serin-Protease konnte jedoch BEHRENDS et al.[32] zeigen, daß nach vollständiger Inaktivierung eine langsame Hydrolyse auftritt, bei der ein Teil des Enzyms reaktiviert wird, während der andere Teil permanent inaktiviert bleibt. Dieser Teil enthält aber das Serinmonoisopropyl-phosphordiesteranion. Unter der Annahme einer stärkeren Aktivierung des Wassermoleküls bei dieser Protease kann aus XXXX und XXXXI erkannt werden, daß die Übertragung des Imidazol-gebundenen Protons sowohl auf den Serin-Sauerstoff als auch auf einen Isopropyl-Sauerstoff möglich ist. Im ersten Fall erfolgt eine Abspaltung des Phosphordiesters und Reaktivierung, im zweiten Fall Abspaltung eines Isopropylrestes. Das dabei entstehende Serin-Diesteranion ist am Phosphor nun zu gering elektrophil, um eine weitere Reaktion mit H$_2$O zu ermöglichen; das Enzym ist auf diesem Wege nicht mehr reaktivierbar.

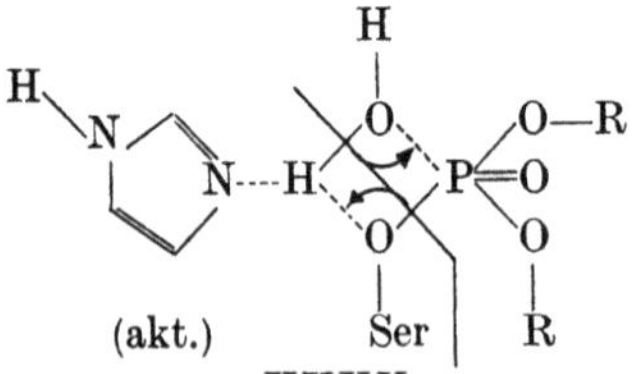

XXXX 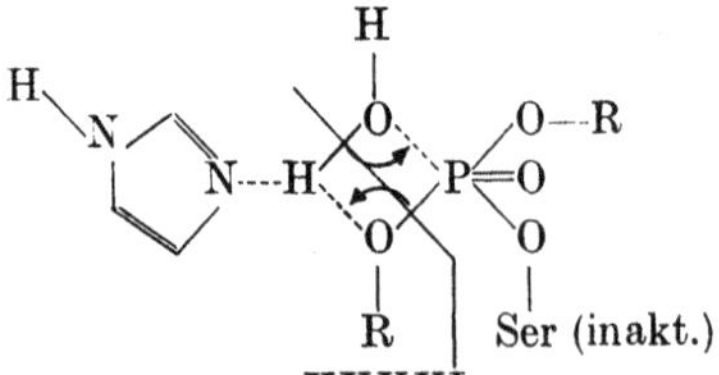   XXXXI

Diese Beobachtung, daß bei verschiedenen Serin-Proteasen die Aktivierung des Wassers unterschiedlich sein muß, wirft die Frage auf, ob auch die Nucleophilie des Serin-Hydroxyls unterschiedlich sein kann. Dann müssen Faktoren existieren, die die Polarisierbarkeit des Imidazols erhöhen. Das wäre möglich, wenn dessen Proton in Beziehung zu einem anderen leicht polarisierbaren System steht. Vielleicht kann aus der p_H-Abhängigkeit der Reaktion ein Anhaltspunkt gewonnen werden, da für den ersten Schritt, wenn eine Wasserstoffbrücke des Imidazols zum Serin besteht, ein pK-Wert von etwa 6,7 resultiert, für den zweiten Schritt aber, wenn das Imidazol ein Wassermolekül bindet, ein pK-Wert von etwa 7,4 (Referenzen s. in [22, 24] und [25]). Im Vergleich zum einfach hydratisierten Histidin liegt der letzte Wert relativ hoch. Rein spekulativ bleibt hier deshalb Raum für eine Beziehung des Imidazol-Wasserstoffs, z. B. zu einem Methionin-Schwefel. Diese Annahme könnte KOSHLANDs[33] Ergebnisse deuten, wonach mit der Photooxydation einer solchen Gruppe die Aktivität des Enzyms verloren geht.

Die zweite Möglichkeit, die Nucleophile der Seringruppe wirkungsvoll zu erhöhen, kann durch eine π-Wechselwirkung erfolgen, wie sie bei der Ribonuclease-Reaktion in der Dinucleosidphosphat-Serie gefunden wurde. Dann muß außer dem Imidazolsystem noch eine andere aromatische Gruppe für die Aktivität verantwortlich sein. Hier ist Raum für die Beteiligung eines Tryptophans[34], die aus mehreren Untersuchungen gefordert werden muß. Es ist auffällig, daß die Zerstörung dieses Tryptophans mit einem Absinken von k_2 einhergeht, nicht aber mit einer Veränderung von K_m[35]. Da bei den „spezifischen" Substraten aber K_m als k_2/k_1 angenommen werden muß, muß aus der Konstanz von K_m geschlossen werden, daß k_1 ebenfalls abgesunken ist. Damit entsteht wieder das bei der Ribonuclease ausführlich behandelte Problem, daß sowohl „Basizität" als auch „Acidität" sinken, was auf eine Verminderung in der Polarisierbarkeit des Systems schließen läßt.

Diese Argumentation ist nicht ganz stichhaltig, da jedes Absinken der Konzentration an aktivem Enzym mit einem Rückgang* von k_2 und k_1 verbunden sein muß, wobei K_m konstant bleibt. Dies geht auch aus der p_H-Abhängigkeit der Reaktion hervor. Wenn mit abnehmendem p_H-Wert und zunehmender Proto-

---

* Der Rückgang ist scheinbar, da die Konstanten aus der totalen, statt nur der aktiven Menge an Enzym berechnet sind.

nierung des Imidazols die Konzentration an aktivem Enzym sinkt, fällt k_2, K_m bleibt aber unverändert. Aus dieser Konstanz von K_m kann nicht geschlossen werden, daß „Bindung" durch p_H-unabhängige Gruppen am Enzym erfolgt.

Eine Berechtigung für die Annahme, daß beim Chymotrypsin eine zusätzliche Aktivierung stattfindet, ergibt sich auch aus dem Vergleich dieser Reaktion mit der des Trypsins. Obwohl weitgehend gesichert ist[22], daß der gleiche Mechanismus abläuft, zeigt dort das Serin trotz Aktivierung durch ein Imidazol eine wesentlich geringere Nucleophilie. Dadurch kommt es zu der viel langsameren Reaktion mit Diisopropyl-Fluorphosphat und dem weitgehenden Verlust an Aktivität gegenüber den Chymotrypsin-Substraten. Offensichtlich geht hier das Enzym einen anderen Weg, nämlich über eine vorgelagerte Bindung des Substrats (im Sinne eines echten Michaelis-Menten-Komplexes), was im Endeffekt einer Erhöhung der aktuellen Konzentration am Reaktionsort entspricht. Hierzu wird die positiv geladene Gruppe in ε-Stellung benötigt, so daß hier eine echte Bindungsspezifität besteht.

Die Übertragung des Mechanismus der Ribonuclease-Reaktion auf die Chymotrypsin-Reaktion wurde nur auf Grund der Identität der Problematik unternommen, wobei auf die Übereinstimmung mit den bisher bekannten Ergebnissen geachtet wurde. Sie enthält eine Reihe spekulativer Elemente, von denen die Annahme der Spezifität als substratbedingt jedoch durch die letzten Untersuchungen von BENDER[22] (s. auch 2. Vortrag) schon einen gewissen Untergrund besitzt.

Literaturverzeichnis

[1] BROWN, D. M., and A. R. TODD: J. Chem. Soc. **1952**, 52.
[2] BROWN, D. M., D. I. MAGRATH, A. H. NEILSON and A. R. TODD: Nature (Lond.) **177**, 1124 (1956).
[3] WITZEL, H.: Progr. in Nucleic Acid Research, Vol. II (1963), S. 221—258.
[4] BENDER, M. L.: J. Am. Chem. Soc. **73**, 1626 (1951).
[5] WITZEL, H.: Liebigs Ann. Chem. **635**, 182 (1960).
[6] WITZEL, H.: Liebigs Ann. Chem. **635**, 191 (1960).
[6a] HEPPEL, L. A., and P. R. WHITFELD: Biochem. J. **60**, 1 (1955); HEPPEL, L. A, P. R. WHITFELD and R. MARKHAM: Biochem. J. **60**, 8 (1955).
[7] WITZEL, H., and E. A. BARNARD: Biochem. Biophys. Res. Communs. **7**, 289 (1962).
[8] WITZEL, H.: Unveröffentlichte Ergebnisse.
[8a] WITZEL, H.: Fed. Proc. **21**, 243 (1962).

[9] JENCKS, W. P., and J. CARRIUOLO: J. Am. Chem. Soc. **82**, 1778 (1960).
[10] EDWARDS, J. E., and R. G. PEARSON: J. Am. Chem. Soc. **84**, 16 (1962).
[11] WITZEL, H., and E. A. BARNARD: Biochem. Biophys. Res. Communs. **7**, 295 (1962).
[12] SWAIN, C. G., and J. F. BROWN: J. Am. Chem. Soc. **74**, 2538 (1952).
[13] HERRIES, D. G.: Biochem. Res. Communs. **3**, 666 (1960); FINDLEY, D., D. G. HERRIES, A. P. MATHIAS, B. R. RABIN and C. A. ROSS: Nature (Lond.) **190**, 871 (1961); HERRIES, D. G., A. P. MATHIAS and B. R. RABIN: Biochem. J. **85**, 127 ff. (1962).
[14] LITT, M.: Biochim. Biophys. Acta **60**, 644 (1962).
[15] BARNARD, E. A., and W. D. STEIN: J. Mol. Biol. **1**, 339, 350 (1959).
[16] GUNDLACH, H. G., W. H. STEIN and S. MOORE: J. Biol. Chem. **234**, 1754 (1959).
[17] STEIN, W. H.: V. Intern. Congr. Biochem., 4th Symposium, Moskau 1961; s. a. CRESTFIELD. A. M., W. H. STEIN and S. MOORE: J. Biol. Chem. **238**, 2413, 2421 (1963).
[18] LAMDEN, M. P., A. P. MATHIAS and B. R. RABIN: Biochem. Biophys. Res. Communs. **8**, 209 (1962).
[19] STARK, G. R., W. H. STEIN and S. MOORE: J. Biol. Chem. **236**, 436 (1961).
[20] VITHAYATHIL, P. J., and F. M. RICHARDS: J. Biol. Chem. **235**, 2343 (1960).
[20a] NELSON, C. A., and J. P. HUMMEL: J. Biol. Chem. **237**, 1567 (1962); NELSON, C. A., J. P. HUMMEL, C. A. SWENSON and L. FRIEDMAN: J. Biol. Chem. **237**, 1575 (1962).
[21] BRUICE, T. C.: Proc. Natl. Acad. Sci. **47**, 1924 (1961).
[22] BENDER, M. L.: J. Am. Chem. Soc. **84**, 2582 (1962) und vorhergehende Arbeiten 2540, 2556, 2550, 2562, 2570 und 2577.
[23] HEIN, G. E., and C. NIEMANN: J. Am. Chem. Soc. **84**, 4487, 4495 (1962).
[24] NEURATH, H., and B. S. HARTLEY: J. Cell. Comp. Physiol. **54**, 179 (1959).
[25] STURTEVANT, J. M.: Symp. on Protein Structure and Function, Brookhaven (1960) p. 151.
[26] HEIN, G. E., and C. NIEMANN: Proc. Natl. Acad. Sci. **47**, 1341 (1961).
[27] DOHERTY, D. G.: J. Am. Chem. Soc. **77**, 4887 (1955).
[28] KERR, R. J., and C. NIEMANN: J. Am. Chem. Soc. **80**, 1549 (1958).
[29] COHEN, S. G., Y. SPINZAK and E. KHEDOURI: J. Am. Chem. Soc. **83**, 4225, 4228 (1961).
[30] WOLF, J. P., and C. NIEMANN: J. Am. Chem. Soc. **81**, 1012 (1959).
[31] MARTIN, C. G., J. GOLUBOW and A. E. AXELROD: J. Biol. Chem. **234**, 295 (1959).
[32] BEHRENDS, F., C. H. POSTHUMUS, I. VAN DER SLUYS and F. A. DEIERKAUF: Biochim. Biophys. Acta **34**, 576 (1959).
[33] RAY JR., W. G., and D. E. KOSHLAND JR.: Symposium on Protein Structure and Function, Brookhaven 1960 p. 135.
[34] WOOTTON, J. F., and G. P. HESS: J. Am. Chem. Soc. **84**, 440 (1962).
[35] VISWANATHA, T., and W. B. LAWSON: Arch. Biochem. Biophys. **93**, 128 (1961).

Diskussion

BALINSKI (London): Eine andere Methode, mit der man etwas über die Ribonuclease lernen kann, ist die Inkubation mit einem proteolytischen Enzym. Wir haben das proteolytische Enzym Ficin verwendet und haben gefunden, daß es die Ribonuclease nur bei erhöhten Temperaturen, d. h. 60° C, angreift. Wir konnten nach Inkubation mit Ficin ein aktives Fragment von der unveränderten Ribonuclease absondern — dieses Fragment hatte dieselbe spezifische Aktivität wie die ursprüngliche Ribonuclease. Die Aminosäureanalyse dieses Fragments zeigte, daß einige Aninosäurereste fehlten (Tabelle 1), und zwar einmal Asparaginsäure bzw. Asparagin, einmal

Tabelle 1. *Anzahl der Aminosäurereste nach Hydrolyse der Ribonuclease*

	A	B	C		A	B	C
Asp	15	16	14	Met	4	4	3,6
Thr	10	10	9,4	i-Leu	3	2,5	2
Ser	15	13,5	13,5	Leu	2	2,3	2
Glu	12	12,8	10,9	Tyr	6	5,6	5,5
Pro	4	4,3	4,3	Phe	3	3	2,7
Gly	3	4,3	4,3	Lys	10	10	10
Ala	12	12	10	His	4	4	4
Val	9	9	7	Arg	4	4	4
Cys	8	8	8				

A. Theoretisch (nach MOORE und STEIN).
B. Analyse der unveränderten Ribonuclease.
C. Analyse der Ribonuclease nach Inkubation mit Ficin.

Glutaminsäure bzw. Glutamin, zweimal Alanin und zweimal Valin. Drei neue N-terminale Aminosäurereste wurden nach der Inkubation mit Ficin gefunden, und zwar Alanin, Serin und Glycin. Es scheint, daß das Ficin die Ribonuclease an verschiedenen Stellen angreift, und wir können nicht mit Bestimmtheit sagen, wo die Aminosäurereste fehlen.

ZAHN: Vielen Dank für diesen experimentellen Beitrag. Ich glaube, wir schließen jetzt die Diskussion. Jetzt fängt eine ganz neue Gruppe von Vorträgen an, nämlich über Coenzyme.

Structure and Activity of Flavoproteins of the Respiratory Chain*

By

C. VEEGER

Laboratory of Physiological Chemistry, University of Amsterdam (The Netherlands)

With 7 Figures

In the past decade much information has been obtained from studies with purified flavoproteins of the respiratory chain. Although the isolated enzymes have very different properties, such as the nature of the prosthetic group, molecular weight, the presence or absence of non-heme iron, one of the striking properties they have in common is the ease with which they become modified to forms which are catalytically active with artificial dyes, but are different from the original particle-bound enzymes. It is, therefore, very difficult to be sure whether the isolated and purified enzyme is in the native form, especially when the activity is measured with artificial dyes, a method commonly used in the field of flavoproteins. It is, in most cases, impossible to use the natural acceptor with this type of enzymes, simply because the acceptor is not known.

This review will be devoted to three of the most important flavoproteins, viz. lipoamide dehydrogenase, NADH dehydrogenase and succinate dehydrogenase, flavoproteins which play a role in the respiratory chain.

A. Lipoamide dehydrogenase

In 1939 STRAUB[60] isolated a FAD-containing flavoprotein, which catalyses the oxidation of NADH by methylene blue[5]. SLATER[58] found that this reaction was rapid enough to account for the oxygen uptake of heart-muscle preparation oxidizing NADH

* (received, march 19th 1963.) Present address: *Department of Biochemistry, Agricultural University, Wageningen (The Netherlands).*

Table 1 (Ref. 63). *Influence of 1 atom of Cu^{2+} per mole of flavin on various reactions catalysed by lipoamide dehydrogenase*

Incubation time (min)	NADH → $K_3Fe(CN)_6$		NADH → $lipS_2$		NADH → $APAD^+$		$lip(SH)_2NH_2$ → NAD^+		NADH → DCIP	
	spec. act.	%	spec. act.	%	spec. act.	%	spec. act.	%	spec. act.	%
0	140	100	46	100	24	100	330	100	270	100
104	90	64	30	65	15	62	215	65	1420	525
363	84	60	23	50	12	50	167	50	2500	925
657	84	60	18.8	41	10.4	43	157	47	3400	1260
1510	89	63	14.7	32	10.4	43	157	47	6400	2360
2920	68	49	7.6	16.5	6.2	26	98	30	5900	2180
5780	53	38	4.3	9.5	4.6	19	60	18	6800	2520
11550	45	32	2.7	5.9	3.3	13.5	43	13	8250	3050
1830*	58	41	1.2	2.6	1.2	5.0	17	5.1	8550	3160

* After 1830 min the sample was incubated with 5 atoms of Cu^{2+}/mole FAD at 25° for 25 min.

and concluded that this enzyme was part of the NADH oxidase system of the respiratory chain. However, in 1958 MASSEY[40-44] found that the STRAUB diaphorase not only catalysed the reaction between NADH and dyes but also that between NADH and lipoic acid or lipoic derivatives:

$$lip(SH)_2R + NAD^+ \rightleftharpoons lip\,S_2R + NADH + H^+$$

and that the enzyme was part of the α-oxoglutarate dehydrogenase complex isolated by SANADI[52].

This conclusion has been confirmed by SEARLS and SANADI[53], but also has been challenged by ZIEGLER, GREEN and DOEG[68], who were unable to demonstrate lipoamide dehydrogenase activity in a preparation made according to the method of STRAUB. The lipoamide dehydrogenase activity was present in early stages of the isolation procedure, but disappeared during the further purification.

VEEGER and MASSEY showed that trace metals have a marked influence on the structural and catalytic properties of this enzyme[62, 63]. Incubation with small amounts of Cu^{2+} leads to a rapid inactivation of various reactions catalysed by lipoamide dehydrogenase. The results summarized in Table 1 clearly show that upon incubation with 1 atom of Cu^{2+} per mole of flavin the rate of reduction of lipoic acid (lip S_2) by NADH, the rate of the reverse reaction [*i. e.*, the reduction of NAD^+ by reduced lipoamide (lip(SH)$_2$NH$_2$)], as well as the rate of the transhydrogenase reaction [*i. e.*, the reduction of 3-acetylpyridine – adenine dinucleotide (APAD$^+$) by NADH] are inhibited almost completely. The rate of reduction of K$_3$Fe(CN)$_6$ by NADH is only partially inhibited. On the other hand the rate of reduction of 2,6-dichlorophenol-indophenol (DCIP) is strongly stimulated (about 32-fold). The original enzyme has only a very slight activity with DCIP. By this transformation the enzyme is converted from a lipoamide dehydrogenase into a classical diaphorase.

Further studies have shown that the effect of Cu^{2+} is irreversible. Catalytic amounts of copper are sufficient, indicating that a stoicheiometric binding of Cu^{+2} to the protein is not

Table 2 (Ref. *63*). *Estimation of the number of —SH groups in lipoamide dehydrogenase in native and Cu^{2+}-inactivated enzyme*

Time (min)	—SH groups/FAD native enzyme	—SH groups/FAD Cu^{2+}-enzyme	Δ—SH/FAD
3	2.2	1.8	0.4
5	2.4	1.9	0.5
15	2.7	2.0	0.7
23	3.0	2.1	0.9
60	3.7	2.3	1.4
120	4.4	2.6	1.8
180	5.0	2.8	2.2
300	5.5	3.2	2.3
380	5.6	3.3	2.3
1400	6.8	4.6	2.2

necessary. Other data suggest that more than one group is involved in this conversion. Titration with *p*-chloromercuribenzoate clearly demonstrated that the Cu^{2+}-treated enzyme contains 2-SH groups less than the native enzyme (see Table 2). Although the Boyer method[4] is certainly not valid in estimating the actual number of —SH groups in flavoproteins, because the flavin is split from the protein, leading to changes in the region of 250 mμ where the estimation is carried out, it is probably sufficiently reliable to detect differences between the native and the Cu^{2+}-treated enzyme.

In our opinion the inability of ZIEGLER et al.[68] to find lipoamide dehydrogenase activity in preparations of STRAUB diaphorase can be explained by this irreversible change caused by trace metals. The inactivation takes place during the dialysis step of the STRAUB procedure and can be prevented by soaking the dialysis tubing in EDTA followed by washing.

The modification by Cu^{2+} leads to a slight alteration in the absorption spectrum of the enzyme. The maximum of the flavin absorption in the visible part of the spectrum is at 455 mμ in the native enzyme. The spectrum also shows 2 shoulders, one at 430 mµ and the other at 475 mµ. In the Cu^{2+}-treated enzyme, the maximum is at 452 mµ, the shoulder at 430 mµ is scarcely visible while that at 475 mµ is less distinct (see Figs. 1 and 2). These

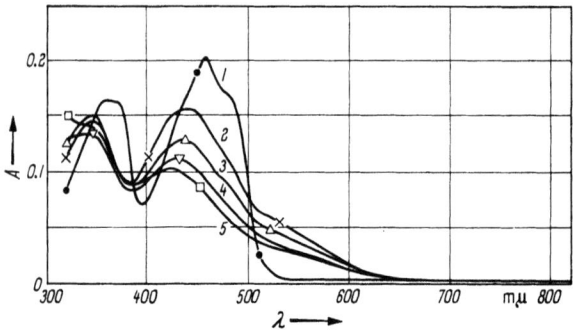

Fig. 1. Reduction of the Cu^{2+}-treated enzyme by lip$(SH)_2NH_2$ (19 moles/mole enzyme FAD) at the different stages of inactivation shown in Table 1. ● — ●, oxidized native enzyme; × — ×, native reduced enzyme; △ — △, reduced enzyme after 104-min incubation with Cu^{2+}; ▽ — ▽, reduced enzyme after 2920-min incubation with Cu^{2+}; □ — □, reduced enzyme after 11550-min incubation with Cu^{2+}. The spectra were recorded when the changes in absorbancy were constant (Ref. 63)

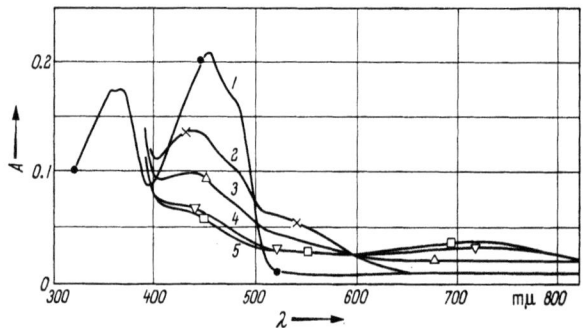

Fig. 2. The reduction of Cu^{2+}-treated enzyme with NADH. 10 moles NADH/mole enzyme FAD were added after reduction by lip $(SH)_2NH_2$ (NADH added in the absence of lip $(SH)_2NH_2$ gave the same spectrum). Same experiment as shown in Table 1 and Fig. 1. ● — ●, the oxidized Cu^{2+}-incubated enzyme after 11550 min; × — ×, reduced native enzyme; △ — △ reduced enzyme after 104-min incubation with Cu^{2+}; ▽ — ▽, reduced enzyme after 2920-min incubation with Cu^{2+}; □ — □, reduced enzyme after 11550-min incubation with Cu^{2+}. The spectra were recorded when the a changes in absorbancy were constant (Ref. 63)

changes in the spectrum after Cu^{2+} treatment may be due to a weakening of the bond between the flavin and the protein, causing a more polar environment near the flavin[16].

Lipoamide dehydrogenase is reduced by the addition of substrate [NADH or lip $(SH)_2NH_2$] with the uptake of 2 electrons. The flavin is reduced with one electron to a semiquinone which shows an increased absorption at wavelengths greater than 500 mμ and has a red colour. The second electron reduces a $-S-S$ bridge to a $-S\cdot$ radical and a $-SH$ group[45, 46]. This reduced form of the enzyme, which is the catalytically active intermediate of the overall reaction, is stable in the presence of a large excess of reducing equivalents, provided that a small amount of NAD^+ is present when NADH is the hydrogen donor. When no NAD^+ is present the enzyme takes up a total of 4 electrons and becomes fully reduced as in the case of reduction by $Na_2S_2O_4$, with the formation of fully reduced flavin ($FADH_2$) and 2 $-SH$ groups. In this form the enzyme is catalytically inactive. The reactions can be summarized in the following way:

$$FAD \text{ enz } S_2 + lip(SH)_2 \rightleftharpoons FAD \text{ enz}(SH)_2 + lip S_2 \quad (1)$$

$$FAD \text{ enz}(SH)_2 \rightleftharpoons FADH\cdot \text{ enz } S\cdot SH \quad (2)$$

$$FADH\cdot \text{ enz } S\cdot SH + NAD^+ \rightleftharpoons FADH\cdot \text{ enz } S\cdot S(NAD) + H^+ \quad (3)$$

$$FADH\cdot \text{ enz } S\cdot S(NAD) \rightleftharpoons FAD \text{ enz } SH \text{ } S(NAD) \quad (4)$$

$$FAD \text{ enz } SH \text{ } S(NAD) \rightleftharpoons FAD \text{ enz } S_2 + NADH \quad (5)$$

$$FADH\cdot \text{ enz } S\cdot SH + NADH + H^+ \rightleftharpoons FADH_2 \text{enz } (SH)_2 + NAD^+ \quad (6)$$

Reactions 1–5 are the individual reactions of the overall reaction:

$$lip(SH)_2 + NAD^+ \longrightarrow lipS_2 + NADH + H^+.$$

It is considered that the great stability of the red intermediate ($FADH\cdot$ enz $S\cdot SH$) is due to an interaction of the $FADH\cdot$ and $S\cdot$ radicals, possibly to the extent of formation of a weak covalent bond. This would be in keeping with the observed lack of a free-radical signal in ESR studies. Reaction 6 is the inhibitory side reaction leading to a total uptake of 4 electrons.

In the Cu^{2+}-modified enzyme, the semiquinone is initially produced, but is no longer stable. It can be seen from Figs. 1 and 2 that as the inactivation proceeds the flavin reduction (followed at 450 mμ) becomes greater by the uptake of another 2 electrons while the semiquinone band (500–650 mμ) gradually declines. When NADH is the electron donor, the disappearance of the semiquinone band is accompanied by an increased absorption above 600 mμ (maximum 700 mμ). This band which is dependent on the presence of NAD$^+$ belongs to a charge-transfer complex between FADH$_2$ and NAD$^+$.

The results obtained with the Cu^{2+}-modified enzyme show that the semiquinone obtained by reduction with substrate is no longer stable. In the native enzyme the equilibria of Reactions 2, 3 and 6 lie

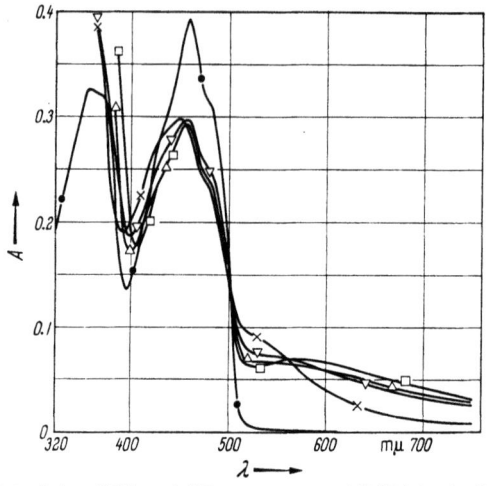

Fig. 3. The effect of the addition of different amounts of NAD$^+$ to the NADH-produced semiquinone of lipoamide dehydrogenase. The experiment was carried out in a volume of 3 ml in 0.05 M phosphate buffer (pH 7.6), 1 mM EDTA under anaerobic conditions. The spectra were recorded on a Cary Model-14 Recording Spectrophotometer 1 min after mixing with a scanning speed of 5 mμ/sec starting at 750 mμ. The reference cell contained water. The absorbancy is corrected for dilution caused by the various additions. The NAD$^+$ used was neutralized. ● — ●, 0.104 μmole oxidized enzyme; × — ×, semiquinone produced by 0.3 μmole NADH; ▽ — ▽, 1 μmole NAD$^+$ added to semiquione; △ — △, 2.5 μmoles NAD$^+$ added to semiquinone; □ — □, 10 μmoles NAD$^+$ added to semiquinone (Ref. 64)

strongly in the direction of FADH· enz S·SH. In the Cu^{2+}-treated enzyme the equilibria of Reactions 2 and 6 lie strongly in the other direction. In the native enzyme the semiquinone shows very little activity with DCIP as hydrogen acceptor. In the modified enzyme the fully reduced enzyme can react with this acceptor at a much greater rate.

The conclusion that copper treatment alters the position of these equilibria is supported by recent work. According to the reaction sequence given, one might expect a NAD$^+$-dependent intermediate in the reaction between the semiquinone and NAD$^+$

leading to oxidized enzyme and NADH (Reactions 3–5). This intermediate can be observed if NAD^+ is added to the NADH-produced semiquinone or if the enzyme is reduced by NADH in the presence of NAD^+ [64]. It has a green colour, and shows an increased absorption at wavelengths greater than 500 mμ. The shape of this

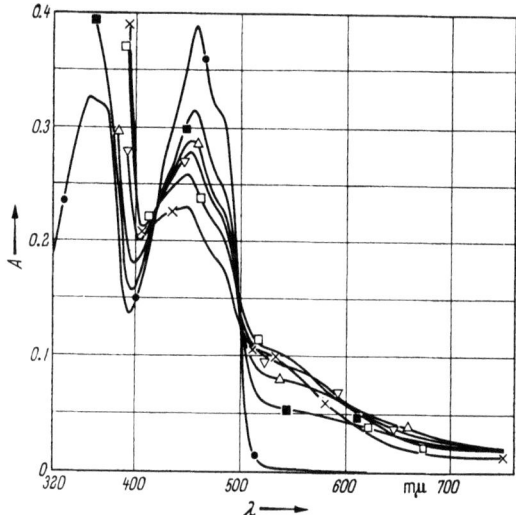

Fig. 4. The effect of the addition of different amounts of NADH to lipoamide dehydrogenase in the presence of 1 μmole NAD^+. Conditions were the same as described in Fig. 3. ● — ●, 0.104 μmole oxidized enzyme; ■ — ■, addition of 0.2 μmole NADH; △ — △, addition of 0.6 μmole NADH; ▽ — ▽, addition of 1 μmole NADH; □ — □, addition of 2 μmoles NADH; × — ×, a control experiment in which the enzyme was reduced without added NAD^+ by 2 μmoles NADH (Ref. 64)

band, with maximum at 565 mμ, differs from that of the semiquinone which has a shoulder at 530 mμ (Figs. 3 and 4). The formation of the NAD^+-dependent band is sufficiently fast for it to be considered an active intermediate in the overall reaction.

The further reduction of the semiquinone by NADH (Reaction 6) can be prevented in the native enzyme by a small amount of NAD^+. In the Cu^{2+}-modified enzyme this is impossible, while also no evidence can be obtained for the existence of the green 565 mμ intermediate in the presence of a large excess of NAD^+.

Summary: Lipoamide dehydrogenase can be modified by Cu^{2+} in catalytic amounts. The modified enzyme contains 2 –SH groups less, while the binding of the flavin to the protein has changed. The modified enzyme does not catalyse the physiological reaction, but catalyses the reduction of dyes at greatly increased rates. Similarly, the modified enzyme cannot form the intermediates necessary for the physiological reaction, but it does form intermediates which are inactive in the physiological reactions but active in the reaction with dyes.

B. NADH dehydrogenase

The question of the identity of the primary dehydrogenase responsible for the oxidation of NADH in mitochondria was re-opened by MASSEY[43] when he demonstrated that the STRAUB diaphorase was identical with lipoamide dehydrogenase whose function is to form rather than to oxidize NADH. MASSEY[42] also showed, in agreement with the views expressed earlier by SLATER[59], that there was no foundation for the suggestion that diaphorase was a degraded form of NADH-cytochrome c oxidoreductase[35]. MASSEY showed that both enzymes could be obtained in normal yields by differential extraction of heart particles.

This brought to the fore again the possibility that the NADH : cytochrome c oxidoreductase, isolated by MAHLER in 1952[35], was responsible for the oxidation of NADH in the respiratory chain. On the other hand, TSOU and WU[61] had shown in 1956 that this enzyme could be extracted from heart-muscle particles previously treated with BAL to inactivate the NADH : cytochrome c oxidoreductase activity of the particles. They concluded that the isolated enzyme was different from that originally present in the particles, the NADH : cytochrome c oxidoreductase activity being created during the extraction with acid ethanol.

The views of TSOU and WU seemed not to be supported by work by KING and coworkers[26, 27, 33]. KING and HOWARD digested heart-muscle preparation with snake venom at 37° and purified an enzyme which catalyses the oxidation of NADH by a number of artificial acceptors such as soluble cytochrome c, 2,6-dichlorophenolindophenol, $K_3Fe(CN)_6$ and menadione. This enzyme resembles, in respect of electron-acceptor specificity, inhibition of cytochrome c reductase activity by phosphate, instability in air (see also ref. 10), MAHLER's enzyme. Nevertheless, KING et al. believed, on the basis of the behaviour to various inhibitors and the fact that the prosthetic groups of the enzymes appear to be different that the two enzymes are distinct. KING et al. found that their enzyme contained FMN (1 mole FMN and 3.6 atoms Fe per 120,000 g protein), while the flavin of the MAHLER enzyme had been found to be a dinucleotide. However, MACKLER[34] using essentially the same procedure as that of MAHLER has isolated from ETP[6] a NADH : cytochrome c oxidoreductase with very similar although not identical properties (it contains 2 atoms of Fe instead of 4) with FMN as prosthetic group[18]. The apoprotein can only be reactivated by FMN, not by FAD.

SINGER and coworkers[51, 48], using the ETP preparation of CRANE et al.[6] as starting material, obtained by digestion at 30° with cobra venom an enzyme with completely different properties from that of KING et al.[33]. It has a very low activity with cytochrome c as hydrogen acceptor, while the activity with $K_3Fe(CN)_6$ is very high. Complete details of the purification procedure have not yet been published. The purified enzyme contains 1 mole of flavin and 16 atoms of non-heme iron per 10^6 g protein[47]. 22—28% of the flavin in filtrates of the boiled enzyme was found to be FAD, 42—49% FMN and 18—25% riboflavin. Since an amount of AMP equal to the sum of the amounts of FMN and riboflavin was also present, it was concluded that the flavin in NADH dehydrogenase is FAD, and that the prosthetic group is destroyed by harsh treatments such as the acid-ethanol extraction used in the procedure of MAHLER[35], a suggestion made earlier by ZIEGLER[68], or by boiling as used in the flavin determination.

Table 3 (Ref. 20). *Activation energies for the conversion of NADH dehydrogenase into NADH-cytochrome c oxidoreductase under different conditions*

pH	Activation energy			
	-ethanol	+ 10% ethanol		
4.8	58,000	70,500		
7.6	97,000	85,250*	63,250**	
9.5	63,500	65,250*	53,500**	

* Temperatures lower than the break in the line.
** Temperatures higher than the break in the line.

That NADH dehydrogenase can be transformed into NADH : cytochrome c oxidoreductase seems to be supported by recent work reported simultaneously by three different laboratories[19, 32, 57, 67]. However, there are still many questions to be answered. When the enzyme is isolated after digestion at 30° it shows very little

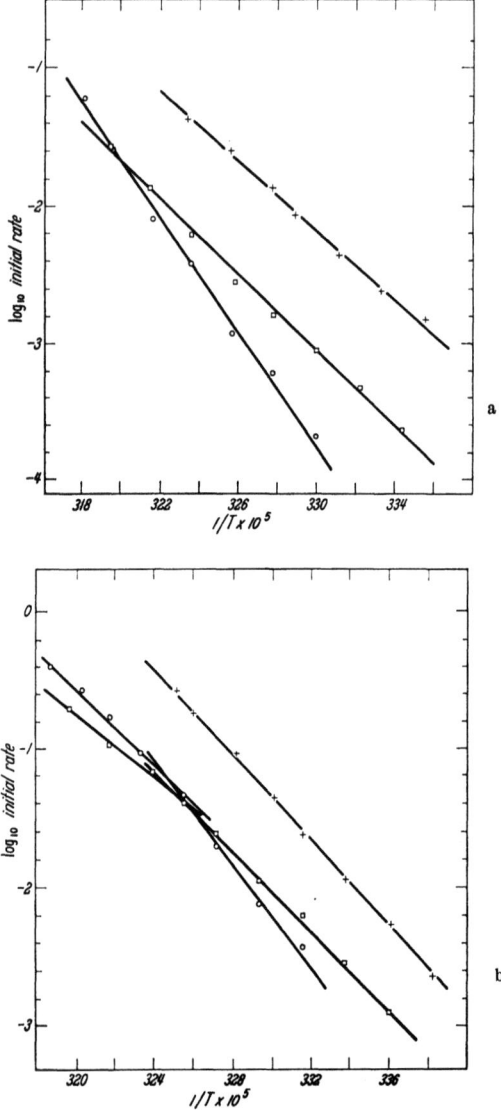

Fig. 5a and b. Arrhenius plots for emergence of activity with ferricytochrome c in the absence *(left)* and the presence *(right)* of 10% ethanol. The time of incubation necessary for measurement of the initial velocity of the emergence of activity with cytochrome c was dependent on the conditions of transformation, *e. g.* temperature, pH and presence or absence of ethanol. The initial rate of transformation is expressed as amount of cytochrome c reductase (as μmoles NADH oxidized/min/mg protein) formed per min. + — +, pH 4.8; ○ — ○, pH 7.6; □ — □, pH 9.5 (Ref. 20)

activity with cytochrome c. When this enzyme is incubated at temperatures higher than 30° the activity with $K_3Fe(CN)_6$ drops markedly while the activity with cytochrome c increases significantly. KING and HOWARD [32] and KANIUGA and VEEGER [19] concluded that temperature is the main factor in this transformation process since very little conversion occurs at 30°, but a rapid conversion occurs at 37°.

Recent work of KANIUGA [20] has shown that the transformation has a very high energy of activation (Figs. 5a and 5b). Table 3 gives the activation energies found by KANIUGA under different conditions. The high value for the activation energy for the conversion of the enzyme devoid of cytochrome c reductase activity into an enzyme with cytochrome c reductase activity strongly indicates that this transformation is not simply a rupture of hydrogen bonds, but rather a heat denaturation of the whole protein. The data are in agreement with the observations of the SINGER group [57, 67] who found a pronounced decrease in molecular weight and loss of non-heme iron after treatment at 42°. Other properties of the enzyme also change such as sensitivity towards mercurials and pyrophosphate. KANIUGA [20] also confirmed the observation by the SINGER group [57, 67] that proteolysis increases the cytochrome c reductase activity, even at 20°. After 4 hours digestion with trypsin 70% of the activity with ferricyanide was destroyed, while the activity with cytochrome c was increased 20-fold.

This latter observation deserves some comment. The results obtained by the different groups of workers undoubtedly show that enzyme isolated by SINGER is in a more native state than that isolated by KING or MAHLER. However, a clear-cut identification of this enzyme with the respiratory-chain NADH dehydrogenase must await the demonstration that it can react with next member of the respiratory chain or can reactivate the respiration of particles made devoid of NADH dehydrogenase.

The problem which remains is: what is the nature of the NADH : cytochrome c oxidoreductase of MAHLER ? Is it an isolation artefact or is it the active flavoprotein of a complex isolated by SINGER ?

It has been suggested by MINAKAMI et al. [47] that the FAD in the intact NADH dehydrogenase is attached by multiple bonds to the protein including relatively strong bonds involving the two phosphate groups, in such a way that denaturation or unfolding would result in a partial cleavage of the pyrophosphate linkage. This sounds reasonable for denaturation at temperatures above 30°, but it does not account for two findings:

1. The FAD found upon denaturation by boiling as used in the flavin assay. According to the very high activation energy for the transformation, all the FAD should be converted into FMN and riboflavin.

2. The production of cytochrome c reductase under the influence of proteolytic enzymes at temperatures where no conversion at all can be observed in the absence of proteolytic enzymes. Since HUENNEKENS et al.[18] showed the specific reactivation by FMN and not by FAD of the preparation of cytochrome c reductase apoprotein, observations which have been confirmed by the SINGER group[67], it might be expected that the product obtained after proteolytic digestion would also contain FMN as prosthetic group. This brings forward an additional question: why does not FAD reactivate the cytochrome c reductase apoprotein, if it is derived from a FAD-containing protein?

Another explanation has been suggested by KANIUGA[20]: "it is possible that the physical changes in the complex of the SINGER enzyme results in the liberation of a protein with a smaller molecular weight, without any or with very little configurational alterations within the smaller molecule. When liberated from the complex, the enzyme molecule can react with ferricytochrome c, phosphate, p-chloromercuribenzoate, but these compounds are inaccessible to the enzyme bound in the complex. In this case, MAHLER's enzyme would be a component of the NADH dehydrogenase complex". The cytochrome c reductase in the complex will contain FMN as prosthetic group. This brings forward the question: what is the source of the FAD in the SINGER enzyme? Is it possible that the SINGER complex contains more than one flavoprotein?

Summary: The NADH dehydrogenase isolated by SINGER, which shows very little cytochrome c reductase activity by itself, can be converted at temperatures above 30° into an active cytochrome c reductase. It cannot be decided yet whether the cytochrome c reductase is an artefact or is an active constitutent of the NADH dehydrogenase complex.

C. Succinate dehydrogenase

The first step in the oxidation of succinate is a hydrogen transfer catalysed by the flavoprotein succinate dehydrogenase. The enzyme was isolated simultaneously by two groups of workers[54, 65]. SINGER and coworkers[54] isolated the enzyme in a very high state of purity from an acetone powder of beef-heart mitochondria and studied many of its properties[14, 15, 21, 22, 36, 37].

WANG, TSOU and WANG[65] used a cytochrome c-deficient pig-heart preparation as starting material. After pre-incubation with succinate and cyanide, the preparation was extracted by butanol (cf. MORTON, ref. 48a). They purified the enzyme in 3 additional steps to a state with a higher specific activity than the enzyme isolated by SINGER et al. Later it was shown by KEARNEY[21] that the activity of the purified SINGER enzyme could be increased 2–3 fold by incubation in the presence of succinate or malonate. It was also reported that incubation with malonate is accompanied by characteristic changes in the absorption spectrum of the enzyme, the difference spectrum showing an increase in absorption at 350–400 mμ and 460–520 mμ (maximum 505 mμ, with a 9% increase in absorption) and a decrease of absorption at wavelengths higher than 520 mμ. These spectral changes were interpreted by KEARNEY as due to changes in the protein configuration upon conversion of the enzyme from a less to a more active form.

Both groups of workers agreed on the presence of non-heme iron in the enzyme. WANG et al. found 4 gram atoms of iron for every 140,000–160,000 grams of protein, while SINGER et al. obtained 2 types of preparations with 4 atoms per 200,000 grams and 2 atoms per 200,000 grams of protein respectively, the latter having a much lower activity. It was first found by WANG et al.[66] that the prosthetic group of the pig-heart enzyme was a flavin covalently bound to the protein, a result confirmed later by KEARNEY[22] with the beef-heart enzyme.

KEILIN and KING[23, 24, 25] were able to restore the rate of oxidation of succinate by a succinate dehydrogenase-deficient heart-muscle preparation by adding the soluble purified succinate dehydrogenase made by a modification of the method of WANG. Before isolating the enzyme the heart-muscle preparation was pre-incubated with succinate without cyanide. When cyanide was used the succinate dehydrogenase was unable to reactivate the succinate dehydrogenase-deficient preparation. The added soluble enzyme became an integral part of the particle and the reconstituted preparation had the same sensitivity to respiratory inhibitors as the original preparation. Though the purified soluble enzyme is very unstable, the re-incorporated enzyme was as stable as the original particle-bound enzyme.

KING[29] showed that storage of the isolated enzyme either in air or *in vacuo* leads to a much more rapid loss of the reconstitution activity, that is the restoration of the activity of succinate dehydrogenase-deficient heart particles, than of the activity with the artificial acceptor phenazine methosulphate. KING also observed that the SINGER enzyme was inactive in these reconstitution experiments. This has led to a discussion whether the SINGER enzyme was in a native state or not. SINGER suggested[28] that the preparation of his enzyme used by KING in his reconstitution experiments had been inactivated during the isolation. KING showed, however, that a preparation active in reconstitution experiments can be obtained by SINGER's procedure when the enzyme is extracted from particles after prior incubation with succinate, NADH or $Na_2S_2O_4$, and this has been recently confirmed by SINGER and coworkers[56]. They obtained a 32% reactivation of the succinate oxidase activity on adding succinate dehydrogenase to particles made deficient in succinate dehydrogenase by alkali treatment. They found no difference in flavin content before and after this alkali treatment, while after addition of purified succinate dehydrogenase there was a 20–25% increase in the amount of bound flavin. For this reason, they interpret the results in terms of a reactivation of succinate dehydrogenase which is reversibly inactivated by the alkali treatment of the heart-muscle preparation, but which is still bound to the particle. KEILIN and KING[25] believed that the alkali treatment actually extracted the dehydrogenase from the particles.

It may be true that, under the conditions of the alkali inactivation, the inactivated succinate dehydrogenase does not dissociate from the particles. However, the 20–25% increase in flavin content of the particles, which is of the same order of magnitude as the restoration of the oxidase activity, is not in disagreement with the postulation of KEILIN and KING[25] that the restoration of the oxidase activity is due to the binding of added succinate dehydrogenase. Another possibility which has not yet been ruled out is that the reactivation may be due to a labile factor, which is only extractable in the presence of a reducing agent.

In our laboratory the restoration of the succinate oxidase activity has not given any difficulties. Since 1958, we have been working with KEILIN and KING's[25] modification of the WANG procedure, which yields a 50–75% pure preparation within 5 hours after extracting the enzyme from the particles.

Several laboratories[54, 65] have reported only a slight decrease (18–20%) in light absorption in the flavin region (450–460 mμ) when the enzyme is reduced by a large excess of succinate. In the presence of $Na_2S_2O_4$ the decrease is much greater (80%). Although this slight decrease recalls the formation of a flavin semiquinone upon reduction with succinate, no increase in absorption at wavelengths above 500 mμ, as in the case of lipoamide dehydrogenase[45, 46], can be observed, but the presence of non-heme iron in the enzyme may be a complicating factor. The problem also remains of the fate of the second reducing equivalent of the succinate. Chemical determinations by MASSEY[38, 39] of the oxidation state of the bound iron has not given clear evidence that the iron undergoes reduction during the operation of the enzyme. Another method of approach is the determination by Electron Spin Resonance (ESR) spectroscopy of the amount of free radicals and the groups which take up the electrons. However, the absence of a signal in the ESR spectrum does not necessarily indicate the absence of free radicals. In the case of lipoamide dehydrogenase, where all the data strongly indicate the presence of a flavin semiquinone, no evidence for the presence of a radical by the ESR technique can be obtained.

One of the properties reported for succinate dehydrogenase which came to our attention is the statement of KEARNEY[21] that activation with succinate and malonate is accompanied by structural changes in the protein. Since we used succinate-incubated particles as starting material our preparation of soluble succinate dehydrogenase was not further activated by incubation with succinate. In our laboratory, DERVARTANIAN[7, 8] obtained, on addition of malonate to the oxidized enzyme, the same type of spectral changes as found by KEARNEY[21], i. e. a decrease in absorption at 400–470 mμ (minimum 450 mμ) and an increase at 480 to 540 mμ, with a maximum at 510 mμ, corresponding to a 12% increase over the original absorption level at 510 mμ. We were unable to find the decrease in absorbancy at wavelengths higher than 540 mμ reported by KEARNEY. Fumarate, which is also a competitive inhibitor of succinate dehydrogenase, gave the same difference spectrum. This prompted us to think that these spectral changes could be due to the formation of an enzyme-inhibitor complex. The dissociation constant (K_i), calculated on the basis of this assumption, was found to be 5×10^{-5} M, in good agreement with the values obtained from kinetic data, viz. 4.5×10^{-5} M[25] and 2.5×10^{-5} M[55]. It should be noted that DERVARTANIAN's value is considerably higher than that of KEARNEY[21], who found an activation constant of 7.2×10^{-6} M.

Table 4 (Ref. 8). *Comparison of the results obtained with different compounds on the formation of the spectrally observable enzyme-inhibitor complexes*

Group	Inhibitor (0.1 M)	K_i	spectral response
I	Malonate	45 μM	Decrease in absorption, 400—470 mμ (minimum 450 mμ)
	Fumarate	0.8 mM	
	Itaconate	1.8 mM	Increase in absorption, 480—540 mμ (maximum 510 mμ)
	Maleate	3.5 mM	
	Acetoacetate	40 mM	
II	Oxaloacetate	1.5 μM	Greater decrease in absorption, 400 to 480 mμ (minimum 460 mμ)
	L-malate (0.17 M)	35 mM	Greater increase in absorption, 500 to 700 mμ (maximum ~600 mμ)
III	Pyrophosphate (0.03 M)	0.23 mM	None
IV	Other compounds which give no spectral response: (including K_i, if any)		
	Alloxan	30 mM	3-hydroxybutyrate	None
	L-aspartate	280 mM	α-oxoglutarate	70 mM
	Crotonate	None	α-oxobutyrate	150 mM
	Diacetyl	380 mM	Pyruvate	130 mM
	L-glutamate	350 mM	Succinimide	260 mM
	Glutarate	40 mM	L-tartrate	170 mM

Tables 4 and 5 and Fig. 6 give a summary of the results obtained with other compounds. The compounds tested fall into

4 different groups. The first group gives a positive response in the spectrum similar to the results obtained with malonate and fumarate. These compounds are all competitive inhibitors of succinate dehydrogenase.

Group II consists of oxaloacetate and L-malate, also competitive inhibitors. The decrease in absorption in the region 400–500 mµ (minimum 460 mµ) is much greater than in Group I, and is accompanied by an increase in absorption at 500 to 700 mµ. Pyrophosphate in Group III is a strong competitive inhibitor but does not have any effect on the absorption spectrum of the oxidized enzyme.

Table 5 (Ref. 8). *Comparison of the dissociation constants for the enzyme-inhibitor complex obtained by the spectral method with the kinetic values*

Inhibitor	K_i (mM)	
	spectral	kinetic
malonate	0.045	0.025—0.045
fumarate	1.2	0.8
itaconate	6.3	1.8
maleate	7.0	3.5
acetoacetate	80	40

Group IV consists of structurally related compounds which have little if any inhibitory effect on the enzyme and have no effect on the spectrum. Table 5 gives the results obtained for the dissociation constants of the complexes, obtained by spectral titration, compared with the inhibition constants determined by the kinetic method. It is clear from these data that competitive inhibitors of succinate dehydrogenase structurally related to succinate give a change in the spectrum of oxidized succinate dehydrogenase. Since the dissociation constants obtained for the complexes are very close to the kinetically obtained values for the inhibition constants for the inhibitors, it is concluded that the bands formed belong to the enzyme-inhibitor complexes.

As can be seen in Fig. 6 oxaloacetate and L-malate give an increase in absorbancy at wavelengths above 500 mµ. This is very similar to the spectral changes obtained with lipoamide dehydrogenase in the presence of reducing agents, suggesting the possibility that the band belongs to a flavin semiquinone, formed by transfer of 1 electron from the inhibitor to the enzyme, although it should be noted that the situation is essentially different from lipoamide dehydrogenase where semiquinone formation involves a two-electron transfer. In order to test this hypothesis the ESR-spectroscopy technique was used. Since very recently an extensive review on the application of the ESR technique to flavoproteins and other biological material has appeared[3], technical details may be largely omitted[9].

BEINERT and SANDS[1] were the first to study the reduction of different preparations of succinate dehydrogenase by succinate and $Na_2S_2O_4$ by means of ESR spectroscopy at liquid-nitrogen temperature. With succinate they observed 3 signals – two

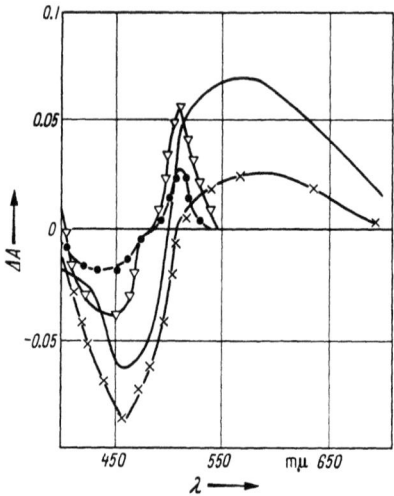

Fig. 6. Difference spectra of succinate dehydrogenase with different competitive inhibitors. Enzyme concentration 6 mg/ml, inhibitor concentration 0.1 M in 0.1 M Phosphate pH 7.6 and 1 mM EDTA. The spectra were recorded on a Cary Model-14 Recording Spectrophotometer 30 seconds after mixing with a scanning speed of 5 mμ/sec starting 750 mμ. The reference cell contained all the reagents without enzyme. The absorbancy differences are corrected for dilution. ● — ●, acetoacetate; ▽ — ▽, fumarate and malonate; × — ×, L-malate; ———, oxaloacetate (Ref. 8)

superimposed on each other at $g = 2.00$ and one at $g = 1.94$. One signal at $g = 2.00$ can be attributed to an organic radical, presumably a flavin semiquinone. The nature of the other signals were not clear, but they were attributed to the reduction and a change in ligand field of the non-heme iron present in the preparation[2], and probably belonged to two orientations (parallel and perpendicular) of the symmetry axes of the crystal field in the magnetic field. This hypothesis was supported by later work with metalloflavoproteins[3, 50], all the data making it likely but not proving that an iron complex is responsible for the signal. HOLLOCHER and

Commoner[17] also reported that oxidized succinate dehydrogenase isolated by the SINGER method does not show an ESR signal. With succinate at 5–46° C. only a signal at g = 2.005 was observed (presumably belonging to the flavin semiquinone). There was no evidence for the other signals observed by BEINERT and SANDS, but it has been shown[3] that the signals at g = 1.94 and g = 2.01 decline when the temperature increases. They did not do measurements at liquid N_2 temperature, which is rather a pity, since it has been suggested by KING[31] that the inactivity of the SINGER enzyme in reconstitution experiments may be reflected in different ESR characteristics.

KING and coworkers[30] found upon reduction by succinate of succinate dehydrogenase prepared by the method of KEILIN and King[25] at liquid-nitrogen temperature the same type of signal as obtained by BEINERT[1, 2], viz. signals at g = 1.94, g = 2.00 and g = 2.01, and showed that the ratio g = 1.94/g = 201 is constant under many conditions, suggesting that these two signals belong to the same entity. KING also found that the freshly prepared oxidized enzyme showed the same three signals. The signals at g = 1.94 and g = 2.01 declined upon aging with or without succinate at 0° in air, while the g = 2.00 signal slightly increased. Nevertheless the rate of decay of the signals was slower than the rate of inactivation of the reconstitution capacity. At room temperature KING found a signal very similar to that of HOLLOCHER and COMMONER.

DERVARTANIAN has studied the ESR spectrum of succinate dehydrogenase in cooperation with Dr. J. D. W. VAN VOORST of the Physical Chemical Department of the University of Amsterdam[9]. To prevent denaturation of the enzyme prior to ESR studies the enzyme and reactant were brought in separate side arms in the ESR cuvets in an atmosphere freed from oxygen by several washings with O_2-free N_2 and stored at 0°. The oxidized enzyme did not show any signal even when tested within 5 hours after starting the preparation. Upon reduction with succinate, at liquid-nitrogen temperature 3 signals were obtained at g = 1.94, g = 2.00 and g = 2.01, the same signals as found by KING et al. with this enzyme, but we found different intensity ratio's. The ratio g = 1.94/g = 2.00 found by KING et al. is 2.0–4.8 at concentrations of succinate up to 5.8×10^{-2} M. As can be seen in Table 6, Experiment

A, this ratio was about 0.37—0.43 in our experiments. The ratio $g = 1.94/g = 2.01$ in our experiments was similar to that reported by KING et al. (2.2—2.5). Thus, the signal at $g = 2.00$ is relatively much higher in our experiments, indicating a much greater concentration of organic radical in comparison to the other species. The small band width (ΔH maximum slope $= 12$ gauss) suggests that the organic radical is the flavin semiquinone. As can be seen in Table 6, the signal at $g = 2.00$ is quite stable during anaerobic incubation at room temperature, while the signals at $g = 1.94$ and $g = 2.01$ slightly increase. On the other hand, KING and coworkers found that aerobic incubation for 2 hrs at 0°

Table 6 *(Ref. 9)*. *Influence of the presence of oxygen on the development of the ESR signals upon the addition of succinate to succinate dehydrogenase*

The spectra were recorded at liquid N_2 temperature. Enzyme concentration, 24 mg/ml; succinate, 10 mM. Experiment A was started under 4 cm N_2 pressure, after having evacuated the cuvet followed by the addition of O_2-free N_2 (about eight washings) the last step being an evacuation. The enzyme and substrate were in two separate side arms. After mixing enzyme and succinate the spectra were recorded at different times of aging at room temperature. After $2^1/_2$ hours the enzyme was gently shaken for 2 minutes, after which the spectrum was recorded. Air was then admitted and the enzyme gently shaken again for 2 min. The spectrum was immediately recorded.

In Experiment B the enzyme was kept under N_2 before mixing in the same way as in Experiment A. Air was admitted just before mixing, and the spectra recorded at several times of aging as in A. The results are given in band heights in arbitrary units. After registration the cuvets were brought back to room temperature. The purity of the enzyme was on a basis of specific activity about 65%.

	Table 6			
Experiment	Time at room temperture	$g = 2.01$	$g = 1.94$	$g = 2.00$
A	$2^1/_2$ min	41	94	254
	$2^1/_2$ hrs	49	110	254
	air admitted 2 min later	60	131	125
	4 hrs	62	135	135
	21 hrs	28	56	93
B	$2^1/_2$ min	47	97	111
	$4^1/_2$ min	48	110	76
	$9^1/_2$ min	51	123	53
	21 hrs	25	54	61

brought about a decay of the signals at $g = 1.94$ and $g = 2.01$ whereas the $g = 2.00$ signal slightly increased. Two explanations for the difference between our results and those of KING et al. are possible:

1. That our preparation is a denatured enzyme, which according to KING[31] might be expected to have a different ESR spectrum. This could be an explanation for the lack of signal in the oxidized enzyme and for the difference in ESR spectrum of the reduced enzyme. Since, however, we used succinate dehydrogenase isolated according to the KEILIN and KING method[25], it does not seem likely that our preparation was more denatured than that used by KING.

2. That the difference in results is due to a difference in conditions during the ESR measurements. It was found that although the ESR spectrum hardly changed during anaerobic incubation for $2^1/_2$ hours at room temperature, after 24 hours the signals at $g = 1.94$ and $g = 2.01$ slowly increased while the $g = 2.00$ signal decayed. KING et al. reported changes in the opposite direction, taking place at a much greater rate. But whereas KING aged his preparation in air, our results have been obtained in O_2-free N_2. Therefore, it was of interest to test the influence of O_2 on the ESR spectrum.

The results given in Table 6 and Fig. 7 show that the presence of oxygen has a striking effect. Upon the admission of oxygen, the amount of organic radical ($g = 2.00$) sharply

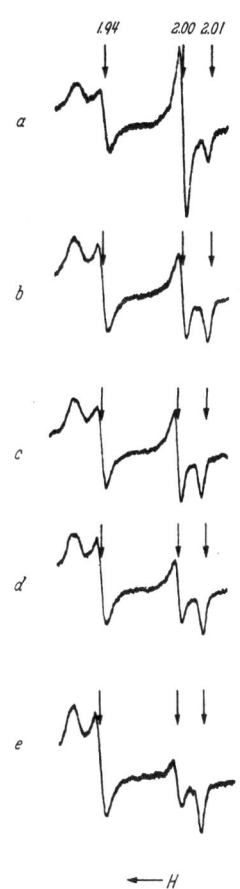

Fig. 7. ESR spectra of succinate dehydrogenase after reduction with succinate. The spectra are from the same experiment as given in Table 6. a Experiment A, spectrum at $2^1/_2$ hrs under N_2. b Experiment A, spectrum 2 min later after admission of air. c Experiment B, spectrum at $2^1/_2$ min. d Experiment B, spectrum at $4^1/_2$ min. e Experiment B, spectrum at $9^1/_2$ min. The amplification in Experiment B was 1.25 times that of Experiments A

declines, with a concomitant increase in the other signals ($g = 1.94$ and $g = 2.01$). When enzyme and succinate are mixed in the presence of air, the signal at $g = 2.00$ is initially 50% of the value under anaerobic conditions and drops further during 7 min incubation at room temperature to 20%. The ratio $g = 1.94/g = 2.00$ changes to 2.3. Upon the admission of air to the anaerobic cell, the same result is obtained as in the case of the aerobic experiment. It seems that O_2 promotes the conversion of the $g = 2.00$ radical into the species which gives the $g = 1.94$ and $g = 2.01$ signal. It is possible that the very slow conversion observed under anaerobic conditions is due to traces of O_2 present.

Although most of the differences between our results and those of KING can be explained if the latter recorded the spectra in the presence of oxygen, some differences remain.

1. We did not find the rapid decline of the signals at $g = 1.94$ and $g = 2.01$ in the presence of air as observed by KING. Under our conditions no decline of these signals could be observed up to a period of 4 hours aging at room temperature. Longer times of aging led to a decrease in intensity of all signals.

2. In contrast to the observations by KING et al. we did not observe any signal in the oxidized enzyme. In our opinion this difference must be explained as being due to traces of succinate present in the preparations of KING et al. This explanation is favoured by the finding that 4×10^{-5} M succinate is sufficient to induce the three ESR signals, although not in maximal strength. Storing the enzyme 24 hours under N_2 at $-15°$, which destroys the reconstitution activity, but not the activity with artificial acceptors, gives the same type of ESR signals as with freshly prepared enzyme, but only in the presence of succinate. These findings are indicative that the ESR signals which he found in the oxidized enzyme have very little to do with the reconstitution activity as has been proposed by KING[31].

The explanation for the O_2 dependancy of the ESR signals is not clear. Although succinate dehydrogenase is auto-oxidizable[54] the rate is so small (1/5000 of the rate with phenazine methosulphate) that, if the signals belong to a catalytically active intermediate which is oxidized by O_2, hardly any change in steady-state concentration of the flavin semiquinone can be expected.

Other workers [3, 11, 49] have obtained evidence that metalloflavoproteins can form H_2O_2 not by auto-oxidation of the flavin, but by an electron transfer proceeding via Fe. It has also been observed that the rate of cytochrome c reduction by these flavoproteins is inhibited if O_2 is absent. With succinate dehydrogenase the rate of reduction of cytochrome c is about 30% less under anaerobic conditions. Therefore it is possible to give the following explanation for the results obtained: Upon reacting with succinate the flavin is reduced by one electron to a flavin semiquinone (signal at $g = 2.00$), the other electron is transferred to the species responsible for the signals at $g = 1.94$ and $g = 2.01$, possibly an iron atom. The increase of the latter signals with the concomitant decay of the signal at $g = 2.00$ in the presence of O_2 indicates that the electron is transferred from the flavin semiquinone to an unreacted Fe atom. This may be due to

a) transfer via O_2 to an unreacted Fe atom,

b) combination of an unreacted Fe atom with O_2 followed by withdrawal of the electron from the semiquinone.

ESR studies with different competitive inhibitors have mainly resulted in negative results. The enzyme does not show any signal in the presence of oxaloacetate, malonate or fumarate. From these data it can be concluded that the observed spectral bands (Fig. 6) do not belong to a flavin semiquinone but are probably due to charge-transfer complexes between the oxidized enzyme and the inhibitor. However, this picture is oversimplified. L-malate which gives also a band in the spectrum upon combining with the enzyme does cause the appearance of the 3 ESR signals at $g = 1.94$, $g = 2.00$ and $g = 2.01$, but after standing 3 min at 20° the signals are abolished completely. It is interesting to note that the spectral band also comes to maximal development in 3 min. Although some reagent grades of L-malate contain at least 0.5% of succinate, the signals are probably not due to succinate present. Purification of the L-malate by chromatography until no succinate was demonstrable gives the same results. D-malate, on the other hand, gives the same ESR signals as succinate when added to succinate dehydrogenase, and shows the same aging phenomena. The spectral change with D-malate was similar to that found with succinate, but the decrease at 450 mμ was only about 80% of that obtained with succinate. The effects of malate on the ESR and the visible-absorption spectra were unexpected, in view of the fact that it has been reported that only derivatives of succinic acid which have the L-configuration such as L-methylsuccinate and L-chlorosuccinate are catalytically active, the D-configurations being competitive inhibitors[12, 13].

Summary: Evidence has been obtained that succinate dehydrogenase can form spectroscopically observable complexes with structurally related competitive inhibitors. The dissociation constants of the complexes are in good agreement with the kinetically obtained values for the enzyme-inhibitor complexes. No evidence could be obtained for free-radical formation in these complexes.

On the other hand evidence has been obtained from ESR studies that a flavin semiquinone is formed on addition of the succinate to the enzyme. The amount of flavin semiquinone decreases on the introduction of oxygen, while an increase can be observed in the amount of the species (probably iron), which is responsible for the new type of ERS signal observed by BEINERT. In contrast to data reported in the literature no evidence could be obtained for a free-radical signal in the oxidized enzyme.

Acknowledgements

The author is very grateful to Professor Dr. E. C. SLATER for encouragement and advice during the studies of these problems. He would like to thank Dr. V. MASSEY, Dr. Z. KANIUGA, Dr. J. D.W. VAN VOORST and Mr. D. V. DERVARTANIAN for their contributions in these investigations. Many of the ideas and results in this article come from the fruitful discussions with these colleagues. The technical assistance of Miss G. AMBROSIUS, Mr. H. HUISMAN and Mr. R. SITTERS is gratefully acknowledged. These investigations were subsidized in part by the Netherlands Organization for the Advancement of Pure Research (Z. W. O.)

References

[1] BEINERT, H., and R. H. SANDS: Biochem. biophys. Res. Commun. 3, 41 (1960).
[2] BEINERT, H., and W. LEE: Biochem. biophys. Res. Commun. 5, 40 (1961).
[3] BEINERT, H., W. HEINEN and G. PALMER: Brookhaven Symposia in Biology 15, 229 (1962).
[4] BOYER, P. D.: J. Amer. chem. Soc. 76, 4331 (1954).
[5] CORRAN, H. S., D. E. GREEN and F. B. STRAUB: Biochem. J. 33, 793 (1939).

[6] CRANE, F. L., J. L. GLENN and D. E. GREEN: Biochim. biophys. Acta 22, 475 (1956).
[7] DERVARTANIAN, D. V., and C. VEEGER: Biochem. J. 84, 65 P (1962).
[8] DERVARTANIAN, D. V., and C. VEEGER: to be published.
[9] DERVARTANIAN, D. V., C. VEEGER and J. D. W. VAN VOORST: to be published.
[10] DIXON, M., J. M. MAYNARD and P. F. W. MORROW: Nature (Lond.) 186, 1032 (1960).
[11] FRIDOVICH, I., and P. HANDLER: J. biol. Chem. 237, 916 (1962).
[12] GAWRON, O., A. J. GLAID III., T. P. FONDY and M. M. BECHTOLD: Nature (Lond.) 189, 1004 (1961).
[13] GAWRON, O., A. J. GLAID III., T. P. FONDY and M. M. BECHTOD: J. Amer. chem. Soc. 84, 3877 (1962).
[14] GIUDITTA, A., and T. P. SINGER: J. biol. Chem. 234, 662 (1959).
[15] GIUDITTA, A., and T. P. SINGER: J. biol. Chem. 234, 666 (1959).
[16] HARBURY, H. A., K. F. LA NOUE, P. A. LOACH and R. M. AMICK: Proc. nat. Acad. Sci. (Wash.) 45, 1708 (1959).
[17] HOLLOCHER, T. C., and B. COMMONER: Proc. nat. Acad. Sci. (Wash.) 47, 1355 (1961).
[18] HUENNEKENS, F. M., S. P. FELTON, N. A. RAO and B. MACKLER: J. biol. Chem. 236, PC 57 (1961).
[19] KANIUGA, Z., and C. VEEGER: Biochim. biophys. Acta 60, 435 (1962).
[20] KANIUGA, Z.: Biochim. biophys. Acta 73, 550 (1963).
[21] KEARNEY, E. B.: J. biol. Chem. 229, 363 (1957).
[22] KEARNEY, E. B.: J. biol. Chem. 235, 865 (1960).
[23] KEILIN, D., and T. E. KING: Nature (Lond.) 181, 1520 (1958).
[24] KEILIN, D., and T. E. KING: Biochem. J. 69, 32 P (1958).
[25] KEILIN, D., and T. E. KING: Proc. roy. Soc. B 152, 163 (1960).
[26] KING, T. E., and R. L. HOWARD: Biochim. biophys. Acta 37, 557 (1960).
[27] KING, T. E., R. L. HOWARD and D. WILSON: Symp. on Intracellular Respiration: Phosphorylating and Non-Phosphorylating Oxidation Reactions, Proc. Vth Intern. Congr. Biochem., Moscow, 1961, Vol. 5, p. 193. London: Pergamon Press.
[28] KING, T. E., and T. P. SINGER: Discussion in Symp. on Intracellular Respiration: Phosphorylating and Non-Phosphorylating Oxidation Reactions, Proc. Vth Intern. Congr. Biochem., Moscow, 1961, Vol. 5, p. 210—212. London: Pergamon Press 1963.
[29] KING, T. E.: Biochim. biophys. Acta 47, 430 (1961).
[30] KING, T. E., R. L. HOWARD and H. S. MASON: Biochem. biophys. Res. Commun. 5, 329 (1961).
[31] KING, T. E.: Biochim. biophys. Acta 59, 492 (1962).
[32] KING, T. E., and R. L. HOWARD: Biochim. biophys. Acta 59, 489 (1962).
[33] KING, T. E., and R. L. HOWARD: J. biol. Chem. 237, 1686 (1962).
[34] MACKLER, B.: Biochim. biophys. Acta 50, 141 (1961).
[35] MAHLER, H. R., M. K. SARKAR, L. P. VERNON and R. A. ALBERTY: J. biol. Chem. 199, 585 (1952).
[36] MASSEY, V., and T. P. SINGER: J. biol. Chem. 228, 263 (1957).
[37] MASSEY, V., and T. P. SINGER: J. biol. Chem. 229, 755 (1957).

[38] MASSEY, V.: J. biol. Chem. **229**, 763 (1957).
[39] MASSEY, V.: Biochim. biophys. Acta **30**, 500 (1958).
[40] MASSAY, V.: Biochim. biophys. Acta **30**, 205 (1958).
[41] MASSEY, V.: Biochim. biophys. Acta **32**, 286 (1959).
[42] MASSEY, V.: Biochim. biophys. Acta **37**, 310 (1960).
[43] MASSEY, V.: Biochim. biophys. Acta **37**, 314 (1960).
[44] MASSEY, V.: Biochim. biophys. Acta **38**, 447 (1960).
[45] MASSEY, V., Q. H. GIBSON and C. VEEGER: Biochem. J. **77**, 341 (1960).
[46] MASSEY, V., and C. VEEGER: Biochim. biophys. Acta **48**, 33 (1961).
[47] MINAKAMI, S., R. L. RINGLER and T. P. SINGER: Biochim. biophys. Acta **50**, 613 (1961).
[48] MINAKAMI, S., R. L. RINGLER and T. P. SINGER: J. biol. Chem. **237**, 569 (1962).
[48a] MORTON, R. K.: Nature (Lond.) **166**, 1092 (1950).
[49] RAJAGOPALAN, K. V., I. FRIDOVICH and P. HANDLER: J. biol. Chem. **237**, 922 (1962).
[50] RAJAGOPALAN, K. V., V. ALEMAN, P. HANDLER, W. HEINEN, G. PALMER and H. BEINERT: Biochem. biophys. Res. Commun. **8**, 220 (1962).
[51] RINGLER, R. L., S. MINAKAMI and T. P. SINGER: Biochem. biophys. Res. Commun. **3**, 417 (1960).
[52] SANADI, D. R., J. W. LITTLEFIELD and R. M. BOCK: J. biol. Chem. **203**, 851 (1952).
[53] SEARLS, R. L., and D. R. SANADI: Proc. nat. Acad. Sci. (Wash.) **45**, 697 (1959).
[54] SINGER, T. P., E. B. KEARNEY and P. J. BERNATH: J. biol. Chem. **233**, 599 (1956).
[55] SINGER, T. P., E. B. KEARNEY and V. MASSEY: Advanc. Enzymol. **18**, 65 (1957).
[56] SINGER, T. P., J. HAUBER and O. ARRIGONI: Biochem. biophys. Res. Commun. **9**, 150 (1962).
[57] SINGER, T. P., and E. B. KEARNEY: Symp. on Redoxfunktionen Cytoplasmatischer Strukturen, Gemeinsame Tagung der Deutschen Gesellschaft für physiologische Chemie und der österreichischen Biochemischen Gesellschaft, Wien, 1962, p. 241.
[58] SLATER, E. C.: 4. Colloquium der Gesellschaft für Physiologische Chemie, 1953, p. 64. Berlin-Göttingen-Heidelberg: Springer Verlag.
[59] SLATER, E. C.: Advanc. Enzymol. **20**, 147 (1958).
[60] STRAUB, F. B.: Biochem. J. **33**, 787 (1939).
[61] TSOU, C. L., and C. Y. WU: Acta physiol. Sinica **20**, 22 (1956).
[62] VEEGER, C., and V. MASSEY: Biochim. biophys. Acta **37**, 181 (1960).
[63] VEEGER, C., and V. MASSEY: Biochim. biophys. Acta **64**, 83 (1962).
[64] VEEGER, C., and V. MASSEY: Biochim. biophys. Acta **67**, 679 (1963).
[65] WANG, T. Y., C. L. TSOU and Y. L. WANG: Sci. Sinica (Peking) **5**, 73 (1956).
[66] WANG, T. Y., C. L. TSOU and Y. L. WANG: Sci. Sinica (Peking) **8**, 65 (1958).
[67] WATARI, H., E. B. KEARNEY, T. P. SINGER, D. BASINSKI, J. HAUBER and C. J. LUSTY: J. biol. Chem. **237**, PC 1731 (1962).
[68] ZIEGLER, D. M., D. E. GREEN and K. A. DOEG: J. biol. Chem. **234**, 1916 (1959).

Die Koordinationschemie der Flavokoenzyme und die Bedeutung der Nicht-Häm-Metallionen in der Atmungskette

Von

PETER HEMMERICH

Institut für Anorganische Chemie, Universität Basel

Mit 11 Abbildungen

I. Einführung

Die in den Mitochondrien lokalisierte Kette der Redox-Enzyme läßt sich grob unterteilen nach den verschiedenen Wirkungsgruppen (Coenzymen) in einen NAD-, FAD- und Cytochrom-Bereich. Die NAD-Proteine wirken als Hydrid-Acceptoren (Zweielektronen-Transfer), die Cytochrome hingegen übertragen Radikalelektronen (Einelektron-Transfer), während die Flavoproteine eine etwas umstrittene Mittelstellung einnehmen. An drei Stellen ist der Elektronen-Potentialsprung verknüpft mit der Bildung eines energiereichen Phosphat-Äquivalents, davon das erste Äquivalent gekoppelt an den Übergang zwischen NAD und FAD.

$$\begin{array}{c} \underset{H}{\overset{|}{>}C}\diagdown \\ \searrow \\ \text{FAD} \xrightarrow{?\,e^-} \text{Cytochrome} \xrightarrow{e^-} O_2 \\ \nearrow \quad \underset{?}{\searrow}\underset{?}{\nearrow} \\ \qquad\quad\; {}^{?}\diagup e^- \\ \underset{H}{\overset{|}{>}C}-\text{OH} \xrightarrow[H^\ominus]{} \text{NAD} \qquad \text{Ubichinon} \end{array}$$

Chemisch möchte ich die Funktion der Wirkungsgruppen *versuchsweise* wie folgt klassifizieren: Substrat der NAD-Proteine sind CH-Bindungen hoher Aktivierungsenergie. Voraussetzung für den Umsatz ist ein starker Donor-Substituent am zentralen C-Atom (Alkohole, Amine), welcher das bei der Dehydrierung entstehende C^+-Ion stabilisiert. Substrat der Flavoproteine sind CH-Bindungen geringerer Aktivierungsenergie. Voraussetzung für den Umsatz ist ein Acceptorsubstituent, welcher das intermediäre C^--Ion stabilisiert, z. B. $=C-CH_2-C=$ (NAD), $-CH_2-COS-$ (Acyl-CoA), $-CH=N-$ (Purine). Während NAD- und FAD-Proteine, jedes auf seiner Potentialstufe, die CH-Aktivierungsenergie erniedrigen, dienen die Cytochrome der Herabsetzung der O_2-Aktivierungsenergie bzw. der Energie konservierenden Umgehung der H_2O_2-Stufe bei der O_2-Reduktion. ($FADH_2$ reagiert mit O_2 praktisch aktivierungslos, aber unter Bildung von H_2O_2.) Ubichinon hingegen dient vermutlich als spezifisches Speicher- oder Transportelement für aktive Redoxäquivalente in lipophilem Milieu.

Die Flavoproteine nehmen damit in der Atmungskette die zentrale Stellung ein. Im Gegensatz zu den Hefe- und Bakterien-Flavoproteinen lassen sich die Atmungsketten-Flavoproteine nicht leicht und nicht reversibel in Coenzym plus Apoprotein spalten[1]. Die nativen Atmungskettenflavoproteine sind überdies nicht, wie der Name sagt, gelb, sondern rötlich-braun. Sie enthalten außer der nichtproteiden Wirkungsgruppe des Flavin-Adenin-Dinucleotids (FAD) noch Eisen, welches zum sog. „Nicht-Häm-Eisen" der Atmungskette gehört. Dieses essentielle Eisen ist im nativen Enzym sehr fest gebunden (nicht dialysierbar, nicht empfindlich gegen EDTA), im denaturierten Enzym jedoch sehr locker. Der Verlust des Eisens ist irreversibel, beeinflußt jedoch die Enzym-Substrat-Reaktion nicht unbedingt, wohl aber die Reaktion mit dem Einelektron-Acceptor Cytochrom[2]. Der scheinbar folgenlose (bezüglich der Substratreaktion) Verlust des Eisens, welcher bei Fraktionierung der Atmungsketten-Enzyme eintreten kann, hatte zur Folge, daß das Nicht-Häm-Eisen bis in die 50er Jahre verbreitet als bedeutungslos oder gar artifiziell angesehen wurde.

Nachdem MAHLER[2] zuerst auf den möglichen Zusammenhang Nicht-Häm-Fe und Ein/Zwei-Elektronenübertragung hingewiesen hatte, konnte vor allem durch BEINERT[3] mit verfeinerten Präparations- und Analysenmethoden der Fe-Gehalt der Atmungsketten-Flavoproteine und auch der Mo-Gehalt der Xanthinoxydase sowie der Valenzwechsel der Nicht-Häm-Metalle im aktiven Enzym sichergestellt werden. Das Interesse an diesen

Zusammenhängen setzte ein im Gefolge der ersten koordinationschemischen Untersuchung des Riboflavins durch A. ALBERT[4] um 1950. ALBERT gab pH-metrisch ermittelte Stabilitäten von Riboflavin-d-Metall-1:1-Komplexen an und deutete die Metall-Affinität analog zu der des 8-Hydroxychinolins.

Unser Interesse erwuchs zunächst daraus, daß diese Resultate spektrophotometrisch nicht verifizierbar waren. Die Albertschen Flavinchelate mußten demnach spektral identisch sein mit dem freien Liganden, d. h. die Metallkoordination hätte keinen Einfluß auf die π-Elektronenverteilung im chromophoren heteroaromatischen System, noch hätte die Ligandkoordination einen Einfluß auf die d-Elektronenverteilung im Metallion, ein außergewöhnlicher Fall. Und insbesondere die Spektren der tiefgefärbten Flavoproteine waren danach noch immer unerklärt. Bei Wiederaufnahme der pH-metrischen Versuche zeigte es sich indes, daß die Albertschen Daten auch durch Metallhydrolyse bzw. unspezifische Koordination des Metallions in der Ribitylseitenkette des Flavins zu erklären waren[5].

Der Vergleich von Riboflavin und Hydroxychinolin, so naheliegend er scheint, stellte sich damit als ein Trugschluß heraus. Eine strukturchemische Begründung für dieses Resultat und eine neue stichhaltige Korrelation zwischen Flavin-Metall-Wechselwirkung und Enzymeigenschaften mußten gefunden werden.

II. Die strukturchemische Charakterisierung des Isoalloxazin-Kerns in seinen drei Redox-Stufen

Die redox-aktive Gruppe des FAD ist das von R. KUHN[6] aufgeklärte und synthetisierte Isoalloxazin.

Das Isoalloxazin ist ein azachinoides System und kommt demzufolge in den Formen des Flavochinons (FlH), des Leukoflavins (FlH$_3$), des Flavosemichinon-Radikals (F̊lH$_2$) und des Flavo-

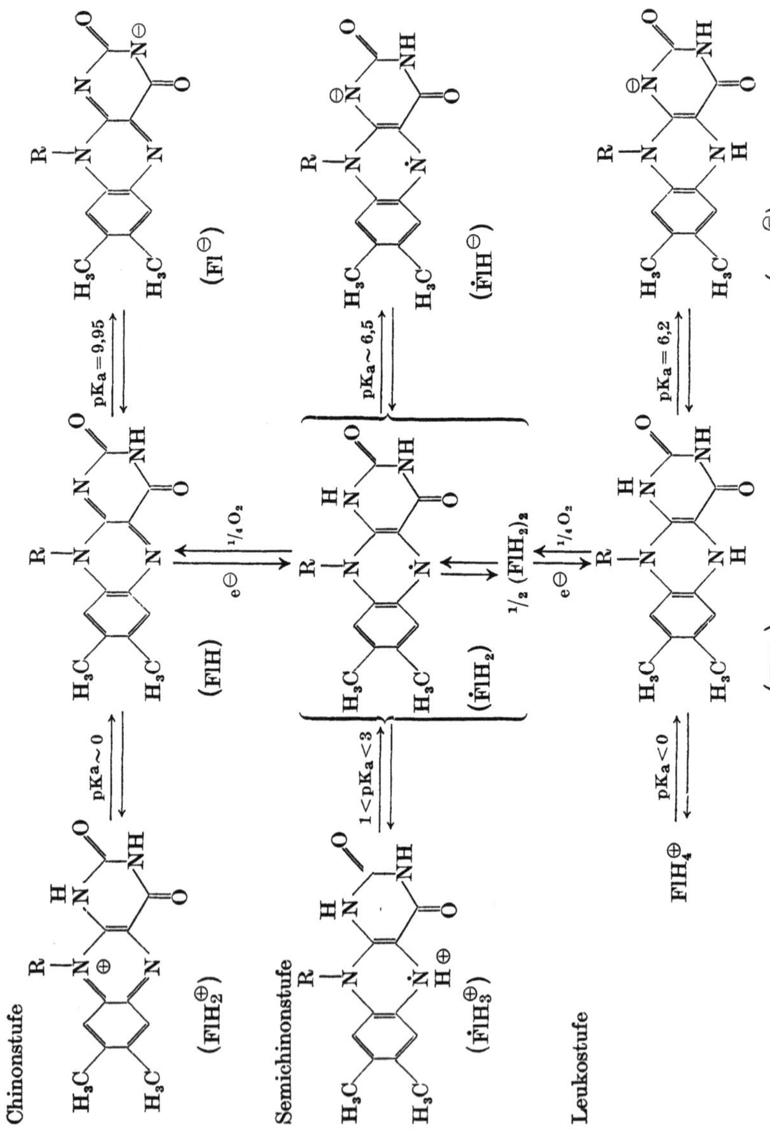

Abb. 1. Das Isoalloxazin- (Flavin-) Redoxsystem

chinhydrons $(FlH_2)_2$ (dimeres Semichinon = Ladungstransferkomplex aus Chinon plus Hydrochinon) in Lösung vor (Abb. 1). Im Festkörper sind noch weitere Zwischenformen erhältlich[7]*, die uns aber hier nicht interessieren sollen.

a) Flavochinon

Dieses ist die „normale", unter aeroben Bedingungen die einzig stabile Form des Flavins. Flavochinon ist amphoter, allerdings überdeckt das isoelektrische Intervall den ganzen physiologischen pH-Bereich. Bei pH > 9 dissoziiert die 3ständige NH-Gruppe. Bei pH < 1,5 wird Flavochinon in Stellung 1 protoniert, mit stark hypsochromem Effekt (Abb. 2). Ein chemischer Nachweis für die in Stellung 1 erfolgende Protonierung ist darin zu sehen, daß die Basizität des Isoalloxa-

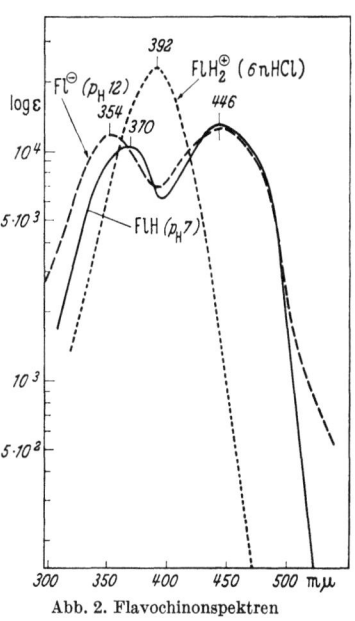

Abb. 2. Flavochinonspektren

zins durch eine nicht konjugierte, elektrophile Gruppe in der 10ständigen Seitenkette stark erhöht wird, z. B.[8]

$$\underset{\lambda\,=\,395\,\mathrm{m}\mu}{\overset{H^+}{\rightleftarrows}\ \ pK_a = 3,5}$$

Das Flavochinonspektrum (Abb. 2) hat im Bereich $\lambda > 300$ mμ zwei charakteristische Banden, bei 445 und 375 mμ. Die erste Bande ist in erster Näherung invariant gegen Lösungsmittel-

---

* Ebenso in konzentrierter Lösung, vgl. V. MASSEY and G. PALMER: J. Biol. Chem. **237**, 2347 (1962).

einflüsse[9], gegen Dissoziation des 3ständigen Protons (Abb. 2) und gegen Reaktion mit Eiweiß z. B. in den Hefe-Flavoproteinen, welche sich reversibel in Apoprotein und Coenzym zerlegen lassen[10]. Die zweite Bande (375 mμ) spricht hingegen auf Reaktionen an N(3) sowie Änderung der Milieu-Polarität stark an. Daraus wurde geschlossen, daß die Isoalloxazin-Proteinbindung über die 3ständige NH-Gruppe erfolgen müsse[11].

Daraus und aus dem hypsochromen Effekt der N(1)-Protonierung folgt weiter: Man kann den Chromophor des Isoalloxazins durch Überlagerung eines indigoiden Systems und eines Acylimid-Systems approximieren. Anders gesagt: Die Delokalisierung des nichtbindenden Elektronenpaars an N(3) geht nicht über die benachbarten Carbonyle hinaus.

Dehydroindigo-Chromophor

Acylimide dieser Art sind chemisch gekennzeichnet durch

1. relativ geringe NH-Acidität (pK_{FIH} = 9,95, vgl. z. B. p$K_{Succinimid}$ = 9,55[12]).

2. starker Unterschied im Energieinhalt der tautomeren Formen: Verbindungen dieses Typs liegen vollständig in der Keto-Form vor, ihre Enoläther sind sehr energiereich.

Den chemischen Nachweis für das Auftreten der letztgenannten Eigenschaften bei Isoalloxazinen konnten wir auf mannigfache Art führen:

1. Wir haben Flavin-2-enoläther durch Reoxydation von Leukoflavin-2-enoläthern (siehe unten) dargestellt[13] und konnten zeigen, daß diese – im Gegensatz zu normalen Alkoxypyrimidinen – schon durch Wasser rückverseift werden.

2. Das gleiche gilt für Flavin-4-enoläther, welche in geringer Menge neben 3-Alkylflavinen bei Silbersalzalkylierung von Flavochinon in wasserfreiem Milieu entstehen[14] und dünnschichtchromatographisch abgetrennt werden können.

Beide Typen von O-Alkyl-Flavinen lassen sich nicht in Substanz isolieren. Spektral unterscheiden sie sich vom Stammflavin nicht charakteristisch (Abb. 3). Wie zu erwarten für Iminoäther, liegt aber die Basizität der O-Alkyl-Flavine um mehrere Zehnerpotenzen über derjenigen der Stammkörper, wodurch beide Reihen leicht unterscheidbar sind.

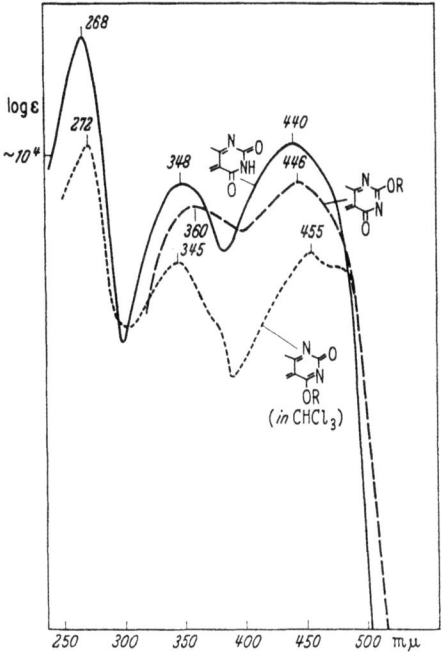

Abb. 3. Spektren von Keto- und Enolformen des Flavochinons (ε nicht genau bekannt für die Enolformen) in MeOH

3. Wir haben „2-Desoxyflavin" erhalten durch vorsichtige peroxydative Entschwefelung von 2-Thioflavin[15]. Auch hier liegt die Basizität bei $pK_a \cong 5$, also etwa 4 Zehnerpotenzen über der des Stammkörpers, während die Änderung im Spektrum gering ist. Desoxyflavine werden schon in mild alkalischem Milieu unter aeroben Bedingungen hydroxyliert, ein für cyclische Amidin-Gruppen bisher nirgendwo beobachtetes Verhalten. [Man vergleiche hiermit z. B. die Stabilität des CH(8) von Guanin und des CH(2) von Adenin oder Hypoxanthin.]

4. Sogar C-ständiges Phenyl ist am Flavin labil: Wir konnten dies im Fall des 4-Phenyl-4-desoxy-10-methylflavins zeigen, welches schon bei Zimmertemperatur in aerober wäßriger Lösung eine Criegee-Abspaltung eingeht unter Bildung der 4-Oxo-Verbindung[16]:

All dies zeigt, daß der Isoalloxazin-Kern bei jeder Variation, welche seine Elektrodefizienz verstärkt, d. h. delokalisierbare Elektronen blockiert oder wegnimmt, äußerst energiereiche Form gewinnt.

b) Leukoflavin (FlH$_3$)

Flavochinon (FlH) reagiert mit starken Reduktionsmitteln unter Verbrauch von zwei Elektronenäquivalenten in einem Schritt.

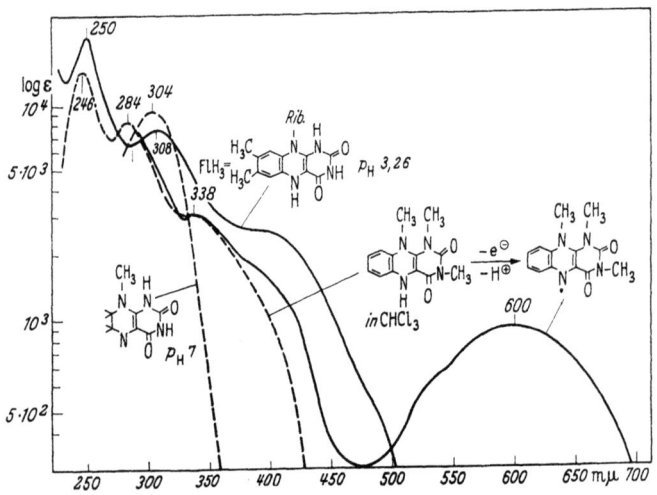

Abb. 4. Spektren des Leukoflavins und der freien Flavosemichinons

Leukoflavin ist nur *sehr* schwach basisch (pK$_{FH_4}^H$ ~ 0), aber eine relativ sehr starke NH-Säure: SCHWARZENBACH und MICHAELIS[17]

fanden aus potentiometrischen Messungen $pK^H_{FH_2} = 6{,}2$. Das Leukoflavin ist nur in sehr verdünnter Lösung farblos, wie schon BEINERT[18] 1956 feststellte, welcher die ersten exakten Spektren der reduzierten Flavin-Formen lieferte. Das UV-Spektrum des Leukoflavins (Abb. 4) entspricht dem eines 4,5-Diamino-Uracils [vgl. z. B. 8-Methyl-tetrahydropteridin-2,4-dion[19] (Abb. 4)] zuzüglich einer auffallenden Endabsorption, welche sich mit ausgeprägten Schultern bis über 400 mμ hinaus erstreckt. Bei Protonierung (6 N HCl) entfällt diese Endabsorption infolge Blockierung des delokalisierbaren Elektronenpaars an N(5)[18]. Die Molextinktion bei 400 mμ ist allerdings nur etwa 2000 (l/cm · Mol), fällt also gegenüber der 5fach höheren des Flavochinons nicht sehr ins Gewicht.

Im Laufe unserer Untersuchungen zeigte es sich, daß die bislang nicht untersuchte Chemie des Leukoflavins sich von der des Flavochinons drastisch unterscheidet. Wir haben zunächst versucht, O_2-stabile und damit in Substanz faßbare Leukoflavine in die Hand zu bekommen und fanden solche in den 5 ständig acylierten Derivaten[20].

Es schien verwunderlich, daß eine so schwach basische Verbindung leicht N-acyliert wird und daß die Acylderivate im Bereich $1 < pH < 12$ stabil sind. Ferner ist auffallend, daß die Acylleukoflavine nochmals um eine Zehnerpotenz stärker sind als die freien Leukoflavine bezüglich ihrer Acidität ($pK^H_{AcFH_2} = 5{,}2^{12}$) und keine acidem NH entsprechende Ag-Affinität aufweisen[12]. Eine Erklärung geben die IR-Spektren: Ersetzt man in

CH_3 durch H, so tritt eine neue Bande bei 1080 cm^{-1} auf, welche keiner NH-Vibration zugehören kann. Dies zwingt zur Annahme einer neu auftretenden C—O—C-Schwingung, resultierend aus dem Gleichgewicht[13]:

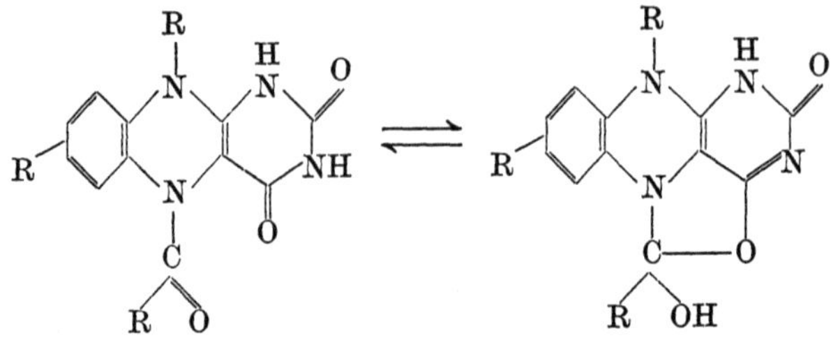

Die zur Enolisierung (Iminolisierung) des Leukoflavins benötigte Energie muß daher um vieles geringer sein als beim Flavochinon. Folgerichtig erhält man bei der normalen basenkatalysierten Alkylierung des Leukoflavins vorwiegend O-Alkylderivate[13], z. B.

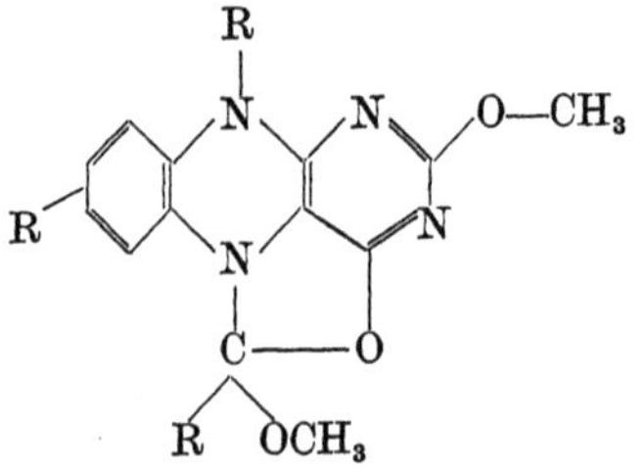

ein in der ganzen N-heteroaromatischen Chemie äußerst seltenes Phänomen. Diese lassen sich partiell verseifen und autoxydieren zu hoch reaktiven Flavochinon-Iminoläthern, wie erwähnt.

Es handelt sich demnach hier um (intramolekulare) Acetalisierung eines Säureamids. Diese zu bewerkstelligen, muß die Delokalisierungsenergie der Säureamidgruppe kompensiert werden, was nur im speziellen Fall gelingen kann, wenn diese Energie ausnehmend gering ist. Dies wiederum kann ein Indiz sein für die Nonkoplanarität des Leukoflavins im Grundzustand.

N(5) und N(10) des Leukoflavins sollten demnach Zentren pyramidaler Konfiguration sein, welche nur unter Energieaufwand planarisiert werden können. Blockiert man den Konfigurationswechsel an diesen Zentren durch Einführung raumerfüllender Substituenten in peri-Stellung (Position 1 oder 4), so sind erhöhte

Aktivierungsenergien, im Extremfall sogar stabile geometrische Isomere zu erwarten, die sich in optische Antipoden zerlegen lassen sollten.

Setzt man die Winkelung des Leukoflavins im Grundzustand voraus, so erklärt dies die Rechendaten PULLMANs[21], welcher für das höchste besetzte Molekularorbital des Leukoflavins antibindenden Charakter postuliert: PULLMANs Berechnungen der π-Elektronenverteilung im koplanaren Leukoflavin beziehen sich demnach auf einen vibrationsangeregten Zustand. Möglicherweise liegt der erste elektronische (antibindende) Anregungszustand beim koplanaren (vibrationsangeregten) Leukoflavin niedriger als der (bindende) Grundzustand, im Einklang mit den extremen Donatoreigenschaften des Leukoflavins. Dessen langwellige Endabsorption erklärt sich dann typisch aus dem strengen Franck-Condon-Verbot des 0,0-Übergangs[22].

Flavochinon reagiert als Hydridacceptor ebenso wie als Elektronenacceptor. Es reagiert aber, wie wir fanden, mit $NaBH_4$ (pH 8) wesentlich langsamer[23] als mit Viologen-Radikal oder $TiCl_3$, typischen Radikalelektronen-Acceptoren. Ob in vivo Flavochinon als Hydridacceptor wirkt unter Bildung freien Leukoflavins, muß angesichts dessen fraglich erscheinen. Es muß die Möglichkeit in Rechnung gestellt werden, daß freies Leukoflavin nur über die Disproportionierung primär gebildeten Semichinons entsteht. Da diese Reaktionsfolge aber eine Reaktion des Semichinons mit sich selbst einbeschließt, welche im nativen Enzym sterisch sehr unwahrscheinlich sein dürfte, wäre Leukoflavin biologisch als Artefakt anzusehen. Wirkt Flavin jedoch in vivo mit einem korrespondierenden Redox-System zusammen, also z. B. dem Fe^{II}/Fe^{III}- oder dem SH/SS-System[24], so könnte ein Hydrid-Äquivalent auch ohne Ausbildung der Leukostufe aufgenommen werden. Dies würde den experimentellen Befund erklären, demzufolge aktive Flavoproteine durch anaeroben Substrat-Überschuß oft nicht entfärbt werden können[24a].

c) Flavosemichinon

Die erste Kenntnis von einer relativ stabilen Radikalstufe des Flavins verdankt man den klassischen Arbeiten von MICHAELIS. Dieser Autor zeigte zusammen mit SCHWARZENBACH[17], daß halbreduziertes Flavin im physiologischen pH-Bereich ganz überwiegend in disproportionierter Form vorliegt. Diese auf Grund potentiometrischer Messung erhobenen Befunde konnten wir auf pH-metrischem Wege bestätigen. Das Problem ist der pH-metrischen Untersuchung deshalb gut zugänglich, weil die Disproportionierung pH-abhängig ist auf Grund des Aciditätsunterschiedes der beteiligten Partikeln[25]. Wir definieren als Disproportionierungskonstante der neutralen Partikeln

$$k_D = \frac{[\dot{F}lH_2]}{[FlH] \cdot [FlH_3]} \tag{1}$$

und als Gesamt-Disproportionierungskonstante

$$K_D = \frac{[\dot{F}lH_2] + [\dot{F}lH^-]}{[FlH] \cdot ([FlH_3] + [FlH_2^-])} \quad \text{(für die Bezeichnungen vgl. Bild 1)} \tag{2}$$

für den physiologischen pH-Bereich. Die Protonierung der beteiligten Partikeln, welche erst bei pH < 3 einsetzt, sowie die Dissoziation von FH, welche erst bei pH > 9 wesentlich wird, sind physiologisch nicht von Interesse. Zu berücksichtigen bleiben Flavochinon (FlH), Flavosemichinon ($\dot{F}lH_2$) und sein Anion ($\dot{F}lH^-$) sowie Leukoflavin (FlH_3) und sein Anion (FlH_2^-). Aus der Kombination von (1) und (2) mit den zugehörigen Säuredissoziationsgleichungen folgt:

$$K_D = k_D \cdot \frac{(1 + K_{FlH_2}^H/H)^2}{(1 + K_{FlH_3}^H/H)} \tag{3}$$

Wir finden experimentell (in guter Übereinstimmung mit SCHWARZENBACH und MICHAELIS[17]) $pK_{FlH_3}^H$ [26] $= 6.4$. K_D ist aus der Definitionsgleichung erhältlich durch Bestimmung der bei pH 8 (Äquivalenzpunkt) neutralisierten Gesamtmenge an schwacher Säure im halbreduzierten Flavinsystem (Abb. 5). Bei der Titration beobachtet man zwischen pH 6 und 8 eine drastische Verminderung des Semichinon-Gehaltes mit zunehmendem pH, die sich im Farbumschlag von olivgrün nach hellgelb zu erkennen gibt. Die Rechnung[25] zeigt, daß bei pH 8 nur noch etwa 5% Semichinon am Gemisch anteilig sind. Aus Gl. (3) folgt $k_D = K_D$ für pH < 5, da dann die Säuredissoziation vernachlässigbar ist. Wenn K_D, wie das Experiment zeigt, abnimmt mit steigendem pH, so kann Gl. (3) nur erfüllt sein, wenn $K^H_{FlH_2} < K^H_{FlH_3}$. Dies stimmt einerseits

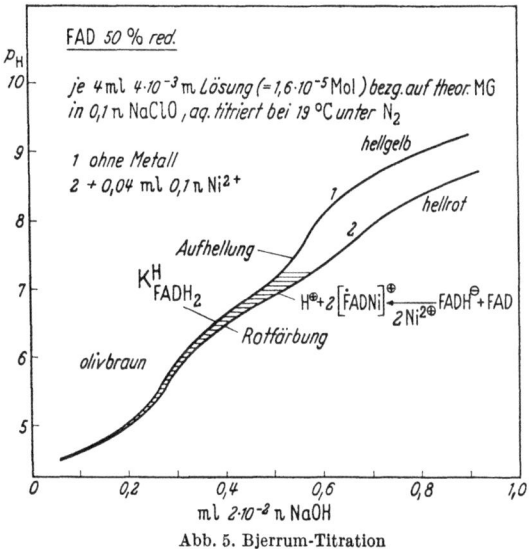

Abb. 5. Bjerrum-Titration

wieder mit den Befunden von SCHWARZENBACH und MICHAELIS überein, welche $pK^H_{FlH_2} = 6,5$ abschätzten. Das Disproportionie-

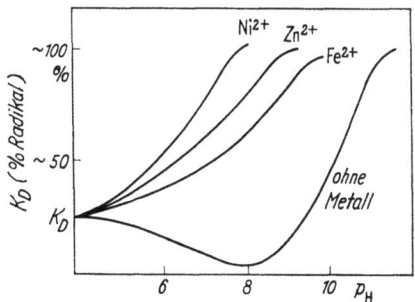

Abb. 6. Schematische Darstellung der pH-Abhängigkeit der Flavosemichinon-Disproportionierung

rungsmaximum (Minimum der Radikalkonzentration) bei pH 7—8 geht auch aus den jüngsten ESR-Daten A. EHRENBERGs[27] hervor.

Abb. 6 gibt eine schematische Darstellung der Disproportionierung als Funktion des pH.

Um Einblick in die chemischen Eigenschaften des freien Flavosemichinon-Radikals zu bekommen, haben wir das 1,3,10-Trimethylleukoflavin synthetisiert und dessen Autoxydation verfolgt (Abb. 4)[13]. Infolge Blockierung des N(1) kann hierbei kein Flavochinon entstehen. Die periständigen Methylsubstituenten ergeben eine sterische Behinderung der Koplanarität bei diesem Molekül. Folgerichtig zeigt es keine Tendenz zur Ausbildung eines Flavochinhydrons (siehe unten).

Abb. 4 zeigt den spektralen Verlauf der Autoxydation. Wie ersichtlich, ändert sich das UV-Spektrum beim Übergang zum Semichinon praktisch nicht. Die Bande des Radikalelektrons liegt bei 600 mμ im Einklang mit der von BEINERT[18] für Semichinon abgeschätzten Absorption 576 mμ. Aus der Identität der UV-Spektren von Leukoflavin und Flavosemichinon ist zu folgern, daß

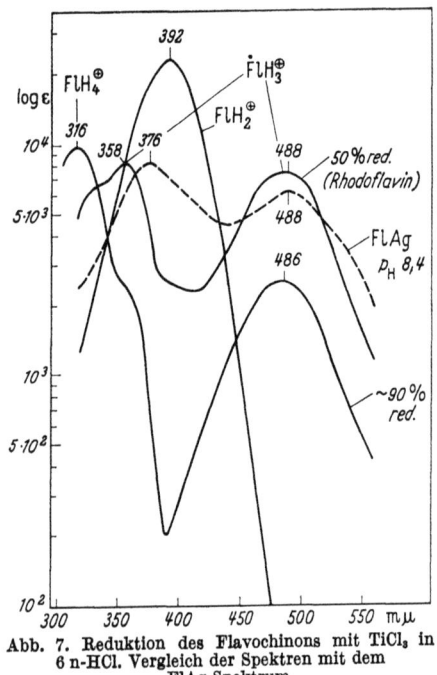

Abb. 7. Reduktion des Flavochinons mit TiCl$_3$ in 6 n-HCl. Vergleich der Spektren mit dem FlAg-Spektrum

das Semichinon dem Leukoflavin chemisch ähnlicher ist als dem Flavochinon. Auch das Semichinon sollte deshalb leicht in die Iminolform übergehen. Das Radikalelektron besitzt die höchste Aufenthaltswahrscheinlichkeit an N(5), weshalb diese Stelle — anders als beim Flavochinon und beim Leukoflavin — relativ basisch wird. Die protonierte Form des Semichinons ist das von KUHN und STRÖBELE[7] erstmals beschriebene karminrote Rhodoflavin. Zu beachten ist, daß bei der Protonierung nicht nur die ,,Radikalbande", wie zu erwarten, hypsochrom verschoben wird, sondern der beim Leukoflavin verbotene Übergang bei 360 mμ gewinnt hohe Intensität: Daraus folgt, daß die Wegnahme schon *eines* Elektrons die Planarisierung des Leukoflavins sehr erleichtert (Abb. 7).

d) Flavochinhydron

Dieses grüne Radikal-Dimere entsteht in vollkommener Analogie zum Benzochinhydron in halbreduzierten Flavin-Lösungen, welche konzentrierter als 10^{-4} N[17] sind. Für die Beständigkeit sind nicht intermolekulare H-Brücken, sondern Planarität (bzw. Planarisierbarkeit) und Donor-Acceptorqualitäten der assoziierenden Partikeln verantwortlich. Folgerichtig zeigen 3-alkylierte Flavochinhydrone höhere Beständigkeit[25]. Das Flavochinhydron kompliziert die quantitative Beschreibung des Flavinredoxsystems in Lösung sehr. Andererseits ist die Ladungstransfer-Bande des Chinhydrons intensitätsschwach und liegt jenseits 600 mμ, so daß sie das spektrophotometrische Arbeiten nicht stört. Acidimetrisch muß sich das Chinhydron als einbasische Säure verhalten, da ein Ladungstransfer-Assoziat aus gleichsinnig geladenen Ionen [2 FlH$^-$ $\rightarrow$ (FlH)$_2^{2-}$] keine Stabilität hat. Beim spektrophotometrischen und acidimetrischen Arbeiten (nicht beim potentiometrischen) kann daher (FlH$_2$)$_2$ in erster Näherung als Summe FlH + FlH$_3$ betrachtet werden.

III. Die Metall-Affinität der Flavin-Partikeln

a) Flavochinon

Oben wurde festgestellt:

a) Flavochinon ist sehr schwach basisch. Diese schwache Basizität bezieht sich aber dazu noch auf N(1), nicht N(5). N(5) ist unmeßbar schwach basisch.

b) Die 3,4-Iminolisierung ist, da sie delokalisierbare Elektronen blockiert, beim Flavochinon mit großem Energieaufwand verbunden.

Eine 4,5-Chelatisierung beim Flavochinon sollte daher energetisch sehr ungünstig sein.

Abb. 8 zeigt die Hydrolysenkurve des stark komplexbildenden redox-inaktiven Metallions Ni^{2+} mit und ohne Zusatz von Riboflavin. Man sieht, daß nur eine geringfügige, nicht signifikante

Verzögerung der Hydrolyse eintritt. Zum Vergleich ist dieselbe Kurve für Ni-Oxinat angegeben, einen starken Komplex. Aus der Riboflavin-Ni-Kurve folgt $\log K_{FlNi}^{Ni} < 3$, bezogen auf die Reaktion

$$FlH + Ni^{2+} \rightarrow FlNi^+ + H^+. \tag{4}$$

8-Hydroxychinolin hat vergleichsweise $\log K_{LNi}^{Ni} = 10{,}0$. Aus dem Entropiegewinn bei einer Chelatbildung kann die FlH-Tautomerisierung nicht ausreichend bestritten werden. Das Isoalloxazin verhält sich also gerade nicht wie 8-Hydroxychinolin, trotz der formalen Strukturverwandtschaft, d. h. Isoalloxazin hat nur eine sehr geringe, in wäßriger Lösung nicht meßbare allgemeine Metallaffinität.

Allerdings liegt die Meßbarkeitsgrenze der FlMe-Komplexbildung im Falle des Flavochinons bei $pK_{FlMe}^{Me} \sim 3$, infolge Schwerlöslichkeit des Flavin-Liganden und dessen geringer Acidität. Derzufolge befindet sich beim Hydrolysenpunkt des Metallions nur wenig Flavin-Anion im Reaktionsgleichgewicht, so daß die Hydrolyse (OH-Koordination) bevorzugt abläuft.

Genauer als die Reaktion des Metallions mit dem Flavin-Anion läßt sich die Reaktion des Metallions mit dem undissoziierten Flavin unterhalb des Hydrolysen-pH verfolgen. Auf Grund von Untersuchungen der Phasenverteilung von Lumiflavin

zwischen Wasser und $CHCl_3$ bei Gegenwart von Ni^{2+} [25] können wir sagen, daß die Metallaffinität des undissoziierten Isoalloxazins $pK_{FlHMe}^{Me} \leq 1$ ist. Das heißt, eine $10^{-2} N$ Lösung eines hypothetischen Chelates MeFlH wäre zu mindestens 90% dissoziiert. Schwermetallaffinitäten dieser Größenordnung sind aber bei Coenzymen physiologisch bedeutungslos, sofern man nicht das Konzept aufgibt, daß die Thermodynamik wäßriger Lösungen auf physiologische Verhältnisse anwendbar sei.

In auffallendem Kontrast zu der ausbleibenden Reaktion des Isoalloxazins mit den Ionen Cu^{2+}, Ni^{2+}, Co^{2+}, Mn^{2+}, Zn^{2+}, Ca^{2+} und Mg^{2+} stand die schon von R. KUHN[28] beobachtete Bildung eines offenbar sehr stabilen Isoalloxazin-Ag-Komplexes, welcher — ganz im Gegensatz zu den überwiegend farblosen Komplexen des Ag^+ wie überhaupt aller d^{10}-Metallionen — tiefrot gefärbt ist. Die koordinationschemische Analyse dieses Komplexes und seiner Analogen ergab folgende Aufschlüsse[29]:

1. Das Komplex-Spektrum ist nicht vom Typ eines bathochrom verschobenen Flavochinons, sondern entspricht dem des Rhodoflavins FlH_3^+ (protoniertes Semichinon) (Abb. 7).

2. Es liegt in Lösung auch bei Ligandüberschuß ein 1:1-Komplex FlAg vor (Abb. 8).

3. Flavin spielt in diesem Falle die Rolle eines zweizähnigen Liganden, die Konfiguration am Metallion ist also nicht, wie in normalen Ag-Komplexen, linear, sondern trigonal:

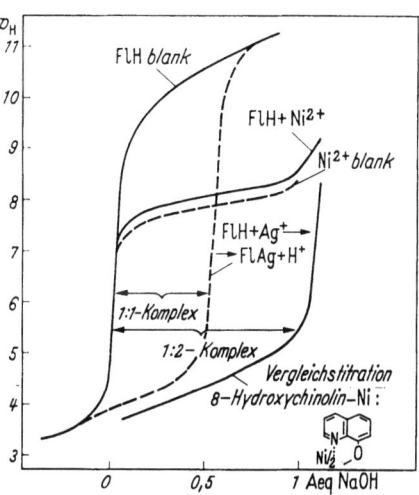

Abb. 8. Bjerrum-Titrationen in 50% EtOH aq. 0,1 n-NaClO$_4$

Isoriboflavin

Isoriboflavin bildet folgerichtig auf Grund sterischer Koordinationsbehinderung keine gefärbten Ag-Komplexe. Flavochinon ist demnach gegenüber Ag^+ ein Oxin-analoger, starker Komplexbildner.

Daraus erhob sich die Frage: Wieso kann die Komplexbildungsenergie im Falle des Ag^+ die hohe Tautomerisierungsenergie beim Flavin überkompensieren, im Falle des Cu^{2+} nicht, obwohl dieses gemeinhin viel stabilere Komplexe bildet als Ag^+?

Die Antwort: Ag^+ ist ein Donor-Metallion, d. h. es kann nicht nur, wie jedes andere Metallion, Sigma-Acceptor-Bindungen eingehen, sondern aus seiner gefüllten d-Schale Elektronen zum Ligand hin delokalisieren, wenn der Ligand energetisch günstige leere

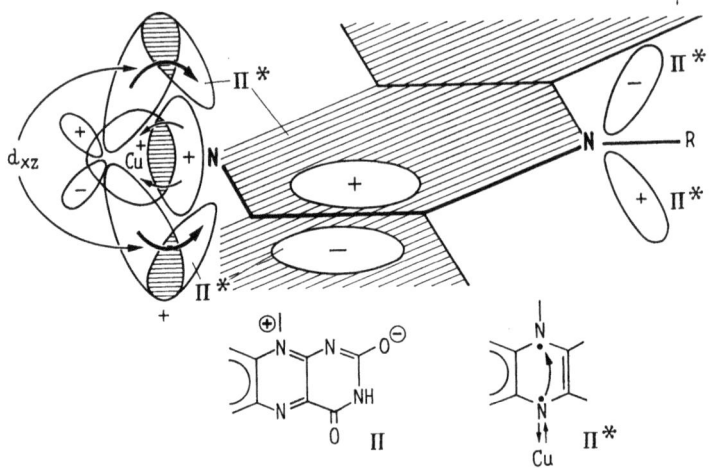

Abb. 9. Molekular-Orbital-Skizze

Orbitale zur Verfügung stellt[30]. Im Flavin-Ag-Chelat wird nun ein d-Elektron transferiert in das energieärmste antibindende Molekular-Orbital des Flavochinon, welches ein sehr starker Acceptor ist. Es ergibt sich damit eine Valenzmesomerie (Abb. 9).

$$[Fl^- Ag^+ \rightleftharpoons Fl^{2-} Ag^{2+}]$$

Das heißt, das Flavochinon nimmt unter dem Einfluß des Ag^+ Eigenschaften des Flavosemichinons an, als da sind: Höhere Basizität des N(5), leichtere Tautomerisierung der 3,4-CONH-Gruppe. Daraus folgt das Postulat:

Das Isoalloxazin-System ist nach Aufnahme eines und nur eines Elektrons metallaffin.

Unsere weitere Arbeit galt der Erhärtung dieser These, wozu eine Reihe von Nachweisen geführt werden konnte:

b) Ladungstransfer-Chelate des Flavochinons mit Donor-Metallionen

Die Metall-Affinität des Flavochinons erstreckt sich spezifisch und ausschließlich auf Donor-Metallionen. Als Donor-Metallionen dürfen alle ein- bis zweiwertigen Ionen mit d^{10}-Konfiguration gelten, geordnet nach ihrer d^{10}-d^9s^1-Übergangsenergie[31]: $(Au^+) > Cu^+ > Ag^+ > Hg^{2+} \gg Cd^{2+} \gg Zn^{2+}$, dazu alle reduzierenden d-Metallionen, insbesondere Fe^{2+}, MoO^{3+}.

Tatsächlich gelang uns der Nachweis von tiefroten Metallflavinaten in allen diesen Fällen, sofern wir die Hydrolyse ausschalten konnten. Und zwar sind auf Grund der Valenzmesomerie je zwei Hydrolysenreaktionen zu beachten:

$$Me^{n+} aq. + FlH$$

$$\uparrow H_2O \qquad\qquad Me^{(n+1)+} aq. + \dot{F}lH^-$$

$$\nearrow H_2O \qquad\qquad\qquad\qquad\qquad (5)$$

$$[Me^{n+}\ FlH \rightleftarrows Me^{(n+1)+}\ \dot{F}lH^-]$$

Die Stabilität des Flavinchelates hängt von der Beständigkeit bzw. Acidität des solvatisierten Metallions in beiden Valenzstufen ab. Quantitative Gesetzmäßigkeiten lassen sich daher nur für isoelektronische Metallionen, also z. B. die genannten d^{10}-Ionen, finden. Im einzelnen:

1. Au^+: Die Disproportionierungstendenz, derzufolge nur äußerst starke Acceptorliganden Au^I stabilisieren, läßt sich mit Flavin nicht überwinden. Auch $Au(CO)Cl$, der schwächste uns bekannte stabile Au^I-Komplex, reagiert nicht mit Flavin[32].

2. Cu^+: Hier gelingt die Überwindung der Disproportionierungstendenz leicht mit Hilfe des ternären Liganden CH_3CN. Die Umsetzung

$$Cu(CH_3CN)_2^+ + FlH \rightleftharpoons CuFl + H^+ + 2\ CH_3CN \qquad (6)$$

kann in wäßriger 1 N CH_3CN-Lösung quantitativ studiert werden, und die Resultate können auf das hypothetische Cu^I-Aquoion rückbezogen werden[33]. Da ein Flavin hierbei 2 CH_3CN verdrängt, wie aus der $[CH_3CN]$-Abhängigkeit der Reaktion experimentell folgt, so ist die Zweizähnigkeit des Flavinliganden hiermit auch direkt chemisch bewiesen.

3. Ag^+: Wie oben beschrieben, läßt sich diese Reaktion ohne zusätzliche Mittel in wäßriger Lösung studieren.

4. Hg^{2+}: Hier gilt das gleiche, sofern pH 3 nicht überschritten wird. Grund dieser Beschränkung ist die extreme Schwerlöslichkeit des Fl_2Hg, welches sich bei pH 3 bildet, so daß sich die Untersuchung in Lösung auf $HgFlH^{2+}$ beschränken muß[12].

5. Cd, Zn: Ladungstransfer von diesen schwächsten Donor-Ionen zum Flavin läßt sich nur noch in nichtwäßriger oder sehr konzentrierter Lösung nachweisen (Abb. 10). Während Na^+ und Mg^{2+} nur eine geringe Extinktions-Löschung (Ionenstärke-Effekt) geben, bemerkt man in 1 N Zn^{2+} schon eine (sehr schwache) Erhöhung der Endabsorption, welche mit Cd^{2+} schon stark ins Gewicht fällt.

6. Co^{2+}: Hier gilt das gleiche wie für Cd, jedoch wirkt die Eigenfärbung des überschüssigen Co^{2+} störend für die spektrophotometrische Auswertung bei 500 mμ.

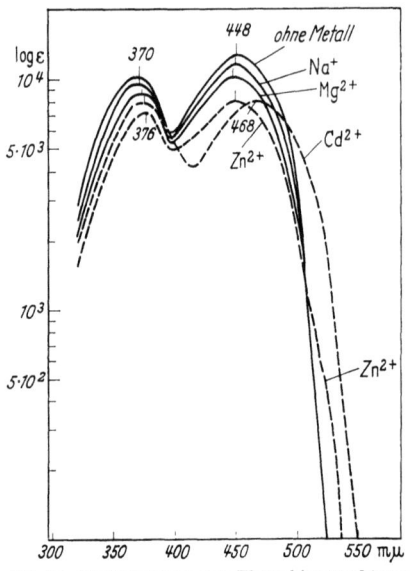

Abb. 10. Beeinflussung des Flavochinonspektrums durch Nichtdonor- und schwache Donormetallionen pH 1—7

7. Und schließlich die biologisch wichtigen Metallionen: Bei den bisher genannten Ionen spielt die Dissoziation des Flavinchelats in freies Semichinon und (n+1)-wertiges Metallion nur im Falle des Cu eine (geringe) Rolle. Beim Eisen und Molybdän jedoch ist das Gleichgewicht (5) völlig nach rechts verschoben infolge der den Fe^{3+}- und MoO_2^{2+}-Aquoionen eigenen hohen Acidität. Die Unterdrückung dieser Reaktion in vivo wird durch die ternäre Koordination des Metallions mit dem Protein besorgt. Will man diese hochspezifische „Schutzkolloidwirkung" im proteinfreien Modell imitieren, so bedarf es relativ drastischer Bedingungen. Man ist angewiesen auf

a) Unterdrückung der Hydrolyse durch Arbeiten in wasserfreiem polarem Milieu,

b) Auffindung einer in diesem Milieu stabilen, löslichen reaktiven Applikationsform des Metallions,
c) Auffindung einer ebensolchen Applikationsform des Flavin-Liganden.

Wir verwenden als Milieu wasserfreies Acetonitril, welches durch Zugabe von Benzylmethylammoniumperchlorat auf konstanter

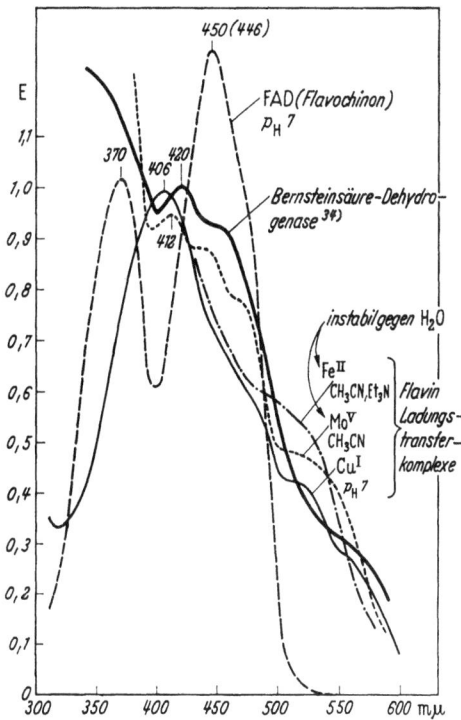

Abb. 11. Spektrenvergleich: Flavochinon frei, Fe-Flavoenzym, Flavin-Donormetallchelate

Ionenstärke gehalten werden kann. Als Ligandmodell ist das gut lösliche, sehr stabile Tetraacetylriboflavin und seine Derivate günstig. Als Metallform erweist sich beim Fe^{II} das Ion $FeCl_4^{-2}$ anwendbar, beim Mo^V das analoge $MoOCl_5^{2-}$ [32]. Abb. 11 zeigt die Veränderung des Flavinspektrums unter diesen Bedingungen je durch Fe^{II} bzw. Mo^V in CH_3CN sowie durch Cu^+ in H_2O und dazu das Spektrum nativer Succindehydrogenase, aufgenommen von WANG und WANG [34].

Der Unterschied zwischen Mo und Fe besteht im wesentlichen darin, daß diese Ionen die Flavosemichinonstufe (als Ladungstransferkomplex) in verschiedenen pH-Bereichen stabilisieren, Mo im schwach sauren Gebiet, Fe im neutralen bis schwach alkalischen Gebiet. Als Puffer diente uns Triäthylamin.

c) Flavosemichinon-Chelate

Wenn diese Interpretation der Flavochinon-Donormetallionen-Wechselwirkung im Sinne einer Stabilisation des semichinoiden Zustandes statthaft war, so mußten sich Komplexe des Flavins mit *allen* zweiwertigen Metallionen erhalten lassen, sofern man nicht vom Flavochinon, sondern vom freien Flavosemichinon bzw. halbreduziertem Flavin ausgeht. Dabei war darauf zu achten, daß zur Einstellung des Redox-Potentials weder acide noch färbende Hilfsmittel verwendet wurden, was sich erreichen ließ durch katalytische Reduktion des Flavochinons, anaerobe Filtration und Einstellung des Redoxgrades mit Jod[25].

Basierend auf unserer Untersuchung des Flavin-Disproportionierungsgleichgewichtes (vgl. oben) haben wir das halbreduzierte System in Gegenwart von Metallionen untersucht, und zwar pH-metrisch und spektrophotometrisch. Wir fanden (Abb. 6) eine drastische Verschiebung des Disproportionierungsgleichgewichtes zugunsten der Radikalform. Eine typische Bjerrum-Titrationskurve des Flavosemichinons zeigt Abb. 5. Da, wo die Metallkurve von der Ligandkurve abweicht, tritt die dem Semichinonchelat eigene Rotfärbung auf. Die Stöchiometrie der zugrunde liegenden Reaktion ist

$$FlH_2^- + FlH + 2\,Me^{2+} \rightleftharpoons 2\,[Me\dot{F}lH]^+ + H^+ \qquad (7)$$

Die vorliegende Titration ist an käuflichem FAD in wäßriger Lösung ausgeführt[25]. Riboflavin, Tetraacetylriboflavin und 3-alkylierte Flavine geben denselben Kurvenverlauf, nicht aber Isoriboflavin, welches auf Metallionen nicht anspricht. Daraus folgt:

1. Die Adenosin-Hälfte des FAD trägt zur Metallaffinität nur wenig bei, ebensowenig die Dialkylpyrophosphat-Gruppierung.

2. Blockierung von N(5) durch periständiges Methyl genügt zur Unterdrückung der Komplexbildung, nicht aber Blockierung des NH(3) durch Alkylsubstitution.

Die Reihe der Stabilitäten der Flavosemichinon-Komplexe entspricht der weithin gültigen Irving-Williams-Reihe der Komplexstabilitäten[35] und lautet: Mn < Fe < Co < Ni > Zn > Cd. Cu^{2+} als Acceptorion steht in diesem Fall außerhalb der Regel, da es den exzeptionell stabilen, schon beschriebenen Ladungstransfer-Komplex bildet.

Tabelle 1. *Komplexbildungskonstanten*

Fl = [Struktur: Isoalloxazin mit H_3C, H_3C, N, N, O, N–R', N, O] R' = ADP-rib., ribityl, Ac_4rib., CH_3

Ligand	Metall		$\log K_{LMe}^{Me}$	50% EtOH 0,1n $NaClO_4$
FlH	Ni^{2+}		<1,0	⎫
$Fl^{\ominus}$	Ni^{2+}		<2,3	⎬ Flavochinonchelate[5], [25]
$Fl^{\ominus}$	Cu^{2+}		<3,0	⎭
FlR	Ag^+	{ R=CH_3	1,3	
		{ R=H	1,3	Ladungstransferchelate[12] [25]
$Fl^{\ominus}$	Ag^+		8,5	T = 20°
$Fl^{\ominus}$	Cu^+		10,0	
$FlR^{\ominus}$	Ni^{2+}	{ R=CH_3	4,9	⎫
		{ R=H	4,3	⎪
$FlR^{\ominus}$	Co^{2+}	{ R=CH_3	4,5	⎪
		{ R=H	4,0	⎬ Flavosemichinonchelate[25]
$FlR^{\ominus}$	Fe^{2+}		3,7	⎪ T = 50°
$FlR^{\ominus}$	Zn^{2+}	{ R=CH_3	4,7	⎪
		{ R=H	4,6	⎪
$FlR^{\ominus}$	Cd^{2+}	{ R=CH_3	4,1	⎪
		{ R=H	4,0	⎭

Während die Ladungstransferkomplexe gegen O_2 stabiler sind sowohl als das freie Semichinon wie als das Metallion in der niederen Valenzstufe, sind die aus dem freien Semichinon erhaltenen Komplexe mit redox-inaktiven Metallen sehr luftempfindlich. Ihre reinen Spektren sind daher schwer erhältlich. Qualitativ zeigen die Spektren beider Gruppen von Komplexen jedoch die gleiche Charakteristik. Titriert man schließlich das vollständig reduzierte Flavin, so treten bei Gegenwart von Metallionen keine Färbungen und kein von der Metallhydrolyse abweichender OH-Verbrauch auf. Das Leukoflavin ist also, wie nicht anders zu erwarten, auf Grund der fehlenden N(5)-Basizität nicht metallaffin. Die Komplexbildungskonstanten sind, soweit auswertbar, in Tab. 1 zusammengestellt.

IV. Zusammenfassung

Die struktur- und koordinationschemische Analyse des Isoalloxazins in seinen drei Redox-Stufen zeigt:

1. Die Chinonstufe hat energiereiche Iminoltautomere, die Semichinon- und Leukostufe energieärmere.

2. Chinon- und Semichinonstufe sind koplanar, die Leukostufe nicht, es sei denn in angeregtem Zustand.

3. Das Isoalloxazin-System ist nur nach Aufnahme eines und nur eines Elektrons metallaffin. Die Chinonstufe reagiert daher nur mit Donor-Metallionen zu stabilen Oxinat-analogen Komplexen. Die Semichinonstufe reagiert indes mit allen zweiwertigen d-Metallionen je nach deren Stellung in der Irving-Williams-Reihe. Die metall-induzierte Stabilisierung des Semichinons beinhaltet eine Komproportionierung des Gesamtsystems.

4. Beide Gruppen von Flavinchelaten unterscheiden sich in den Spektren nur wenig. Die Chelatspektren gleichen dem Spektrum des protonierten Semichinons und sind nahezu identisch mit dem Spektrum nativer Bernsteinsäuredehydrogenase.

5. Die Metallspezifität der Flavoproteine für Fe und Mo erklärt sich durch die Flavochinon-Spezifität für hydrophile Donormetallionen.

6. Der Adenylsäure-Rest des FAD ist koordinationschemisch bedeutungslos.

Davon ausgehend, möchte ich für das Studium der Metall-Flavoproteine folgende Arbeitshypothesen vorschlagen:

1. An der Enzymaktivität sind im wesentlichen drei Redox-Zustände beteiligt:

$$\begin{array}{l} A \\ B \quad H^-? \\ C \end{array} \left(\begin{array}{l} FlH + Fe^{III} \\ [FlH, Fe^{II} \rightleftarrows \dot{F}lH^-, Fe^{III}] \\ [FlH^-, Fe^{II}] + H^+ \end{array} \right) \begin{array}{l} \\ -e^- \\ -e^- - H^+ \end{array} \quad \text{(statt } Fe^{II/III} \text{ kann } Mo^{V/VI} \text{ stehen)}$$

Der voll oxydierte Zustand A beinhaltet keine direkte Wechselwirkung zwischen Metall und Coenzym. Der um ein Elektron reichere Zustand B beinhaltet starke Metall-Coenzym-Chelatbildung und Metall-Ligand (d, π)$_\pi$-Ladungstransfer, Metallvalenz und Ligandvalenz sind nicht scharf definierbar (Valenzmesomerie). Der um ein weiteres Elektron reichere Zustand C beinhaltet mäßig starke Chelatbildung ohne (d, π)$_\pi$-Ladungstransfer.

2. B, C unterscheiden sich spektral stark von A, untereinander jedoch wenig. Die Farbe des nativen Enzyms wird durch B, C, die des denaturierten Enzyms durch A bestimmt. Eine Unterscheidung von B und C sollte durch Elektronenspinresonanz möglich sein (vgl. hierzu BEINERT[3] sowie VEEGER, dieses Kolloquium, S. 171).

3. Der Energieunterschied der reduzierten (B, C) und oxydierten (A) Flaviminol-Tautomeren könnte in Zusammenhang stehen mit dem ersten Phosphorylierungsäquivalent der Atmungskette.

4. Die freie Leukoflavin-Stufe ist an der Aktivität des Metallenzyms nicht beteiligt.

Diese Studien wurden in dankenswerter Weise durch den Schweizerischen Nationalfonds zur Förderung der wissenschaftlichen Forschung auf Anregung von Professor H. ERLENMEYER ermöglicht. Mein Dank gilt weiter meinem Kollegen Dr. H. BRINTZINGER für fruchtbare Diskussionen sowie meinen Mitarbeitern Dr. P. BAMBERG und cand. phil. F. MÜLLER und meiner technischen Assistentin E. ROMMEL für unermüdlichen Arbeitseinsatz.

Literatur

[1] GREEN, D. E.: Science 133, 13 (1961).
[2] Vgl. Review von H. R. MAHLER: Adv. Enzymol. 17, 233 (1956).
[3] BEINERT, H., and R. H. SANDS: Biochem. biophys. Res. Comm. 1, 171 (1959) sowie R. C. BRAY, B. G. MALMSTRÖM u. T. VÄNNGARD: Biochem. J. 73, 193 (1959).
[4] Review von H. BEINERT im Rahmen des „Symposium über die Bedeutung der freien Nukleotide". Springer: Berlin 1961.
[5] HEMMERICH, P. u. S. FALLAB: Helv. chim. Acta 41, 498 (1958).
[6] Vgl. z. B. R. KUHN u. F. WEYGAND: Ber. dtsch. chem. Ges. 68, 1282 (1935).
[7] KUHN, R., u. R. STRÖBELE: Ber. 70, 753 (1937).
[8] SUELTER, C. H., and D. E. METZLER: Biochem. biophys. Acta 44, 23 (1960).
[9] HARBURY, H. A., and K. A. FOLEY: Proc. Natl. Acad. Sci. (Wash) 44, 662 (1958).
[10] HAAS, E.: Biochem. Z. 290, 291 (1937).
[11] KUHN, R., u. H. RUDY: Ber. 69, 2557 (1936). Dieser Punkt ist nach wie vor umstritten; vgl. Anm. 9.
[12] BAMBERG, P., u. P. HEMMERICH: Helv. chim. Acta 44, 1001(1961).

[13] HEMMERICH, P., B. PRIJS u. H. ERLENMEYER: Helv. chim. Acta **43**, 372 (1960).
[14] HEMMERICH, P.: Unpublizierte Daten.
[15] MÜLLER, F., P. HEMMERICH u. H. ERLENMEYER: Experientia (Basel) **18**, 498 (1962).
[16] BAMBERG, P., P. HEMMERICH u. H. ERLENMEYER: Helv. chim. Acta **43**, 395 (1960).
[17] MICHAELIS, L., and G. SCHWARZENBACH: J. biol. Chemistry **123**, 538 (1938).
[18] BEINERT, H.: J. Amer. chem. Soc. **78**, 5323 (1956).
[19] Erhalten durch kat. Hydrierung von 8-Methyl-2,4-pteridindion, aufgenommen unter N_2. Die Ausgangssubstanz verdanke ich Herrn Dr. W. PFLEIDERER, Techn. Hochschule Stuttgart, die Synthese erfolgte in Analogie zu W. PFLEIDERER u. G. NÜBEL: Chem. Ber. **93**, 1406 (1960).
[20] HEMMERICH, P., u. H. ERLENMEYER: Helv. chim. Acta **40**, 187 (1957).
[21] PULLMAN, B., and A. PULLMAN: Proc. nat. Acad. Sci. (Wash.) **45**, 136 (1959).
[22] Vgl. z. B. H. STAAB: Einführung in die theoretische organische Chemie. S. 309. Weinheim: Verlag Chemie 1959.
[23] VISCONTINI, M., u. C. MÖHLMANN: Helv. chim. Acta **42**, 1682 (1959) berichten über Stabilität des Flavochinons gegen $NaBH_4$. Dies trifft nicht zu.
[24] VEEGER, C.: Diss. Amsterdam 1960.
[24a] Vgl. z. B. D. V. DERVARTANIAN and C. VEEGER: Biochem. Soc. Meeting. Cambridge 1962, bzw. V. MASSEY and T. P. SINGER: J. biol. Chem. **228**, 263 (1957).
[25] HEMMERICH, P.: Habilitationsschrift Basel 1963; vgl. vorläufige Mitteilung P. HEMMERICH: Experientia (Basel) **16**, 534 (1960).
[26] Die Schreibweise der math. Symbole bezieht sich auf die im Standardwerk von J. BJERRUM, G. SCHWARZENBACH and L. G. SILLÈN, "Stability Constants", gegebenen Regeln.
[27] EHRENBERG, A.: Ark. Kemi **19**, 97 (1962).
[28] KUHN, R., T. GYÖRGY u. T. WAGNER-JAUREGG: Ber. dtsch. chem. Ges. **60**, 576 (1933).
[29] BAMBERG, P., u. P. HEMMERICH: Siehe Anm. 12, gleichzeitig und unabhängig behandelt von I. F. BAARDA and D. E. METZLER: Biochem. biophys. Acta **50**, 463 (1961).
[30] DEWAR, M. J. S.: Bull. Soc. chim. Fr. **1951**, doc C 71.
[31] NYHOLM, R. S.: Proc. chem. Soc **1961**, 284.
[32] HEMMERICH, P.: Unpubl. Ergebnisse.
[33] HEMMERICH, P.: Siehe Anm. 25; vgl. auch Proc. 7. Intern. Conf. Coord. Chemistry. Stockholm 1962 sowie Proc. III. Intern. Pteridin-Symposium. Stuttgart 1962. Pergamon Press (im Druck); HEMMERICH, P. u. C. SIGWART: Experientia (Basel) **19**, 488 (1963).
[34] WANG, T. Y., C. L. TSOU u. Y. L. WANG: Scientia Sinica **1**, 86 (1956). Zur Struktur der Bernsteinsäuredehydrogenase liegen ferner Arbeiten des Teams um WANG TSIN-LIN (Academia Sinica, Schanghai) vor [Scientia

Sinica **5**, 73 (1956); **7**, 651 (1958); Acta Biochem. Sinica **2**, 41 (1959)], welche bisher zur Isolierung eines FAD-hexapeptids vordrangen, aus welchem sich die Flavinkomponente jedoch nicht unversehrt freisetzen läßt. Vermutungen über die Art der zugrunde liegenden Flavin-Peptid-Bindung wurden am Biochem.-Kongreß Moskau 1961 von YING LAI ausgesprochen [vgl. Referat in Angew. Chem. **74**, 33 (1962)]. Auf Grund der Eigenschaften unserer Modelle können wir diese Vermutungen jedoch widerlegen. Eine Mitteilung darüber ist in Vorbereitung.

[35] IRVING, H., and R. J. P. WILLIAMS: Nature (Lond.) **162**, 746 (1948); als Übersicht vgl. A. E. MARTELL u. E. CALVIN: Die Chemie der Metallchelatverbindungen. S. 168ff. Weinheim: Verlag Chemie 1958.

Diskussion zu den Vorträgen VEEGER und HEMMERICH

Diskussionsleiter: ZAHN, Aachen

KLINGENBERG: (Marburg): Ich möchte eine allgemeine Frage stellen: Kann man sagen, wenn man ganz allgemein Flavoenzyme betrachtet, in welcher Gruppe von Flavoenzymen das FMN und in welcher Gruppe das FAD vorliegt?

HEMMERICH: Obwohl die Adenosin-Hälfte keinen starken Einfluß auf die chemischen Eigenschaften von FAD ausübt, unseren Ergebnissen zufolge speziell keinen Einfluß auf die Metall-Affinität, so kommt ihr doch, wie ich vermute, eine ganz ausschlaggebende Bedeutung im Flavoenzym zu. Schließlich haben die Arbeiten von SZENT-GYÖRGY gezeigt, daß die beiden planaren heteroaromatischen Gruppen im gelösten FAD eine Ladungstransfer Wechselwirkung aufweisen, die etwa 500mal stärker ist als diejenige von freiem Adenosin und FMN. Daraus folgt, daß sich FAD und FMN bezüglich des Energie-Inhalts ihrer Anregungszustände stark unterscheiden sollten. Die Frage, welches der beiden Koenzyme im jeweiligen Flavoprotein vorliegt, kann erst dann definitiv entschieden werden, wenn im einzelnen Fall sichergestellt ist, ob das Apoprotein nicht unter gewissen Umständen den Zerfall von FAD in FMN und AMP katalysiert.

HESS: Wenn man die Metallanalysen in Mitochondrien überschlägt, dann findet man, daß man das Kupfer der Mitochondrien dem Cytochrom a_3 zuordnen muß und das Eisen dem FAD. Nun wollte ich fragen, welche Funktion würden Sie nach Ihren Erfahrungen dem Eisen, dem Metall am FAD zuordnen?

HEMMERICH: Mir scheint, die Ergebnisse BEINERTS deuten sehr darauf hin, daß das Eisen im aktiven mitochondrialen Flavoenzym im Verband mit der prosthetischen Flavingruppe reversibel oxydoreduziert wird. Zumindest folgt aus unseren Studien am proteinfreien Metall-Flavin-Modell:

1. Die Metall-Koordination ist ein thermodynamisch vernünftiges Prinzip zur Stabilisierung der Radikalstufe des Flavins.
2. Die optischen Eigenschaften der mitochondrialen Flavoenzyme lassen sich Flavinradikal-Chelaten zuordnen und damit erstmalig strukturell deuten.
3. Das Vorliegen von Flavinradikal-Chelaten genügt zur Erklärung der Tatsache, daß in den aktiven mitochondrialen Flavoenzymen (und nur in diesen) offenbar keine Totalreduktion des Flavins bis zur Leukostufe auftritt, auch nicht bei hohem Substrat-Überschuß.

Weitere Möglichkeiten der Stabilisierung von Flavinradikalen im Enzym können dennoch nicht außer Betracht gelassen werden, da Radikalstabilisierung auch in metallfreien Flavoproteinen beobachtet wird, wenn auch keineswegs im gleichen Ausmaß. Insbesondere läßt sich sagen, daß alle metallfreien Flavoproteine durch Substrat total reduziert werden können und in der oxydierten Form ein Spektrum aufweisen, welches in erster Näherung dem des freien Koenzyms entspricht.

HOLZER: (Freiburg i. Br.): Nur eine kurze Frage. Herr Dr. VEEGER hat gesagt, daß FAD vor allem an das Protein gebunden sei. Was weiß man über die Natur der Bindung von FAD und über die Bindungen von FAD an das Protein?

VEEGER: Es kann nur mit Pepsin abgespalten werden; wo es gebunden ist, wissen wir nicht.

HEMMERICH: Wir wissen nicht, wo das Apoprotein am Koenzym gebunden ist in der Bernsteinsäure-Dehydrogenase. Wir wissen aber, aufgrund von Arbeiten der Teams um WANG und SINGER, daß es kovalent gebunden und nicht reversibel dissoziierbar ist. Wir wissen aufgrund unserer Modellsynthesen, wo es *nicht* gebunden ist, nämlich weder in 1-, 2-, 4- noch 5-Stellung des Flavochinons: 1- und 5-ständige Substituenten verändern das FAD-Spektrum drastisch, 2- und 4-ständige (funktionelle) Substituenten sind, wie wir fanden, in allen denkbaren Fällen leicht hydrolytisch oder oxydativ abspaltbar. WANG und WANG können ihrerseits 1-, 2-, 3- und 10-ständige (Seitenketten-ständige) Substitutionen ausschließen. Danach bleibt nur der Xylol-Teilkern des Isoalloxazins in der Diskussion. Wir haben die Reaktivität der 8-ständigen CH_3-Gruppe des Flavochinons in Modellversuchen zeigen können. Hier ist demnach eine irreversible, kovalente Koenzym-Apoprotein-Verknüpfung am wahrscheinlichsten.

ZAHN: Ich danke den Rednern und Diskussionsrednern und schließe die Sitzung.

Gruppenübertragung als chemische Reaktion
(gezeigt am Beispiel der Einkohlenstoff-Reaktionen)*

Von

L. JAENICKE

Physiologisch-Chemisches Institut der Universität Köln

Mit 3 Abbildungen

1. Das Prinzip der energetischen Ökonomie

Die naturwissenschaftlichen Untersuchungen führen stets vom Auffinden eines Phänomens zur Betrachtung des ihm zugrundeliegenden molekularen Ablaufs und zur Ableitung des allgemeinen Gesetzes. Die biochemische Mechanistik ist den gleichen Weg gegangen. Immer deutlicher wurden beim Studium der detaillierten Enzymmechanismen bestimmte Grundgesetze, unter denen als eines der wichtigsten die Ökonomie der freien Energie auffällt.

Der Aufbau und Umbau biologischen Zellmaterials erfordert das Bilden und Lösen von Bindungen zwischen Kohlenstoff- und Kohlenstoff- oder zwischen Kohlenstoff- und Hetero-Atomen[1]. Es widerspräche dem Ökonomieprinzip und den Möglichkeiten des Stoffwechsels, Körpersubstanz zu den konstituierenden Atomen aufzuspalten und daraus wieder zusammenzusetzen. Denn einmal liegen manche dieser Reaktionen außerhalb der Fähigkeiten der Körperzelle, so groß ihre Potenzen auch sein mögen, zum anderen ist der Netto-Energiegewinn eines solchen Umweges letzten Endes Null. Für die Hauptaufgabe des Stoffwechsels: Energie zu gewinnen, würde dadurch kein Beitrag gewonnen[2].

2. Gruppenübertragung und Transportmetaboliten

Um den Umbau der Substrate zu vollziehen, macht die Zelle daher vom Prinzip der Gruppenübertragung Gebrauch, wobei

---

* Herrn Professor Dr. OTTO WARBURG in Verehrung und Dankbarkeit zum 80. Geburtstag gewidmet.

ganze Molekülanteile intermediär an einen Träger gebunden und von dort aus weiter umgesetzt werden. Dadurch bleibt die Bindungsenergie in diesen Bausteinen erhalten[3].

Solche Träger können reine Proteine sein, über deren Wirkungsmechanismus die vorhergehenden Beiträge informiert haben, oder aber auch proteingebundene Trägermoleküle, die man als Cofaktoren bezeichnet. Die Reaktionsweise dieser Cofaktoren ist an sich unabhängig vom biologischen Katalysator, erfordert aber dann oft unphysiologische Bedingungen. Im Zellmilieu erhalten die Cofaktoren ihre katalytische Wirksamkeit durch die Kombination mit dem spezifischen gefalteten Enzymprotein, binden die Substratgruppen, aktivieren sie, transportieren und übertragen die „aktivierten" Reste, so daß durch Vereinigung mit anderen Zellbausteinen neue Moleküle synthetisiert werden.

3. Chemismen der Stoffwechselreaktionen

In dem Maß, wie die Mechanismen der Enzyme teilweise aufgeklärt wurden, wurde auch klar, daß sie Kombinationen bekannter Prinzipien der organischen Chemie darstellten. Intensiv wurde daher versucht, Enzymmodelle zu finden, Katalysatoren, die die gleichen Reaktionen wie Enzyme ausführen und auch nach den gleichen zugrundeliegenden Mechanismen funktionieren[4,5].

Die meisten Theorien der Enzymkatalyse beruhen auf dem Modell von SWAIN und BROWN[6]. Danach besteht der Mechanismus in einer konsekutiven Wirkung zweier elektronisch isolierter funktioneller Gruppen auf das gebundene Substrat, einer elektrophilen ($A^\oplus$) und einer nucleophilen ($B^\ominus$), und ist als polarer Ablauf gekennzeichnet, in dem der springende Punkt der gleichzeitige Angriff der beiden Gruppen in einer „push-pull"-Reaktion ist. Dadurch wird vermutlich die Aktivierungsenergie herabgesetzt.

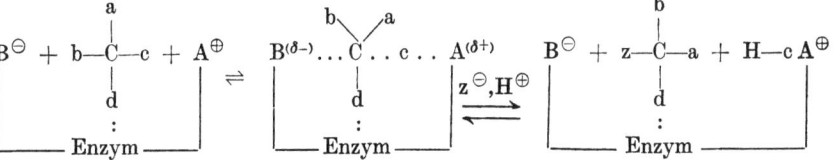

Am Enzym selbst beteiligen sich wohl auch Solvensmoleküle oder Ionen, die am „Aktiven Zentrum" in höherer Konzentration vorliegen können. Weiter dürften auch bestimmte Resonanzformen am Enzym bevorzugt oder Basizitäten, vielleicht durch Komplexbildung mit aktivierenden Metallen, verändert sein. Darüber hinaus dient schließlich das Enzym dazu, die Reaktionspartner sterisch günstig zueinander zu lagern. Dadurch kann der Entropieterm, d.h. die Thermodynamik der enzymatischen Reaktion, grundlegend verändert werden: Es ergeben sich in manchen Fällen die Bedingungen für Reaktionsabläufe, bei denen die Umsetzungen über den Energiepaß eines Substraten und Produkten gemeinsamen Übergangszustandes vor sich gehen ("concerted processes"), nicht über die Energieberge aktivierter Zustände mit dazwischen liegenden Energietälern von mehr oder weniger stabilen Zwischenkomplexen. Mehrzentrenprozesse werden besonders dann begünstigt sein, wenn die Konzentration an ionisierenden Solvensmolekülen am Aktionszentrum sehr gering und damit die schrittweise Polarisation der Reaktionsteilnehmer unmöglich ist. Um jedoch im wirklichen und überzeugenden Sinn von einem solchen Vorgang zu sprechen, muß sich mit Sicherheit feststellen lassen, ob die Elektronenübergänge gleichzeitig bei der Spaltung und Bildung der kovalenten Bindung stattfinden und, ob an der Reaktion tatsächlich alle Partner gleichzeitig beteiligt sind, was naturgemäß sehr schwierig und vielfach eine Frage der experimentellen Entwicklung ist[7].

Alle diese Argumente muß man bei einer rationalen mechanistischen Betrachtung der Wirkung von Coenzymen als Biokatalysatoren in Erwägung ziehen.

4. Coenzyme im Stoffwechsel der Kohlenstoff-Fragmente

Coenzyme leiten sich von einem der als Vitamine erkannten oligodynamischen Wirkstoffe ab. Seit den nunmehr über 30 Jahre zurückliegenden Entdeckungen OTTO WARBURGs[8] sind eine Reihe von Vitamin-Cofaktoren in Wirkung und Mechanismus bekannt geworden. Zu Anfang war man daraufhin recht froh, überhaupt zu wissen, daß an dieser oder jener Reaktion ein Cofaktor teilnimmt; heute beeindruckt das wohl noch immer, aber man möchte mehr über den zugrunde liegenden Mechanismus und das molekulare Geschehen wissen, das zu diesen Reaktionen führt.

Ich werde mich hier auf einige wenige Beobachtungen aus dem eigenen Arbeitsgebiet beschränken und einige der Prinzipien der

Gruppenübertragung an Beispielen aus dem Stoffwechsel der Einkohlenstoff-Einheiten, der Formyl- (CHO-), Hydroxymethyl- (CH_2OH-) und Methyl (CH_3)-Gruppe, besprechen[9].

Wir wissen heute, daß die Reaktionen dieser kleinsten Körperbausteine im allgemeinen durch Tetrahydrofolsäure (FH_4) katalysiert werden, jedoch sind in jüngster Zeit auch andere Reaktionen gefunden und in Betracht gezogen worden: so die Übertragung der Formylgruppe an Phosphat und Thiolen oder diejenige einer Hydroxymethylgruppe an Thiaminpyrophosphat (TPP). Gerade im letzten Fall, der später eingehender besprochen wird, hat sich gezeigt, daß verschiedenartige Polarisierungszustände der gleichen Gruppe an den einzelnen Cofaktoren ausgeprägt und damit spezifische Reaktionen ausgeführt werden können.

5. Coenzymmodelle

Unsere heutigen Anschauungen über die Rolle der Cofaktoren haben vielfach eine Grundlage und experimentelle Stütze in Untersuchungen nichtenzymatischer Reaktionen mit Modellverbindungen[10] gefunden. Mehr oder minder komplexe Modellsysteme, die die Wirkungsgruppe des biologischen Katalysators enthalten, gehören seit langem zu den brauchbarsten Werkzeugen der Enzymologie; mit ihnen lassen sich das Verhalten von Molekülgruppen studieren und postulierte Teilreaktionen nachvollziehen. Modellreaktionen mit Coenzymen sind dann relativ eindeutig, wenn die grundlegende Reaktivität des Coenzym-Protein-Komplexes in den Modellen erhalten bleibt. Immer wieder ergibt sich aber, daß die Geschwindigkeiten und Wirkungsgrade der Modellkatalysen erheblich geringer sind als die des imitierten enzymatischen Vorgangs. Wo nämlich ein Minimum gefalteten Proteins für die Katalyse nötig ist, findet die Interpretation ihre Grenzen. Natürlich haben die vereinfachenden Modelle auch nicht die Möglichkeit zur Spezifitäts-Ausrichtung wie die proteingebundenen Katalysatoren. Man muß daher stets gegen die Frage gewappnet sein, ob ein Katalysator, der mit so viel geringerer Effektivität arbeitet, tatsächlich dem enzymatischen Mechanismus folgt. Zweifellos jedoch haben oftmals gerade Modelle der Coenzyme Einblick in die molekulare Basis ihrer Funktion gegeben.

6. Allgemeine Chemie der Kohlenstoff-Einheiten

Betrachtet man die biologischen Reaktionen der Einkohlenstoff-Körper im Zusammenhang, muß man zunächst die einzigartige Chemie und Stereochemie der Formyl- und der Hydroxymethylgruppe besprechen[11].

$$\begin{matrix} H \\ H \end{matrix} \!\!> C = O$$

(Formaldehyd)

Formaldehyd hat eine gewisse Acidität, die den C—H-Bindungen durch die Carbonylfunktion mitgeteilt wird, und kann daher anionisch als Formyl-Anion HCO^- dissoziieren. Wichtiger ist aber die Protonen-katalysierte Aufrichtung der Carbonylfunktion zum Hydroxymethyl-Kation ($HOCH_2^+$), das nucleophile Agentien zu Kondensationsprodukten mit einer Hydroxymethylgruppe addieren kann. Mit Aminen erhält man >N—CH_2OH-Verbindungen, die ihrerseits leicht unter Dissoziation der Hydroxylgruppe das äußerst reaktionsfähige Kation der Mannichbase >N—CH_2^+ ergeben. In diesem ist die weitere Adduktbildung mit einem Nucleophil leicht möglich, prinzipiell auch nicht durch sterische Faktoren behindert, so daß sie die Ausgangsstufe für verschiedenartige weitere Kondensationen sein kann.

Die Stabilität der >N—C-Bindung läßt sich durch Quaternisierung des Stickstoffs vermindern, so daß Formaldehyd wieder abhydrolysiert werden kann:

$$>N-CH_2OH \xrightarrow{H^+} >\overset{+}{N}-CH_2OH \xrightarrow{OH^-} >N + HOCH_2OH$$

Durch Abspaltung eines Hydridions entsteht intermediär aus der Hydroxymethylgruppe das gleiche gebundene Formylkation, das auch bei der Protonierung einer N-Formyl-Verbindung erhalten wird:

$$>N-CH_2OH \xrightarrow{H^-} >N-\underset{OH}{\overset{}{C}H^+} \xleftarrow{H^+} >N-\underset{O}{\overset{\|}{C}H}$$

Die Zwitterstellung der Ameisensäure als stärkste Carbonsäure (H—COOH) und als Aldehyd (HO—CHO), die auch aus diesem

Verhalten abzuleiten ist, ist für das Verständnis der besonderen chemischen und biochemischen Eigenschaften der Einkohlenstoff-Einheit bedeutungsvoll.

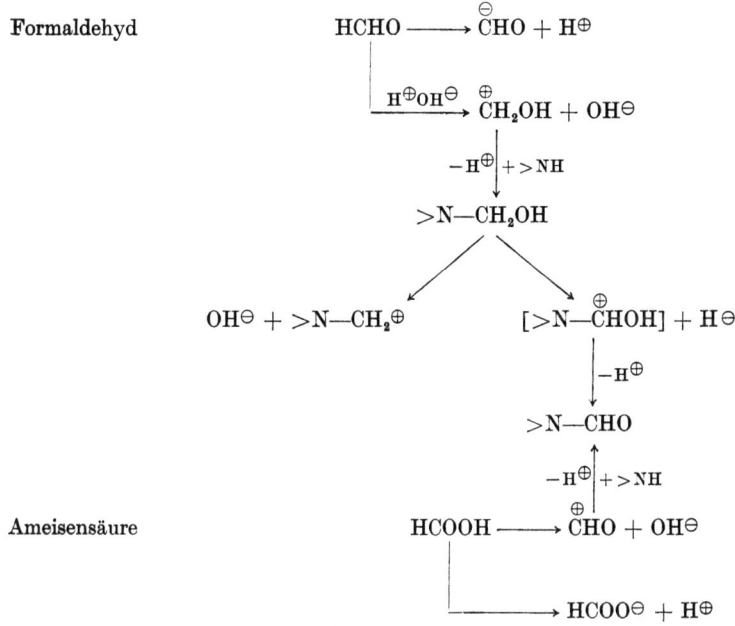

Ionisierte Formen von Formaldehyd und Ameisensäure

7. Folat-aktivierte C_1-Einheiten

In den überwiegenden Fällen werden die biologischen Reaktionen der Einkohlenstoff-Einheiten durch spezifische Folsäure-Cofaktoren mit ihren Enzymen katalysiert[9]. Es handelt sich dabei um die Ameisensäure-Aktivierungen, bei denen unmittelbar 10-Formyl-tetrahydrofolsäure (III), mittelbar 5,10-Anhydroformyl-tetrahydrofolsäure (IV) gebildet werden; um die Formaldehyd-Übertragungen, deren Zwischenprodukt 5,10-Methylen-tetrahydrofolsäure (II) ist; und die Methylgruppenbildung mit 5-Methyl-tetrahydrofolsäure (V) als Intermediärstufe.

Daraus folgen 4 Reaktionstypen, die Tetrahydrofolsäure als Cofaktor benötigen:

(1) Hydroxymethylierung und Transhydroxymethylierung

$$FH_4 + \;'CH_2O' \rightleftarrows (CH_2OH-FH_4) \xrightleftharpoons{Acceptor} CH_2OH\text{-Acceptor} + FH_4$$

(2) Formylierung und Transformylierung

$$FH_4 + {'}HCOOH{'} \rightleftarrows (CHO{-}FH_4) \xrightleftharpoons{Acceptor} CHO\text{-Acceptor} + FH_4$$

(3) Umwandlung der C_1-Fragmente ineinander

$$(CHO{-}FH_4) \xrightleftharpoons{+2H} (CH_2OH{-}FH_4) \xrightleftharpoons{+2H} (CH_3{-}FH_4)$$

(4) Methylgruppenbildung

$$(CH_3{-}FH_4) \xrightarrow{Acceptor} CH_3\text{-Acceptor} + FH_4.$$

Sind schon diese Reaktionen mit ihren enzymkatalysierten Übergängen verwirrend genug, hat sich im Laufe der letzten Jahre gezeigt, daß Einkohlenstoffkörper, je nach der Oxydationsstufe, auch an Thiolen oder an Thiamin aktiviert werden können. Der Vergleich dieser verschiedenen aktivierten Einkohlenstoffkörper und ihrer Reaktionen gibt interessante Einblicke in die Möglichkeiten, die die Natur hat, ein und den gleichen Cofaktor für verschiedene Reaktionen oder aber die gleiche Gruppe an verschiedenen Cofaktoren spezifisch in den Stoffwechsel einzubeziehen.

8. Diaryläthylendiamine als Tetrahydrofolsäure-Modelle[12]

In allen aus biologischem Material isolierten Tetrahydrofolsäure-Derivaten sind N(5) oder N(10) oder sogar beide Stickstoffatome mit der C_1-Einheit auf ihren verschiedenen Oxydationsstufen verknüpft. Es lag daher nahe, in diesen beiden Stickstoff-Atomen, zusammen mit der sie verbindenden C_2-Brücke, die charakteristische Wirkstruktur des Cofaktors zu sehen und zu versuchen, Moleküle aufzubauen, die diese Gruppierung geeignet geformt erhalten, um mit solchen Modellverbindungen, nach den eingangs geschilderten Gedankengängen, den molekularen Mechanismus der Folatreaktionen zu studieren.

Tatsächlich zeigt bereits das einfache Diaryläthylendiamin (VII), in dem, wie in Tetrahydrofolsäure (I), die beiden sekundären Stickstoffe von aromatischen Resten flankiert sind, manche der für Tetrahydrofolsäure charakteristischen Reaktionen mit Ameisensäure oder Formaldehyd, ist aber zugleich sehr viel stabiler und daher leichter zu handhaben.

Bereits SHIVE[13] hatte die Struktur als Modell der Tetrahydrofolsäure verwandt und WANZLICK zeigte die Fähigkeit der Verbindung, sich mit Formaldehyd spezifisch zu Imidazolidinen zu kondensieren[14].

Tetrahydrofolsäure (I)

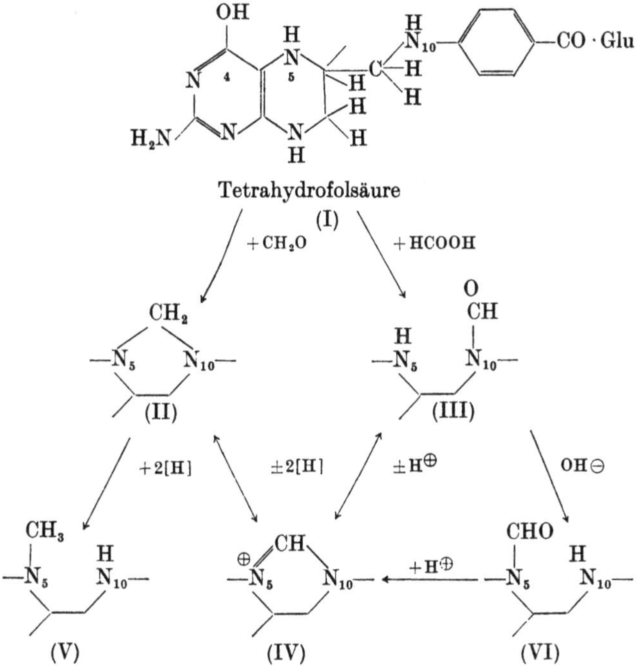

Tetrahydrofolsäure-Derivate und Tetrahydrofolsäure-Modelle

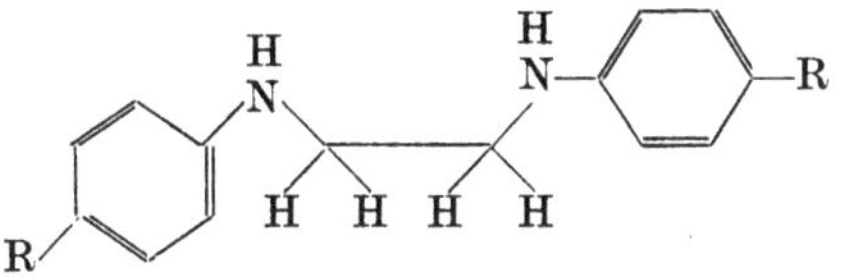

Diaryläthylendiamine (VII)

9. Mechanismus der Serinaldolase: Simultanaktivierung durch zwei Cofaktoren[15]

Die Aminosäure Serin ist eine der wichtigsten Quellen der Kohlenstoff-Einheiten, die im Stoffwechsel zu synthetischen Reaktionen herangezogen werden. An der von der Serinaldolase (Serinhydroxymethylase), katalysierten Spaltung des Serins nach

$HOCH_2 \cdot CH(NH_2) \cdot COOH + FH_4 \rightleftharpoons CH_2(NH_2) \cdot COOH + $ Methylen-FH_4
Serin (I) Glycin (II)

sind sowohl ein von Tetrahydrofolsäure abgeleitetes Coferment als Acceptor der Kohlenstoffeinheit aus dem β-Kohlenstoff der Aminosäure als auch Pyridoxalphosphat als Katalysator beteiligt. Auf Grund der Molleluntersuchungen von SNELL[16] und von BRAUNSTEIN[17] sind detaillierte Vorstellungen über die Funktion des Pyridoxalphosphats entwickelt worden, wozu auch die nichtenzymatische Spaltung des Serins in Gegenwart von Pyridoxal zu Glycin und freiem Formaldehyd gehört. Sie erfordert bestimmte Metallionen als Zentralatome der Reaktionskomplexe: In vorgelagerter Reaktion wird das Azomethin aus Pyridoxal und der Aminosäure gebildet, das sich in das Tautomere umlagern kann, dessen elektronische Struktur derjenigen der Acyloine ähnelt. Durch basenkatalysierte Spaltung erhält man daraus Formaldehyd und das Azomethin des Glycins mit Pyridoxal; die Ausbeute ist aber äußerst gering und vor allem wird bei dieser Reaktion der α-Wasserstoff der Aminosäure gelöst.

Diese Modellspaltung benötigt außer Pyridoxal und dem Zentralmetall also keinen weiteren Cofaktor; dagegen ist die enzymatische Reaktion der Serinaldolase *strikt* Tetrahydrofolsäureabhängig. Wegen der diffizilen Handhabung der Tetrahydrofolsäure bei chemischen Umsetzungen ersetzten wir sie durch N,N'-Diaryläthylendiamine, die sich als Modelle der Wirkstruktur des Cofaktors bewährt haben. Ihre in diesem Zusammenhang interessanteste Eigenschaft ist die bereitwillige Umsetzung mit Aldehyden zu schwerlöslichen substituierten Imidazolidinen. Deren Bildungstendenz ist so groß, daß sie auch bei der Metzlerschen Serinspaltung aus dem Formaldehyd entstehen müßten. Es zeigt sich jedoch, daß die Spaltung von Serin durch Pyridoxal alleine außerordentlich gering ist. Setzt man nunmehr dem Reaktionsgemisch ein Diaryläthylendiamin zu, erhöht dies den Spaltungsgrad des Serins ganz erheblich, wobei die Basizität der Verbindung eine entscheidende Rolle spielt: Mit steigender Basizität der Stickstoffatome, aber auch mit steigender Löslichkeit der Modellverbindung, steigt die Wirksamkeit des Systems.

Daß die Wirkung der Tetrahydrofolsäure nicht im Abfangen des Formaldehyds besteht und damit in einer einfachen Beeinflussung des Gleichgewichts der Serinspaltung in Richtung auf Glycin und gebundenen Formaldehyd, geht aus den in Tab. 1 gezeigten Spaltungsquotienten hervor. Tab. 2 zeigt, daß die Bilanz der Reaktion nach der angegebenen Gleichung erfüllt ist.

Tabelle 1. *Wirksamkeit von Diaryläthylendiaminen in der Serinaldolase-Modell-Reaktion*

Modell* R =	Steigerung der Spaltung mit		
	Pyridoxal	Modell	Pyridoxal + Modell
H	0.8	0.5	11.2
CH_3	0.9	0.4	6.5
OC_2H_5	1.4	0.9	8.6
Br	0.6	0.2	0.5
COOH	1.5	1.2	16.2

* Modell = R—Ar · NH · CH_2CH_2 · NH · Ar · R

Tabelle 2. *Serinaldolase-Modell-Reaktion; Wirkung der Cofaktoren und Bilanz*

	1	2	3
Pyridoxal	+	−	+
Modell (R = H)	−	+	+
Imidazolidin (mμmol) ..	18	10	220
Glycin (mμmol)	—	—	210

Ansatz: 20 μMol Ammonacetat p_H 5,5, 10 μMol Pyridoxal-HCl, 1 μMol Aluminiumsulfat, 10 μMol Serin-β-^{14}C (7100 Zpm/μMol), 10 μMol Diaryläthylendiamin (VII)-H. Vol. 1,7 ml. 2 Std, 100°

Aus den Ergebnissen können wir daher folgern, daß Serin in Gegenwart eines N,N'-Diaryläthylendiamins nicht nur entsprechend den Vorstellungen von METZLER durch das Pyridoxal gespalten und der freiwerdende Formaldehyd durch den Folatfaktor abgefangen wird, sondern daß es eine andersartige Spaltung erleidet, an der das N,N'-Diaryläthylendiamin (d. h. also der Folatcofaktor) als *echter Reaktionspartner* teilnimmt. Bei dieser Spaltung, in der wir das nichtenzymatische Analogon der biologischen Serinspaltung vor uns haben, liegt die Wirkung der Folatverbindung darin, daß sie gemäß dem unten stehenden Schema mit dem durch Azomethinbildung an Pyridoxal aktivierten Serin kondensiert, wobei gleichzeitig oder später, also in einer ,,push-pull''-Reaktion, die α,β-C—C-Bindung im Serin gelöst wird. Die Spaltung erfährt durch die sterisch günstige Konfiguration des zweiten negativen Zentrums im Äthylendiamin eine zusätzliche Erleichterung, so daß das entstehende Carbeniumion sich zum Imidazolidin cyclisiert. An dieser Reaktion nimmt der α-Wasserstoff überhaupt nicht teil, wodurch sich sowohl die Beobachtungen von WILSON und SNELL[18] am α-Methylserin wie auch eigene Beobachtungen mit α-tritiiertem Serin erklären.

Verlauf der Serin-Aldolase-Reaktion im Modell

10. Mechanismus der Transhydroxymethylierung über Mannich-Kondensation

Diese Modellreaktion läßt sich aber nicht verwenden, um die Rückreaktion nachzubilden, denn es war bisher in keinem Fall möglich, Serin aus dem Imidazolidin und Glycin zu erhalten. Das die Methylen-tetrahydrofolsäure darstellende Imidazolidin kann die Methylengruppe in nichtenzymatischen Reaktionen zwar auf andere Äthylendiamine übertragen und reagiert auch mit Dimedon, es ist aber zu reaktionsträge, um, in Analogie zu den biologischen Systemen, Kohlenstoff-Kohlenstoff-Bindungen zu bilden. Das bedeutet, daß nicht die cyclische Verbindung, sondern das intermediär oder nach Quaternisierung zu erwartende mesomere Kation der Mannichbase ($>$N—CH$_2^+$) die eigentliche Wirkform des aktiven Formaldehyds ist. Diese Polarisierung kann möglicherweise durch Komplexbildung mittels der 4-C=O-Gruppe am Pterinring oder zwischen den beiden Äthylendiamin-Stickstoffen erreicht werden. Aus einem solchen Zustand kann die CH_2-Gruppe in elektrophiler Reaktion mit Carbanionen vom Typ des Pyridoxalaktivierten Glycins, des Uracils (als α,β-ungesättigtes Keton) und vielleicht auch des 5,8-Dihydropterins (als Enamin)

Uracil ; 5,8-Dihydropterin

oder mit einer SH-Gruppe reagieren. Bei weiterer Quaternisierung kann dann unter milden Bedingungen die intermediäre Mannichbase hydrolysiert oder die Einkohlenstoff-Einheit als Formaldehyd abgespalten werden.

Das ist eine exakte Analogie zur Mannich-Reaktion[19], die ebenfalls über das mesomere Kation einer N-Hydroxymethylverbindung zu formulieren ist und bei der der geschwindigkeitsbestimmende Schritt in der Bildung der ionisierten Form besteht. Nach Ausbildung des quaternisierten aminomethylierten Produkts kann durch Hydrolyse ein Zustand größerer Mesomerie erreicht werden: Produkte sind dann das freie Amin und die C-Hydroxymethylverbindung

$$\overset{H}{\underset{+}{>N}}-CH_2-CH_2R \xrightarrow{OH^-} >NH + HOH_2C-CH_2R.$$

11. Oxydation und Reduktion Folat-gebundener Kohlenstoff-Einheiten

Das Kation der Mannichbase kann auch ein Hydridion anlagern und wird dadurch zu einer N-Methyl-Verbindung reduziert. Chemisch läßt sich hierzu Boranat verwenden, mit dem derartige Synthesen von Aminomethylverbindungen aus Aminen und Formaldehyd beschrieben sind[20]. Im natürlichen Cofaktor reagiert offenbar das 5-Isomere der Carboniumgrenzform der Methylentetrahydrofolsäure (II) mit dem Hydrid, so daß 5-Methyl-tetrahydrofolsäure (V) resultiert.

Bei der bekannten Reduktionskraft des Formaldehyds würde man in den Diarylimidazolidinen reduzierende Eigenschaften erwarten. Tatsächlich erhöht aber der Ersatz der Sauerstoff-Funktionen durch die weniger elektronegativen Stickstoff-Funktionen das Redoxpotential, so daß sie nur noch durch relativ kräftige Oxydationsmittel angegriffen werden. Bei der Oxydation, z. B. mit Peressigsäure, erhält man Imidazoliniumverbindungen, die sich durch ihr charakteristisches Spektrum auszeichnen.

Durch spektrophotometrische Verfolgung dieser Reaktion erhält man eine Kurvenschar mit isosbestischen Punkten (233 und 258 mμ), die beweisen, daß die Oxydation ohne Zwischenstufen durch Verlust von einem Elektronenpaar zum ungesättigten mesomeriestabilisierten System der Imidazoliniumsalze führt, die der natürlichen Anhydroformylverbindung (IV) formal gleichen[12] (Abb. 1). Bei der Oxydation fehlt hierbei also der Energiegewinn durch die Mesomerie-Energie des entstehenden Carboxyls; deswegen liegt das Gleichgewicht weit auf der Seite des gebundenen Formaldehyds, und die Reduktion gelingt leicht.

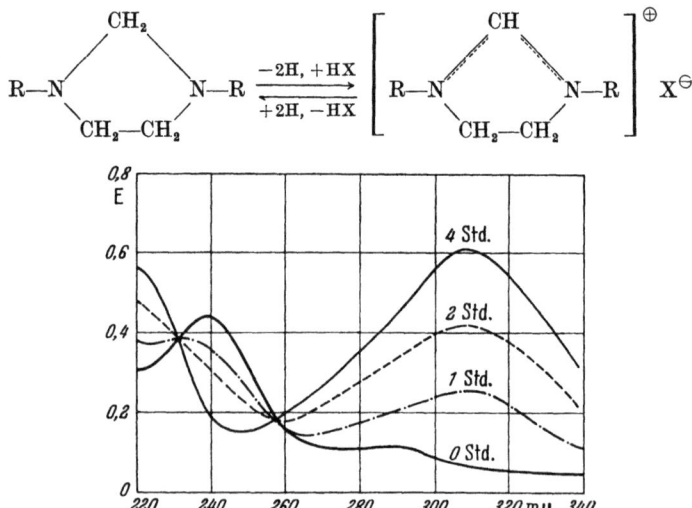

Abb. 1. Spektrophotometrische Verfolgung der Oxydation von N,N'-Diphenylimidazolidin mit Peressigsäure

Im natürlichen Cofaktor muß nach den mit Modellen erhaltenen Ergebnissen der Tetrahydropyrazinring eine spezifische Funktion haben, etwa folgendermaßen: Primär greift das Oxydationsmittel am Stickstoffatom mit der höchsten Elektronendichte (N(5)) an, so daß dort ein quartärer Stickstoff entsteht. Durch Abspaltung des Protons von der Methylengruppierung wird das resonanzstabilisierte Imidazolinium-Ion gebildet.

$$\underset{H\quad H}{\underset{|\quad|}{C}}\diagup\diagdown \quad -2e \rightarrow \left[\text{Ox} \leftarrow \underset{H\quad H}{\underset{|\quad|}{C}}\diagup\diagdown \right] \rightarrow \underset{H}{\underset{|}{C}}\diagup\diagdown\; + H^{\oplus}$$

$-N_5 \quad N-$ $\quad -N_5 \quad N-$ $\quad -N_5 \quad N-$

Solche Stabilisierungsmöglichkeiten spielen auch bei anderen Übertragungsreaktionen, z. B. bei den Reaktionen des Thiaminpyrophosphats, eine große Rolle.

12. Mechanismus der Formylase

Die Oxydation der Methylen-tetrahydrofolsäure ergibt Anhydroformyl-tetrahydrofolsäure. Wie die beschriebenen Modelluntersuchungen zeigten, entspricht das dem Übergang eines Imidazolidins in ein Imidazoliniumsalz.

Die enzymatische Aktivierung der Ameisensäure am Cofaktor Tetrahydrofolsäure führt dagegen zum „aktiven Formiat", der 10-Formyl-tetrahydrofolsäure, nach

$$\text{HCOOH} + \text{FH}_4 + \text{AdR}-\text{PPP} \underset{}{\overset{Mg^{2+}}{\rightleftharpoons}} 10-\text{Formyl}-\text{FH}_4 + \text{AdR}-\text{PP} + \text{H}_3\text{PO}_4$$
(I)   Adenosin-   (III)   Adenosin-
         triphosphat   diphosphat

Die thermodynamisch aktivierte Adenosintriphosphorsäure, die in der folgenden Form polarisiert ist,

$$\text{Ad}-\text{R}-\text{O}-\overset{+}{\text{P}}-\text{O}-\overset{+}{\text{P}}-\text{O}-\overset{+}{\text{P}}-\text{O}^-$$

birgt die thermochemische Möglichkeit für die energiebenötigende Kondensation der Säure mit dem Amin. Sie kann aber nur nach der kinetischen Aktivierung durch das Enzym wirksam werden. Das Magnesiumion bewirkt wohl diese kinetische Aktivierung der P—O-Bindungen über ein Chelat.

Sowohl die eigentliche Aktivierungsreaktion als auch die daran anschließenden Übertragungen und Reaktionen der „aktiven Ameisensäure" zeigen für die allgemeine Betrachtung der Mechanismen gruppenübertragender Cofaktoren aufschlußreiches und beispielhaftes Verhalten.

a) Hypothetische Zwischenstufen

Nach kinetischen Versuchen mit hochangereicherter tierischer Formylase wurde ein Mechanismus diskutiert[21], der die intermediäre Bildung eines cyclischen Tetrahydrofolsäure-Phosphats einschließt. Eine derartige Verbindung konnte jedoch weder aus den Ansätzen isoliert, noch synthetisiert werden. Wir mußten daher eine feste Bindung und Stabilisierung der Zwischenstufe an das Enzym fordern. Um zu untersuchen, ob eine derartige Verbindung überhaupt existenzfähig ist und das für die Formylierung notwendige Verhalten zeigt, wurde versucht, — wiederum an den Diaryläthylendiamin-Modellen — die Bildungsmöglichkeit, die Stabilität und die Reaktivität eines cyclischen Diamidphosphates zu studieren. Dieser Verbindungstyp, das 2-Phospha-imidazolidin, war bisher noch kaum untersucht.

Die cyclischen Phosphate lassen sich in einfacher Weise durch Umsetzung von Diaryläthylendiaminen mit $POCl_3$ und anschließende alkalische Hydrolyse darstellen[22]. In alkalischer Lösung ist das Diamidophosphat völlig stabil; im Sauren dagegen wird es langsam an den P—N-Bindungen gespalten. Das Mono-amidphosphat ist als Zwischenstufe nicht nachzuweisen, vermutlich, weil der 2-Phospha-imidazolidin-Ring fast spannungsfrei ist, so daß die Hydrolyse der ersten P—N-Bindung sehr viel langsamer als die der zweiten ist. In der Tab. 3 sind die Halbwertszeiten in einigen Puffern angegeben. Auffällig ist die Beschleunigung der Hydrolyse durch Formiat. Dabei entsteht N-Formyl-Diaryläthylendiamin in sehr guter Ausbeute, und zwar steigt diese mit steigendem p_H. Freies Diaryläthylendiamin wird unter den gleichen Reaktionsbedingungen kaum formyliert. Die Kinetik der Hydrolyse, die sich optisch verfolgen läßt, zeigt Abb. 2. Sie folgt in allen Fällen der 1. Ordnung. Die Bildungsgeschwindigkeit der Formylverbindung hat also die gleiche Halbwertszeit wie die Formolyse. Mit Acetat oder Benzoat-Puffer entstehen unter diesen Bedingungen keine N-Acyl-Derivate, wenn sie auch die Hydrolyse des Cyclophosphats

Tabelle 3. *Halbwertszeiten der Hydrolyse von N,N'-Diphenyläthylendiamin-(cyclo)-phosphat*

pH	Puffer	t ½ (min)	Faktor
3,0	0,1 m Phthalat	31,5	
4,0	0,1 m Phthalat	175	5,5 × pH 3
5,0	0,1 m Phthalat	1070	6,1 × pH 4
3,0	0,1 m Formiat	11,7	
	1,0 m Formiat	9	3,5 × Phthalat pH 3
4,0	0,1 m Formiat	107	
	1,0 m Formiat	53	3,25 × Phthalat pH 4
	1,0 m Acetat	135	
5,0	0,1 m Formiat	900	
	1,0 m Formiat	330	3,25 × Phthalat pH 5

Versuchstemperatur = 50° C.

beschleunigen. Man erhält sie jedoch in etwa 50% Ausbeute bei der Reaktion freier cyclischer Diamidophosphorsäure mit Essig- oder Benzoesäure in siedendem Toluol, also entsprechend der Peptidsynthese von GOLDSCHMIDT mittels N-phosphorylierten Aminosäuren[23].

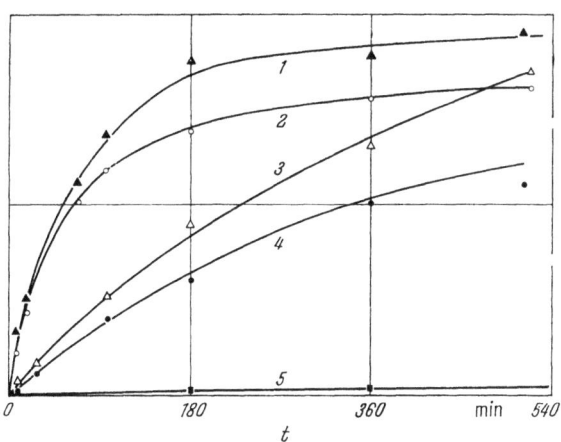

Abb. 2. Hydrolyse und Formylierung von N,N'-Diphenyläthylendiamin-(cyclo)phosphat. (1) Hydrolyse in m Formiat pH 4,0; (3) Hydrolyse in 0,1 m Acetat pH 4,0; (4) Hydrolyse in 0,1 m Phthalat pH 4,0; (2) Bildung der Formylverbindung in Formiat; (5) Bildung der Formylverbindung aus Diphenyläthylendiamin und 1,0 m Formiat.
Ordinate: % Hydrolyse bzw. Umsatz

Der beschleunigende Effekt des Formiats fordert, daß dieses im geschwindigkeitsbestimmenden Schritt der Hydrolyse — das ist die Ringöffnung — eingreift. Die im postulierten Mechanismus hier anzunehmende N-Formyl-N-phosphoryl-Zwischenverbindung (IX) läßt sich zwar synthetisieren, ist aber sehr instabil. Der Grund liegt darin, daß das Phosphorylierungsmittel mit dem disubstituierten Formamid zu einer Isonitriliumverbindung reagieren kann [24], die mit dem nächsten nucleophilen Partner, nämlich dem sterisch günstig stehenden zweiten Stickstoff den Ring zum Amidin schließt und damit dem Phosphat den Zugang versperrt.

Man findet daher zwar eine Verbindung der gesuchten analytischen Zusammensetzung (Formyl-diaryläthylendiamin : Phosphat = 1,0 : 1,08), die aber unterhalb p_H 10 sehr rasch in N,N'-Anhydroformyl-diaryl-äthylendiamin und Phosphorsäure zerfällt.

Formolyse des cyclischen Modellphosphats (VIII)

Der vorgeschlagene Mechanismus der Zerfalls zeigt einen viergliedrigen Übergangszustand, ähnlich dem der Wittigschen Olefinsynthese (mit Stickstoff statt Kohlenstoff). Er schließt eine — zum mindesten teilweise — Wanderung der Formylgruppe zum anderen Stickstoff ein, wie sie auch beim enzymatischen Mechanismus gefordert werden muß, da nämlich die enzymatische Formylierung der Tetrahydrofolsäure in Gegenwart von Arsenat zur Bildung der

5-Formyl-tetrahydrofolsäure (VI) neben dem Hauptprodukt 10-Formyl-tetrahydrofolsäure (III) führt[21].*

Um die Wanderung der Formylgruppe nachzuweisen, hat C. KUTZBACH[22] unsymmetrisch substituierte Diaryläthylendiamine synthetisiert. Der eingeschlagene Weg beruht prinzipiell auf der Kondensation von Chlor-acetaniliden mit Arylaminen und Reduktion der resultierenden N-Aryl-glycin-anilide mit Lithiumalanat. Die Ausbeuten dieser generellen Methode sind gut. Die Formylierung der bisher dargestellten Verbindungen gibt aber Gemische der beiden isomeren Formylanilide, die sich nicht trennen ließen. Offenbar unterscheiden sich die Basizitäten der Stickstoffe noch nicht ausreichend, um die Formylierung eindeutig zu lenken.

Die bisherigen Modelle werden hierin bei weitem von dem natürlichen Cofaktor, dem sie zwar sonst in vielen Eigenschaften ähneln, übertroffen. In Tetrahydrofolsäure ist N(5) sehr viel basischer als N(10), da zahlreiche Nachbargruppen auf dieses sekundäre Amin einwirken und zudem N(5) eine Wasserstoffbrücke zu der C(4)=O-Gruppe bilden kann, die stabilisiert. N(10) dagegen ist lediglich als aromatisches Amin anzusehen, allerdings substituiert mit einem Carboxyamid in p-Stellung.

Gegen das Auftreten eines Cyclophosphats der Tetrahydrofolsäure bei der Formylase-Reaktion könnte unter anderem eingewendet werden, daß die Bildung der zweiten Phosphor-Stickstoff-Bindung die Spaltung einer zweiten energiereichen Phosphat-Bindung notwendig mache. Die günstige sterische Konfiguration könnte das aber überflüssig machen. So tritt bei der alkalischen Hydrolyse der Diphenylester der N-Phosphoryl-diaryläthylen-

---

* Im Modellexperiment hat Arsenat nur eine geringe Wirkung; eine Arsenolyse ist auch nicht zu erwarten, da das Arsenat erst in die enzymatische *Rück*reaktion eingreift.

diamine statt der freien Phosphorsäure das cyclische Phosphat auf. Es ist dafür der folgende Weg anzunehmen:

$$\underset{\substack{H\\ -N\diagdown\diagup N-}}{\overset{\substack{OPh\\ |\\ OP-O-Ph}}{|}} \xrightarrow[-PhOH]{+OH^{\ominus}} \underset{\substack{H\\ -N\diagdown\diagup N-Ph}}{\overset{\substack{OPh\\ |\\ OP-O^{\ominus}}}{}} \xrightarrow[-PhOH]{(OH^{\ominus})} \underset{-N\diagdown\diagup N-}{\overset{\substack{O\diagdown\diagup O^{\ominus}\\ P}}{}} $$

(IX)

b) Kinosynthase-Mechanismen[7]

Die Bildung des Diamidophosphat-Ringes an der Tetrahydrofolsäure, wie es im angegebenen Mechanismus gefordert wird, scheint demnach nicht unwahrscheinlich. Trotzdem befriedigt dieser Mechanismus nicht und steht auch nicht in vollem Einklang mit analogen Kinosynthase-Reaktionen[7], für die in einem simultanen "push-pull"-Mechanismus das freie Elektronenpaar des Heteroatoms an dem Kohlenstoff der Acylverbindung und ein Elektronenpaar des Sauerstoffs am Phosphor angreift, wie es das Schema zeigt.

$$\begin{array}{c} HO\diagdown\overset{O}{\underset{P}{\|}}\diagup OH \\ ADP-O\diagup\quad\overline{O}H \\ \qquad\qquad | \\ \qquad\qquad H\overset{}{C}O \\ H\diagdown\overline{N} \\ R\diagup\quad\diagdown R \end{array}$$

Das würde also bedeuten, daß intermediär ein Acylphosphat auftritt. Im Fall der Taubenleber-Formylase konnte die Beteiligung von freiem Formylphosphat mit der synthetischen Verbindung zwar ausgeschlossen werden, aber die Übertragung von ^{18}O aus Formiat in anorganisches Phosphat, die von RABINOWITZ[25] am Clostridien-Enzym gezeigt wurde, spricht doch durchaus für das intermediäre Vorkommen einer Bindung zwischen der Formyl- und der Phosphatgruppe. Die Folatformylase wäre dann in das allgemeine Schema solcher Reaktionen einzuordnen.

Fassen wir diese und andere, früher mitgeteilte Beobachtungen[26] zusammen, können wir folgenden Gesamtmechanismus der Formylase-Reaktion herausschälen: Zunächst entsteht mit Taubenleber-Formylase aus der polarisierten β,γ-Bindung der Adenosintriphosphorsäure ein Enzym-Phosphat. An dieses lagern sich die beiden anderen Substrate, Formiat und Folat sterisch so an, daß das Formiat zum Formyl-Kation polarisiert wird (ohne daß ein isolierbares Formylphosphat auftreten muß!) und dieses nun den nucleophilen Stickstoff des Folats angreift. Offenbar tritt es dabei zunächst an N(5) und wandert erst sekundär zum N(10), so daß als Endprodukt 10-Formyl-tetrahydrofolsäure (III) isoliert wurde, ohne daß die cyclische Anhydroform (IV) in meßbaren Mengen auftritt. Abb. 3 versucht diesen Mechanismus schematisch zu illustrieren.

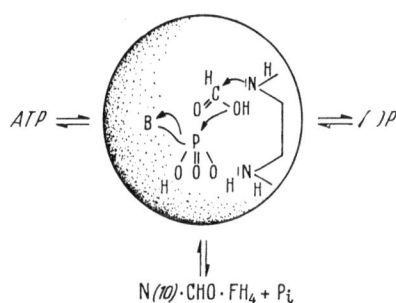

Abb. 3. Mechanismus der Formyl-tetrahydrofolat-Kinosynthetase-Formylase als Reaktion

13. Formiat-Transfer-Reaktionen

Die transformylierende „aktivierte" Formylverbindung wird biologisch entweder durch energiebenötigende Formylierung der Äthylendiaminstruktur (I) oder aber durch Oxydation des Imidazolidins (II) gebildet. Dadurch entsteht ein neuer Typ energiereicher Bindung, die Carbimonium-Struktur (IV), oder, wenn die Formylgruppe lediglich an N(10) steht, die „aktivierte Ameisensäure" (III), die man in ihren Reaktionen als Vinyloges eines Acylharnstoffs betrachten darf (s. unten).

Die freie Energie der Hydrolyse der Formylgruppe in Stellung 10 ist etwa 6 kal höher als die derjenigen in Stellung 5. Das steht in guter Übereinstimmung mit der Beobachtung, daß die Bildung von 10-Formyl-tetrahydrofolsäure in der Formylasereaktion (s. oben) in reversiblem Gleichgewicht mit der Spaltung einer Pyrophosphat-Bindung in Adenosintriphosphorsäure steht, für deren Hydrolyse etwa 7,8 kal errechnet werden. Eine Erklärung für eine so große Hydrolyseenergie eines Säureamids bietet die Betrachtung der mesomeren Grenzstrukturen. Dabei zeigt sich, daß das freie Elektronenpaar am N(10) sowohl von der Mesomerie des aromatischen Systems wie der Formamidgruppe beansprucht wird, so daß beide sich nicht richtig ausbilden können (hindered resonance). Durch die hydrolytische Spaltung wird diese Behinderung aufgehoben, und unter Energiegewinn entstehen zwei frei mesomeriefähige Moleküle. Es handelt sich also grundsätzlich um die gleiche Ursache wie bei anderen biologisch wichtigen energiereichen Bindungen, z. B. der Pyrophosphate oder der Thioester. Ein chemisches Analogon dieser N-Formyl-p-aminobenzoylamid-Struktur erkennen wir in den Acylharnstoffen, deren Acylierungsfähigkeit wohlbekannt ist. In sehr ähnlicher Weise wird die Acylaktivierung biologisch auch in den Carboxylierungs-Reaktionen mit Biotin ausgenützt, dessen Wirkzentrum ebenfalls eine Harnstoff-Struktur ist.

N-Acyl-harnstoff

Die Transformylierungsreaktionen lassen sich von den beiden „aktiven" Verbindungen (III) und (IV) chemisch deuten, wie denn auch im Aufbau der Purine zwei Reaktionen gefunden worden sind, an denen spezifisch 10-Formyl-tetrahydrofolsäure (Aminoimidazolcarboxamid-Formylase) bzw. Anhydroformyl-tetrahydrofolsäure (Glycinamidribotid-Formylase) beteiligt ist[27].

Bei der ersten Reaktion wird die Formylgruppe auf die 5-Aminogruppe des heterocyclischen Vorläufers übertragen:

$$\text{>-NH}_2 + \overset{H}{\underset{(III)}{OC-N_{(10)}}}\!\!\!\!\text{-<} \;\rightleftarrows\; \overset{\oplus}{\underset{H_2}{N}}\!\!\overset{H}{\underset{O^{\ominus}}{-C-N_{(10)}}}\!\!\!\!\text{-<} \;\rightleftarrows\; \overset{}{\underset{H}{N}}\!\!\overset{H}{\underset{O^{\ominus}}{-C-N_{(10)}}}\!\!\overset{\oplus}{\underset{H}{-}}\!\!\text{-<} \;\rightarrow$$

$$\text{>-N-CHO} + \overset{}{\underset{H}{N_{(10)}}}\!\!\text{-<}$$
$$\quad\;\;\;\text{H} \qquad\qquad\qquad (I)$$

Durch intramolekulare Verknüpfung des elektrophilen Zentrums mit dem sekundären Stickstoff N(5) entsteht die Imidazoliniumverbindung (IV) mit „energiereicher" Amidiniumstruktur.

[Reaction scheme: (III) $\xrightleftharpoons[]{v_1}$ ... $\xrightleftharpoons[]{v_2}$ ... $\xrightleftharpoons[]{v_3}$ (IV)]

$$v_1 \ll v_2, v_3$$

Auch in ihr kann die elektrophile Gruppierung mit Aminen reagieren. Es resultiert eine Verbindung, bei der die zentrale Formylgruppe mit drei Heteroatomen verknüpft ist. Sie zerfällt in ähnlicher Weise wie ein Orthoester und zwar in der Richtung, in der der größte Resonanzenergiegewinn erzielt wird: in formylierten Acceptor und entformylierten Donator.

[Reaction scheme from (IV) to (I)]

Die Natur ist auf Acylierungsmittel angewiesen, die im Zell-Milieu genügend stabil sind. Wie sie bei der Übertragung der anderen Säure-Reste statt der aktiven Anhydride die Thio-Ester verwendet, benutzt sie für die Übertragung des Formyl-Restes besonders polarisierte Formamide. Man kann daher mit Recht die Carbimonium-Verbindung (IV) als ein stabilisiertes Acyl-Kation betrachten*.

14. Reaktionen der Anhydroformyl-Verbindung als nucleophiles Carben

Aber auch in einer anderen Richtung läßt sich die Reaktionsweise der Imidazoliniumstruktur diskutieren: Wenn der Reaktionspartner nicht ein Nucleophil, sondern ein Elektrophil ist, z. B. ein Thioester, wird die Formylverbindung unter Dissoziation des Protons und Ausbildung eines nucleophilen Carbens[30] reagieren können, das den elektrophilen Carbonyl-Kohlenstoff des Thioesters angreift. Die intermediäre Verbindung zerfällt dann ebenfalls in den entformylierten Donator, aber es entsteht ein *carboxyliertes* Carbonyl, d. h. eine α-Ketosäure. Diese Reaktion kann die Deutung der phosphoroklastischen Reaktion[31] sein, bei der aus Brenztraubensäure (Formylessigsäure) Formiat und Acetyl entstehen, wobei in gewissen Fällen Coenzym A und Tetrahydrofolsäure als Cofaktoren angegeben werden[32]. Allerdings ist die geschilderte Umkehr dieser Reaktion bisher biologisch nicht beschrieben worden**.

$$\begin{array}{c}\\ \underset{N}{\overset{N}{\diagup}}\overset{\oplus}{C}\diagdown H \end{array} \quad \underset{\delta^-O}{\overset{X}{\underset{\|}{\delta^+C-SR}}} \longrightarrow \underset{HSR}{} \quad \underset{N}{\overset{N}{\diagup}}\overset{\oplus}{C}-\underset{O}{\overset{X}{\underset{|}{C}}} \xrightarrow{2\,H_2O} COOH-CO-X \quad (I)$$

Diese Beispiele zeigen, daß gruppenübertragende Reaktionen nicht nur durch den Cofaktor bestimmt werden, sondern auch durch den Acceptor der aktivierten oder transportierten Gruppe als zweiten Reaktionspartner: Am *gleichen Cofaktor* kann die Ein-

---

* Man kann sich vorstellen, daß bei der Deformylierung[28] oder auch bei der elektrophilen Transformylierung, bei der 5-Formyl-tetrahydrofolsäure Substrat[29] ist, das freiwerdende N-Atom durch die Wasserstoffbrücke zu $C(4)=O$ stabilisiert wird und daß diese Nachbargruppe in den anderen Folat-Enzymen gebunden wird, also nicht mehr aktivierend wirken kann. Ähnliches könnten auch die Acceptor-Substrate durch Strukturänderungen des gefalteten Enzymproteins bewirken.

** HUENNEKENS[35] hat sogar angegeben, daß Tetrahydrofolsäure mit Glyoxylsäure (Formyl-kohlensäure) kondensiert, das Produkt sich aber spontan (und in Bindung an den Cofaktor) zu Oxalsäure oxydiert.

kohlenstoffgruppe einmal als Derivat der Ameisensäure, nämlich als Formylgruppe, das andere Mal als Derivat der Kohlensäure, nämlich als Carben reagieren, also in *verschiedenen Oxydationsstufen*.

15. Nucleophile Aktivierung von Formaldehyd an Thiaminpyrophosphat

Auf der anderen Seite dagegen kann ein und *dieselbe Gruppe* an *verschiedenen* Transportmetaboliten in verschiedener Weise reagieren. Auch dies läßt sich durch ein Beispiel aus den Reaktionen der Einkohlenstoff-Einheiten belegen: Formaldehyd wird, wie früher beschrieben, an Tetrahydrofolsäure aktiviert und in verschiedene C-Hydroxymethyl-Verbindungen übergeführt. Aber auch an der Base des Thiaminpyrophosphats kann Formaldehyd gebunden und im Stoffwechsel umgesetzt werden, wie die Glyoxylat-Carboligase-Reaktion zeigt[34].

Die Thiaminpyrophosphat-abhängige Carboligase führt Glyoxylsäure in den Stoffwechsel in der folgenden Reaktion ein:

$$2 \text{ CHO} \cdot \text{COOH} \xrightleftharpoons{\text{TPP, Mg}^{2+}} \text{CHO} \cdot \text{CHOH} \cdot \text{COOH} + \text{CO}_2$$

(Glyoxylsäure)   (Tartronaldehydsäure)

Das Reaktionsprodukt ist Tartronsemialdehyd. Aus der Beteiligung von Thiaminpyrophosphat an dieser Decarboxylierung- und Kondensationsreaktion und den grundlegenden Arbeiten von BRESLOW[35] und HOLZER[36] über den chemischen und biologischen Reaktionsmechanismus der in analogen Umsetzungen aktiven Thiamin-Coenzyme war anzunehmen, daß als Zwischenstufe aus Glyoxylsäure unter Abspaltung von CO_2 ein Thiamin-aktivierter Formaldehyd gebildet wird, in dem das Einkohlenstoff-Fragment an den Kohlenstoff C(2) des Thiazolrings gebunden ist und daß dies mit einem weiteren Molekül Glyoxylsäure zum Tartronsemialdehyd reagiert, analog der Acyloinbildung aus zwei Molekülen Aldehyd*.

---

* In der chemischen Reaktion ist der Katalysator Cyanid, das sich als Base addiert und das Cyanhydrin zur intermediären Base vom Typ RC(O)⁻ dissoziiert. Dies kondensiert sich mit freiem Aldehyd Kopf-an-Kopf und verliert dann HCN. In gleicher Weise wie Cyanid wirkt auch die Base des Thiamins; es ist ihm in Struktur und Mechanismus an die Seite zu stellen.

$$N \equiv \underline{C}; \quad -\overset{\oplus}{N} \overset{C=C}{\underset{C(2)-S}{\big|}}$$

Cyanid   Thiamin

Das Zwischenprodukt kann man aber nicht isolieren, da die Kondensation mit dem gleichen Donator und Acceptor abläuft, aber man kann die 2-Hydroxymethyl-Thiaminpyrophosphat-Zwischenverbindung synthetisieren. Die Modellbetrachtungen von BRESLOW[37] haben ergeben, daß das saure Kohlenstoffatom C (2) der Thiazolstruktur das Wirkungszentrum darstellt. Das durch Dissoziation des Wasserstoffs entstehende Carbanion kondensiert mit Carbonylverbindungen in einer nucleophilen Reaktion. Setzt man also Formaldehyd mit Thiaminpyrophosphat bei p_H 5,5 um, erhält man 2-Hydroxymethyl-thiaminpyrophosphat, das sich chromatographisch reinigen läßt. Seine Konstitution wurde durch Abbaureaktionen bestimmt, die darauf beruhen, daß das substituierte Thiazol durch Alkali hydrolytisch aufgespalten und das entstehende substituierte Säureamid weiter durch Alkali hydrolysiert wird, so daß das substituierte C(2) als Carbonsäure isolierbar wird, wie das Formelschema zeigt.

Spaltungsreaktionen von 2-substituierten Thiamin-Derivaten
(Strukturbeweis von Hydroxymethyl-thiaminpyrophosphat)

Mit gereinigten Carboligase-Präparaten aus Pseudomonas sp., die durch Sephadex-Filtration thiaminpyrophosphatfrei gemacht wurden, ließ sich zeigen, daß Formaldehyd-markiertes Hydroxymethyl-thiaminpyrophosphat tatsächlich in die Tartronaldehydsäure eingebaut wird und daß die Markierung in C(2) oder C(3) der Dreikohlenstoff-Verbindung enthalten ist: Decarboxylierung gibt radioaktiven Glykolaldehyd. Allerdings sind die Ausbeuten unerwartet niedrig, so daß man damit rechnen muß, daß die Proteinmenge nicht ausreicht, eine stöchiometrische Menge Enzym-Hydromethyl-thiaminpyrophosphat-Komplex zu bilden. Daher wird nach der Kondensation der Cofaktor am Enzym frei und kann mit freier Glyoxylsäure reagieren, wodurch die Markierung im Produkt (Tartronaldehydsäure) verdünnt wird.

Die bisherigen Versuche zeigen aber, daß die Carboligase-Reaktion tatsächlich durch Kondensation von Hydroxymethyl-thiaminpyrophosphat mit Glyoxylat in Art einer Acetoinkondensation abläuft. Die Frage nach dem geschwindigkeitsbestimmenden Schritt kann man kinetisch nicht beantworten, solange man nicht stöchiometrische Mengen des gereinigten Enzym-Hydroxymethyl-thiaminpyrophosphat-Komplexes einsetzen kann.

Mechanismus der Glyoxylat-Carboligase-Reaktion

Es ist zu vermuten, daß die in der Reaktion erforderlichen Magnesiumionen die Bindung des *Substrats* an das Enzym vermitteln und gleichzeitig durch die polarisierende Wirkung als Kationsäuren den nucleophilen Angriff, sowohl des Cofaktors als auch des Formaldehyds erleichtern. Daß der Komplex Glyoxylat/ Mg^{2+} in Lösung vorliegt, zeigt die potentiometrische Titration von Glyoxylat mit Säure, denn in Anwesenheit von Mg^{2+}-Ionen tritt eine deutliche Verschiebung des pK-Wertes von 3,1 nach 2.9 auf[34].

Das divalente Metall, das in den Thiaminpyrophosphat-Enzymen stets eine Funktion hat, dient damit möglicherweise nicht nur zur Bindung des Cofaktors, wie bisher allgemein diskutiert wird.

Vergleicht man die Aktivierung des Formaldehyds an Tetrahydrofolsäure[9] und an Thiaminpyrophosphat[34], so erkennt man zwei verschiedene Reaktionsmechanismen:

Bei der Aktivierung der Einkohlenstoffgruppe an Tetrahydrofolsäure wird sie an einen Stickstoff gebunden. Dadurch entsteht eine Zwischenverbindung vom Typ einer *Mannichbase*. Mit dem positiv polarisierten Kohlenstoff können nucleophile Reaktionspartner kondensieren; nach Hydrolyse der Kohlenstoff-Stickstoff-Bindung entsteht eine *Hydroxymethyl*verbindung.

Dagegen ist die Einkohlenstoff-Einheit im Hydroxymethylthiaminpyrophosphat als *Carbanion* stabilisiert. Sie reagiert mit elektrophilen Partnern. Nach Ablösung des Produkts vom Cofaktor bleibt eine *C-Formylverbindung*, also ein Aldehyd.

$$HO-C-N \quad N- + B^- \xrightarrow{H_2O} B-CH_2OH + -N \quad N- \quad (1)$$

mit Tetrahydrofolsäure (FH$_4$) $\qquad\qquad$ FH$_4$

$$-N- \quad + A^+ \rightarrow A-C=O + \quad -N- \quad (2)$$

mit Thiamin-pyrophosphat (TPP) $\qquad\qquad$ TPP

Mechanismus der Formaldehyd-Übertragungen

Somit kann auch die *gleiche Molekülgruppe*, je nach dem Cofaktor, durch den sie gebunden und übertragen wird, in *verschieden polarisierten Formen* reagieren.

16. Thiaminpyrophosphat als Katalysator-Base in anderen Reaktionen

Thiaminpyrophosphat kann nicht nur in der beschriebenen Weise reagieren. Man kennt Reaktionen, in denen der „aktive Aldehyd" oxydiert und das entstandene Acyl-Thiamin-Derivat möglicherweise durch Phosphat gespalten wird. In Umkehr der Kondensationsreaktion werden α-Hydroxyketone wie α-Ketosäuren gespalten. In Gegenwart eines Oxydationsmittels und Phosphat würde Acylphosphat im nachstehenden Reaktionsablauf entstehen[38].

$$T^{\ominus}_{H^{\oplus}} + \underset{\underset{OH}{C}\diagdown O}{\overset{R}{\underset{|}{CO}}} \rightleftarrows T-\underset{\underset{OH}{C}\diagdown O}{\overset{R}{\underset{|}{C}}}\diagup OH \rightarrow T-\overset{R}{\underset{H}{\underset{|}{C}}}-OH \xrightarrow{-2[H]}$$
$$+ CO_2$$

$$\left[T=\underset{OH}{\overset{R}{C}}\diagup \leftrightarrow T-\underset{O}{\overset{R}{C}}\diagup \right] \xrightarrow{+ \textcircled{P}^{\ominus} \; H^{\oplus}} RCO \textcircled{P} + T^{\ominus}_{H^{\oplus}}$$

TH = Thiaminpyrophosphat.

Es sind aber auch Vorgänge bekannt, an denen Thiaminpyrophosphat mitwirkt, ohne daß eine Zwischenverbindung gefaßt werden kann. In diesen Fällen scheint Thiaminpyrophosphat als relativ starke biologische Base zu reagieren.

Ein Beispiel sei in der Oxalyl-CoA-Decarboxylase gegeben, durch die in einigen Mikroorganismen Oxalyl-CoA zu Formyl-CoA und CO_2 gespalten wird. Die Reaktion ist neuerdings von QUAYLE in der Bilanz genau untersucht worden und braucht Thiaminpyrophosphat[39], aber kein Phosphat und auch keine Magnesium-Ionen. (Das ist bemerkenswert, weil es mit der oben diskutierten Hypothese über die Funktion des Metalls übereinstimmt.) Man kann auf Grund dieser Beobachtungen der Decarboxylase-Reaktion den folgenden Mechanismus zuschreiben: Thiaminpyrophosphat kondensiert sich als Base mit der Carbonylgruppe des Thioesters;

dadurch wird die Kohlenstoff-Kohlenstoff-Bindung polarisiert. Die Mesomeriestabilisierung wird durch Übernahme des Elektronenpaares in die Base erreicht. Schließlich zerfällt der Komplex in Formyl-CoA und Thiaminpyrophosphat.

$$\begin{array}{c} \text{COOH} \\ | \\ \text{C—SCoA} \\ \| \\ \text{O} \end{array} \xrightarrow{T^{\ominus}H^{\oplus}} \begin{array}{c} \text{COOH} \\ \uparrow \\ \text{T—C—SCoA} \\ | \\ \text{OH} \end{array} \rightarrow \begin{array}{c} {}^{+}\text{COOH} \\ | \\ \text{T—}\bar{\text{C}}\text{—SCoA} \\ | \\ \text{OH} \end{array} \rightarrow \begin{array}{c} +\text{CO}_2 \\ \frown \text{H} \\ \text{T—C—SCoA} \\ \big\downarrow \\ \text{OH} \end{array} \rightarrow$$

$$T^{\ominus} + \text{HC—SCoA}$$
$$H^{\oplus} \quad \|$$
$$\quad\quad\quad \text{O}$$

TH = Thiaminpyrophosphat.

Eine ähnliche Funktion des Thiaminpyrophosphats diskutiert KOSOWER[40] für die Bildung des Squalens aus Farnesylpyrophosphat, wobei als treibende Kraft zusätzlich die Verdrängung des weniger polaren Produkts durch das hydrophile Cofaktor-Anion in Erwägung gezogen wird.

$$\begin{array}{c} \text{R—CH}_2\text{—O}\,\text{\textcircled{PP}} \\ \text{T}^- \end{array} \rightarrow \begin{array}{c} \text{R—CH}_2\text{—T} \\ +\text{\textcircled{PP}}\text{O}^- \end{array} \rightarrow \begin{array}{c} \text{R—CH—T} \\ \big\downarrow \\ \text{CH}_2\text{—O}\,\text{\textcircled{PP}} \\ | \\ \text{R} \\ +\text{H}^{\oplus} \end{array}$$

$$\begin{array}{c} \text{R—CH—T} \\ | \\ \text{CH}_2\text{—R} \end{array} \xrightarrow{\text{H-H}^+} \begin{array}{c} \text{R—CH}_2 \\ | \\ \text{CH}_2\text{—R} \end{array} + \text{TH}$$
$$+\text{\textcircled{PP}}\text{O}^-$$

TH = Thiaminpyrophosphat; R—CH$_2$—O— = Farnesyl-...

Die geschilderten Beispiele sollten zeigen, wie mannigfaltig die Möglichkeiten der Gruppenübertragung an Cofaktoren in der Zelle ausgenutzt werden. Bereits in dem begrenzten Gebiet der Einkohlenstoff-Körper ergibt sich eine Fülle von verschiedenen Reaktionen. Die Mannigfaltigkeit steigt bei der Betrachtung anderer Cofaktoren noch weiter. Aber die Grundprinzipien bleiben die gleichen, denn alle diese Betrachtungen müssen auf den Fundamenten der Erkenntnisse der organischen Chemie stehen.

Literatur

[1] SCHOENHEIMER, R.: The Dynamic State of Body Constituents. Cambridge: Harvard University Press 1942.
[2] LUMRY, R.: In: Boyer-Lardy-Myrbäck, The Enzymes I, 157, New York: Academic Press 1959.
[3] KOSHLAND JR., D. E.: In: Boyer-Lardy-Myrbäck, The Enzymes, I, 305. New York: Academic Press 1959.
[4] INGRAHAM, L. L.: Biochemical Mechanisms. New York: J. Wiley 1962.
[5] WALEY, S. G.: Mechanisms of Organic and Enzymic Reactions. Oxford: Clarendon Press 1962.
[6] SWAIN, C. G., and J. F. BROWN: J. Amer. chem. Soc. **74**, 2538 (1952).
[7] BUCHANAN, J. M., and S. C. HARTMAN: Advanc. Enzymol. **21**, 199 (1959).
[8] WARBURG, O., W. CHRISTIAN u. A. GRIESE: Biochem. Z. **282**, 157 (1935).
[9] JAENICKE, L.: Angew. Chem. **73**, 449 (1961); Ciba Foundation Study Group No. 11, S. 38. London: Churchill 1961. — JAENICKE, L., u. C. KUTZBACH: In: Fortschr. Chem. org. Naturstoffe **21**, 83 (1963).
[10] WESTHEIMER, F. H.: In: Boyer-Lardy-Myrbäck, The Enzymes I, 259. New York: Academic Press 1959.
[11] JOHNSON, A. W., J. G. BUCHANAN, D. T. ELMORE, W. E. HARVEY and J. WALKER: In: Chemistry of Carbon Compounds, Bd. IA, 459. Amsterdam: Elzevier 1955. — JOHNSON, A. W., C. E. DALGLIESH and J. WALKER: In: Chemistry of Carbon Compounds, Bd. IA, 537. Amsterdam: Elzevier 1955.
[12] JAENICKE, L., u. E. BRODE: Ann. Chemie (Liebigs) **624**, 120 (1959).
[13] MAY, M., T. J. BARDOS, F. L. BARGER, M. LANSFORD, J. M. RAVEL, G. L. SUTHERLAND and W. SHIVE: J. Amer. chem. Soc. **73**, 3067 (1951).
[14] WANZLICK, H.-W., u. W. LÖCHEL: Chem. Ber. **86**, 1463 (1953).
[15] BRODE, E., u. L. JAENICKE: Biochem. Z. **332**, 259 (1960).
[16] METZLER, D. E., J. B. LONGENECKER and E. E. SNELL: J. Amer. chem. Soc. **76**, 648 (1954).
[17] BRAUNSTEIN, A. J.: In: Boyer-Lardy-Myrbäck, The Enzymes II, 113, New York: Academic Press 1960.
[18] WILSON, E. M., and E. E. SNELL: J. biol. Chem. **237**, 3171, 3180 (1962).
[19] REICHERT, B.: Die Mannich-Reaktion. Berlin-Göttingen-Heidelberg: Springer 1959.
[20] BOSE, S.: J. Indian chem. Soc. **32**, 450 (1955).
[21] BRODE, E., u. L. JAENICKE: Ann. Chemie (Liebigs) **647**, 174 (1961).
[22] KUTZBACH, C.: Unveröffentlicht.
[23] GOLDSCHMIDT, S., u. H. L. KRAUSS: Angew. Chem. **67**, 471 (1955).
[24] UGI, I., u. R. MEYR: Angew. Chem. **70**, 702 (1958).
[25] HIMES, R. H., and J. C. RABINOWITZ: J. biol. Chem. **237**, 2903, 2915 (1962).
[26] JAENICKE, L., E. BRODE u. B. RÜCKER: Biochem. Z. **334**, 328 (1961).
[27] HARTMAN, S. C., and J. M. BUCHANAN: J. biol. Chem. **234**, 1812 (1959).
[28] OSBORN, M. J., Y. HATEFI, L. D. KAY and F. M. HUENNEKENS: Biochim. Biophys. Acta **26**, 208 (1957).

[29] SILVERMAN, M., J. C. KERESZTESY, G. J. KOVAL and R. G. GARDINER: J. biol. Chem. **226**, 83 (1957).
[30] WANZLICK, H.-W.: Angew. Chem. **74**, 129 (1962).
[31] CHANTRENNE, H., and F. LIPMANN: J. biol. Chem. **187**, 757 (1950).
[32] CHIN, C. H., L. O. KRAMPITZ and G. D. NOVELLI: Bact. Proc. **1957**, 127; G. DUDA, unveröffentlicht.
[33] HO, P. P. K., K. G. SCRIMGEOUR and F. M. HUENNEKENS: J. Amer. chem. Soc. **82**, 5957 (1960).
[34] JAENICKE, L., u. J. KOCH: Biochem. Z. **336**, 432 (1962).
[35] BRESLOW, R.: Ciba Foundation Study Group, No. 11, S. 65. London: Churchill 1961.
[36] HOLZER, H.: Angew. Chem. **73**, 721 (1961).
[37] BRESLOW, R.: J. Amer. chem. Soc. **80**, 3719 (1958).
[38] BRESLOW, R., and E. MCNELIS: J. Amer. chem. Soc. **82**, 2394 (1960). F. C. WHITE, and L. L. INGRAHAM: J. Amer. chem. Soc. **82**, 4114 (1960).
[39] QUAYLE, R. J.: Biochem. J. **89**, 492 (1963)
[40] KOSOWER, E. M.: Molecular Biochemistry, S. 58, New York: McGraw Hill 1962.

Diskussion

Diskussionsleiter: STAAB, Heidelberg

HEMMERICH (Basel): Welche Reaktionsfolge nehmen Sie für die Methylübertragung an?

JAENICKE: Die Vorstellungen die ich früher vertrat, haben sich nicht bestätigt, darum kann ich jetzt nur ad hoc Vorstellungen entwickeln: Wir wissen ja, daß für die Reaktion Vitamin B_{12} notwendig ist, und da gibt es eine ganze Anzahl von Möglichkeiten, wie man sich etwas vorstellen kann. Meine erste Deutung war sehr einfach — zu einfach — und auch für den organischen Chemiker befriedigend: daß nämlich die Methylgruppe, wenn sie übertragen wird, nicht mehr an einer Tetra-, sondern an einer Dihydrofolsäure sitzt, so daß wir also eine quaternäre N(5)-Ammoniumverbindung haben, die nun ganz klassisch gespalten wird. Die Methylgruppe kann also auf diese Weise übertragen werden. So einfach liegen die Sachen aber nicht. Eine N-Methyl-dihydrofolsäure — oder ihr Betain — gibt es frei nicht. Aber man kann sich die Reaktion immer noch so vorstellen, daß zuerst Methyltetrahydrofolsäure entsteht und diese nun mit Hilfe eines weiteren Substituenten am N(5) quaternisiert wird. Es könnte sein, daß so etwas mit Hilfe von S-Adenosylmethionin geschieht. Man weiß aber auch, daß das Vitamin B_{12} für die Übertragungsreaktion nötig ist. Ob nun unmittelbar im Methylierungszyklus oder als Cofaktor, ist meines Wissens noch Kontroverse. Man könnte z. B. diskutieren, daß die Quaternisierung durch das Vitamin B_{12} als Oxydans stattfindet.

HEMMERICH: Welche Indizien können Sie für das Vorliegen einer Dihydrofolsäure anführen?

JAENICKE: Wir haben aus dem Spektrum der noch unreinen Verbindung aus H-, SH- und CN-Addition geschlossen, daß es ein Dihydrofolat-Derivat wäre. Andererseits läßt sich die Verbindung durch Reduktion von Methylentetrahydrofolsäure darstellen. Es kann daher nur ein auch im Ring tetrahydriertes Folat sein.

HEMMERICH: Wie stellen Sie sich aber dann den Mechanismus vor?

JAENICKE: Nun gibt es ja eine wichtige Beobachtung von Dr. LESTER SMITH und der Gruppe von Prof. WOODS in Oxford, daß Vitamin B_{12} nach Reduktion methyliert werden kann, und zwar entsteht „Methyl-B_{12}". Dies ist in der Lage, Methyl auf Homocystein zu Methionin zu übertragen. Es ist also möglich, daß wir irgendwie von dieser N-Methylgruppe des Folats mit Hilfe von B_{12} erst zu „Methyl-B_{12}" kommen und damit dann das Methyl-Radikal auf den Schwefel übertragen. Das ist vielleicht ein homolytischer Mechanismus und der Homocystein-Schwefel Radikalfänger. Diese Reaktion übrigens hat auch ihre Haken: Sie geht bereits ohne Enzym ganz merklich.

HOLZER (Freiburg i. Br.): Spricht der Befund von SNELL über die Reaktion des Methylderivates dagegen, daß eine Schiffsche Base mit Pyridoxalphosphat vorliegt?

JAENICKE: Daran, daß das Pyridoxalphosphat das Serin aktiviert, ist gar kein Zweifel! Aber gegen die klassische Formulierung spricht, daß dabei das α-Wasserstoff der Aminosäure labilisiert wird, was aber bei der Serinaldolase und dem diskutierten push-pull-Prozeß nicht der Fall ist. Deswegen kann auch nach dem gleichen Prinzip die Reaktion des α-Methylserins erklärt werden.

STAAB: Das cyclische NPN-Phosphat ist wohl sehr energiereich? Wie groß ist die Hydrolyse-Energie?

JAENICKE: Das ist sicher richtig. Das Amid-phosphat ist sehr wenig stabil, das cyclische Diamid-phosphat überraschend stabil. Thermodynamische Daten haben wir allerdings nicht.

HOLZER: Welche experimentellen Befunde gibt es für die Beteiligung von THF an der phosphoroklastischen Spaltung der Brenztraubensäure?

JAENICKE: Herr Dr. DUDA hat einmal Versuche gemacht, bei denen sich gezeigt hat, daß in Coli-Bakterien für die phosphoroklastische Reaktion außer CoA und Phosphat auch andere Faktoren gebraucht werden. Dabei wirkte Tetrahydrofolsäure deutlich stimulierend.

STAAB: Wie groß ist die Basizität von N-5 und N-10 der THF?

JAENICKE: Die pK^*-Werte der Stickstoffe liegen um 3 und um 5. Es ist nicht sicher, wem man was zuordnen soll. Im allgemeinen würde ich meinen, daß der schwächer basische Stickstoff der Stickstoff der aromatischen Funktion ist. Er ist zwar dann sehr schwach, aber das kann durch die Nachbarschaft der beiden Stickstoffe kommen. Für N(5) hat man Analogiewerte in Aminopyrimidinen und Tetrahydropteridinen. Auch die Cyclisierung von N(10)-Formyl-tetrahydrofolsäure zur Anhydroform ist gegenüber der von N(5)-Formyl-tetrahydrofolsäure bevorzugt. Das bedeutet doch wohl auch, daß N(5) basischer ist als N(10).

STAAB: Ich möchte zu der Diskussion von Herrn WALLENFELS noch etwas klarstellen. Es könnte der Eindruck entstanden sein, als ob es nicht sinnvoll sei, zu fragen, ob Basizitätsabstufungen vorhanden sind, wenn zwei solche basischen Gruppen in einer Verbindung vorhanden sind. Aber natürlich ist es doch so: wenn wir eine solche Base haben wie etwa die Tetrahydrofolsäure, und sie protonieren, dann wird das basische Stickstoffatom am stärksten protoniert sein, und das hängt natürlich von der pK-Differenz ab. Man kann in gewissen Fällen ja sogar nachweisen, wo ein solches Proton sitzt. Ich möchte das nur kurz erwähnen, daß wir z. B. beim Imidazol mit Hilfe der Protonenresonanz ganz eindeutig zeigen konnten, welcher Stickstoff protoniert ist, obwohl wir auch da ein solches System mit zwei basischen Gruppen haben. Das besagt natürlich nicht, daß nicht noch ein Protonenaustausch zwischen den beiden basischen Gruppen mit einer sehr hohen Geschwindigkeit erfolgen kann, wie Herr EIGEN auch gestern sagte. Diese Geschwindigkeiten sind immer dann sehr groß, wenn es sich um eine Protonwanderung zwischen zwei elektronegativen Atomen handelt. Also ich meine schon, man muß diese Frage diskutieren, welches Stickstoffatom ist das stärker basische? Und diese Frage hat durchaus einen Sinn.

Enzymatische Bildung
von „TPP-aktiviertem Formaldehyd" aus Glyoxylat

Von

G. KOHLHAW und H. HOLZER

Biochemisches Institut der Universität Freiburg i. Br.

Mit 5 Abbildungen

Auf Grund chemischer Modellversuche schlug BRESLOW[1, 2] für das seit langem postulierte und als „aktivierter Acetaldehyd" bezeichnete Zwischenprodukt des TPP*-abhängigen enzymatischen Umsatzes von Pyruvat die Struktur 2-(1-Hydroxyäthyl)-TPP mit der Hydroxyäthylgruppe am C-Atom 2 des Thiazolringes vor. Daraufhin synthetisierten KRAMPITZ et al.[3] das nicht phosphorylierte Derivat 2-(1-Hydroxyäthyl)-thiamin und zeigten, daß diese Substanz Vitamin B_1 beim Wachstum von Mikroorganismen ersetzen und daß sie mit Enzympräparaten aus Hefe in Acetoin übergeführt werden kann. HOLZER und BEAUCAMP[4, 5] isolierten den „aktivierten Acetaldehyd" aus Ansätzen von Pyruvat mit gereinigter Pyruvatdecarboxylase aus Hefe und klärten seine Struktur im Sinne des Vorschlags von BRESLOW[1, 2] auf.

Damit war sichergestellt, daß eine Substanz mit der von BRESLOW vorgeschlagenen Struktur aus dem Substrat der TPP-abhängigen Pyruvatdecarboxylierung entstehen und in die Endprodukte dieser Reaktion übergehen kann.

Während die Ausbeute an HETPP in bezug auf das eingesetzte Pyruvat bei Verwendung der Hefe-Pyruvatdecarboxylase sehr klein war, konnte man mit Pyruvatoxydase aus Hefemitochondrien HETPP nach folgender Gleichung in wesentlich besseren Ausbeuten gewinnen[13].

$$\text{Pyruvat} + \text{TPP} \longrightarrow CO_2 + \text{HETPP}. \qquad (1)$$

---

* Abkürzungen: TPP = Thiaminpyrophosphat; HMTPP = 2-(Hydroxymethyl)-thiaminpyrophosphat; HETPP = 2-(1-Hydroxyäthyl)-thiaminpyrophosphat; DETPP = 2-(1,2-Dihydroxyäthyl)-thiaminpyrophosphat; NAD = Nicotinamid-adenin-dinucleotid.

Auch bei der Inkubation von Pyruvat mit Pyruvatoxydase aus Schweineherzmuskel bleibt die Reaktionsfolge Pyruvat → „aktiviertes Pyruvat" → „aktivierter Acetaldehyd" → Acetyl-Coenzym A bei der Stufe des „aktivierten Acetaldehyds" stehen, wenn man Pyruvat und TPP in größerer Menge, jedoch kein NAD und kein Coenzym A zusetzt. Es gelingt so, einen erheblichen Teil des eingesetzten Pyruvats bzw. Thiaminpyrophosphats als HETPP zu akkumulieren und nach Säulenchromatographie in reiner Form zu erhalten[6, 7].

Beim Umsatz von Hydroxypyruvat gewinnt man in völlig analoger Weise nach der Gleichung

$$\text{Hydroxypyruvat} + \text{TPP} \longrightarrow CO_2 + \text{DETPP} \qquad (2)$$

„aktivierten Glykolaldehyd[8]", dessen Struktur im Einklang mit dem Vorschlag von BRESLOW als 2-(1,2-Dihydroxyäthyl)-TPP aufgeklärt wurde[9].

Bei dieser Situation war es naheliegend, die auf Pyruvat und Hydroxypyruvat erfolgreich angewendete Methode der enzymatischen Darstellung TPP-aktivierter Aldehyde auf den Umsatz anderer α-Oxosäuren auszudehnen. Wir zeigen in der vorliegenden Arbeit, daß mit Glyoxylat angestellte Versuche erfolgreich waren: man kann in guter Ausbeute „TPP-aktivierten Formaldehyd" isolieren.

Ergebnisse und Diskussion

Abb. 1 zeigt die CO_2-Bildung beim Umsatz von Glyoxylat, Pyruvat und Hydroxypyruvat mit Pyruvatoxydase aus Schweineherzmuskel. Wie man sieht, wird Glyoxylat mit etwa der halben Geschwindigkeit der beiden anderen α-Oxosäuren decarboxyliert. Die Reaktion ist TPP-abhängig: ohne TPP erfolgt praktisch keine Decarboxylierung; nach Entwicklung einer zum eingesetzten TPP stöchiometrischen Menge CO_2 (2 μMol bei den Versuchen in Abb. 1) geht die Decarboxylierung von Glyoxylat nur noch mit sehr geringer Geschwindigkeit vor sich, um nach Einkippen von weiteren 2 μMol TPP wieder annähernd die Anfangsgeschwindigkeit zu erreichen. Man kann daher aus Analogiegründen zu unseren früheren Versuchen mit Hydroxypyruvat und Pyruvat vermuten, daß sich in diesem System „aktivierter Formaldehyd" in größerer Menge entsprechend folgender Gleichung akkumuliert:

Glyoxylat $\xrightarrow{+ \text{TPP}}$ Glyoxylat-TPP $\xrightarrow{- CO_2}$ Formaldehyd-TPP (3)
("aktiviertes Glyoxylat") ("aktivierter Formaldehyd")

Für die intermediäre Bildung des „aktivierten Glyoxylats" haben wir bisher noch keine experimentellen Anhaltspunkte. In Analogie zum Auftreten von „aktiviertem Pyruvat" beim Umsatz von Pyruvat mit Pyruvatdecarboxylase aus Hefe[4, 5] und mit Pyruvatoxydase aus Schweineherzmuskel[7, 10] nehmen wir jedoch

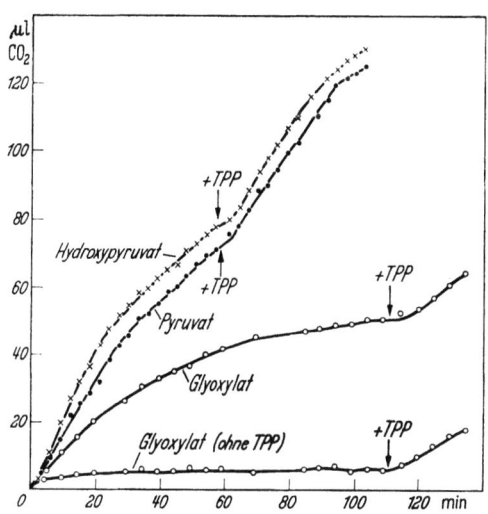

Abb. 1. *Anaerobe Decarboxylierung von Pyruvat, Hydroxypyruvat und Glyoxylat an Pyruvatoxydase aus Schweineherzmuskel.* Die Ansätze wurden in Warburg-Doppelkippern vorgenommen und enthielten im Hauptraum 330 μMol Phosphatpuffer nach SÖRENSEN (pH = 6,0), 10 μMol $MgCl_2$, 2 μMol TPP und 18 mg Protein einer $(NH_4)_2SO_4$-haltigen Pyruvatoxydase-Präparation[6]. Bei 0 min wurden 20 μMol des jeweiligen Substrates eingekippt, zu den mit ↓ bezeichneten Zeiten wurden 2 μMol TPP nachgesetzt. Gesamtvolumen: 3 ml; Temperatur: 37°, Gasphase: H_2

an, daß auch beim Umsatz von Glyoxylat das erste Reaktionsprodukt eine Verbindung von Glyoxylat mit TPP ist. Dieser Verbindung dürfte die Struktur 2-(Hydroxy-carboxy-methyl)-TPP zukommen.

Da nach stöchiometrischem Umsatz des zugesetzten TPP keine oder nur geringe weitere CO_2-Entwicklung stattfindet, dürfte die Freisetzung von TPP aus „aktiviertem Formaldehyd" gar nicht oder nur sehr langsam erfolgen.

In Abb. 2 sieht man das Ionenaustauschchromatogramm eines Ansatzes von 2-^{14}C-Glyoxylat und TPP mit Pyruvatoxydase. Der Ultraviolettabsorptionsgipfel II enthält das nicht umgesetzte TPP, während Gipfel I einer neu entstandenen, bei 272,5 mμ absorbierenden Substanz entspricht, die im Kontrollansatz ohne Enzym

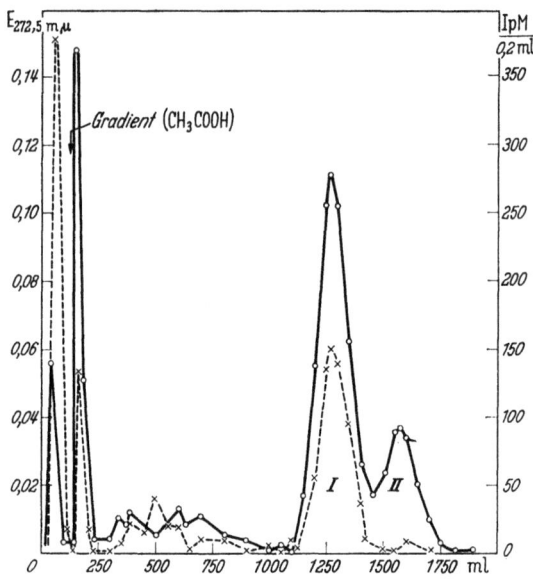

Abb. 2. *Ionenaustauschchromatogramm eines Ansatzes von 2-^{14}C-Glyoxylat mit TPP, Mg-Ionen und Pyruvatoxydase aus Schweineherzmuskel*. Der Ansatz enthielt in einem Gesamtvolumen von 5 ml 165 μMol Phosphatpuffer (pH = 6,0), 10 μMol MgCl$_2$, 10 μMol TPP, 72 mg Protein einer (NH$_4$)$_2$SO$_4$-haltigen Pyruvatoxydase-Präparation[6] und 16 μMol 2-^{14}C-Glyoxylat mit 860000 IpM, gemessen in unendlich dünner Schicht auf Al-Plättchen im Methandurchflußzähler FH 407 ohne Endfenster. Nach 100 min anaerober Inkubation bei 37° wurde mit der 9fachen Menge heißem Methanol enteiweißt und der Rückstand einmal mit wenig 90%igem Methanol nachgewaschen. Die vereinigten Überstände wurden eingeengt und auf eine Dowex 2-X8-Acetat-Säule (200—400 mesh, 3,14 cm^2 × 26,5 cm) gebracht. Elution zunächst mit H$_2$O, vom ↓ ab mit einem CH$_3$COOH-Gradienten (Zulauf 0,0167 N CH$_3$COOH, Mischkammer 250 ml H$_2$O). Glyoxylat erscheint im eluierten Bereich nicht.
○——○ UV-Absorption bei 272,5 mμ; ×------× Radioaktivität

nicht vorhanden ist. Die ^{14}C-Radioaktivität bildet völlig identisch mit der neu entstandenen UV-absorbierenden Substanz einen Gipfel. Sie dürfte daher dieser Substanz zuzuordnen sein. Beim Einsatz von 1-^{14}C-Glyoxylat läßt sich keine Radioaktivität im Bereich der UV-Gipfel I und II nachweisen. Ein Gemisch von 2-^{14}C-Glyoxylat und TPP mit Pyruvatoxydase, das sofort nach Zusatz des Enzyms durch heißes Methanol inaktiviert wurde, ergibt bei der Säulenchromatographie lediglich Gipfel II ohne jede Spur von Gipfel I. Radioaktivität findet sich weder bei Gipfel II noch im Bereich von Gipfel I. Da unter ähnlichen Chromatographiebedingungen „aktivierter Acetaldehyd" (vgl. [7]) und „aktivierter Glykolaldehyd" (vgl. [8]) kurz vor TPP eluiert werden, war zu vermuten, daß dem Gipfel I in dem in Abb. 2 wiedergegebenen Chromatogramm „aktivierter Formaldehyd" mit der Struktur 2-(Hydroxymethyl)-TPP zugrunde liegt. Im folgenden wird die Gipfel I-Fraktion daher mit „aktivierter Formaldehyd" bezeichnet und es werden weitere Daten mitgeteilt, die die Identität dieser Fraktion mit 2-(Hydroxymethyl)-TPP wahrscheinlich machen.

Tabelle 1. *Vergleich von ^{14}C-Gehalt, UV-Absorption und Phosphatgehalt der im Ionenaustauschchromatogramm (Abb. 2) als Gipfel I bezeichneten Substanz*

	Es errechnen sich für ein TPP-Derivat (μMol/Aliquot):		
	a) aus dem ^{14}C-Gehalt	b) aus der Absorption bei 272,5 mμ	c) aus der Phosphat-Analyse
Exp. 1	—	1,48	1,25
Exp. 2	0,15	0,16	—
Exp. 3	2,00	2,10	—

Tab. 1 gibt die Werte der Ultraviolett-Absorption bei 272,5 mμ (isobestischer Punkt der UV-Absorption von Thiaminpyrophosphat), den Phosphatgehalt und den Gehalt an ^{14}C-Radioaktivität des „aktivierten Formaldehyds" (Gipfel I in Abb. 2) wieder. Die mit aliquoten Teilen der zu untersuchenden Lösung durchgeführten Bestimmungen wurden auf molarer Basis auf TPP umgerechnet; d. h. für die UV-Absorption wurde der molare Absorptionskoeffizient von TPP, für den Phosphatgehalt der Phosphatgehalt von TPP und für den ^{14}C-Gehalt Identität der molaren spezifischen Aktivität des eingesetzten 2-^{14}C-Glyoxylats und des ^{14}C-markierten „aktivierten Formaldehyds" zugrunde gelegt. Man sieht, daß die Daten gut mit dem Vorliegen eines TPP-Derivates übereinstimmen (vgl. UV-Absorption und Phosphatgehalt), welches das radioaktive C-Atom des Glyoxylats enthält (vgl. UV-Absorption und ^{14}C-Gehalt).

In Abb. 3 sind die UV-Absorptionsspektren von „TPP-aktiviertem Formaldehyd" und von Thiaminpyrophosphat (Präparat der Firma Hoffmann la Roche, Grenzach) wiedergegeben. Die

Absorptionsmaxima dieser Substanzen bei zwei p_H-Werten werden in Tab. 2 mit denjenigen von synthetisch gewonnenem „aktivierten Acetaldehyd[14]" verglichen. Das UV-Spektrum des HMTPP stimmt

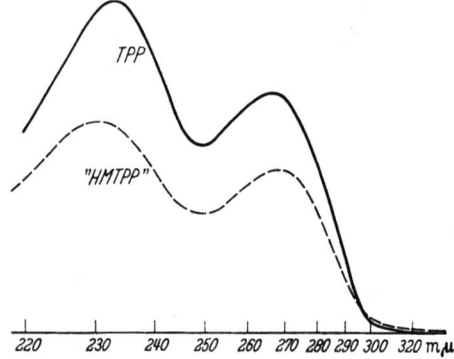

Abb. 3. *UV-Absorptionsspektren von Thiaminpyrophosphat und „TPP-aktiviertem Formaldehyd" (eingeengte Fraktionen von Gipfel I, Abb. 2)*. Aufgenommen im registrierenden Spektralphotometer DK 2 (BECKMAN) in 0,33 M Phosphatpuffer p_H 8,0; $d = 1$ cm

weitgehend mit denjenigen von TPP und HETPP überein. Die Übereinstimmung ist um so gewichtiger, als sie auch für den sehr charakteristisch vom p_H abhängigen Verlauf der UV-Absorptionskurve zutrifft.

Tabelle 2. *UV-Absorptionsmaxima von TPP, „TPP-aktiviertem Formaldehyd" und „TPP-aktiviertem Acetaldehyd" bei p_H 5,0 und 8,0*

		TPP	HMTPP	D,L-HETPP[14]
max. bei p_H 5,0	a)	245	246	248
	b)	261	260	262
max. bei p_H 8,0	a)	232	230	229
	b)	266	268	269

Abb. 4 zeigt Pherogramme von TPP, „TPP-aktiviertem Formaldehyd" und Spaltprodukten. Man sieht, daß HMTPP (Fleck IV) sich ähnlich verhält wie TPP (Fleck I) und daß nach Einwirkung von saurer Phosphatase[13] zwei neue Radioaktivitätsgipfel (Flecken V und VI) entstehen, die sich hinsichtlich ihrer Ladung so verhalten, wie es für 2-(Hydroxymethyl)-thiaminmonophosphat bzw. 2-(Hydroxymethyl)-thiamin zu fordern wäre. 2-(Hydroxymethyl)-

Enzymatische Bildung 251

thiamin wurde der Sulfitspaltung nach WILLIAMS et al.[11] unterworfen. Diese Reaktion wurde bei der Aufklärung der Struktur von „aktiviertem Acetaldehyd[4, 5]" und „aktiviertem Glykolaldehyd[9]" erfolgreich eingesetzt, um zu demonstrieren, daß der Aldehyd (und damit die in ihm enthaltene Radioaktivität) am Thiazolteil des

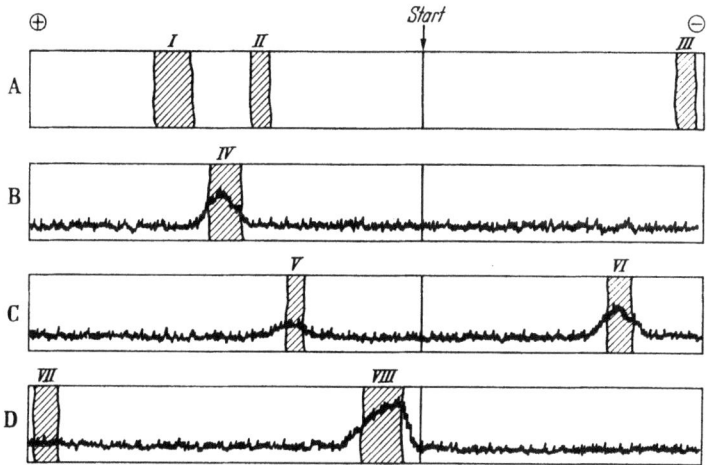

Abb. 4. *Verhalten von TPP, „TPP-aktiviertem Formaldehyd" und Spaltprodukten bei der Hochspannungselektrophorese.* I: Thiaminpyrophosphat; II: Thiaminmonophosphat; III: Thiamin; IV: „TPP-aktivierter Formaldehyd" (Gipfel I aus Abb. 2); V und VI: „TPP-aktivierter Formaldehyd" nach Phosphatase-Behandlung [13]; VII und VIII: Substanzen, die nach der Sulfitspaltung gemäß WILLIAMS et al.[11] aus Thiamin (vgl. III) bzw. 2-(Hydroxymethyl)-thiamin (vgl. VI) entstehen. VII: Sulfonsäure des Pyrimidin-Spaltstücks, VIII: Thiazol-Spaltstück. Pherographie im Apparat nach WIELAND und PFLEIDERER[15] auf Schleicher und Schüll-Papier 2043b Mgl, Phosphatpuffer 0,1 M p_H 7,0, 50 V/cm, 30 mA. Die gestrichelten Stellen charakterisieren Flecken mit UV-Absorption und (bei den Pherogrammen A–C) positiver Thiochromreaktion

Thiaminpyrophosphats und nicht am Pyrimidinteil gebunden ist. Die bei der Sulfitspaltung entstehende Sulfonsäure des Pyrimidin-Spaltstücks wandert nämlich im Pherogramm völlig anders (vgl. Fleck VII in Abb. 4) als der Thiazolteil (vgl. Fleck VIII in Abb 4). Aus den Versuchen geht hervor, daß nach Spaltung des „aktivierten Formaldehyds" die Radioaktivität mit dem Thiazolteil wandert.

Alle vorstehend dargestellten Befunde sprechen dafür, daß die als Gipfel I (Abb. 2) aus unseren Ansätzen eluierte Substanz „aktivierter Formaldehyd" mit der Struktur 2-(Hydroxymethyl)-TPP ist. Wie bei den anderen früher beschriebenen „aktivierten Aldehyden" ist die α-Hydroxyalkyl-Gruppe am C-Atom 2 des

Thiazolringes gebunden[16] (vgl. Abb. 5). Vermutlich ist die Substanz mit dem von JAENICKE und KOCH[17] aus TPP und Formaldehyd synthetisch gewonnenen „aktivierten Formaldehyd" identisch.

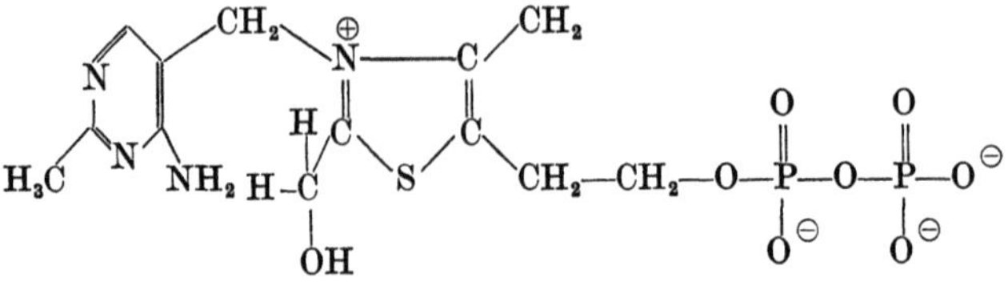

„TPP-aktivierter Formaldehyd"

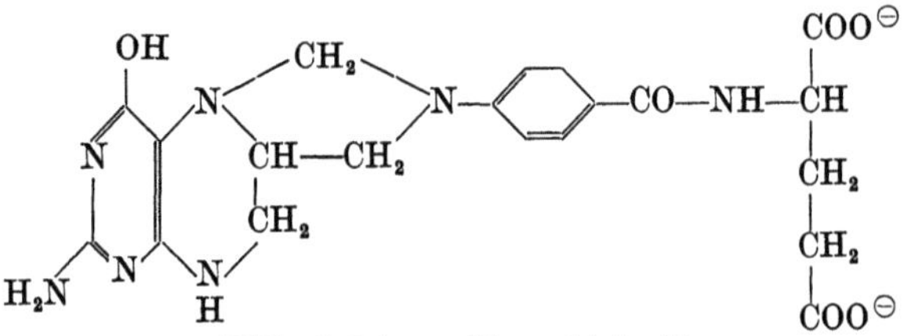

„FH$_4$-aktivierter Formaldehyd"

Abb. 5. Formeln des „TPP-aktivierten Formaldehyds" und des „FH$_4$-aktivierten Formaldehyds"

In Abb. 5 ist auch die Formel des „aktivierten Formaldehyds" eingetragen, der bei Tetrahydrofolsäure-abhängigen Enzymreaktionen eine Rolle spielt (Zusammenfassung z. B. [12]). Um die beiden Typen von „aktivem Formaldehyd" zu unterscheiden, schlagen wir die Bezeichnung „Tetrahydrofolsäure-aktivierter Formaldehyd" (oder abgekürzt „FH$_4$-aktivierter Formaldehyd") einerseits und „TPP-aktivierter Formaldehyd" andererseits vor.

Zusammenfassung

Beim Umsatz von Glyoxylat mit Thiaminpyrophosphat an Pyruvatoxydase aus Schweineherzmuskel entsteht unter Freisetzung von CO_2 eine Verbindung von Formaldehyd mit Thiaminpyrophosphat. Es werden Befunde mitgeteilt, die als Struktur dieses „TPP-aktivierten Formaldehyds" 2-(Hydroxymethyl)-thiaminpyrophosphat wahrscheinlich machen.

Der Deutschen Forschungsgemeinschaft und dem Bundesministerium für Forschung danken wir für die Unterstützung dieser Arbeit.

Literatur

[1] BRESLOW, R.: Chem. Ind. 893 (1957); J. Amer. chem. Soc. **79**, 1762 (1957).
[2] BRESLOW, R.: J. Amer. chem. Soc. **80**, 3719 (1958).
[3] KRAMPITZ, L. O., G. GREULL, C. S. MILLER, J. B. BICKING, H. R. SKEGGS and J. M. SPRAGUE: J. Amer. chem. Soc. **80**, 5893 (1958).
[4] HOLZER, H., u. K. BEAUCAMP: Angew. Chem. **71**, 776 (1959).
[5] — — Biochim. biophys. Acta (Amst.) **46**, 225 (1961).
[6] SCRIBA, P., u. H. HOLZER: Biochem. Z. **334**, 473 (1961).
[7] HOLZER, H., F. DA FONSECA-WOLLHEIM, G. KOHLHAW and CH. W. WOENCKHAUS: Ann. N. Y. Acad. Sci. **98**, 453 (1962).
[8] DA FONSECA-WOLLHEIM, F., K. W. BOCK and H. HOLZER: Biochem. biophys. Res. Commun. **9**, 466 (1962).
[9] BOCK, K. W., L. JAENICKE u. H. HOLZER: Biochem. biophys. Res. Commun. **9**, 472 (1962).
[10] WOENCKHAUS, CH. W., u. H. HOLZER: unveröffentlichte Versuche.
[11] WILLIAMS, R. R., R. E. WATERMANN, J. C. KERESZTESY and E. R. BUCHMAN: J. Amer. chem. Soc. **57**, 536 (1935).
[12] JAENICKE, L.: Experientia **17**, 481 (1961).
[13] HOLZER, H., H. W. GOEDDE, K. H. GÖGGEL and B. ULRICH: Biochem. biophys. Res. Commun. **3**, 599 (1960).
[14] GOEDDE, H. W., K. G. BLUME and H. HOLZER: Biochim. biophys. Acta (Amst.) **62**, 1 (1962).
[15] WIELAND, TH., u. G. PFLEIDERER: Angew. Chem. **67**, 257 (1955).
[16] HOLZER, H., G. KOHLHAW u. B. DEUS: Unveröffentliche Versuche.
[17] JAENICKE, L., u. J. KOCH: Biochem. Z. **336**, 432 (1962).

Diskussion

Diskussionsleiter: STAAB, Heidelberg

JAENICKE (Köln): Ich habe in meinem Vortrag erwähnt, daß wir Hydroxylmethylthiaminpyrophosphat auch glauben in Händen zu haben, und zwar haben wir die Verbindung chemisch synthetisiert durch Kondensation von Formaldehyd mit TPP im schwach sauren p_H-Bereich. Die Spaltung des Moleküls mit Hydroxylamin ergibt Glykolhydroxamsäure, was ein Beweis dafür ist, daß die Einkohlenstoffeinheit tatsächlich am Kohlenstoffatom 2 des Thiazolrings sitzt. Die Verbindung reagiert enzymatisch allerdings viel langsamer, als wir es erwartet hätten, so daß wir nicht ganz sicher sind, ob sie tatsächlich ein vernünftiges Zwischenprodukt ist. Sie verhält sich in vielen Dingen ähnlich wie Herrn KOHLHAWS Verbindung; andererseits besteht eine geringe Differenz im Spektrum.

KOHLHAW: Hinsichtlich der Verschiebung der UV-Absorptionsmaxima gegenüber TPP gleicht das von uns aus enzymatischen Ansätzen isolierte Hydroxymethyl-TPP den anderen früher in Freiburg aus Enzymansätzen isolierten TPP-aktivierten Aldehyden, z. B. dem Hydroxyäthyl-TPP und Dihydroxyäthyl-TPP. Was das kinetische Verhalten angeht, so haben wir ebenfalls Hinweise auf einem außerordentlich langsamen enzymatischen Umsatz, nämlich bei der Bildung von Glycerinsäure aus Glyoxylsäure und TPP-aktiviertem Formaldehyd über Tartronaldehydsäure an Enzymen aus E. coli. Auch dazu gibt es Parallelen bei den anderen TPP-aktivierten Aldehyden. Man kann zur Erklärung annehmen, daß die Bindung des aktivierten Aldehyds an das Enzym — durch Austausch der Kohlenstoffeinheit oder durch Verdrängung des TPP — sehr langsam vor sich geht oder daß die Abspaltung des Protons eine langsame Reaktion ist, wenn wir annehmen, daß der aktivierte Aldehyd als Carbanion reagiert: $CH_2OH\text{—}TPP \rightarrow {}^{\ominus}CHOH\text{—}TPP + H^{\oplus}$.

HOLZER: Wir haben unseren reinen, aus Enzymansätzen gewonnenen „aktiven Formaldehyd" mitgebracht, um ihn Herrn JEANICKE zum Vergleich mit seinem synthetischen Präparat zu übergeben. Wenn dann das Präparat von JAENICKE und KOCH in reiner Form verfügbar ist, werden wir es gerne in unserem Laboratorium mit unserem Präparat vergleichen.

Zum Mechanismus der Phosphoketolasereaktion

Von

H. HOLZER UND W. SCHRÖTER

Biochemisches Institut der Universität Freiburg i. Br.

Mit 6 Abbildungen

Phosphoketolase wurde bisher aus Lactobacillus plantarum[1], Acetobacter xylinum[2] und Leuconostoc mesenteroides[3] gereinigt. Das Enzym katalysiert die TPP-abhängige* Phosphorolyse von Xylulose-5-phosphat[1,4], Fructose-6-phosphat[2,5] und Hydroxypyruvat[6] zu Acetylphosphat nach der allgemeinen Gleichung

$$CH_2OH—CO—RH + HPO_4^- \rightarrow CH_3—CO—OPO_3^- + H_2O + R. \quad (1)$$

R bedeutet nach der vorstehend angegebenen Reihenfolge der Substrate Glycerinaldehyd-3-phosphat, Erythrose-4-phosphat bzw. CO_2.

Als Zwischenprodukte der Reaktion (vgl. Abb. 1) werden „TPP-aktivierter Glykolaldehyd"[4], 2-(1-Hydroxyvinyl)-TPP[6] und 2-Acetyl-TPP[7,8] diskutiert. Man nimmt allgemein an, daß der erste Reaktionsschritt in der Bildung einer C—C-Bindung zwischen dem von BRESLOW[9] als reaktiv erkannten Carbanion am C_2 des Thiazolringes von TPP und dem positiv polarisierten Carbonyl-Kohlenstoff des Substrates besteht (vgl. ① in Abb. 1). Dies ist verständlich, da sich nach BRESLOW[9] das Carbanion des TPP wie ein Cyanidanion verhält; der erste Reaktionsschritt gleicht also einer Cyanhydrinbildung. Der im zweiten Reaktionsschritt postulierte „TPP-aktivierte Glykolaldehyd" konnte bisher ebensowenig wie das bei Schritt ① entstehende TPP-aktivierte Substrat als Zwischenprodukt gefaßt werden. Die Beobachtung[3,6], daß die

---

* Abkürzungen: DCP = 2,6-Dichlorphenolindophenol; D-Xu-5-P = D-Xylulose-5-phosphat; E-4-P = Erythrose-4-phosphat; F-6-P = Fructose-6-phosphat; GSH = reduziertes Glutathion; HO-BTS = Hydroxybrenztraubensäure; JES = Jodacetat; p-CMB = p-Chlormercuribenzoat; p-CMPS = p-Chlormercuriphenylsulfonat; P-5-P = Pentose-5-phosphat; R-5-P = Ribose-5-phosphat; TPP = Thiaminpyrophosphat.

Substrate der Phosphoketolase nicht nur unter Beteiligung von Orthophosphat in Acetylphosphat überführt werden, sondern auch bei Anwesenheit von Ferricyanid zu Glykolsäure oxydiert werden, spricht jedoch sehr stark für das intermediäre Auftreten eines „TPP-aktivierten Glykolaldehyds". Man weiß nämlich, daß auch bei anderen TPP-abhängigen Enzymreaktionen intermediär entstehende TPP-aktivierte Aldehyde mit Ferricyanid zu den entsprechenden Säuren oxydiert werden. Ein direkter Nachweis der enzymatischen Oxydation eines TPP-aktivierten Aldehyds mit

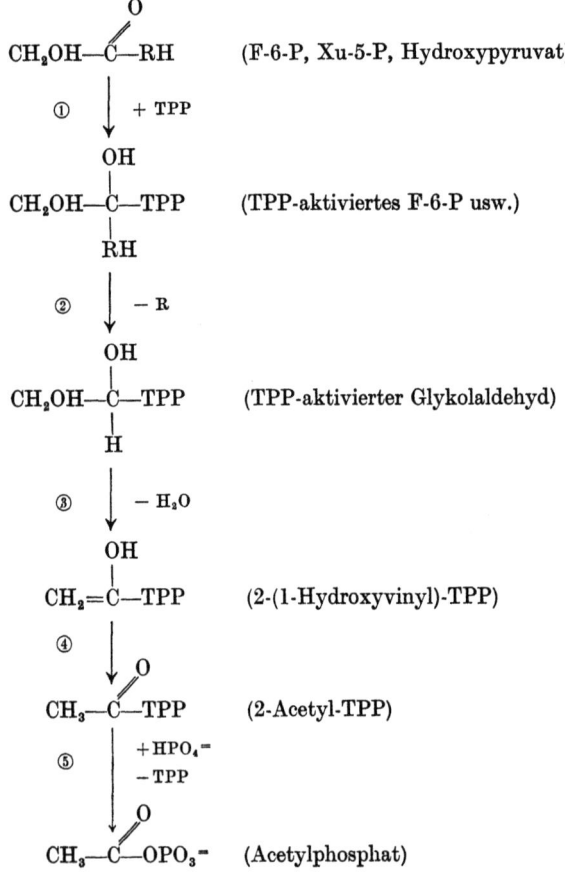

Abb. 1. Hypothetischer Mechanismus der Phosphoketolase-Reaktion

Zum Mechanismus der Phosphoketolasereaktion 257

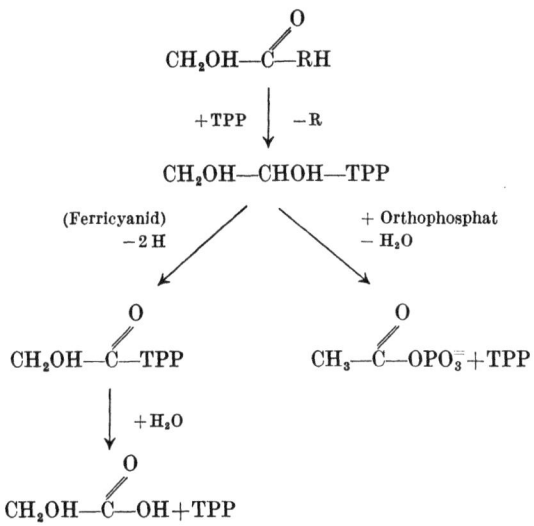

Substrat	R
Hydroxypyruvat	CO_2
D-Xu-5-P	D-Glycerinaldehyd-3-Phosphat
D-F-6-P	D-Erythrose-4-Phosphat

Abb. 2. Bildung von Acetylphosphat und Glykolsäure an Phosphoketolase

künstlichen Oxydantien ist vor kurzem bei „TPP-aktiviertem Acetaldehyd" gelungen[10]. Er reagiert mit Ferricyanid bzw. Dichlorphenolindophenol gemäß der Reaktionsfolge

$$2\text{-}(1\text{-Hydroxyäthyl})\text{-TPP} \xrightarrow[\text{DCP}]{\text{Ferricyanid}} 2\text{-Acetyl-TPP} \quad (2)$$

$$\xrightarrow{H_2O} \text{Acetat} + \text{TPP}.$$

Die Ferricyanid-abhängige Oxydation der Substrate von Phosphoketolase zu Glykolsäure kann demnach so formuliert werden, wie es in Abb. 2 wiedergegeben ist.

Für das Auftreten von „TPP-aktiviertem Glykolaldehyd" als dem Phosphorolyseweg und dem oxydativen Weg gemeinsames Zwischenprodukt haben wir eine Reihe von experimentellen Anhaltspunkten erarbeitet[6]. Als wichtigste Argumente sind zu nennen:

1. Oxydationsreaktion und Phosphorolysereaktion sind streng TPP-abhängig.
2. Zusatz von Orthophosphat verlangsamt die Reaktionsgeschwindigkeit mit Ferricyanid um genau den Betrag der Acetylphosphat-Bildung. Umgekehrt verlangsamt Ferricyanid die Reaktionsgeschwindigkeit mit Orthophosphat. Beide Reaktionswege konkurrieren demnach um ein und dasselbe Zwischenprodukt, das geschwindigkeitsbestimmend für die Gesamtreaktion aus dem Substrat gebildet wird.

Für die Bilanzreaktion von Schritt ③, ④ und ⑤ in Abb. 1, d. h. für den Übergang von „TPP-aktiviertem Glykolaldehyd" in Acetylphosphat, konnten wir direkte Beweise erbringen. Aus ^{14}C-markiertem „TPP-aktiviertem Glykolaldehyd" entsteht an Phosphoketolase ^{14}C-markiertes Acetylphosphat. Das Acetylphosphat wurde chromatographisch und elektrophoretisch durch Vergleich mit authentischem Acetylphosphat identifiziert[11]. Die Reaktionsgeschwindigkeit des „TPP-aktivierten Glykolaldehyds" beträgt im Vergleich zu den Substraten der Phosphoketolasereaktion (Pentulose-5-phosphat, Hydroxypyruvat, Fructose-6-phosphat) nur wenige Prozent. Dasselbe gilt auch für den Umsatz anderer TPP-aktivierter Aldehyde an anderen Enzymen (vgl. [12]). Als Erklärung wird ein langsamer und damit geschwindigkeitsbestimmender Austausch von TPP gegen TPP-Aldehyd diskutiert.

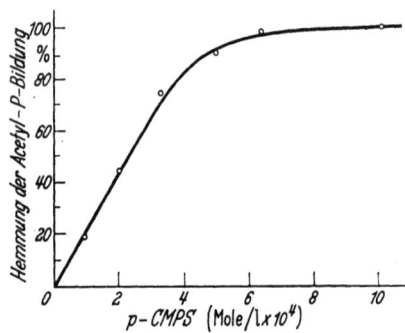

Abb. 3. Abhängigkeit der Acetyl-P-Bildung von der p-Chlormercuriphenylsulfonat-Konzentration. Die Versuchsansätze enthielten außer den jeweils angegebenen Mengen an p-CMPS in einem Gesamtvolumen von 0,6 ml: 20 μMole Sörensen-Phosphat-Puffer, p$_H$ 6,0; 1 μMol MgCl$_2$, 0,2 μMol TPP, 4 μMole R-5-P, 14 μg Phosphoketolase (Phosphoriboisomerase und -epimerase enthaltend)

Die als Reaktionsschritt ③ (vgl. Abb. 1) postulierte Wasserabspaltung steht in Analogie zu vielen anderen Dehydrasereaktionen. Im vorliegenden Falle wird die α,β-Eliminierung des Wassers durch den mesomeren Effekt der C=N-Bindung im Thiazolring des Thiaminpyrophosphats ermöglicht, bei anderen Dehydrasereaktionen aktiviert eine Carboxylgruppe, die CO—S—CoA-

Gruppe, die N=C-Bindung der Schiffschen Base mit Pyridoxalphosphat oder die beiden konjugierten Doppelbindungen des Imidazolringes (Zusammenfassung s. [6]).

Da gewisse enzymatisch katalysierte Dehydrase-Reaktionen besonders empfindlich gegen SH-Reagentien sind, studierten wir die Wirkung von Jodacetat, p-Chlormercuribenzoat und p-Chlormercuriphenylsulfonat auf die Acetylphosphat-Bildung aus Xylulose-5-phosphat mit Phosphoketolase. In Abb. 3 ist die Hemmung durch p-Chlormercuriphenylsulfonat wiedergegeben. In Tab. 1 findet man Daten über die Hemmung der Acetylphosphat-Bildung

Tabelle 1. *Hemmung der Phosphoketolase-Reaktion durch SH-Reagentien*

Hemmstoff	Konzentration	Versuchsbedingungen	μMol Acetyl-P gebildet in 30 min	Hemmung	Ferricyanid reduziert Δ E/min	Hemmung
			1,50	0%	0,026	
		$+5,0 \cdot 10^{-3}$ M GSH	1,55	—	—	
JES	10^{-3} M	15 min Vorinkubation	1,40	7%	0,022	15%
	10^{-2} M	15 min Vorinkubation	1,16	22%	0,020	23%
p-CMB	10^{-4} M	5 min Vorinkubation	1,4	7%	0,024	8%
p-CMPS	$1 \cdot 10^{-4}$ M	5 min Vorinkubation	1,23	18%	0,020 (nach 7 min <0,0005)	23% >80%
	$6,3 \cdot 10^{-4}$ M	5 min Vorinkubation	0,03	98%	0,013 (nach 3 min <0,0005)	50% >80%
	$6,3 \cdot 10^{-4}$ M	5 min Vorinkubation $+5,0 \cdot 10^{-3}$ M GSH	1,49	1%	—	

Die Ansätze enthielten in einem Gesamtvolumen von 0,6 ml außer den jeweils angegebenen Hemmstoff- und GSH-Konzentrationen im Acetyl-P-Test: 20 μMole Sörensen-Phosphat-Puffer, p_H 6,0; 1 μMol $MgCl_2$, 0,2 μMol TPP, 4 μMole R-5-P, 14 μg Phosphoketolase (Phosphoriboisomerase und -epimerase enthaltend). Im Ferricyanidtest: 20 μMole Citratpuffer, p_H 6,0; sonst die gleichen Substanzen wie im Acetyl-P-Test, zusätzlich 0,03 μMol Ferricyanid.

einerseits und der Ferricyanidreduktion andererseits. Wäre die Dehydrasereaktion besonders empfindlich gegen SH-Reagentien, so hätte man eine bevorzugte Hemmung der Acetylphosphat-Bildung erwarten müssen, da der Dehydraseschritt an der Reduktion von Ferricyanid nicht beteiligt ist (vgl. Abb. 2). Wie man aus der Tabelle sieht, ist dies nicht der Fall. Die Reduktion von Ferricyanid ist eher empfindlicher gegen SH-Reagentien als die Acetylphosphat-Bildung.

Tabelle 2. *Bildung von Acethydroxamsäure mit und ohne Orthophosphat*

Substrat	Test-bedingungen	μMole Acethydroxamsäure gebildet		Phosphatgehalt im Ansatz ohne Phosphatzusatz	Aus Phosphatgehalt (vorstehende Kolonne) gemäß Abb. 5 erwartete Acethydroxamsäure-Bildung in μMol
		mit Phosphat im Testgemisch	ohne Phosphatzusatz zum Testgemisch		
R-5-P	m. NH$_2$OH gestoppt	2,5	0,46	$0{,}14 \cdot 10^{-3}$ M	0,5
	NH$_2$OH im Testgem.	1,55	0,6		0,6
R-5-P*	m. NH$_2$OH gestoppt	2,4	0,04	$<0{,}005 \cdot 10^{-3}$ M	<0,1
	NH$_2$OH im Testgem.	1,5	0,06		<0,1
HO-BTS	m. NH$_2$OH gestoppt	1,31	0,07	$<0{,}005 \cdot 10^{-3}$ M	<0,1
	NH$_2$OH im Testgem.	0,8	0,01		<0,1

Die Ansätze enthielten in einem Gesamtvolumen von 0,6 ml: 20 μMole Citratpuffer, p$_H$ 6,0; 4,0 μMole R-5-P bzw. 7,5 μMole HO-BTS, 0,2 μMol TPP, 1 μMol MgCl$_2$, 25 μg Phosphoketolase (Phosphoribo-epimerase und -isomerase enthaltend) und, wenn angegeben, 20 μMole Orthophosphat und 8 μMole NH$_2$OH. Nach 30 min Inkubation bei 37° wurde mit 0,63 mMol NH$_2$OH, bei den Testen, die schon NH$_2$OH enthielten, mit 0,3 ml FeCl$_3$-Lösung, wie in Abb. 4 angegeben, gestoppt.

Schramm et al.[2] haben vergeblich versucht, das bei Reaktionsschritt ④ in Abb. 1 als Intermediat postulierte energiereiche Acetylderivat mit Hydroxylamin abzufangen und als Hydroxamsäure nachzuweisen. Auch wir haben versucht, das Auftreten von Acetyl-TPP bei Abwesenheit von Orthophosphat durch Abfangen

---

* Papierchromatographisch gereinigtes R-5-P.

der Acetylgruppe mit NH_2OH als Hydroxamsäure nachzuweisen. Den Modellversuchen von BRESLOW und MCNELIS[7] sowie WHITE und INGRAHAM[8] zufolge war zu erwarten, daß 2-Acyl-Thiazoliumverbindungen die Acylgruppe energiereich gebunden enthalten. In einem Vorversuch wurde die Hydroxylaminkonzentration ermittelt, die das Enzym so wenig hemmt, daß noch ein ausreichender Umsatz zustande kommt. Abb. 4 zeigt, daß mit $13 \cdot 10^{-3}$

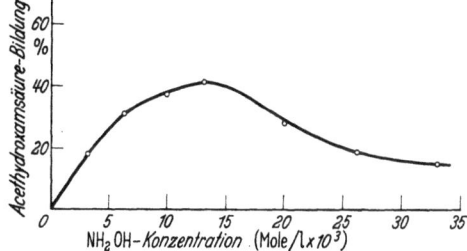

Abb. 4. Abhängigkeit der Acetylphosphatbildung von der Hydroxylamin-Konzentration im Testgemisch. Die Ansätze enthielten in einem Gesamtvolumen von 0,6 ml: 20 μMole Sörensen Phosphat-Puffer, p_H 6,0; 0,2 μMol TPP, 1,0 μMol $MgCl_2$, 4 μMole R-5-P, 13,2 μg Phosphoketolase (Phosphoriboisomerase und -epimerase enthaltend) und die jeweils angegebene Konzentration an NH_2OH. Es wurde 30 min bei 37° inkubiert und mit 0,3 ml einer 5%igen $FeCl_3$-Lösung in 5 N HCl, die 7% Trichloressigsäure enthielt, gestoppt. Danach wurde die Menge NH_2OH zugefügt, die sich aus der Differenz von 0,63 mMol und der während der Inkubation schon vorhandenen Menge errechnete. Die Acethydroxamsäure-Bildung ist in Prozent der Menge angegeben, die bei Inkubation ohne NH_2OH nach Abstoppen mit NH_2OH entsteht

Mol/l Hydroxylamin ein Optimum der Acetylphosphatbildung (gemessen als Acethydroxamsäure) erreicht ist. Die weiteren Versuche wurden daher mit dieser NH_2OH-Konzentration durchgeführt.

Aus Abb. 5 sieht man, daß die NH_2OH-Hemmung von der Konzentration an Orthophosphat bzw. von der damit zusammenhängenden Reaktionsgeschwindigkeit abhängig ist. Wahrscheinlich hemmen $13 \cdot 10^{-3}$ M NH_2OH den Reaktionsablauf an einer Stelle *vor dem Eintritt von Orthophosphat* (z. B. durch Reaktion mit der Carbonylgruppe der Substrate) auf etwa 2,0 μMole pro 30 Minuten unter unseren Bedingungen (vgl. Abb. 5). Orthophosphatkonzentrationen, die ohne NH_2OH eine höhere Reaktionsgeschwindigkeit ermöglichen, können dann bei Gegenwart von NH_2OH die Reaktionsgeschwindigkeit nicht steigern. Bei den in Tab. 2 dargestellten Versuchen wurde die Bildung von Acethydroxamsäure mit und ohne Zusatz von Orthophosphat gemessen.

Eine Acethydroxamsäurebildung bei Abwesenheit von Orthophosphat wäre als Hinweis auf ein intermediäres energiereiches Acetyl-Derivat zu werten gewesen. Man sieht jedoch aus Tab. 2, daß die Bildung von Acethydroxamsäure nie die auf Grund von Phosphatverunreinigungen zu erwartenden Werte (berechnet aus

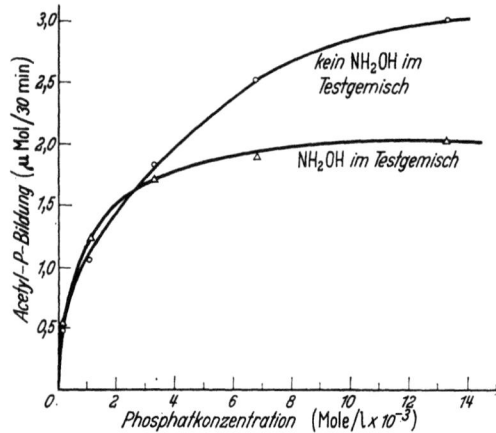

Abb. 5. Orthophosphatabhängigkeit der Acetylphosphatbildung. Die Ansätze enthielten in einem Gesamtvolumen von 0,6 ml: 18 μMole Na-Citratpuffer, pH 6,0; 0,2 μMol TPP, 1,0 μMol MgCl$_2$, 4 μMole R-5-P, 25 μg Phosphoketolase (Phosphoriboisomerase und -epimerase enthaltend) sowie die jeweils angegebene Phosphatkonzentration und im Test mit Hydroxylamin 8 μMole NH$_2$OH

den Daten von Abb. 5) überschritten. Unsere Versuche geben demnach in Bestätigung der früheren Versuche von SCHRAMM et al.[2] keinen Hinweis auf ein energiereiches Acetylderivat als Intermediat der Phosphoketolasereaktion.

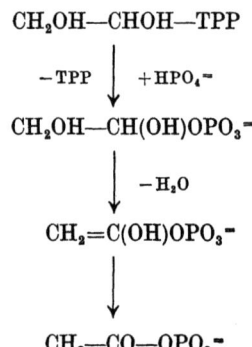

Abb. 6. Variante für den Übergang „TPP-aktivierten Glykolaldehyds" in Acetylphosphat bei der Phosphoketolase-Reaktion

Zur Erklärung der negativen Versuche mit NH_2OH muß evtl. eine das Acetyl-TPP schützende und stabilisierende Funktion des Enzymproteins in Betracht gezogen werden. Dies würde erklären, weshalb NH_2OH nicht angreift und weshalb im wäßrigen Milieu keine spontane Hydrolyse zu Acetat erfolgt, wie sie aus den Modellversuchen von BRESLOW und MCNELIS[7] und WHITE und INGRAHAM[8] zu erwarten ist. Es ist dann jedoch schwierig zu verstehen, weshalb Orthophosphat im Gegensatz zu NH_2OH und H_2O rasch und quantitativ gemäß Reaktionsschritt ⑤ in Abb. 1 reagiert.

Bei dieser Situation wird man nach einer Reaktionsfolge Ausschau halten, in der vor dem Eintritt von Orthophosphat kein energiereiches Acyl-Derivat vorkommt.

Das von SCHRAMM et al.[2] in diesem Zusammenhang als Intermediat postulierte Glykolaldehydphosphat kann aus „TPP-aktiviertem Glykolaldehyd" mit der Struktur 2-(1,2-Dihydroxyäthyl)-TPP nicht ohne weiteres entstehen, da seine Bildung aus Orthophosphat die freie Aldehydgruppe des Glykolaldehyds zur Voraussetzung hat. Vielleicht erfolgt jedoch eine Phosphorolyse des „TPP-aktivierten Glykolaldehyds" zu Glykolaldehydphosphat und TPP in einer "concerted reaction" nach folgendem Schema:

$$CH_2OH-\underset{H}{\overset{OH}{\underset{|}{C}}}-\underset{\underset{\overset{|}{O}}{\overset{\ominus}{O}-\overset{|}{P}-\overset{\ominus}{O}}}{\overset{}{\underset{O-H}{C}}}\overset{\oplus}{\underset{S-}{N\diagup}} \longrightarrow CH_2OH-\underset{H}{\overset{OH}{\underset{|}{C}}}\diagdown_O \;+\; HC\overset{\oplus}{\underset{S-}{N\diagup}}$$
$$\underset{\overset{||}{O}}{\overset{\ominus}{O}-\overset{|}{P}-\overset{\ominus}{O}}$$

Das so entstandene Glykolaldehydphosphat könnte dann, wie von SCHRAMM et al.[2] vorgeschlagen (vgl. Abb. 6), weiterreagieren.

Zusammenfassung

Neuere Versuche zum Mechanismus der Phosphoketolase-Reaktion werden besprochen. Insbesondere werden „TPP-aktivierter Glykolaldehyd" und 2-Acetyl-TPP als mögliche Intermediate der Reaktion diskutiert.

Dank

Der Deutschen Forschungsgemeinschaft und dem Bundesministerium für Wissenschaftliche Forschung danken wir für Beihilfen, die die vorliegende Arbeit ermöglicht haben. W. SCHRÖTER dankt der Deutschen Forschungsgemeinschaft für ein Stipendium.

Literatur

[1] HEATH, E. C., J. HURWITZ, B. L. HORECKER and G. GINSBURG: J. biol. Chem. **231**, 1009 (1958).
[2] SCHRAMM, M., V. KLYBAS and E. RACKER: J. biol. Chem. **233**, 1283 (1958).
[3] GOLDBERG, M. L., and E. RACKER: J. biol. Chem. **237**, PC 3841 (1962).
[4] HEATH, E. C., J. HURWITZ and B. L. HORECKER: J. Amer. chem. Soc. **78**, 5449 (1956).
[5] SCHRAMM, M., and E. RACKER: Nature (Lond.) **179**, 1349 (1957).
[6] HOLZER, H., u. W. SCHRÖTER: Biochim. biophys. Acta (Amst.) **65**, 271 (1962).
[7] BRESLOW, R., and E. MCNELIS: J. Amer. chem. Soc. **82**, 2394 (1960).
[8] WHITE, F. G., u. L. L. INGRAHAM: J. Amer. chem. Soc. **82**, 4114 (1960).
[9] BRESLOW, R.: J. Amer. chem. Soc. **80**, 3719 (1958).
[10] GOEDDE, H. W., B. ULRICH, K. STAHLMANN u. H. HOLZER: Unveröffentlichte Versuche.
[11] SCHRÖTER, W., u. H. HOLZER: Biochim. biophys. Acta (Amst.) **77**, 474 (1963).
[12] HOLZER, H.: Angew. Chem. **73**, 721 (1961).

Diskussion

Diskussionsleiter: STAAB, Heidelberg

WIELAND: (Frankfurt/M.): Die als Zwischenprodukt in Ihrem Schema angenommene Acyl-thiazolium-Verbindung müßte mit Hydroxylamin eine Hydroxamsäure liefern.

HOLZER: Ja, die Modellverbindung wird den Versuchen von BRESLOW und MCNELIS sowie WHITE und INGRAHAM zufolge bereits in Alkohol rasch zum Ester solvolysiert. Versuche mit Hydroxylamin sind meines Wissens nicht gemacht worden.

WIELAND: Vielleicht wird die Reaktion mit Hydroxylamin hier irgendwie gestört und man findet deshalb bei den Enzymansätzen keine Hydroxamsäure. Man müßte die Verhältnisse am Modell genauer untersuchen.

STAAB: Die Chemie des Thiamins war von der Organischen Chemie her eigentlich nicht vorauszusehen. Wir haben hier ein Beispiel dafür, daß die Organiker von der Biochemie Anregungen bekommen haben. Auch BRESLOW nahm in seinen ersten Versuchen an, daß ein Ylid mit der Brücken—CH$_2$-Gruppe vorliege. Niemand hätte vorher gedacht, daß ein Acyl-thiazolium-Salz, das die Gruppierung eines Ketons hat, vorliegt und daß dessen freie Energie der Hydrolyse 22 Kilocal pro Mol beträgt.

Kohlensäureübertragung durch Biotinenzyme

Von

J. KNAPPE

Organisch-Chemisches Institut der Universität Heidelberg

und

F. LYNEN

Max Planck-Institut für Zellchemie, München

Mit 2 Abbildungen

Unsere Kenntnis von Enzymreaktionen, an denen Biotin als Coenzym beteiligt ist, hat sich in den letzten Jahren rasch vergrößert. Dabei hat die von WERKMAN u. WESSMAN[38] eingeführte Hemmtechnik durch Avidin eine wichtige Rolle gespielt. Denn auf keine andere einfache Weise als durch die Hemmung mittels dieses spezifischen Proteins, läßt sich Biotin als Bestandteil eines Enzymsystems nachweisen. Es ist mit dem Enzymeiweiß durch eine Säureamidbindung kovalent verknüpft und kann deshalb nicht reversibel vom Apoenzym abgetrennt werden. Auch fehlt ihm eine charakteristische Lichtabsorption.

Überblickt man die Reihe der bis heute bekannten Biotinenzyme, so erkennt man zwei Typen von Reaktionsprozessen, die von ihnen katalysiert werden:

a) Die *CO_2-Fixierungsreaktionen*, welche mit der Hydrolyse von ATP gekoppelt sind (Gl. 1), wie die Carboxylierung von Acetyl-[24a, 36], Propionyl-[5, 11], Butyryl-[30], Crotonyl-[32] und β-Methyl-crotonyl-CoA[22] sowie von Pyruvat[1, 27, 33a]; hierzu gehört auch die Carboxylierung von Hydroxyäthyl-thiaminpyrophosphat, die den Einbau von $^{14}CO_2$ in Pyruvat vermitteln kann[28].

$$ATP + HCO_3^- + RH \xrightleftharpoons{Mg^{++}} R-COO^- + ADP + \text{Orthophosphat} \quad (1)$$

b) Die *Transcarboxylierungsreaktionen* der Gl. 2, wie die Carboxylübertragung von Methylmalonyl-CoA[41] oder Malonyl-CoA[7] auf Pyruvat.

$$R_1-COO^- + R_2H \rightleftharpoons R_1H + R_2-COO^- \quad (2)$$

An diesen Prozessen, die beide reversibel sind, beteiligt sich enzymgebundenes Biotin als Überträger der Kohlensäure über ein zur Transcarboxylierung befähigtes CO_2-Biotinenzym.

Zu dieser Vorstellung von der Natur des „aktiven CO_2", auf dessen Existenz bereits Arbeiten von UTTER u. WOOD[33b] und DELWICHE et al.[4] hingewiesen hatten, führten uns die Untersuchungen über die Carboxylierung von β-Methyl-crotonyl-CoA[21, 22]. Austauschversuche mit markierten Substraten ließen die Gliederung der Reaktion Gl. 1 in die folgenden zwei Stufen erkennen (RH = β-Methyl-crotonyl-CoA):

$$ATP + HCO_3^- + \text{Biotinenzym} \xrightleftharpoons{Mg^{++}} CO_2\text{-Biotinenzym} + ADP + P_0$$
$$(1a)$$

$$CO_2\text{-Biotinenzym} + RH \rightleftharpoons \text{Biotinenzym} + R-COO^-, \quad (1b)$$

wobei insbesondere der avidinhemmbare Isotopenaustausch zwischen β-Methyl-crotonyl-CoA und 1,3,5-^{14}C-β-Methyl-glutaconyl-CoA (R—COO$^-$) einen unmittelbaren Hinweis auf das CO_2-Biotinenzym lieferte. Inzwischen ist die generelle Gültigkeit dieses Reaktionsverlaufs durch analoge Austauschversuche an Carboxylasen verschiedenen Ursprungs und anderer Substratspezifität, besonders aber durch die direkte Isolierung der CO_2-Biotinenzyme bewiesen worden. Hierüber haben erstmals KAZIRO u. OCHOA[10] berichtet, die die labile Carboxyverbindung der kristallisierten Propionylcarboxylase sowohl nach Gl. (1a) aus Hydrogencarbonat als auch aus Methylmalonyl-CoA (Rückreaktion Gl. 1b) erhielten.

Für die Transcarboxylasen läßt sich auf Grund von Austauschexperimenten[29] und durch die Isolierung des Carboxy-enzyms[40] ein analoger Zweistufenprozeß formulieren:

$$R_1-COO^- + \text{Biotinenzym} \rightleftharpoons CO_2\text{-Biotinenzym} + R_1H \quad (2a)$$

$$CO_2\text{-Biotinenzym} + R_2H \rightleftharpoons \text{Biotinenzym} + R_2-COO^-. \quad (2b)$$

Auf die chemische Konstitution des „aktiven CO_2" waren wir durch eine CO_2-Fixierung an freies Biotin gestoßen, die nach Gl. 3 1'-N-Carboxy-biotin liefert[15, 22].

$$ATP + HCO_3^- + \text{Biotin} \xrightarrow{Mg^{++}} ADP + P_0 + 1'\text{-N-Carboxy-biotin}.$$
$$(3)$$

Die Reaktion vollzieht sich an der bakteriellen β-Methyl-crotonyl-carboxylase bei Einsatz hoher Biotinmengen. Sie ist insofern ungewöhnlich, als sie noch bei keinem anderen Biotinenzym beobachtet wurde. Sie ist andererseits durch eine Spezifität ausgezeichnet — es reagiert nur das natürliche (+) Biotin —, die darauf hinweist, daß es sich um ein Modell der Teilreaktion 1a handelt, wo das freie Vitamin an die Stelle des enzymgebundenen Biotins tritt. Ein entscheidender Unterschied zur Reaktion 1a liegt darin, daß die Modellreaktion (Gl. 3) irreversibel ist. Dies dürfte auf eine mangelnde Affinität des freien Carboxy-biotins zum Enzymprotein zurückzuführen sein. Es gelang deshalb auch nicht, β-Methyl-crotonyl-CoA mit dem synthetisch hergestellten Carboxy-biotin zu carboxylieren, wodurch seine Reaktionsfähigkeit als Transcarboxylierungsagens zu erkennen gewesen wäre. Die Unsicherheit bezüglich der Konstitution des CO_2-Biotinenzyms, die nach diesen Versuchen noch verblieben war, ist aber durch die Aufklärung der CO_2-Bindungsstelle im CO_2-Biotinenzym selbst nunmehr beseitigt.

Bei dieser Untersuchung[12, 17] richteten wir unsere Bemühungen auf die Spaltung der Säureamidbindung, mit der das carboxylierte Biotin am Protein verankert ist. Hierfür kam nur eine enzymatische Methode in Frage, denn beim alkalischen oder sauren Aufschluß wäre die fixierte Kohlensäure abgespalten worden. Ein Enzym geeigneter Spezifität schien uns die von THOMA u. PETERSON[31] entdeckte Biotinidase zu sein, die wir inzwischen 3000fach aus Schweinenieren anreicherten[13]. Es handelt sich um eine Hydrolase für Biotinyl-amide und -ester vom „Serintyp". Trotz ihrer ausgeprägten Substratspezifität vermag Biotinidase auch Derivate des N-Carboxy-biotins umzusetzen; die Michaeliskonstante liegt allerdings um zwei Zehnerpotenzen höher.

Biotinyl-X + H_2O ⟶ Biotin + HX; (X = $-NR_2, -OR$). (4)

Die ^{14}C-Carboxy-verbindung der β-Methyl-crotonyl-carboxylase, die nach Gl. (1a) aus ^{14}C-Hydrogencarbonat und ATP erhältlich ist, isolierten wir aus dem Reaktionsansatz durch Gelfiltration an Sephadex. Mit ihr läßt sich β-Methyl-crotonyl-CoA zum 5-^{14}C-β-Methyl-glutaconyl-CoA carboxylieren, wobei für diese Transferreaktion (Gl. 1b), in Übereinstimmung mit den früheren Ergebnissen der Isotopenaustauschversuche[22], weder Nucleotide noch Magnesiumionen erforderlich sind (Abb. 1). Wegen der Labilität mußte die Carboxygruppe des CO_2-Enzyms zunächst noch mittels Diazomethan verestert werden. Dabei wurden nur dann befriedigende Ausbeuten erzielt, wenn das native Carboxy-enzym für kurze Zeit mit Trypsin aufgeschlossen wurde. Das so erhältliche Gemisch von Methoxy-^{14}C-carbonyl-verbindungen, deren höhermolekulare Anteile wasserunlöslich sind, unterwarfen wir dann der Hydrolyse durch Biotinidase. Das Versuchsergebnis ist in Abb. 2 zusammengestellt. Sowohl von der „löslichen Fraktion" als auch der „unlöslichen Fraktion" ausgehend, die dem Angriff durch Biotinidase nach Behandlung mit Papain zugänglich wird, ließ sich als Endprodukt $1'$-N-$Methoxy$-^{14}C-$carbonyl$-$biotin$ (I in Abb. 2) fassen. Seine Struktur sowie die gute Ausbeute, mit der die Verbindung isoliert werden konnte, beweisen, daß der Bindungsort der Kohlensäure im Carboxy-enzym ausschließlich das $1'$-N-Atom des Biotinrests ist.

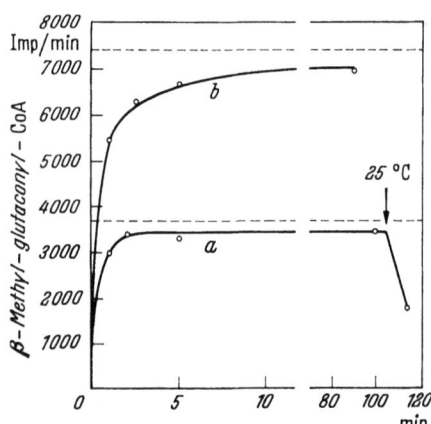

Abb. 1. Carboxyl-Übertragung auf β-Methylcrotonyl-CoA. Carbonatpuffer, p_H 8; 0.3 μMole β-Methyl-crotonyl-CoA; bei a) 3700 Imp/min $^{14}CO_2$-Enzym (Vol. 0,43 ml); bei b) 7400 Imp/min $^{14}CO_2$-Enzym (Vol. 0.83 ml). $T = 4°C$

Als weiteres Bruchstück, das bei der Hydrolyse mit rohem Papain entsteht, wurde das $1'$-N-$Methoxy$-^{14}C-$carbonyl$-$biocytin$ (II in Abb. 2) erhalten, womit auch die Bindungsstelle des Biotinrests am Protein aufgeklärt wurde. Die Verbindung war dadurch aufgefallen, daß sie beim Inkubieren mit Leucinaminopeptidase oder Carboxypeptidase nicht verändert wurde. Daß es sich um das ε-N-Biotinyl-derivat des Lysins handelte, war zu vermuten gewesen, da diese Verknüpfungsweise von dem aus Hefe isolierten Biocytin her bekannt war[26]. Sie war außerdem kurz zuvor von Kosow u. Lane[18] bei der Propionyl-carboxylase festgestellt worden. Durch den Vergleich mit synthetisch hergestelltem Methoxycarbonyl-biocytin ließ sich die Identität des radioaktiven Abbauprodukts deshalb in einfacher Weise aufklären. Bezüglich der Bindungsweise des Coenzyms gleichen die Biotinenzyme somit den α-Ketosäureoxydase-Komplexen, in denen die Liponsäure ebenfalls über die ε-Aminogruppe eines Lysinrests kovalent am Protein verankert ist[25].

Mit diesen Versuchen wurde auch völlig ausgeschlossen, daß das Carbonyl-C-Atom der Ureidogruppe des Biotins als CO_2-Donator in die Enzymreaktion eingreift, wie dies neuerdings von WAKIL u. WAITE[37] angenommen wird. Vielmehr zeigen die Untersuchungen an der Propionyl-carboxylase aus Leber (LANE u.

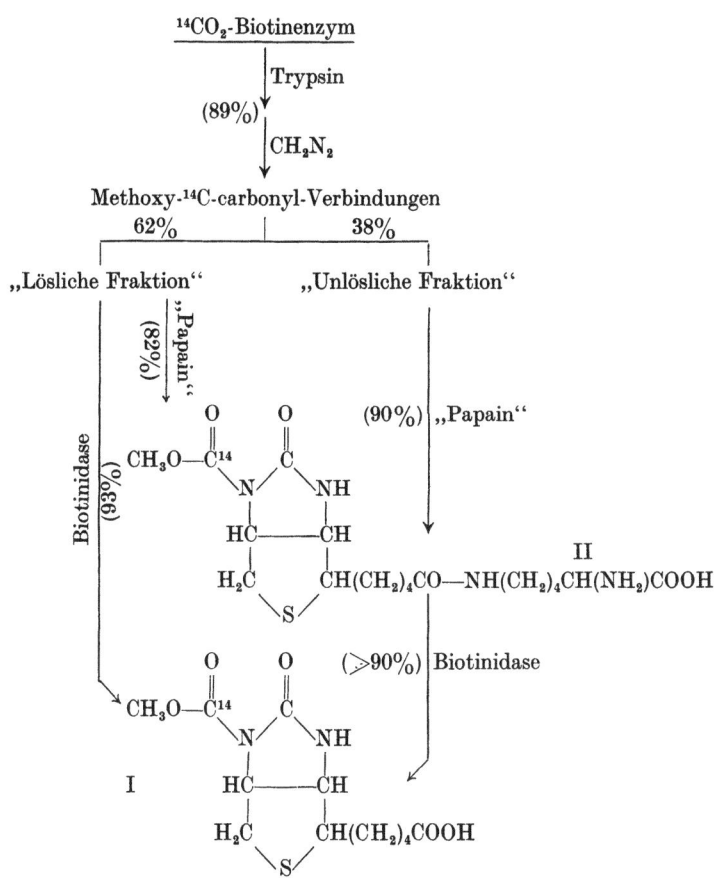

Abb. 2: Abbau des ^{14}C-Carboxy-Enzyms
(Die Zahlen in Klammern geben die Ausbeute an)

LYNEN[19]) und der Methylmalonyl-Oxalacetat-transcarboxylase (WOOD et al.[40]), welche die gleiche Struktur des CO_2-Biotinenzyms (III) ergaben, daß bei beiden Klassen der Biotinenzyme und unabhängig von ihrer Herkunft die Kohlensäure am Amid-Stickstoff des Biotins gebunden und übertragen wird.

III

$$\begin{array}{c} \text{O} \quad \text{O} \\ \parallel \quad \parallel \\ \text{C} \quad \text{C} \\ {}^-\text{O}^{\diagup} \diagdown \text{N} \diagup \diagdown \text{NH} \\ | \quad\quad | \\ \text{HC} \text{---} \text{CH} \\ | \quad\quad | \\ \text{H}_2\text{C} \quad\quad \text{CH(CH}_2)_4\text{CO---NH} \\ \diagdown \text{S} \diagup \end{array} \qquad \begin{array}{c} \text{Protein} \\ | \\ \text{O} = \text{C} \diagdown \text{NH} \\ | \\ \text{CH} \\ | \\ (\text{CH}_2)_4 \end{array}$$

Eine gewisse Sonderstellung nehmen allerdings einige tierische Enzyme wie die Acetyl- und die Pyruvat-carboxylase ein, für deren katalytische Wirksamkeit die Gegenwart von Isocitrat oder Citrat[23, 24a, 35] bzw. Acetyl-CoA[33] erforderlich ist. Diese Cofaktoren sind jedoch nicht in den eigentlichen Carboxylierungsprozeß einbezogen. Sie scheinen auf die Ausrichtung der Proteintertiärstruktur Einfluß zu nehmen[24b, 34] und damit als Regulatoren der Enzymkatalyse zu fungieren.

Obschon das primäre Strukturproblem des „aktiven CO_2" nunmehr gelöst ist, bleiben viele Fragen, die mit seiner Reaktivität und seiner Bildungsweise zusammenhängen, noch offen. An seiner Entstehung nach Gl. 1a aus Hydrogencarbonat, das nach kinetischen Daten[16] und ^{18}O-Versuchen[8] die Reaktionsform der Kohlensäure ist, beteiligt sich ATP wie bei den analogen, unter dem Begriff Kinosynthetase-Reaktionen[3] zusammengefaßten Säureamid-Synthesen durch Spaltung in ADP und Orthophosphat. Eine Untergliederung dieses Prozesses hat sich durch das Studium der Komponentenabhängigkeit von Austauschreaktionen nicht zu erkennen gegeben. Der ^{14}C-ADP—ATP-Austausch erfordert die Anwesenheit von Orthophosphat, während der [32]P$_0$—ATP-Austausch von ADP und Hydrogencarbonat abhängig ist[8, 9, 22]. Die Schwierigkeit, etwa einen einleitenden Phosphorylierungsschritt zu erkennen, wie er bei der Tetrahydrofolat-formylase-Reaktion[2] und der Synthese des Glutamins[39] beobachtet wurde, besteht darin, daß sich bei den Biotinenzymen die Reaktionspartner des ATP nicht oder nur unvollständig eliminieren lassen: Biotin ist mit dem Enzym kovalent verbunden und die restlose Entfernung von

Hydrogencarbonat aus Enzymlösungen erfordert zumindest einen außerordentlich hohen experimentellen Aufwand. ^{18}O-Experimenten von KAZIRO et al.[8] ist immerhin zu entnehmen, daß intermediär eine Bindung zwischen Phosphat und Hydrogencarbonat besteht. Sie könnte auch in einem synchronen Prozeß zustandekommen[8, 22].

$$\underset{\substack{|\\HN}}{\overset{O}{\overset{\|}{C}}}\underset{NH}{}\underset{O}{}\overset{O}{\overset{\|}{C}}\underset{OH}{}\overset{^-O}{\underset{O}{\overset{}{P}}}\overset{O^-}{\underset{\substack{|\\O-P=O\\|\\O-AMP}}{=O}} \rightleftharpoons \underset{\substack{|\\HN}}{\overset{O}{\overset{\|}{C}}}\underset{N}{}\overset{O}{\overset{\|}{C}}O^- \;+\; \underset{\substack{|\\OH}}{\overset{^-O}{\underset{}{\overset{}{P}}}=O}\;+\;ADP$$

Die Bildung des CO_2-Biotinenzyms bei der Transcarboxylierung (Gl. 2a) erfolgt hingegen ohne die Mitwirkung von Nucleotiden. Sie ist die Umkehrung des Teilschritts 1b bei den Carboxylierungen. Infolge dieser Reversibilität können auch die Carboxylasen prinzipiell als Transcarboxylasen im Sinne der Gl. 2 wirken. Bei Enzymen mit entsprechender Substratspezifitätsbreite, wie z. B. Propionyl-carboxylase, sind solche Übertragungen gut zu beobachten[6].

Allophansaure Salze sind seit ihrer Entdeckung durch LIEBIG u. WÖHLER[20] nicht mehr beschrieben worden. Somit stehen auch Modellreaktionen, die zum tieferen Verständnis der Transcarboxylierungsfähigkeit des CO_2-Biotinenzyms beitrügen, noch aus. Die Acyl-aktivierung des Hydrogencarbonats in solchen Systemen beruht auf dem vom Ureidosystem ausgehenden Elektronensog, der die Elektrophilie des Carboxyl-C-Atoms und damit die Fähigkeit zur Transacylierung bestimmt. Die Polarität der C-N-Bindung macht sich z. B. bei den *Estern* dadurch bemerkbar, daß beim Angriff von Hydroxylionen neben der „normalen" Hydrolyse auch die Abspaltung von Harnstoff erfolgt.

$$\underset{RO}{\overset{O}{\overset{\|}{C}}}\underset{N}{}\overset{O}{\overset{\|}{C}}NH \;+\; OH^- \;\overset{A}{\underset{B}{\rightarrow}}\; \underset{\substack{^-O}}{}\overset{O}{\overset{\|}{C}}\underset{N}{}\overset{O}{\overset{\|}{C}}NH \;+\; ROH$$

$$\underset{HN}{}\overset{O}{\overset{\|}{C}}NH \;+\; RO-\overset{O}{\overset{\|}{C}}-O^-$$

Beim Methylester der Harnstoff-N-carbonsäure (Allophansäure) selbst wird zwar fast ausschließlich der Weg A eingeschlagen[20]. Bei den Estern der Biotin-N-carbonsäure überwiegt dagegen der Weg B[14, 15]. Die erhöhte Reaktivität ist auch an der Geschwindigkeit der alkalischen Spaltung (Summe A und B) zu erkennen. Die RG-Konstanten der bimolekularen Reaktion steigen in der genannten Reihe um den Faktor 20 (Tab. 1).

Tabelle 1. *Alkalische Hydrolyse der Methylester von Harnstoff-N-carbonsäuren*

N-Methoxycarbonyl-	k_2 [$l \cdot Mol^{-1} \, min^{-1}$]*
-harnstoff	0.063
-N,N'-dimethylharnstoff	0.79
-äthylenharnstoff	1.32
-biotinmethylester (1'-N-)	1.08

* Bimolekulare RG-Konstanten, gemessen in 20% wäßrigem Propanol (0,1 n KOH); 25°C.

Die Tendenz zur CO_2-Abspaltung, die bei den freien, nicht isolierbaren N-Carbonsäuren, aber auch beim Carboxylat-ion besteht, beruht ebenfalls auf dem Elektronensog der Harnstoffgruppe. Für das Carboxy-derivat der β-Methyl-crotonyl-carboxylase wurde z. B. eine Halbwertszeit der Decarboxylierung von etwa 14 min bei 26°C und pH 7,6—8,5 ermittelt (Tab. 2). Bei diesen Versuchen wurde von der quantitativen Bestimmbarkeit des $^{14}CO_2$-Enzyms durch die Transferreaktion (Gl. 1b) oder durch Veresterung der Carboxy-gruppe Gebrauch gemacht; sie beruht darauf, daß hierbei jeweils ein säurestabiles ^{14}C-Produkt entsteht. Betrachtet man die Decarboxylierungsrate als Maß der Transcarboxylierungsfähigkeit, so läßt sich der Tab. 2 noch entnehmen, daß auch der Eiweißteil zur Reaktivität des „aktiven CO_2" beiträgt. Beim Aufschluß mit Trypsin, der zum Verlust der katalytischen Aktivität führt, wird die Decarboxylierungsrate verringert, während sie andererseits, wenn das Substrat β-Methyl-crotonyl-CoA zugegen ist, stark erhöht ist. Ein ähnlicher Substrateinfluß wurde auch bei der Propionyl-carboxylase[10] beobachtet. Man kann sich vorstellen, daß bei der Decarboxylierung (bzw. bei der elektrophilen Transcarboxylierung) eine Nachbargruppe am Protein das frei werdende N-Atom durch Ausbildung einer Wasserstoffbrücke abfängt, und daß diese Nachbargruppe in den tryptischen Carboxybiotinyl-peptiden fehlt. Andererseits könnte durch das Substrat eine räumliche Veränderung am Eiweiß hervorgerufen werden, welche die Wechselwirkung zwischen Nachbargruppe und Biotin begünstigt. Die Klärung dieser Fragen setzt jedoch die genaue Einsichtnahme in die Anordnung der Aminosäuren am Wirkungszentrum der Carboxylasen voraus.

Tabelle 2. *Stabilität der Carboxy-Verbindung von β-Methyl-crotonyl-carboxylase*

Temp.	pH	Zusätze	Halbwertszeit der Decarboxylierung(min)
0°	8,5	—	ca. 480
26°	8,5	—	14—15
26°	7,6	—	15
26°	8,4	Trypsin	ca. 35
26°	8,4	MC-CoA	ca. 4

Literatur

[1] BLOOM, S. J., and M. J. JOHNSON: J. biol. Chem. **237**, 2718 (1962).
[2] BRODE, E., u. L. JAENICKE: Liebigs Ann. Chem. **647**, 174 (1961).
[3] BUCHANAN, J. M., S. HARTMANN, R. L. HERRMANN and R. A. DAY: J. cell. comp. Physiol. **54**, Suppl. 1, 139 (1959).
[4] DELWICHE, E. A., E. F. PHARES and S. F. CARSON: Fed. Proc. **12**, 194 (1953); **13**, 198 (1954).
[5] HALENZ, D. R., J. Y. FENG, C. S. HEGRE and M. D. LANE: J. biol. Chem. **237**, 2140 (1962).
[6] HALENZ, D. R., and M. D. LANE: Biochem. biophys. Res. Commun. **5**, 27 (1961).
[7] HÜLSMANN, W. C.: Biochim. biophys. Acta (Amst.) **62**, 620 (1962).
[8] KAZIRO, Y., L. F. HASS, P. D. BOYER and S. OCHOA: J. biol. Chem. **237**, 1460 (1962).
[9] KAZIRO, Y., E. LEONE and S. OCHOA: Proc. Nat. Acad. Sci. (Wash.) **46**, 1319 (1960).
[10] KAZIRO, Y., and S. OCHOA: J. biol. Chem. **236**, 3131 (1961).
[11] KAZIRO, Y., S. OCHOA, R. C. WARNER and J. Y. CHEN: J. biol. Chem. **236**, 1917 (1961).
[12] KNAPPE, J., K. BIEDERBICK u. W. BRÜMMER: Angew. Chem. **74**, 432 (1962).
[13] KNAPPE, J., W. BRÜMMER u. K. BIEDERBICK: Biochem. Z. **338**, 599 (1963).
[14] KNAPPE, J., u. E. BOHNERT: Unveröffentlichte Versuche.
[15] KNAPPE, J., E. RINGELMANN u. F. LYNEN: Biochem. Z. **335**, 168 (1961).
[16] KNAPPE, J., H. G. SCHLEGEL u. F. LYNEN: Biochem. Z. **335**, 101 (1961).

[17] KNAPPE, J., B. WENGER u. U. WIEGAND: Biochem. Z. **337**, 232 (1963).
[18] KOSOW, D. P., and M. D. LANE: Biochem. biophys. Res. Comm. **7**, 439 (1962).
[19] LANE, M. D., and F. LYNEN: Proc. nat. Acad. Sci. (Wash.) **49**, 379 (1963).
[20] LIEBIG, J., u. F. WÖHLER: Liebigs Ann. Chem. **59**, 291 (1846).
[21] LYNEN, F., J. KNAPPE, E. LORCH, G. JÜTTING u. E. RINGELMANN: Angew. Chem. **71**, 481 (1959).
[22] LYNEN, F., J. KNAPPE, E. LORCH, G. JÜTTING, E. RINGELMANN u. J. P. LACHANCE: Biochem. Z. **335**, 123 (1961).
[23] MARTIN, D. B., and P. R. VAGELOS: Fed. Proc. **21**, 289 (1962).
[24a] MATSUHASHI, M., S. MATSUHASHI, S. NUMA and F. LYNEN: Fed. Proc. **21**, 288 (1962).
[24b] MATSUHASHI, M., S. MATSUHASHI, S. NUMA and F. LYNEN: In Vorber.
[25] NAWA, H., W. T. BRADY, M. KOIKE and L. J. REED: J. Amer. chem. Soc. **82**, 896 (1960).
[26] PECK, R. L., D. E. WOLF and K. FOLKERS: J. Amer. chem. Soc. **74**, 1999 (1952).
[27] SEUBERT, W., u. U. REMBERGER: Biochem. Z. **334**, 401 (1961).
[28] SHUSTER, C. W., and F. LYNEN: Biochem. biophys. Res. Commun. **3**, 350 (1960).
[29] STADTMAN, E. R., P. OVERATH, H. EGGERER and F. LYNEN: Biochem. biophys. Res. Commun. **2**, 1 (1960).
[30] STERN, J. R., and D. L. FRIEDMAN: Biochim. biophys. Acta (Amst.) **36**, 299 (1959).
[31] THOMA, R. W., and W. H. PETERSON: J. biol. Chem. **210**, 569 (1954).
[32] TUSTANOFF, E. R., and J. R. STERN: Biochem. biophys. Res. Commun. **3**, 81 (1960).
[33a] UTTER, M. F., and D. B. KEECH: J. biol. Chem. **235**, PC 17 (1960).
[33b] UTTER, M. F., and H. G. WOOD: Advanc. Enzymol. **12**, 41 (1951); vgl. S. 74f.
[34] VAGELOS, P. R., A. W. ALBERTS and D. B. MARTIN: Biochem. biophys. Res. Commun. **8**, 4 (1962).
[35] WAITE, M.: Fed. Proc. **21**, 287 (1962).
[36] WAITE, M., and S. J. WAKIL: J. biol. Chem. **237**, 2750 (1962).
[37] WAKIL, S. J., and M. WAITE: Biochem. biophys. Res. Commun. **9**, 18 (1962).
[38] WESSMAN, G. E., and C. H. WERKMAN: Arch. Biochem. **26**, 214 (1950).
[39] WIELAND, T., G. PFLEIDERER u. B. SANDMANN: Biochem. Z. **330**, 198 (1958).
[40] WOOD, H. G., H. LOCHMÜLLER and F. LYNEN: Fed. Proc. **22**, 537 (1963).
[41] WOOD, H. G., and R. L. STJERNHOLM: Proc. nat. Ac. Sci. (Wash.) **47**, 289 (1961).

Diskussion

Diskussionsleiter: STAAB, Heidelberg

STAAB: Wie erklären Sie die Befunde von WAKIL, der die eingesetzte Aktivität des $^{14}CO_2$ im Carbonyl der Harnstoffgruppierung fand?

KNAPPE: Ich habe keine Erklärung dafür. Es steht Aussage gegen Aussage. In diesem Zusammenhang sind Befunde interessant, die mir von LANE mitgeteilt wurden. Er benutzte ein Biotinenzym, dessen Biotin in der strittigen Carbonylgruppe markiert war, setzte es in eine enzymatische Carboxylierungsreaktion ein und isolierte das Enzym und damit das Biotin. Die spezifische Aktivität des Biotins hatte sich nicht geändert. Wäre das Carbonyl-C an der Carboxylierung beteiligt gewesen, so hätte ein Austausch stattfinden müssen.

SCHNEIDER (Tübingen): Es liegen Untersuchungen darüber vor, daß die Acetyl-CoA-Carboxylierung intermediär im Citronensäure-Cyclus aktiviert wird. Hat dieser Vorgang irgendeine Bedeutung für die Steuerung des Cyclus?

KNAPPE: Es ist die Besonderheit einiger Biotin-Enzyme, daß sie noch einen anderen Cofaktor benötigen. In diesem erwähnten Fall Citrat oder Isocitrat. Diese Cofactoren haben mit der Carboxylierungsreaktion selbst nichts zu tun.

STAAB: Es wurde deutlich gezeigt, daß das CO_2-Biotin reaktionsfähig ist. Für den Organiker ist es doch erstaunlich, daß sich für die CO_2-Fixierung ein derartig gering nucleophiles Agens, wie Harnstoff eignet. Deshalb ist der Versuch interessant, die Notwendigkeit von ATP für die Carboxylierungsreaktion in das Reaktionsschema direkt einzufügen. ATP soll mit Biotin einen Isoharnstoff bilden, der eine größere Nucleophilie als der Harnstoff besitzen und daher besser zur CO_2-Bindung geeignet sein sollte.

HOLZER (Freiburg i. Br.): Ich möchte die Diskussion „rückkoppeln" zu dem, was wir gestern über die Rolle der funktionellen Gruppen der Proteine bei der Katalyse gehört haben. Da man heute Substanzen kennt, die die Aktivität von Enzymen aktivieren oder hemmen, ohne an derselben Stelle am Enzym anzugreifen, an der das Substrat gebunden und umgesetzt wird (Beispiel für Aktivierung: Citrat beim Acetyl-CoA-carboxylierenden Enzym; Beispiel für Hemmung: Isoleucin bei der Threonindesaminase), eröffnet sich hier ein interessantes neues Gebiet (JACOB und MONOD sprechen von „allosterischer" Hemmung bzw. Aktivierung). Man kann durch gewisse Operationen die Hemmbarkeit bzw. Aktivierbarkeit der Enzyme durch Blockierung der beteiligten funktionellen Gruppen beseitigen ohne die katalytische Aktivität des Enzyms zu ändern. Die strukturchemische Aufklärung dieser Zusammenhänge ist ein interessantes Problem für den Proteinchemiker.

The synthesis of ADP and ATP via the oxidation of quinol phosphates

By

V. M. CLARK

University Chemical Laboratory, Cambridge, England

The detailed mechanism by which substrate oxidation can be linked to the synthesis of ATP, from ADP and inorganic phosphate, presents a challenge in both chemistry and biochemistry[1]. In recent years evidence has accumulated to suggest that benzoquinone derivatives, for example coenzyme Q[2] and/or naphthaquinone derivatives related to vitamin K[3], play an important role in the *in vivo* transfer of phosphate during oxido-reduction.

The methods used in studies of *in vitro* phosphorylation have, however, been more nearly related to phosphoric anhydride formation[4], formal acylation of an appropriate substrate then being a subsequent step. Since 1958 considerable attention has been paid to the adaptation of redox reactions to problems of acylation and in these, pre-eminence must be given to schemes involving quinol-quinone systems.

In vitro methods of phosphorylation

The phosphorylation of an alcohol (ROH giving $RO \cdot PO_3H_2$) or of a phosphoric acid derivative (ADP giving ATP) requires the addition to the substrate of one phosphorus atom, three oxygen atoms and one hydrogen atom i.e. the addition of the elemental equivalent of metaphosphoric acid, HPO_3. With phosphoric anhydrides, e.g. the phosphorochloridates[5,6] and the pyrophosphates[7] the desired acylation proceeds with the expulsion of an anion (reactions 1, 2, 3):

$$Base + R \cdot OH + (R\bar{O})_2 POCl \longrightarrow RO \cdot PO(O\bar{R})_2 + Base \cdot HCl \quad \ldots\ldots(1)$$

$$(RO)_2 PO \cdot O^- + (R\bar{O})_2 POCl \longrightarrow (RO)_2 \underset{O}{\overset{\|}{P}} \cdot O \cdot \underset{O}{\overset{\|}{P}} (O\bar{R})_2 + Cl^- \quad \ldots\ldots(2)$$

$$2(RO)_2 \underset{O}{\overset{\|}{P}} \cdot O^- + (R\bar{O})_2 \underset{O}{\overset{\|}{P}} \cdot O \cdot \underset{O}{\overset{\|}{P}} (O\bar{R})_2 \longrightarrow (RO)_2 \underset{O}{\overset{\|}{P}} \cdot O \cdot \underset{O}{\overset{\|}{P}} (OR)_2 + 2(R\bar{O})_2 \underset{O}{\overset{\|}{P}} \cdot O^- \quad \ldots\ldots(3)$$

whilst with the phosphoramidates the expelled group is that of a neutral amine molecule (reaction 4):

$$(RO)_2 \underset{\underset{O}{\|}}{P} \cdot O^- + R\overset{\frown}{O} \cdot \underset{\underset{O}{\|}}{P}\overset{O^-}{\underset{+}{\overset{\frown}{NH_3}}} \longrightarrow (RO)_2 \underset{\underset{O}{\|}}{P} \cdot O \cdot \underset{\underset{O}{\|}}{P}\overset{OR}{\underset{O^-}{\diagdown}} + NH_3 \quad \text{...........(4)}$$

This last mode of attack has been shown to be bimolecular[8], and using this route both ATP[9] and coenzyme A[10] have been synthesised.

In such reactions, the separation of the leaving group could precede rather than accompany acylation, in which case the intermediate would be a monomeric metaphosphate (or its trimer[11]) which would rapidly phosphorylate the appropriate substrate[12]:

$$\underset{\overset{\diagup}{O} \quad O}{\overset{RO}{\diagdown}\overset{\frown}{\underset{\diagdown}{P}}\overset{Z}{\diagup}} \longrightarrow Z^- + RO \cdot PO_2 \xrightarrow{(R'O)_2 \cdot \overset{O}{\overset{\|}{P}} \cdot OH} (R'O)_2 \cdot \underset{\underset{O}{\|}}{P} \cdot O \cdot \underset{\underset{O}{\|}}{P} \overset{OR}{\underset{OH}{\diagdown}} \quad \text{.........(5)}$$

Monomeric metaphosphate is to be regarded as a hypothetical intermediate since no monomeric metaphosphate has yet been described although the trimeric systems are well known[11, 13].

In such reactions, the heterolysis of the P—Z bond to give the metaphosphate could follow the withdrawal of electrons from Z. When $Z=NH_2$, the heterolysis of the phosphorus-nitrogen bond follows protonation at nitrogen: oxidation i.e. removal of electrons from nitrogen, should serve a similar purpose. However, the ease of cleavage of the P—N bond under acidic conditions precludes their being studied under a wide range of oxidising conditions and in the recent past our attention has been turned to systems in which the phosphorus atom is combined solely with oxygen atoms.

Structural requirements for oxidative phosphorylation

General considerations of the process of oxidation indicate that a system which, in the reduced form, has electrons available, i.e., is a Lewis base, and in the oxidised form is electron deficient, i.e. is a Lewis acid, should provide a model for redox reactions observed in biological systems. One of the simplest types of system meeting these requirements is the quinol-quinone system.

Originally we envisaged the oxidation of a quinol phosphate, giving rise to a phosphorylating intermediate (? metaphosphate) together with the parent quinone, as follows:

$$\text{(quinol phosphate)} \xrightarrow{-2e} \text{(intermediate)} \longrightarrow \text{(quinone)} + PO_3^- \quad \text{......(6)}$$

The anticipated oxidation and concomitant phosphorylation have been fully substantiated by experiment[14, 15]. Thus, diesters of quinol phosphates are stable to oxidising agents whereas the monoesters and the free quinol phosphates undergo rapid oxidation to give the quinone and various products derived from the hypothetical monomeric metaphosphate, namely trimetaphosphate, pyrophosphate and orthophosphate. This suggests that metaphosphate is readily produced according to equation 6 whereas the phosphoryl cation (equation 7) is not easily generated.

$$\text{(quinol diester)} \xrightarrow{-2e} \text{(intermediate)} \longrightarrow \text{(quinone)} + \overset{+}{P}(OR)_2=O \quad \text{......(7)}$$

Experimental evidence bearing on oxidative trans-phosphorylation

In the naphthoquinone series, 1-hydroxy-2-methyl-naphthyl-4-phosphate $\{I; R=R_1=H; R_2=P(O)(OH)_2\}$ in aqueous solution at pH 6.8, is slowly hydrolysed with the liberation of inorganic phosphate, the half-life being approximately four days; however, in air-free solution no appreciable decomposition occurs during one week. The corresponding diphosphate, Synkavit

{I; $R_1=R_2=P(O)(OH)_2$; $R=H$}, which is very stable to hydrolysis*
undergoes rapid decomposition in aqueous or non-aqueous solution
on treatment with a variety of oxidizing agents. Ceric sulphate in
3 N-sulphuric acid brings about immediate and quantitative oxidation to the quinone {II; $R=H$}[16] as does bromine in aqueous solution, 1 mole of halogen being used without incorporation into the
aromatic nucleus.

Since Synkavit is so very resistant to hydrolysis, the dephosphorylation must accompany and not precede the oxidation.
Metabolic studies of Synkavit carried out in view of its potent
inhibition of mitosis of cultures of chick heart fibroblasts[17] and its
radiosensitizing action[18] have indicated a rapid dephosphorylation[19]
and this, too, could be oxidative in type. The bromine oxidation of
Synkavit to the corresponding quinone can be carried out in
aqueous solution over a wide pH range, the metaphosphate con-
currently produced being solvated to orthophosphate. Notwithstanding the water present, bromine oxidation in the presence of
added orthophosphate leads to the formation of some inorganic
pyrophosphate concurrent with quinone precipitation, i.e. orthophosphate is phosphorylated to pyrophosphate in consequence of
an oxidation. Re-examination of the bromine oxidation of Synkavit in aqueous solution in the absence of added orthophosphate
has revealed 10 per cent of inorganic pyrophosphate. Repetition of
the oxidation in dry N,N-dimethylformamide solution showed that
35 per cent of the phosphorus was transformed to trimetaphosphate
and that 15 per cent of pyrophosphate was also present. Bromine
oxidation of 2,3-dimethyl-4-hydroxy-naphthyl-1-phosphate (III) in
dry N:N-dimethyl-formamide in the presence of the mono (tetrabutylammonium) salt of adenosine-5′ phosphate led to adenosine-
5′ pyrophosphate, isolated as the barium salt and subsequently
converted into the free acid[15]. It was expected that ATP might also
have been formed in this reaction but none was detected by paper
chromatography or paper electrophoresis. The yield of ADP was
26 per cent.

Subsequent work by LAPIDOT and SAMUEL[23] on the point of
bond fission in the oxidative hydrolysis of 2,3 dimethyl-4 hydroxy
naphthyl-1 phosphate (III) showed that, using bromine at pH=4,

* (After 6 hours at 80° at pH 5, approximately 20% of the phosphorus
is hydrolysed.)

the cleavage leading to acylation (cleavage a) occurred to the extent of 30%, whilst the displacement of intact orthophosphate (cleavage b) occurred to the extent of 70%.

Taking this into account, the isolated yield of ADP in our reaction sequence was approximately 80%.

Since the oxidation of mono-esters of quinol phosphates also leads to pyrophosphate derivatives we attempted to transfer AMP to inorganic phosphate. Esters of quinol monophosphates are readily available by the interaction of a quinone and a diester of phosphorous acid[14, 20]. Reaction of 2,3-dimethyl-1,4-naphthaquinone with the nucleoside phosphite[21] (IV, $R=CH_2 \cdot C_6H_5$ $R'=2',3'$ isopropylidene adenosine-5') led, after anionic debenzylation by sodium thiocyanate[22], to the naphthoquinol ester of the nucleotide (V, $R=H$, $R'=2',3'$ isopropylideneadenosine-5'). Bromine oxidation then transferred the nucleotide to added inorganic phosphate to give ADP in 22% yield.

With the analogous route to the formation of ATP in mind, we synthesised the duroquinol ester of ADP from AMP and the duroquinol phosphoromorpholidate (in some 50—60% yield, after chromatography on an ECTEOLA cellulose column). Oxidation of this pyrophosphate with bromine in the presence of tetrabutylammonium dihydrogen phosphate in dry N:N-dimethylformamide gave ATP in 13% yield.

General observations on oxidative phosphorylation

Substantial evidence is now available to show that the oxidation of a quinol phosphate can lead to the production of ADP from AMP, and, more importantly, of ATP from ADP. Since several quinones, e.g., the vitamin K group and the coenzyme Q (ubiquinone) group have been suggested as possible participants in the processes of oxidative phosphorylation associated with the respiratory chain[24], it is of interest to consider how a quinol phosphate might be formed from a quinone. Several schemes have been proposed[25, 26] by far the most attractive of which is that of VILKAS and LEDERER[26].

The vitamin K, vitamin E and coenzyme Q groups can be represented at the quinone level of oxidation by the general formula (VII),

and one is struck by the following features:

(i) that no free aromatic positions exist in the corresponding quinol, (VI),

(ii) that the groups R lower the redox potential of the quinone e.g. in coenzyme Q, R=OMe; in vitamin E, R=Me,

(iii) that there is always one methyl group attached to the ring, and

(iv) that each of the quinonoid forms contains an exocyclic $\beta\gamma$ double bond.

To attempt to understand the relevance of these structural features one must look at the biochemical observations to be taken into account by any chemical scheme. They are:

(i) that inorganic phosphate must be activated i.e. must be the initial nucleophile[27],

(ii) that no exchange of quinol oxygen occurs during oxidative phosphorylation[28], and

(iii) that added inorganic phosphate, labelled with ^{18}O rapidly loses its label by exchange with water during oxidative phosphorylation in mitochondria[29].

A detailed chemical scheme for oxidative phosphorylation.

LINKS[30] showed that coenzyme Q (VIII) underwent a base-catalysed cyclisation to the corresponding chromenol (IX), but no intermediate could be postulated which might incorporate inorganic phosphate. Under acidic conditions, a different cyclisation process is possible and VILKAS and LEDERER[26], modifying a suggestion of CHMIELEWSKA[31], have proposed a scheme of which the following is an integral part:

Inorganic phosphate (e.g. HPO_4^-) can now add to (XI) to give (XII)

which can undergo trans-esterification to the quinol phosphate (XIII).

This can either be oxidised to (XIV) with transference of

phosphate say, to ADP to give ATP, or can be hydrolysed by water to give (XV) in which case labelled inorganic phosphate would exchange its label with water. In neither case does the quinol/quinone system exchange oxygen with the solvent.

The intervention of quinone methides occurs in several important hydrolytic reactions. Thus, FILAR and WINSTEIN[32] have claimed that all *p*-hydroxy benzyl systems react under solvolytic conditions *via* the corresponding quinone-methide.

Moreover, HIGUCHI and SCHROETER[33] have shown that adrenaline (XVI) is racemised at pH 4 and that in the presence of sulphite the optically inactive sulphonic acid is formed:

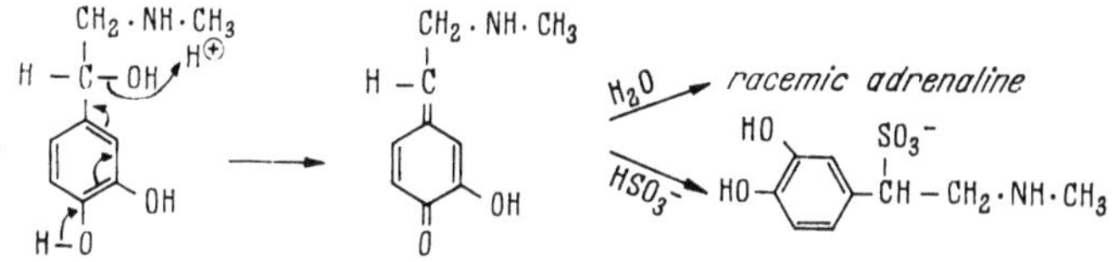

A kinetic study[34] of the reaction between vanillyl alcohol (XVII) and sulphite to give the corresponding sulphonic acid is also best interpreted by considering the intermediacy of a p-methylene quinone.

Experiments on the lignin-sulphite reaction[35] support this interpretation. Moreover, reduction of (XIV) to (X) should offer no problems [26,36].

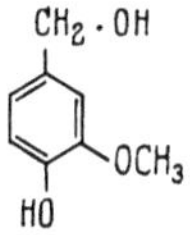

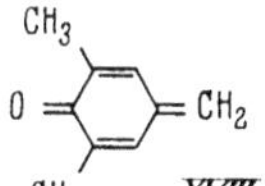

In our own work we have found that the quinone-methide from mesitol (XVIII) reacts with $PO_4^{\equiv}$ but not with the ions $HPO_4^=$ or $H_2PO_4^-$. However although methyl groups of quinones e.g. duroquinone (XIX), react readily with bases e.g. piperidine, to yield substitution products of the type (XX),

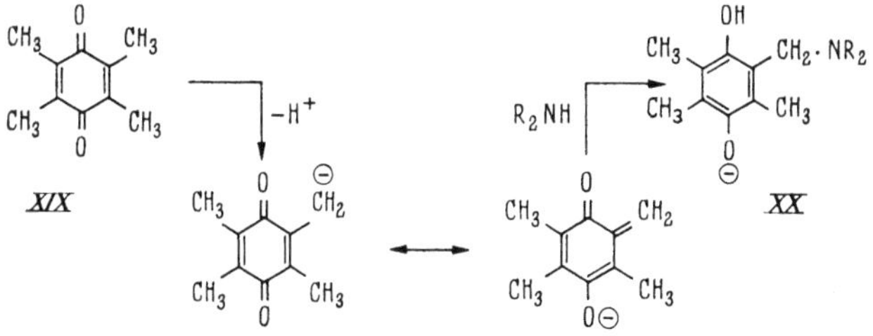

they cannot be brought into interaction with phosphate anions. Might it not be the case that cyclisation to the chromanol in the vit. K, E, and coenzyme Q cases removes the Coulombic inhibition to attack by phosphate ion and hence allows oxidative phosphorylation to proceed by the Vilkas/Lederer scheme?

Acknowledgment

I am greatly indebted to my able and enthusiastic collaborator Dr. D. W. HUTCHINSON without whose unfailing help much of the experimental work involving quinol esters of nucleotides might not have been performed.

References

[1] RACKER, E.: Advanc. Enzymol. **23**, 323 (1961).
[2] WOLF, D. E., C. H. HOFFMAN, N. R. TRENNER, B. H. ARISON, C. H. SHUNK, B. O. LINN, J. F. MCPHERSON and K. FOLKERS: J. Amer. chem. Soc. **80**, 4752 (1958).
[3] BRODIE, A. F., and J. BALLANTINE: J. biol. Chem. **235**, 226 (1960).
[4] TODD, A. R.: Proc. nat. Acad. Sci. (Wash.) **45**, 1389 (1959).
[5] BRIGL, P., and H. MÜLLER: Ber. **72**, 2121 (1939).
[6] ATHERTON, F. R., H. T. OPENSHAW and A. R. TODD: J. chem. Soc. **1945**, 382.
[7] CORBY, N. S., G. W. KENNER and A. R. TODD: J. chem. Soc. **1952**, 1234.
[8] CLARK, V. M., and S. G. WARREN: Proc. chem. Soc. **1963**, 178.
[9] CLARK, V. M., G. W. KIRBY and A. R. TODD: J. chem. Soc. **1957**, 1497.
[10] KHORANA, H. G., and J. G. MOFFATT: J. Amer. chem. Soc. 81, 1265 (1959).
[11] WEIMANN, G., and H. G. KHORANA: J. Amer. chem. Soc. **84**, 4329 (1962).
[12] WESTHEIMER, F. H.: Chem. Soc. Spec. Publ. 8, 1 (1957). — VERNON, C. A.: Chem. Soc. Spec. Publ. 8, 23 (1957). — BUNTON, C. A., D. R. LEWELLYN, K. G. OLDHAM and C. A. VERNON: J. chem. Soc. **1958**, 3574.
[13] VAN WAZER, J. R.: Phosphorus and its Compounds, Vol. I, Chap. II. New York: Interscience Publ. Inc. 1958.
[14] CLARK, V. M., D. W. HUTCHINSON, G. W. KIRBY and SIR ALEXANDER TODD: J. chem. Soc. **1961**, 715.
[15] CLARK, V. M., D. W. HUTCHINSON and SIR ALEXANDER TODD: J. chem. Soc. **1961**, 722.
[16] YAMAGISHI, M.: Ann. Rpts. Takeda Res. Lab. **13**, 25 (1954).
[17] MITCHELL, J. S., and I. SIMON-REUSS: Nature (Lond). **160**, 98 (1947).
[18] MITCHELL, J. S.: Brit. J. Cancer **6**, 305 (1952).
[19] NEUKOMM, S., L. PÉGUIRON, P. LERCH et M. RICHARD: Arch. int. Pharmacodyn. **93**, 373 (1953).
[20] RAMIREZ, F., and S. DERSHOWITZ: J. Org. Chem. **22**, 1282 (1957).
[21] CORBY, N. S., G. W. KENNER and A. R. TODD: J. chem. Soc. **1952**, 3669.
[22] CLARK, V. M., and A. R. TODD: J. chem. Soc. **1950**, 2030. A. MORRISON and F. R. ATHERTON, British Patent 675,779.
[23] LAPIDOT, A., and D. SAMUEL: Biochim. biophys. Acta (Amst.) **65**, 164 (1962).
[24] SLATER, E. C.: Rev. pure and appl. Chem. (Aust.) 8, 221 (1958). BRODIE, A. F.: Fed. Proc. **20**, 995 (1961).
[25] CLARK, V. M., and SIR ALEXANDER TODD: Ciba Symposium on Quinones in Electron Transport, p. 190. London: Churchill 1961.
[26] VILKAS, M., and E. LEDERER: Experientia (Basel) **18**, 546 (1962).

[27] Ref. 1, p. 373, et Seq.
[28] COHN, M.: Personal communication.
[29] COHN, M.: J. biol. Chem. **201**, 735 (1953).
[30] LINKS, J.: Biochim. biophys. Acta (Amst.) **30**, 193 (1960).
[31] CHMIELEWSKA, I.: Biochim. biophys. Acta (Amst.) **39**, 170 (1960).
[32] FILAR, L. J., and S. WINSTEIN: Tetrahedron Letters **25**, 9 (1960).
[33] HIGUCHI, T., and L. C. SCHROETER: J. Amer. chem. Soc. **82**, 1904 (1960).
[34] IVNÄS, L., and B. LINDBERG: Acta chem. scand. **15**, 1081 (1961).
[35] GIERER, J., and I. NORÉN: Acta chem. scand. **16**, 1713 (1962).
[36] SMITH, L. I., and R. B. CARLIN: J. Amer. chem. Soc. **64**, 524 (1942).

Diskussion

Diskussionsleiter: STAAB, Heidelberg

MARTIUS (Zürich): Ich möchte mir einige Bemerkungen zu dem eben gehörten Vortrag erlauben. Daß das Monophosphat eines Hydrochinons durch Entzug von Elektronen zu einer energiereichen Verbindung wird, ist sicherlich sehr plausibel. Die Frage ist nur, wie kommt die Phosphorsäure zunächst einmal an das Hydrochinon? Zur Erklärung dieses Vorganges sind verschiedene Theorien aufgestellt worden, die alle ein Chromanol als Zwischenstufe annehmen. Biochemische experimentelle Belege fehlen aber noch und mir scheinen die vorgeschlagenen Mechanismen allesamt nicht besonders einleuchtend. Der hier soeben diskutierte Vorschlag nimmt ein Chinonmethid als reaktionsfähige Zwischenstufe an, das dann Phosphat addieren soll. Es gibt in der Tat Hinweise darauf, daß die Methylgruppe in 5-Stellung des Tokopherols sehr reaktionsfähig ist. Tokopherol läßt sich in vitro und vielleicht auch in vivo leicht an dieser Stelle oxydieren. Man erhält dabei jedoch über Radikale Dimerisationsprodukte des Tokopherols, die recht beständig sind und sicherlich nicht als Zwischenstufen einer oxydativen Phosphorylierung angesehen werden können.

Ich glaube aber, wir müssen noch weitergehen und fragen, greift die Phosphorsäure überhaupt direkt in die Primärreaktion einer oxydativen Phosphorylierung ein? Ich kenne kein Experiment, das ganz eindeutig dafür spräche. Ich möchte erinnern an den Fall der Triosephosphatdehydrierung. Diese ist bisher das einzige Beispiel für eine oxydative bzw. dehydrierende Phosphorylierung, deren Reaktionsmechanismus aufgeklärt worden ist. Hier hat WARBURG seinerzeit eine direkte Beteiligung der Phosphorsäure an dem Primärvorgang angenommen und er war damals sehr berechtigt dazu nach der Auffindung der dabei entstehenden energiereichen 1,3-Diphosphoglycerinsäure. Trotzdem aber greift, wie wir heute wissen, die Phosphorsäure nicht direkt in den Energie liefernden Prozeß ein, bei dem bekanntlich eine SH-Gruppe der Triosephosphatdehydrogenase die entscheidende Rolle spielt. Etwas Entsprechendes wäre durchaus auch bei der Atmungskettenphosphorylierung möglich, ich kenne jedenfalls kein Experiment, das eine solche Möglichkeit ausschlösse.

Sie werden erstaunt sein, wenn ich nun noch einen Schritt weitergehe und frage, sind überhaupt Chinone an der oxydativen Phosphorylierung beteiligt? Die Theorie der Beteiligung der Chinone an diesem Fundamentalprozeß ist zwar von mir selbst aufgestellt worden und ich habe hier in Mosbach — es sind jetzt neun Jahre her — zum ersten Mal darüber vorgetragen. Es gibt in der Tat viele Indizien, die für eine derartige Funktion der Chinone sprechen, aber noch keinen absolut eindeutigen Beweis. Ich glaube, daß es zunächst einmal die Aufgabe der Biochemiker sein muß, einen solchen Beweis zu erbringen.

Ich möchte meine Ausführungen mit einer sehr allgemeinen Bemerkung schließen. Wie sind die Aussichten, durch organisch-chemische Modellversuche oder -überlegungen zur Lösung eines schwierigen biochemischen Problems zu kommen? Ich möchte da auf die klassischen Untersuchungen über den Mechanismus der Carboxylasereaktion hinweisen. Hier sind von seiten der Organiker zur Erklärung desselben nacheinander mehrere Vorschläge gemacht worden. Zunächst von LANGENBECK, der die primäre NH_2-Gruppe am Pyrimidin der Cocarboxylase als maßgeblich beteiligt sehen wollte. Sehr schöne, überzeugende Modellversuche, und trotzdem war die Theorie falsch. Dann — Systeme mit SH- bzw. SS-Gruppen waren gerade sehr modern — kam die Theorie von KARRER-VISCONTINI auf, die eine Aufspaltung des Thiazolringes unter Bildung einer reaktionsfähigen SH-Gruppe annahm. Aber auch diese Erklärung war falsch. Schließlich hat die Theorie von BRESLOV die richtige Lösung gebracht, aber selbst dabei hat man zunächst noch an der falschen Ecke des Moleküls zu suchen angefangen. Nun, die organische Chemie und ihre Theorien haben seit den ersten Erklärungsversuchen der Carboxylasereaktion sicherlich sehr große Fortschritte gemacht, aber das Problem, mit dem wir es im Falle der oxydativen Phosphorylierung zu tun haben, ist auch unendlich viel schwieriger als das Problem der Carboxylasereaktion. Denn dort haben wir es mit einem vergleichsweise sehr einfachen System zu tun, eine einfache Enzymreaktion, die im einphasigen wäßrigen Milieu verläuft; das Apoenzym ist in reiner Form darstellbar und das Coenzym sogar ein technisches Produkt. Trotzdem aber hat die Aufklärung des Reaktionsmechanismus solche Schwierigkeiten gemacht. Im Falle der oxydativen Phosphorylierung, die sich in einem mehrphasigen System abspielt, liegen die Dinge aber unendlich komplizierter. Wir wissen ja noch nicht einmal, wieviel Komponenten daran überhaupt beteiligt sind und ob wir sie schon alle kennen. Die Auffassungen der einzelnen auf diesem Gebiet arbeitenden Forscher gehen zum Teil sehr weit auseinander. Am treffendsten hat, wie mir scheint, ein Kollege die gegenwärtige Situation auf diesem Gebiet charakterisiert, der mir nach einem Symposium mit internationaler Beteiligung über diesen Gegenstand, das im letzten Jahr stattgefunden hat, nach Schluß der Diskussion sagte: «C'était comme la discussion des sourds!» (Das war wie die Diskussion der Tauben.) Wo aber die Situation so schwierig und unübersichtlich ist, da muß man wohl gewisse Zweifel haben, ob man durch rein chemische Modellversuche und Überlegungen gewissermaßen wie bei einer Luftlandung direkt ins Zentrum des Problems eindringen kann.

HEMMERICH (Basel): So sehr überzeugend das Schema vom Standpunkt des organischen Chemikers aus wirkt, stehen da doch zwei biologische Einwände entgegen:

1. Er kann sich schwer vorstellen, daß die ganze oxydative Phosphorylierung, besonders die Bindung des anorganischen Phosphats, ausgerechnet im lipophilsten Teil der Atmungskette auftreten sollte. 2. Ist es denn experimentell belegt, daß schon bei dem ersten Dehydrogenaseschritt ein äquivalentes aktives Phosphat gebildet wird?

Ich möchte da — unbeschränkt der Gültigkeit der Experimente von Professor MARTIUS — einen Vorschlag machen und einen vom Flavin ausgehenden Mechanismus skizzieren:

Wir gehen von einem Fe^{++}-Flavosemichinon aus. An das Eisen wird Phosphat koordinativ gebunden. Durch Oxydation des Eisens wird der Elektronenzug zum Metall sehr verstärkt. Unter Lösung einer Bindung, Knüpfung einer anderen und Ablösen des Fe^{3+}-Komplexes erhalten wir ein freies Semichinon, das in 4-Stellung phosphoryliert ist. Wie unsere Versuche gezeigt haben, ist diese Enolgruppierung in der semichinoiden Form energiearm, in der chinoiden Form energiereich. Entziehen wir dem Semichinon ein Elektron, so erhält man ein Chinonphosphat, wie es beim Ubichinonphosphat diskutiert wurde. Der Mechanismus kann in einem hydrophilen Milieu selektiv ablaufen.

Über die Produkt- und Substratstereospezifizität der enzymatischen Reduktion von Carbonyl-Verbindungen

Von

V. PRELOG

Eidgenössische Technische Hochschule Zürich

Mit 9 Abbildungen

Sowohl im Hauptstoffwechsel als auch bei der Entstehung der meisten akzessorischen Stoffwechselprodukte spielen die stereospezifischen, enzymatischen Reduktionen von Aldehyden und Ketonen zu Alkoholen und die Oxydationen von Alkoholen zu Aldehyden und Ketonen eine überaus wichtige Rolle. Die entsprechenden Enzyme — die Aldehyd- und Keton-Reduktasen und die Alkohol-Dehydrogenasen — sind ubiquitär und weisen eine große Mannigfaltigkeit in bezug auf die Spezifizität und die Stereospezifizität auf. Wir beschäftigen uns seit einigen Jahren mit verschiedenen Aspekten solcher enzymatischen Reduktionen und Oxydationen und besonders mit dem Mechanismus ihrer Stereospezifizität.

Unsere Untersuchungen begannen mit mikrobiologischen Reduktionen von zahlreichen „unnatürlichen", hauptsächlich alicyclischen Ketonen und Bestimmung der absoluten Konfigurationen der erhaltenen Alkohole[1, 2]. Die alicyclischen Substrate wurden bevorzugt, weil ihr räumlicher Bau oft gut definiert ist. Es konnte festgestellt werden, daß viele Ketone durch gewisse Mikroorganismen mit hoher Stereospezifizität zu Alkoholen reduziert werden, deren absolute Konfiguration durch das einfache Schema in Abb. 1 definiert ist. L bedeutet in diesem Schema eine in der Nachbarschaft des Carbonyls raumbeanspruchende, große und s eine kleine, apolare Gruppe. Als ein typisches Beispiel für solche stereospezifische mikrobiologische Reduktionen ist in Abb. 2 der sterische Verlauf der Reduktion von stereoisomeren Dekalindionen-(1,4) mit dem Mikroorganismus Curvularia falcata angegeben[3]. Ein so einfaches Schema schien uns auf einen relativ einfachen Mechanismus der Stereospezifizität hinzuweisen, deren Untersuchung zur Kenntnis der Stereospezifizität der enzymatischen Reaktionen im allgemeinen beitragen könnte.

Ein weiteres sehr wertvolles Ergebnis der mikrobiologischen Untersuchungen war die Herstellung zahlreicher optisch aktiver Substrate, welche auf anderen Wegen sehr schwer zugänglich

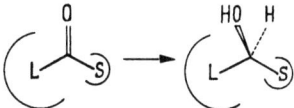

Abb. 1. Sterischer Verlauf der Reduktion von Carbonyl-Gruppen durch Curvularia falcata

wären. Durch Reduktion von racemischen Ketonen, welche asymmetrische Kohlenstoffe enthalten, entstehen Gemische optisch aktiver, diastereomerer Alkohole, welche durch Kristallisation oder Chromatographie getrennt werden können. Diese werden direkt als Substrate verwendet oder durch Oxydation in die entsprechenden,

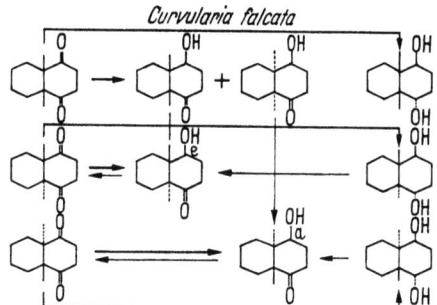

Abb. 2. Sterischer Verlauf der Reduktion von stereoisomeren Dekalindionen-(1,2) durch Curvularia falcata

nun optisch aktiven, enantiomeren Ketone übergeführt. Die so erhaltenen, optisch aktiven Substrate — Ketone und Alkohole — spielten eine entscheidende Rolle beim Nachweis sowie bei der Isolierung, Differenzierung und Bestimmung der Stereospezifizität der von uns untersuchten Enzyme.

In Fortsetzung der Untersuchungen über den sterischen Verlauf von mikrobiologischen Reduktionen haben wir uns bemüht, aus den Mikroorganismen die Enzyme — Keton-Reduktasen — zu isolieren, welche für die stereospezifische Reduktion der Ketone verantwortlich sind. Es wurde dabei besonders Curvularia falcata, welche sich durch eine hohe Produktstereospezifität auszeichnet, eingehender untersucht. Wir hofften deshalb, daß dieser Mikroorganismus hauptsächlich nur eine Keton-Reduktase produziert, die mit unseren Substraten reagiert. Diese Hoffnung wurde nicht erfüllt, indem sich in Extrakten aus dem Mycel der Curvularia falcata wenigstens zwei Keton-Reduktasen nachweisen ließen, welche die untersuchten Ketone mit der in Abb. 1 definierten, gleichen Produktstereospezifität reduzierten, sich jedoch durch ihre Substratspezifität stark unterscheiden. Daneben konnte im Enzym-Gemisch noch eine durch Dicumarol hemmbare Chinon-Reduktase nachgewiesen werden. Eine der beiden Keton-Reduktasen aus Curvularia falcata, von uns a-Keton-Reduktase genannt, ließ sich in hochgereinigtem Zustand erhalten, die zweite, in kleineren Mengen vorkommende, unstabilere, sog. e-Keton-Reduktase wurde bisher nicht eingehender untersucht. Eine in bezug auf ihre Substratstereospezifität ähnliche e-Keton-Reduktase wurde in der Schweineleber nachgewiesen und konnte stark angereichert werden[4]. Als ein drittes, leicht zugängliches Enzym, welches mit verschiedenen von uns verwendeten „unnatürlichen" Substraten reagierte, haben wir die wohlbekannte Alkohol-Dehydrogenase aus Pferdeleber auf ihre Stereospezifität untersucht.

Die a-Keton-Reduktase aus Curvularia falcata und die e-Keton-Reduktase aus Schweineleber benötigen als Coenzym Nicotinsäureamid-adenin-dinucleotid-phosphat (NADP=TPN bzw. NADPH=TPNH), während die Alkohol-Dehydrogenase aus Pferdeleber mit Nicotinsäureamid-adenin-dinucleotid (NAD=DPN bzw. NADH=DPNH) als Coenzym arbeitet. Die Konstitution und die richtige Konfiguration der reduzierten Coenzyme, welche für unsere Überlegungen eine wichtige Rolle spielen, sind in Abb. 3 dargestellt.

Aus den nun klassischen Arbeiten mit markierten Coenzymen und Substraten von VENNESLAND und WESTHEIMER[5] folgt zunächst, daß bei enzymatischen Reduktionen der Wasserstoff von der Stellung 4 des Dihydropyridin-Kernes im Coenzym direkt auf das Substrat und bei Oxydationen vom Substrat direkt in Stellung 4 des Pyridin-Kernes übertragen wird. Diese Übertragung ist, wie VENNESLAND und WESTHEIMER weiter zeigen konnten, nicht nur in bezug auf das Substrat, sondern auch in bezug auf das Coenzym stereospezifisch, indem dabei ausschließlich der eine oder der andere epimere Wasserstoff in Stellung 4, welche als A- und B-Wasserstoffe bezeichnet werden, reagiert. Durch eine elegante Versuchsreihe, ausgehend vom enzymatisch deuterierten Coenzym,

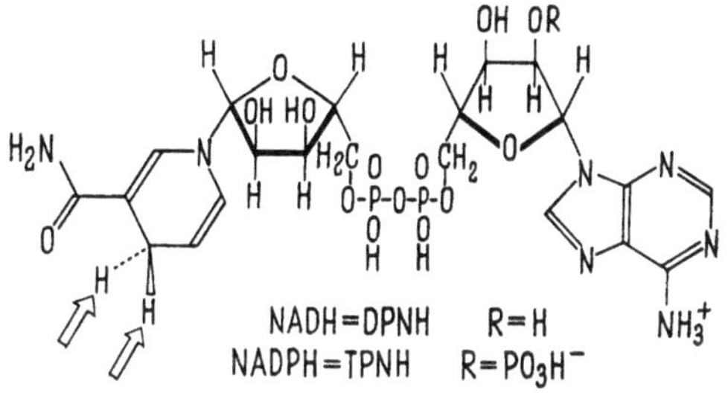

Abb. 3. Konstitution und Konfiguration der reduzierten Coenzyme

ist es CORNFORTH, POPJÁK u. Mitarb.[6] neuerdings gelungen, die absolute Konfiguration der beiden Wasserstoffe A und B zu bestimmen, so daß wir über die Stereochemie des Kohlenstoffs 4 im Dihydropyridin-Teil der Coenzyme genau informiert sind. Diese ist in Abb. 4 dargestellt.

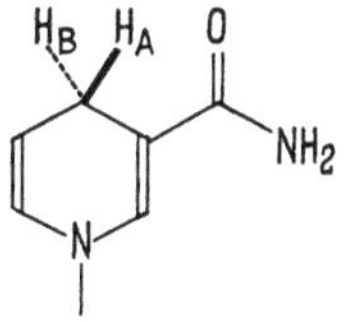

Abb. 4. Absolute Konfiguration am C-4 des Dihydronicotinsäureamid-Teiles von Coenzymen nach CORNFORTH, POPJÁK u. Mitarb.

Aus den Untersuchungen in anderen Laboratorien wissen wir, daß die Alkohol-Dehydrogenase aus Pferdeleber den A-Wasserstoff überträgt, und eigene Versuche haben gezeigt, daß die beiden Keton-Reduktasen den B-Wasserstoff übertragen.

Die drei von uns untersuchten Enzyme gehören zu denjenigen, welche mit zwei Substraten — dem eigentlichen Substrat und dem Coenzym — reagieren. Dies führt zu einer recht komplizierten Kinetik, welche von verschiedenen Autoren eingehend theoretisch behandelt und soweit möglich auch experimentell bearbeitet wurde.

Zur Interpretation der kinetischen Ergebnisse, die mit der Alkohol-Dehydrogenase aus Pferdeleber erhalten wurden, haben

THEORELL und CHANCE[7] die in Abb. 5 dargestellte Reihenfolge der Vorgänge postuliert, welche bei der Wasserstoffübertragung von Coenzym auf Substrat und vice versa stattfinden sollen. Diese sog. obligatorische Reihenfolge wird, obwohl nicht streng bewiesen, allgemein akzeptiert[8] und soll hier nicht in Zweifel gezogen werden. Danach bilden bei der Reduktion das Enzym und das reduzierte Coenzym zuerst einen binären Komplex, welcher sich mit Aldehyd oder Keton zu einem ternären Komplex vereinigt. In diesem findet dann die Wasserstoffübertragung statt, unter Bildung eines zweiten ternären Komplexes. Der letztere dissoziiert in Alkohol und einen

$$E + CoH \rightleftharpoons E-CoH$$
$$E-CoH+S \rightleftharpoons E-CoH-S$$
$$E-CoH-S \rightleftharpoons E-Co-SH$$
$$E-Co-SH \rightleftharpoons E-Co+SH$$
$$E-Co \rightleftharpoons E+Co$$

$$Co = NAD = DPN \text{ o.} = NADP = TPN$$

Abb. 5

binären Komplex aus Enzym und oxydiertem Coenzym. Dieser zerfällt weiter in seine Komponenten. Bei der Oxydation von Alkoholen zu Aldehyden bzw. Ketonen finden alle diese reversiblen Vorgänge in umgekehrter Richtung statt.

Für den sterischen Verlauf der untersuchten enzymatischen Reaktionen wird unter anderem besonders der räumliche Bau des Übergangszustandes der Wasserstoffübertragung in ternären Komplexen eine wichtige Rolle spielen. Da die Wasserstoffübertragung zwischen Coenzym und Substrat stattfindet, muß die räumliche Lage dieser beiden Komponenten eine solche sein, daß die Überlappung der beteiligten Elektronen-Orbitale möglichst groß und die Separierung der entgegengesetzten Ladungen und die abstoßenden Wechselwirkungen der nichtgebundenen Atome möglichst klein werden. Unserer Ansicht nach sind diese drei Bedingungen optimal in Übergangszuständen erfüllt, welche für die Übertragung des A- und des B-Wasserstoffs in Abb. 6 schematisch dargestellt sind. Die Versuche mit etwa 30 verschiedenen

Über die Produkt- und Substratsterospezifität usw. 293

Substraten, deren absolute Konfiguration bekannt war, haben ergeben, daß solche Substrate, in welchen R_2 ein Kohlenstoff ist, nicht mit Enzymen reagierten, welche mit der A-Seite des Coenzyms arbeiten. Die Substrate dagegen, in welchen R_{-2} ein Kohlenstoffatom darstellt, reagierten nicht mit Enzymen, welche den B-Wasserstoff übertragen. Wir führen diesen Unterschied auf den

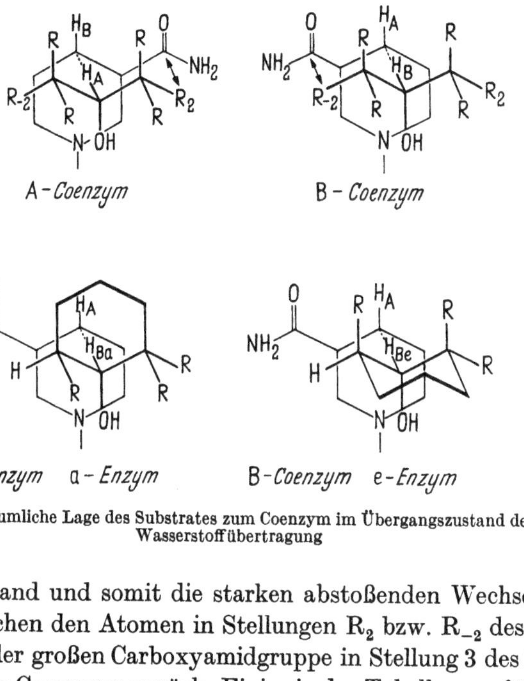

Abb. 6. Räumliche Lage des Substrates zum Coenzym im Übergangszustand der Wasserstoffübertragung

kleinen Abstand und somit die starken abstoßenden Wechselwirkungen zwischen den Atomen in Stellungen R_2 bzw. R_{-2} des Substrates und der großen Carboxyamidgruppe in Stellung 3 des Pyridin-Teiles des Coenzyms zurück. Einige in der Tabelle angeführten relativen Reaktionsgeschwindigkeiten, welche mit der a-Keton-Reduktase aus Curvularia falcata und e-Keton-Reduktase aus Schweineleber einerseits und der Alkohol-Dehydrogenase aus Pferdeleber andererseits erhalten wurden, illustrieren den Unterschied in der Stereospezifizität von Enzymen, welche verschiedene Wasserstoffatome verwenden.

Dadurch ist allerdings die ganze Mannigfaltigkeit der Stereospezifität bei verschiedenen Enzymen nicht erklärt. Ein Vergleich der Reaktionsgeschwindigkeiten in der Tabelle, mit welchen die gleichen Substrate mit a-Keton-Reduktase und mit e-Keton-

Tabelle. *Relative enzymatische Reduktionsgeschwindigkeiten mit* a) *a-Keton-Reduktase aus Curvularia falcata,* b) *e-Keton-Reduktase aus Schweineleber und* c) *Alkohol-Dehydrogenase aus Pferdeleber*

		a) B-, a-	b) B-, e-	c) A-
10^{-2} M	cyclohexanone	100	100	100
	2-methylcyclohexanone	33	230	0,1
	3-methylcyclohexanone	35	216	50
	3-methylcyclohexanone (other isomer)	128	148	0,7
	4-methylcyclohexanone	39	115	40
$3,3 \cdot 10^{-4}$ M	decalone A	9,4	1,6	0
	decalone B	0,4	92	0
	decalindione	63	2	0

Tabelle (Fortsetzung)

3,3.10⁻⁴M	a) B-, a-	b) B-, e-	c) A-
[decalindione structure]	7,8	100	0
[decalindione structure]	31	64	0,1

Reduktase reagieren, zeigt, daß das letztere Enzym solche Substrate stark bevorzugt, in welchen der übertragene Wasserstoff eine äquatoriale Lage am Cyclohexan besitzt, während die a-Keton-Reduktase bedeutend rascher mit dem axialen Wasserstoff reagiert. Die von uns bevorzugten Übergangszustände sind für die beiden Fälle in Abb. 6 wiedergegeben. Da beide Enzyme den sterisch gleichen Wasserstoff übertragen, kann nur der räumliche Bau des Proteins für den Unterschied verantwortlich sein.

Um aus dem sterischen Verlauf der enzymatischen Reaktionen etwas über diesen Bau zu erfahren, kann man folgende Überlegungen machen. Wenn ein lipophiles Substrat mit meßbarer Geschwindigkeit enzymatisch reagiert, so darf der Raum, den es beansprucht, während der Reaktion und besonders auch im Übergangszustand der Wasserstoffübertragung, nicht durch das Protein und durch die mit ihm fest verbundenen Teilchen wie Lösungsmittelmolekel, Ionen und Inhibitoren besetzt sein. Um diesen unbesetzten Raum „abzutasten" wurde ein Satz von Substraten verwendet, deren Kohlenstoffgerüst aus Cyclohexan-Ringen in Sesselform aufgebaut ist. Einen solchen Satz stellen die 2-, 3- und 4-Methyl-cyclohexanole und die entsprechenden Cyclohexanone sowie die stereoisomeren α- und β-Dekalole und die entsprechenden Dekalone dar. Mit diesen Substraten wurden unter möglichst optimalen Bedingungen die relativen Reaktionsgeschwindigkeiten oder die kinetischen Konstanten der enzymatischen Oxydation bzw. Reduktion bestimmt. Die Kohlenstoff-Gerüste dieser und vieler weiteren analogen Substrate können als Teile des Diamant-Gitters betrachtet werden, dessen Lage gegenüber Coenzym und somit auch Enzym durch den räumlichen Bau des Übergangszustandes der Wasserstoffübertragung bestimmt ist. Wenn man festgestellt hat, daß ein bestimmtes Substrat mit meßbarer Geschwindigkeit reagiert, so kann man die entsprechenden Stellen im Diamant-Gitter als frei bezeichnen. Durch Verwendung einer größeren Zahl von Substraten kann man schließlich mit Vorbehalt auch ableiten, welche Stellen „verboten" sind.

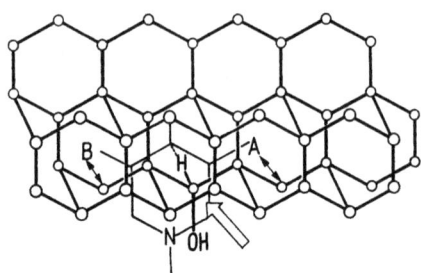

Abb. 7. Diamant-Gitter mit einem Hydroxyl lokalisiert zum Coenzym wie in Abb. 6

Zur Illustration des Vorgehens ist zuerst in Abb. 7 ein Ausschnitt aus dem Diamant-Gitter zusammen mit dem dahinter liegenden Pyridin-Teil des Coenzyms schematisch dargestellt. In

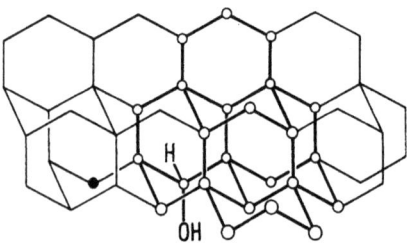

Abb. 8. Charakteristischer Diamant-Gitterausschnitt für α-Ketonreduktase aus Curvularia falcata; ○ frei, ● verboten

Abb. 8 und 9 sind dann die auf Grund der Versuche mit dem erwähnten Satz von Substraten ermittelten „freien" (leere Kreise) und „verbotenen" (volle Kreise) Stellen für die α-Keton-Reduktase aus Curvularia falcata und für die Alkohol-Dehydrogenase aus Pferdeleber gekennzeichnet. Es ist daraus ersichtlich, daß die beiden Enzyme einen verschiedenen typischen Diamant-Gitterausschnitt aufweisen.

Die Beschreibung der „freien" und der „verbotenen" Stellen in der Umgebung des Coenzyms, mit Hilfe des typischen Diamant-Gitterausschnittes, bietet neben der Charakterisierungsmöglichkeit des Enzyms folgende weitere Vorteile:

1. Man kann damit die bekannten Stereospezifitäten des betreffenden Enzyms zusammenfassend umschreiben.
2. Es lassen sich damit Voraussagen über die Reaktivität der bisher nicht untersuchten Substrate machen. Substrate, deren Gerüste sich über „verbotene" Stellen erstrecken, reagieren nicht, diejenigen, welche sich im „freien" Raum unterbringen lassen,

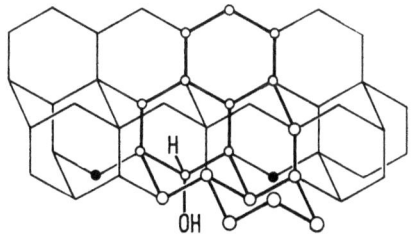

Abb. 9. Charakteristischer Diamant-Gitterausschnitt für Pferdeleber-Alkoholdehydrogenase; ○ frei, ● verboten

reagieren meistens mit meßbaren Geschwindigkeiten (auch dann, wenn ihr Kohlenstoff-Gerüst nicht aus Sesselformen von Cyclohexan aufgebaut ist!).

Wir haben z. B. bei der Untersuchung der Stereospezifität der Alkoholdehydrogenase aus Pferdeleber gefunden, daß diese mit zahlreichen α-Dekalonen und α-Dekalolen nicht reagiert. Auf Grund des Diamant-Gitterausschnittes des Enzyms hat man dann gefunden, daß ein bestimmtes Stereoisomeres, das (+)-(1S,9S)-cis-Dekalol-(1), im „freien" Raum untergebracht werden kann und dieses Stereoisomere tatsächlich relativ rasch mit dem Enzym reagiert.

(+)-(1 S, 9 S)-cis-Dekalol-(1)

3. Man kann damit verschiedene hypothetische Vorstellungen über den Wirkungsmechanismus der Keton-Reduktasen und Alkohol-Dehydrogenasen prüfen. Diese Vorstellungen dürfen nicht mit

dem typischen Diamant-Gitterausschnitt im Widerspruch stehen und sollen ihn wenn möglich erklären.

4. Man kann den typischen Diamant-Gitterausschnitt durch Heranziehen weiterer Substrate erweitern und vervollkommnen. Bei Versuchen in dieser Richtung gewinnt man den Eindruck, daß eine Erweiterung des freien Raumes nach rechts und nach vorne in Abb. 7—9 möglich ist, nicht dagegen nach links und nach hinten. Es scheint so, als ob der „freie" Raum in einer Ecke liegen würde, welche einerseits von der Oberfläche des Enzym-Coenzym-Komplexes und andererseits von einer darauf senkrecht stehenden, für das lipophile Substrat undurchdringlichen Ebene gebildet ist. Wir nehmen arbeitshypothetisch an, daß diese zweite Ebene durch Wassermolekeln bestimmt ist, welche am polaren Teil der Protein-Helix haften. In Keton-Reduktasen, welche B-Wasserstoff übertragen, wäre diese Wasser-Wand und die sterisch hindernde Carboxyamid-Gruppe des Coenzyms auf derselben Seite des Pyridin-Kerns, in der Alkohol-Dehydrogenase auf verschiedenen Seiten, wodurch die größere Selektivität des letzteren Enzyms zu erklären wäre. Durch solche Überlegungen haben wir jedoch schon die Grenze erreicht, welche durch das Tatsachenmaterial gegeben ist, und es ist notwendig, dieses zu vermehren, bevor man weitere Spekulationen macht.

Es bleibt mir noch die angenehme Pflicht übrig, meinen jüngeren Kollegen: Professor M. J. COON, Dr. H. DUTLER, Dr. A. PRIETO und den Herren Z. KIS, J. RÉTEY und G. WALDVOGEL zu danken, welche maßgebend sowohl an der experimentellen Bearbeitung als auch bei der Entwicklung der theoretischen Anschauungen, über die ich hier berichtet habe, beteiligt waren.

Literatur

[1] PRELOG, V., u. H. E. SMITH: Helv. chim. Acta **42**, 2624 (1959), und frühere Mitt. der gleichen Reihe.
[2] PRELOG, V.: In: The Steric Course of Microbiological and Enzymic Reactions. CIBA Foundation Study Groups No. 2, 74. London: J. A. Churchill Ltd. 1959.
[3] BAUMANN, P., u. V. PRELOG: Helv. chim. Acta **41**, 2362 (1958).
[4] PRELOG, V.: Ind. chim. Belge **27**, 1309 (1962).
[5] VENNESLAND, B., and F. H. WESTHEIMER: In: The Mechanism of Enzyme Action, 357, W. D. MCELROY and B. GLASS, Edit., Baltimore: John Hopkins Press 1954.

[6] CORNFORTH, J. W., G. RYBACK, G. POPJÁK, C. DONNINGER and G. SCHOEPFER JR.: Biochem. biophys. Res. Commun. 9, 371 (1962).
[7] THEORELL, H., and B. CHANCE: Acta chem. scand. 5, 1127 (1951).
[8] RAVAL, D. N., and R. G. WOLFE: Biochemistry 1, 263 (1962).

Diskussion

Diskussionsleiter: STAAB, Heidelberg

KLINGMÜLLER: (Mannheim): Wir haben mit BRUNE Versuche an Lactatdehydrogenase angestellt, über die ich seinerzeit in Basel berichtete. Dazu hätte ich eine Frage: Erstens muß die Asymmetrie des optisch aktiven C-Atoms der Milchsäure erhalten bleiben, denn die enantiomorphe Form der Milchsäure wirkt nicht und hemmt nicht. Zweitens muß die Raumbeanspruchung der Methylgruppe möglichst erhalten bleiben; eine Äthyl- oder Propylgruppe verlangsamen die Reaktion; eine Verzweigung als Isopropylgruppe oder eine Aromatisierung als Phenylglykolsäure oder als Phenylmilchsäure, oder die Chlormilchsäure wirken nicht mehr. Drittens darf die Entfernung der Carboxylgruppe vom optisch-aktiven Zentrum nicht verändert werden: β-Hydroxysäuren wirken nicht. Ich übersehe im Augenblick nicht die Konsequenzen, aber ich glaube, man kann mit Ihrem Programm auch unsere Enzymwirkungen deuten und voraussagen.

PRELOG: Wir befaßten uns bisher absichtlich hauptsächlich mit alicyclischen Alkoholen und Ketonen, bei welchen L und S (vgl. Abb. 1) lipophile Kohlenwasserstoff-Reste darstellen, deren Geometrie und relative Raumbeanspruchung verhältnismäßig einfach einzuschätzen sind. Die konformationelle Labilität der aliphatischen Verbindungen und die Wechselwirkungen der stark polaren, solvatisierten Reste, wie des Carboxylat-Ion, mit dem Enzym-Protein führen zu einer Mannigfaltigkeit, die in ihrer Gesamtheit schwer zu überblicken ist. In solchen Fällen ist es zwar möglich, die Ergebnisse einer enzymatischen Reaktion a posteriori zu deuten, es lassen sich jedoch ohne weiteres keine eindeutigen Voraussagen über den Reaktionsverlauf machen.

Zur Bindung und Aktivierung des Nicotinamid-Adenin-Dinucleotid durch Dehydrogenasen

Von

G. PFLEIDERER

Institut für Biochemie im Institut für Organische Chemie der J. W. Goethe-Universität Frankfurt am Main

Mit 2 Abbildungen

Lang ist der Weg, der von der Isolierung und Konstitutionsaufklärung des NAD* durch WARBURG[1,2] und EULER[3], über die Aufklärung der Bedeutung des Nicotinamidteils[1,2], die Entdeckung der Hydrid-Übertragung vom Substrat auf das C_4-Atom des Nicotinamids (WESTHEIMER[4]), die stereospezifische Anlagerung (A und B, VENNESLAND[5]) zu den NAD-Analogen führt, die N. O. KAPLAN mit Hilfe der Nucleosidase biochemisch synthetisieren konnte[5,7]. Dazu kamen Modellreaktionen mit substituierten Pyridiniumsalzen, mit denen sich schon 1936/37 KARRER[8], später KAPLAN[9], WALLENFELS[10] und unser Arbeitskreis[11] befaßt haben. So steht uns heute, insbesondere durch Verwendung spektrophotometrischer und fluorometrischer Meßmethoden, eine fast unübersehbare Menge an Daten zur Verfügung, die jedoch nicht darüber hinwegtäuschen können, daß wir das letzte Geheimnis der enzymatischen Katalyse bei der Wasserstoffübertragung noch bei weitem nicht erkannt haben.

---

* Abkürzungen: NAD = Nicotinamid-adenin-dinucleotid; NADH = reduziertes Nicotinamid-adenin-dinucleotid; ADP = Adenosindiphosphorsäure; NADP = Nicotinamid-adenin-dinucleotid-phosphat (TPN); NMN = Nicotinamid-mononucleotid; ADPR = Adenosindiphosphatribose; NPuD = Nicotinamid-purindinucleotid; NADH-X = früheres DPNH-X; NSHPuD = Nicotinamid-6-Mercaptopurindinucleotid; $NSCH_3PuD$ = Nicotinamid-6-Methylmercaptopurin D; NMNPR = Nicotinamid-mononucleotid-phosphoribose; MDH = Malatdehydrogenase; ADH = Alkoholdehydrogenase; LDH = Lactatdehydrogenase; GAPDH = Glyceraldehydphosphatdehydrogenase.

Zur Bindung und Aktivierung des Nicotinamid-Adenin-Dinucleotid 301

Dieses Referat will eine Übersicht über neuere Gesichtspunkte geben, die in letzter Zeit auf diesem Gebiet aufgetaucht sind und uns vielleicht dem Verständnis dieser komplexen Fragestellung näherbringen können. Es soll hier nicht mehr ausführlich auf die zahlreichen Untersuchungen eingegangen werden, die verschiedene Arbeitskreise hinsichtlich der Aktivierung des C_4-Atoms im Nicotinamidteil des NAD als Voraussetzung für eine erleichterte Addition nucleophiler Agentien, insbesondere aber des Hydridions, unternommen haben. Zur Übersicht sei eine Tabelle unserer eigenen Meßergebnisse über die Addition von Sulfitionen an verschieden substituierte Nicotinamid-Derivate wiedergegeben, die wir uns als Modell der Dehydrierung von α-Hydroxysäuren ausgewählt hatten. In früheren Versuchen hatten wir die außerordentlich starke kompetitive Hemmwirkung von Sulfitionen auf die enzymatische Dehydrierung von α-Hydroxysäuren entdeckt und den Hemm-Mechanismus als Bildung eines ternären Komplexes zwischen Enzym, NAD und Sulfit erklären können[12]. Man sieht in Tab. 1, daß eine Positivierung des C_4-Atoms durch elektronenanziehende Substituenten am Ringstickstoff oder am C_3-Atom die Anlagerung von Sulfit erleichtert, was sich in einer Erniedrigung der Dissoziationskonstanten äußert. Aus den Werten geht der stark positivierende Einfluß der Ribose hervor, der nur noch durch Glucose bzw. Acetylglucose übertroffen wird.

Wir hatten seinerzeit erkannt, daß die Phosphatreste im NAD durch ihre negative Ladungen eine abstoßende Wirkung auf das zu addierende Anion ausüben, was sich bei der Veresterung der Phosphathydroxyle ausdrückt[11]. Wir hatten daraufhin behauptet, ein Teil der enzymatischen Wirkung könne darin bestehen, daß durch Bindung der Phosphatgruppen an das Enzym-Protein diese abstoßende Wirkung aufgehoben wird. Auf diesen Effekt werden wir noch bei den kinetischen Untersuchungen zur NAD-Cyanid-Reaktion weiter eingehen.

Weiß man somit verhältnismäßig viel über die chemische ,,Aktivierung" des Pyridinrings durch Substituenten, die analog bei der Bindung des Coenzyms an ein Apoenzym durch räumlich benachbarte Aminosäurereste in dessen Aktivgruppe bewirkt werden kann, so kennt man noch keineswegs die Bedeutung des ADP-Anteils im NAD im Hinblick auf die Bindung oder auf einen möglichen aktivierenden Einfluß. N. O. KAPLAN hat auch hier den

Tabelle 1. *Dissoziationskonstanten der Sulfit-Addukte von 3-substituierten 1 Methyl-pyridiniumsalzen und 1-substituierten Nicotinsäureamiden*

R′	pK Diss* ($\pm 0,1$)	R	pK Diss ($\pm 0,1$)
$CONH_2$	—1,2	CH_3	—1,2
$CONHCH_3$	—1,6	$CH_2 \cdot C_6H_5$	—0,4
$CONHC_2H_5$	—1,6	$CH_2 \cdot C_6H_3Cl_2$ (2,6)	+0,1
$CONHC_6H_5$	—1,1	Glucose (β)	+3,3
$CON(CH_3)_2$	—1,9	Tetraacetylglucose(β)	+4,2
$CON(C_2H_5)_2$	—1,9	Ribose (β)	+2,8
$CON(CH_3)C_6H_5$	—1,2	Triacetylribose (β)	+3,5
CO_2CH_3	—0,3	5′-Phosphoribose (β) (NMN)	+1,3
$CO_2C_2H_5$	—0,3	Monomethylester von NMN	+2,0
$CO_2C_6H_5$	0,0	Dimethylester von NMN	+2,7
$COO^{(-)}$	< —2,0	Ribosepyrophosphat-adenosin (NAD)	+1,7
CHO	—0,5 ±0,5	Monomethylester von NAD	+2,0
$COCH_3$	+2,0	Dimethylester von NAD	+2,5
CN	+3,2	NAD + LDH	> +5,0
NO_2	+4,8	Ribosepyrophosphat-adenosin-2′-phosphat (NADP)	+1,2

Anfang gemacht, indem er den Adeninrest durch Uracil oder Thymin ersetzte[13]. Wir haben uns in letzter Zeit intensiv mit der Synthese von NAD-Analogen mit substituiertem Purinring bzw. vor allem von adeninfreiem NAD beschäftigt. Letzteres haben wir durch partielle chemische Hydrolyse bei p_H 0,2 gewinnen und durch Gradienten-Elektrophorese rein darstellen können[14]. Durch sorgfältige Analysen (Phosphat, Ribose, Absorptionsspektrum) haben wir die Struktur der Verbindung bewiesen. N. O. KAPLAN hat unabhängig und gleichzeitig zu unseren Studien ebenfalls die Darstellung

---
* $pK_{Diss} = -\log K_{Diss}$.

beschrieben, aber keine umfassenden Untersuchungen darüber angestellt[13]. Die NAD-Analogen haben wir nach bekannten chemischen Verfahren dargestellt und sie in verschiedenen Dehydrogenase-Systemen verglichen. Tabelle 2 zeigt die relative, reziproke Aktivität dieser Analogen, bezogen auf NAD = 1 unter vergleichbaren experimentellen Bedingungen. Aus der Tabelle ist zu ersehen, daß die Umwandlung des Adeninrests in einen Hypoxanthinrest ohne wesentlichen Einfluß bleibt. Auch die Einführung eines sauren SH-Restes[15] in die 6-Stellung des Purins wirkt sich nicht wesentlich aus. Schon eher erstaunlich ist die geringe Änderung der Reaktionsgeschwindigkeit, wenn der Cytosinrest anstelle des Adenins tritt. Nur bei der Hefe-ADH und der mitochondrialen MDH ist der Effekt stärker ausgeprägt. Eine vollständige Entfernung des Adeninrests im NMNPR läßt die Reaktionsgeschwindigkeit sehr stark absinken, insbesondere bei der MDH, aber immerhin ist die Substanz bei der Leber-ADH noch erstaunlich wirksam. Letztere kann sogar noch NMN enzymatisch reduzieren. Wie z. T. schon länger bekannt ist, wird die Reaktionsgeschwindigkeit in machen Systemen sogar beschleunigt beim Ersatz der Carbonamidgruppe im NAD durch die Acetylgruppe. Wir entnehmen der Tabelle die außerordentlich hohe Unspezifität der Pferdeleber-ADH und der Glutaminsäuredehydrogenase bezüglich der Coenzymstruktur. Letztere reagiert sogar mit NADP nicht sehr viel langsamer als mit NAD. Selbst das symmetrische NMN-Dinucleotid ist hoch wirksam.

Tabelle 3 gibt die Michaeliskonstanten einiger Coenzymanaloge oder -bruchstücke an und die Änderung der K_s-Werte. Der Übersicht halber seien schon hier die V_{max}-Werte aufgenommen, die eine beträchtliche Reduzierung der Umsatzgeschwindigkeit bei vollständig gebundenem adeninfreiem Coenzym, aber auch bei den Adeninanalogen zum Ausdruck bringen. Da die K_s-Werte bei Veränderungen oder Wegfall des Adeninrestes ansteigen, dürften die V_{max}-Werte mit 0,1 M Substrat noch etwas zu tief liegen. In der ersten Phase der Untersuchungen standen uns nur begrenzte Mengen an reinen Coenzymanalogen zur Verfügung, so daß erst künftige ausführliche Meßreihen ein exaktes Bild geben können. Auf jeden Fall kommt dem Adeninteil nicht nur für die Bindung des Coenzyms, sondern wahrscheinlich auch für die Aktivierung eine entscheidende Rolle zu. Die Bedeutung des Adeninteils kommt auch in der beträchtlichen kompetitiven Hemmwirkung des ADPR zum Aus-

Tabelle 2. *Coenzymwirksamkeit von NAD-Modellen an DH bei p_H 9,5 relative, reziproke Aktivität ($\pm 20\%$), bezogen auf $NAD = 1$**

Nr.	Coenzym	ADH Bäckerhefe	ADH Pferdeleber	LDH Kaninchen-skeletmuskel	LDH Schweineherz	MDH Pferdeherz (Mitochondr.)	GluDH Rinderleber	GAPDH Kaninchen-skeletmuskel
1	NAD	1	1	1	1	1	1	1
2	NADP	230000	220	36000	20000	200000	22	
3	NHD	6	1,5	2	2	2,3	1,1	5,2
4	N-SHPuD	7	1,8	3,3	2,6	2,5	1,4	
5	NCD		2,4	6	1,8		1,9	
6	NND	800	380[a]	6700[b]	840[b]	110	33	
7	NMN-PR	12000	70	4000	750	20000	270	420[d]
8	NMN	5500	14000	∞	∞	∞	∞	∞
9	NR	∞	∞					
10	3-AcPyAD	23	1/3,3	7	1/1,3	1[c]	1/4,5	
11	3-AcPyMN-PR	20000	260	350	115	4700[c]	20	
12	3-AcPyMN	∞	16000	∞	∞	∞[c]	∞	
13	3-AcPyR		∞[c]					

* *Meßbedingungen:* Puffer: 0,2 M Glycin-NaOH, p_H 9,5; Substrat: 0,1 M (Äthanol p.a., Li-lactat, Na-L-malat, Na-L-glutamat); Coenzym: 150 μM; Enzym: $10^{-1 \pm 2}$ μM; $T = 25°$ C; Messung der Kinetik bei $E_{\lambda max}$; Berechnung aus der Tangente an den Anfangsanstieg.

∞: keine enzymatische Reduktion meßbar; *a*: Reduktion läuft bis $NNDH_2$, *b*: Reduktion läuft bis NNDH, *c*: MDH-Schweineherz, *d*: A. Stock, persönl. Mitteilung.

Zur Bindung und Aktivierung des Nicotinamid-Adenin-Dinucleotid 305

Tabelle 3. *Michaeliskonstanten von Coenzym (K_m) und Substrat (K_s) und die zugehörigen Maximalgeschwindigkeiten (V_{max}) für NAD-Modelle an einigen DH bei p_H 9,5*

DH	Coenzym	$K_m(\pm 30\%)$	V_{max} ($\pm 30\%$) für 0,1 M Substrat	$K_s(\pm 30\%)$
ADH_{Hefe}	NAD	$2,5 \times 10^{-4}$	55000	$0,4 \times 10^{-1}$
	NADP			2×10^{-1}
	NHD	10×10^{-4}	13000	$1,5 \times 10^{-1}$
	NMN-PR	0,1	5000	3×10^{-1}
	3-AcPyAD			$1,5 \times 10^{-1}$
	3-AcPyMN-PR			3×10^{-1}
ADH_{Leber}	NAD	$0,3 \times 10^{-4}$	410	
	NMN-PR	5×10^{-4}	11	
$LDH_{Schw.-Herz}$	NAD	$0,8 \times 10^{-4}$	16000	$1,4 \times 10^{-3}$
	NMN-PR	15×10^{-4}	400	20×10^{-3}
	3-AcPyAD	$0,08 \times 10^{-4}$		$0,4 \times 10^{-3}$
	3-AcPyMN-PR			6×10^{-3}

Meßbedingungen: vgl. Tab. 2, jedoch unter mehrfacher Veränderung der Coenzym- bzw. Substrat-Konzentration, Berechnung im Diagramm nach LINEWEAVER u. BURK.

druck, das im LDH-System beinahe halb so fest gebunden wird als NAD. Übrigens zeigte die Untersuchung des erstmals von WOENCKHAUS[15] in unserem Institut synthetisierten NPuD, daß keine Wechselwirkung zwischen der Adenin-Aminogruppe und dem Enzym besteht, denn die Michaeliskonstante war im Hefe-ADH-System fast identisch mit der des natürlichen NAD.

Wir kürzlich von N. O. KAPLAN und FAWCETT[13], aber auch von SIEBERT[16] entdeckt wurde und wie auch aus unserer Tab. 2 zu ersehen ist, kommt der räumlichen Ladung der Coenzyme eine wichtige Rolle zu. Die Autoren konnten bei niedrigem p_H sogar in NAD-spezifischen Systemen NADP zu beträchtlichem Umsatz bringen. Auf der anderen Seite zeigen die Dissoziationskonstanten der oxydierten und reduzierten Form im binären Komplex eine in der Regel 100—1000fach stärkere Bindung der reduzierten Form, die sich ja durch eine Ladungseinheit unterscheidet (quartärer und tertiärer Stickstoff). Die meisten Dehydrogenasen bevorzugen also die NADH-Bindung und katalysieren daher in erster Linie die Bildung einer Elektronenlücke am C_4-Atom des NAD.

Die höhere Bindungsfestigkeit der tertiären N-Verbindung wird auch bei dem von uns eingehend untersuchten NADH-X sichtbar. In mehreren Systemen wird das von A. STOCK auf chemischem Wege hergestellte[17], mit dem enzymatisch[18] gebildeten identische NADH-X fester als NAD, aber schwächer als NADH gebunden[19]. Die strukturellen Unterschiede zwischen NADH-X und primärem Säureprodukt äußern sich in einem starken Abfall der Bindungsfestigkeit des letzteren. Vielleicht ist dies auch ein Hinweis auf eine mögliche Annäherung essentieller SH-Gruppen der Wirkgruppe des Enzyms an das C6-Atom im Dihydronicotinamidteil des NADH, das bei dem Säureprodukt eine OH-Gruppe trägt. Eine Ausnahme bezüglich der Dissoziationskonstanten des oxydierten und reduzierten Coenzyms wurde an der GAPDH entdeckt, die NAD 4mal fester bindet als NADH[20]; d. h. dieses Enzym bevorzugt ohne Substrat die Abspaltung eines Hydridions, was ja auch in seiner Fähigkeit zur NADH-X-Bildung zum Ausdruck kommt. Die Hydridübertragung von NADH auf ein Substrat muß durch Faktoren begünstigt werden, die das C_4-Atom im Pyridinring negativieren[21]. In Modellversuchen konnten wir wiederum den starken Einfluß von Substituenten in 1- und 3-Stellung des Pyridinringes deutlich machen. Durch elektronenabstoßende Substituenten werden nicht nur C_4, sondern ebenfalls C_5 und schwächer auch C_3 negativiert; dabei kann C_5 ein Proton anlagern. Somit ist die Bildungsgeschwindigkeit von primärem Säureprodukt oder NADH-X ein Test für die Negativierung des C_4-Atoms. Tabelle 4 gibt für verschiedene NADH-Modelle die Zeit in Sekunden an, in der die Extinktion um $1/10$ ihres Wertes gefallen ist ($\tau_{1/10}$). Mit steigender elektronenabstoßender Wirkung des Substituenten in 1- und 3-Stellung nimmt die Reaktionszeit ab (Messung der Abnahme der Absorption der Dihydropyridinbande).

Ein wichtiges Hilfsmittel zur Überprüfung der Bindung eines Coenzyms durch das Apoenzym ist die in der Verschiebung des Absorptionsmaximums oder in der Änderung der Fluorescenzintensität — verbunden mit der Verschiebung des Emissionsmaximums — zum Ausdruck kommende Komplexbildung zwischen NADH und einigen Dehydrogenasen. Zahlreiche Beobachtungen über kurz- oder langwellige Verschiebung der 340 mμ-Bande im NADH sprechen für eine Änderung der Mesomerie im Dihydropyridinteil durch Einfluß des Enzyms. Noch empfindlicher ist die

Fluorescenztechnik, die es erlaubt, eine Titration der Wirkgruppe durchzuführen [20, 22, 23, 24]. Die exakte Deutung dieses Effekts steht immer noch aus, wenn er auch sicher weitgehend durch die räumliche Fixierung des hydrierten Coenzyms an die Wirkgruppe und damit die Einschränkung der Freiheitsgrade erklärt werden kann. Eine zusätzliche räumliche Orientierung scheint bei der Ausbildung ternärer Komplexe aus Apoenzym, reduziertem Coenzym und reduziertem Substrat stattzufinden. So steigt, wie wir an der MDH [25] zeigen konnten, die Fluorescenzintensität des gebundenen NADH weiterhin beträchtlich an, wenn wir D-Malat zufügen, nicht aber bei Zugabe von L-Malat. Sicher nicht ganz richtig ist die Vorstellung von FISHER [26], daß der Fluorescenzeffekt unspezifisch sei, denn in zahlreichen verschiedenartigen Untersuchungen mehrerer Autoren, wie auch im eigenen Arbeitskreis, ist stets ein direkter Zusammenhang zwischen der Abnahme der gesteigerten Fluorescenz und der Abnahme der Enzymaktivität zu beobachten. Einen weiteren wichtigen Hinweis gibt uns das enzymatisch unwirksame, isomere α-NADH. Mit Natriumdithionit reduziertes und durch Papierchromatographie sorgfältig gereinigtes α-NADH hemmt, einer äquivalenten Menge β-NADH im Enzymtest zugesetzt, die Brenztraubensäurehydrierung wie auch die Oxalacetathydrierung zu über 50%. Obwohl also zweifellos eine sehr feste Bindung des α-NADH stattfinden kann, tritt nicht die mit β-NADH beobachtete Fluorescenzsteigerung bei Zugabe stöchiometrischer Mengen α-NADH und Malatdehydrogenase oder Glycerophosphatdehydrogenase ein. Eigenartigerweise übt die oxydierte, unphysiologische Form eine sehr viel geringere Hemmwirkung aus. Hier scheint also wiederum die genaue Orientierung der positiven Ladung im quatären Pyridiniumring sehr wichtig zu sein.

Insgesamt konnten die durch die Fluorometrie gefundenen Ergebnisse keine entscheidenden neuen Gesichtspunkte bringen, wenn auch mit ihrer Hilfe z. B. die Dissoziationskonstanten verschiedener NADH-Apoenzym-Komplexe und auch ternärer NADH-Apoenzym-Substrat-Komplexe quantitativ untersucht werden konnten.

Dagegen scheint uns ein neuer Gesichtspunkt immer mehr in den Vordergrund des Interesses zu treten. Das ist die Wechselwirkung zwischen Purin- und Pyridinring im Coenzym selbst. So haben WEBER [27] und BOCK [28] erstmals Hinweise geben können, daß eine intramolekulare Beeinflussung der beiden Ringsysteme besteht.

WEBER zeigte, daß, obwohl der Dihydropyridinring des NADH im kurzwelligen UV nicht absorbiert, bei Anregung des Purinteils mit Licht der Wellenlänge 260 mμ eine Fluorescenzemission mit Maximum bei 460 mμ zutage tritt, die ja allein durch den Dihydropyridinteil bedingt ist. Bei Spaltung des Dinucleotids an der Pyrophosphatgruppe oder Verwendung des isomeren α-NADH fehlte dieser Effekt [29]. Andererseits bestimmte BOCK die Absorptionskoeffizienten der intakten und durch Pyrophosphatase in die zwei Mononucleotide gespaltenen, oxydierten Dinucleotide und stellte eine Erhöhung der Absorption nach der Spaltung fest. Diesen Befund haben wir an zahlreichen, neuerdings von uns synthetisierten NAD-Analogen [30] mit veränderter Purin- oder Pyridinkomponente bestätigen können. Besonders kraß tritt dieser Effekt zutage bei dem kürzlich von uns zusammen mit HOLBROOK und WIELAND [34] synthetisierten 4-Pyridon des NAD. Während in den anderen Fällen analog den Bockschen Befunden bei Spaltung mit Kartoffel-Pyrophosphatase nur etwa eine 3—8%ige Absorptionszunahme auftrat, fanden wir beim Pyridon eine etwa 15%ige Zunahme. Auf der anderen Seite scheinen auch Unterschiede in den Absorptionskoeffizienten des Purinteils je nach Vorliegen des oxydierten oder reduzierten Pyridinrings zu bestehen. Auch bei der pK-Messung der SH-Gruppen im NSHPuD konnte der Einfluß des zweiten Ringsystems nachgewiesen werden. So ist der p_K-Wert der Thiolgruppe im 6-Mercaptopurinribotid 8,05, im NSHPuD 7,8 und im reduzierten NSHPuD 7,97. Der Absorptionskoeffizient des Cyanid-Adduktes vom 3-Acetyl-Py-MNPR liegt etwa 15% höher als der des 3-Acetyl-Py-AD.

Wir hatten zuerst geglaubt, manche Effekte durch Annahme der Ausbildung von Wasserstoffbrücken zwischen Adenin und Carboxamidgruppe im Pyridinteil erklären zu können. Dies müßte sich in einer Verschiebung des Dihydromaximums ausdrücken, wie es sich z. B. im adeninfreien NMNPR andeutet. Wir haben auch aus diesem Grund das NSHPuD und das NS-CH$_3$PuD synthetisiert, da letzteres im Gegensatz zu ersterem keine Wasserstoffbrücken-Bindung bewerkstelligen könnte. Der Einfluß scheint jedoch, wenn überhaupt, sehr gering zu sein, vor allem, da das NPuD in seiner Dihydropyridinbande nicht merklich vom normalen NADH abweicht. So muß das Hauptaugenmerk wahrscheinlich auf sog. π-Komplexe zwischen Purin- und Pyridinring gerichtet werden, die bei der räumlichen Fixierung des Coenzyms an die Wirkgruppe des Enzyms sicher noch stärker ausgeprägt zur Geltung kommen können (siehe auch magnet. Kernresonanzmessungen am NADH von MAHLER u. Mitarb.[32]).

Wenn auch das Studium chemischer Modellreaktionen ein wesentliches Hilfsmittel für die Aufklärung des Wirkungsmechanismus ist, so ist die Berücksichtigung des Enzymanteils unumgänglich. Da aber der bei allen Dehydrogenase-Reaktionen angenommene ternäre Komplex zwischen Coenzym, Substrat und Apoenzym komplizierter erscheint, haben wir uns zuerst einmal auf die Aktivierung des Coenzyms allein durch das Apoenzym konzentriert. Es schien uns wichtig hierbei, eine chemische Modellreaktion unter Einfluß des Enzyms zu studieren, die zwar im Prinzip der physiologischen Reaktion analog ist, aber eine Beeinflussung des zweiten Reaktanten durch das Enzym möglichst ausschaltet. Hier bot sich die nucleophile Addition des Cyanidions an das NAD an, die wegen ihres langsamen Verlaufs im neutralen Milieu sehr gut kinetisch studiert werden kann. Es ist die Einstellung des Gleichgewichts im System $NAD + CN \rightleftarrows NAD - CN$, die optisch bei 320 m$\mu$ sehr gut verfolgt werden kann, und in Gegenwart einer M/10 Cyanidlösung bei p$_H$ 8,2 erst nach etwa 30 min erreicht wird. Verfolgt man nun die Anfangsgeschwindigkeit der Cyanidanlagerung, die von der Rückreaktion praktisch noch nicht beeinflußt ist, so findet man bei Zugabe von LDH eine Steigerung der Reaktionsgeschwindigkeit um das 10- bis 20fache. D. GERLACH hat sich ausführlich mit diesen Kinetikmessungen* befaßt und auch versucht, eine quantitative Auswertung der Ergebnisse zu erreichen.

Obwohl bei Zugabe von viel Enzym unserer Rechnung nach nur etwa 14% des zugegebenen NAD an das Apoenzym gebunden waren, fand eine Beschleunigung der Additionsreaktion um den Faktor 17 statt. Das Gleichgewicht ist in Gegenwart des Enzyms um einen bestimmten Betrag mehr zugunsten des NAD-CN-Produktes verschoben, bedingt durch eine Bindung des dem NADH analogen Coenzym-Addukts. Dieser Betrag entspricht in Gegenwart äquimolarer Coenzym- und Apoenzymmengen der Bindung von 3 Molen DPN-CN/Mol. Enzym. Die Erhöhung der Reaktionsgeschwindigkeit ist jedoch nur z. T. Folge der Verschiebung des Gleichgewichts,

---

* D. GERLACH, Dissertation Frankfurt (Main) 1963.

Tabelle 4. *Einfluß des Substituenten R_1 und R^3 auf die Bildungsgeschwindigkeit des prim. Säureprodukts*

R^1 bzw. R^1OH	$\log \tau_1/_{10}$(Min.) ± 0.2 in H_2O pH 6	R^3	$\log \tau_1/_{10}$(Min.) $\pm 0,2$ in H_2O pH 6
CH_3	+1,0	$CONH_2$	1,0
$CH_2 \cdot C_6H_5$	+1,4	$CONHCH_3$	+0,9
$CH_2 \cdot C_6H_3Cl_2(2,6)$	+1,5	$CONHC_2H_5$	+0,8
Glucose (β)	+4,0	$CONHC_6H_5$	+1,2
Tetraacetylglucose (β)	+4,6	$CON(CH_3)_2$	−0,1
Ribose (β)	+3,0	$CON(C_2H_5)_2$	−0,1
Ribose-5-phosphat (NMN)	+1,1	$CON(CH_3)C_6H_5$	+1,0
		CO_2CH_3	+1,8
Ribosepyrophosphat-adenosin (NAD)	+3,0	$CO_2^{(-)}$	+0,3
		CHO	+2,4
Ribosepyrophosphat-adenosin-2-phosphat (NADP)	+2,7	$COCH_3$	+2,4
		CN	+2,5

Tabelle 5*. *Beeinflussung der Dissoziationskonstanten der Sulfit-Addukte einiger NAD-Modelle durch DH-Zusatz in äquimolaren Konzentrationen*

Nr.	ohne DH / mit DH	pK_{diss} ($\pm 0,5$) von:			3AcPyAD +3,5	3AcPy MNPR +3,0	pH 8,0
		NAD +1,7	NHD +1,4	NMN-PR +1,6			
1	ADH_H	+1,7					9,5
2	ADH_L	+2,8	+2,4				9,5
3	LDH_{Ksk}	+6,0	+4,5		+7,5		7,2
4	LDH_{Sh}	+6,5	+4,5		+7,0		7,2
	"	+5,5	+4,0	+1,9	+6,5	+4,5	9,5
5	MDH	+2,9	+1,7	+1,6	+4,5		9,5
6	GluDH	$+5\pm1$	$+4\pm1$		$+6\pm1$		7,2
	in mμ max (± 3)	320	319	317	341	339	

denn im Falle des 3-Acetyl-Pyridin-AD läuft auch im nichtenzymatischen Versuch die Reaktion vollständig zu Ende und trotzdem finden wir auch hier eine mindestens 10fache Erhöhung der Reaktionsgeschwindigkeit nach Zugabe des Enzyms. Die Steigerung der Reaktionsgeschwindigkeit kann auch nicht allein die oben zitierte

---

* Dissertation E. SANN, Frankfurt (Main) 1963.

Absättigung der Phosphatladung bei der Bindung an das Apoenzym erklärt werden, denn Nicotinamidribosid addiert CN^- nur 2,3 mal so rasch wie NAD.

Sicherheitshalber haben wir auch den Mono- und Dimethylester des NAD dargestellt und hier die Kinetik der Cyanidaddition geprüft. Nur der Mono-Methylester zeigte eine 1,4 mal schnellere Additionsgeschwindigkeit, während der Dimethylester, wahrscheinlich aus sterischen Gründen, sich nicht vom NAD unterschied.

Wie zu erwarten, ist dieser katalytische Einfluß des Enzyms p_H-abhängig, und zwar wird er zum Alkalischen hin immer geringer, obwohl die Cyanid-Konzentration durch Dissoziation der Blausäure immer größer wird. Daß es sich um eine echte enzymatische Katalyse handelt, konnte auch durch Verwendung von Hemmstoffen, kompetitiver und nicht kompetitiver Art, demonstriert werden. So ist die Anfangsgeschwindigkeit bei Zugabe von ADP oder nach Vorinkubation mit N-Phenyl-Maleinimid beträchtlich gebremst. Weiterhin spricht für die echte enzymatische Katalyse der Versuch mit α-NAD, das CN in Gegenwart des Enzyms eher langsamer addiert als ohne Enzym. D. GERLACH konnte bei Prüfung der p_H-Abhängigkeit der Reaktion auf eine an der Wirkgruppe wesentlich beteiligte Aminosäure im Enzym schließen, die die Bindung des DPN-Cyanid-Komplexes stark beeinflußt und ein p_K bei 7,5 hat. Wenn wir auch erst am Anfang dieser Versuche stehen, so glauben wir, sichere Hinweise dafür zu haben, daß unter Einfluß des Apoenzyms eine Positivierung des C_4-Atoms im Nicotinamid des NAD stattfindet, die den nucleophilen Angriff des Cyanidions begünstigt. Im ternären DPN-Sulfit-Enzym-Komplex kommt der aktivierende Einfluß des Apoenzyms gegenüber Coenzym und Sulfit besonders deutlich zum Ausdruck. Tabelle 5 zeigt die Änderung der Dissoziationskonstanten der chemischen DPN-Sulfit-Additionsverbindung in Gegenwart verschiedener Dehydrogenasen.

Immer noch wissen wir außerordentlich wenig über die aktivierende Gruppe im Protein selbst. Zwar scheint nach unseren ausführlichen Studien in den letzten Jahren über die Beteiligung von SH-Gruppen an der LDH-Katalyse außer Zweifel zu stehen[33], daß drei funktionelle SH-Gruppen, die je einem NAD zugeordnet sind, maßgeblich an der Gesamtreaktion beteiligt sind. Neuerdings konnte GRUBER[34] erstmals durch Messung der Dissoziationskonstanten von S—HG-

Bindungen sog. funktioneller, an der Oberfläche des Enzyms angeordneter SH-Gruppen und innerer SH-Gruppen, die wahrscheinlich für die Aufrechterhaltung der Proteinstruktur notwendig sind, quantitative Unterschiede erfassen. So reagieren quecksilberorganische Verbindungen zuerst mit den für die Enzymaktivität verantwortlichen SH-Gruppen der LDH, werden dann aber wegen ihrer höheren Affinität zu den inneren SH-Gruppen auf diese übertragen. Dabei findet eine Selbstreaktivierung des Enzyms statt. Die Frage, ob die SH-Gruppen für die Bindung oder die Aktivierung des NAD verantwortlich sind und wo sie letztlich am Coenzym angreifen, kann heute noch nicht beantwortet werden. Sicher ist, daß die funktionellen SH-Gruppen nach der Bildung von Coenzym-Substrat-Enzym-Komplexen geschützt sind, denn bei Zugabe von NAD und Sulfitionen, die mit verschiedenen Dehydrogenasen außerordentlich feste Bindungen eingehen, reagieren z. B. LDH oder MDH nicht bei Raumtemperatur mit quecksilberorganischen Verbindungen. Erhöht man die Temperatur, wobei der ternäre Komplex langsam dissoziiert, so findet man eine direkte Beziehung zwischen der Ausbildung einer S—HG-Bindung und Verdrängung des NAD-Sulfit-Adduktes von der Wirkgruppe.

An der MDH konnten wir auf fluorometrischem Wege ebenfalls die Beteiligung von SH-Gruppen an der Bindung oder Aktivierung von NADH sichtbar machen. Mit steigender Zugabe quecksilberorganischer Verbindungen oder von Silberionen nimmt analog der Aktivitätsabnahme die bei der Bindung des hydrierten Coenzyms an das Apoenzym beobachtete Fluorescenzsteigerung ab, bis sie schließlich bei völliger Inaktivierung des Enzyms den Wert des freien NADH erreicht.

Verfolgt man die Zahl der freien SH-Gruppen und des NAD-Sulfit-Bindungsvermögens nach Teilinaktivierung des Enzyms mit SH-Reagentien, so stellt man fest, daß mit quecksilberorganischen Verbindungen, wie schon erwähnt, anfangs nach Blockierung je *einer* SH-Gruppe eine Wirkgruppe ausfällt. Führt man dieselben Versuche mit Chinonen oder Maleinimiden durch[35], so reagieren zu Anfang durchschnittlich je zwei SH-Gruppen pro einer Wirkgruppe des Enzyms. Es besteht also die Möglichkeit, daß in Nachbarschaft der drei funktionellen SH-Gruppen drei weitere SH-Gruppen angeordnet sind, die vielleicht an der Substrat-Bindung beteiligt sind. Diese Beobachtungen haben uns auch bisher daran gehindert, eine radioaktive Markierung der Wirkgruppe zur Bestimmung der Aminosäure-Sequenz im Aktiv-Zentrum der LDH voranzutreiben, da wir bisher nicht einwandfrei beweisen können, ob die mit Maleinimiden zusätzlich reagierenden SH-Gruppen funktionell wichtig sind.

Dagegen haben wir neue Hinweise auf die Bedeutung funktioneller Thiolgruppen durch Verwendung der Sephadex-Technik gewinnen können. So überprüften wir das NADH- und NAD-Sulfit-Bindungsvermögen von aktiver und partiell durch SH-Blocker inaktivierter LDH. Eine erste Anregung über die quantitative Wechselwirkung zwischen Ribonuclease und ihrem Substrat haben uns

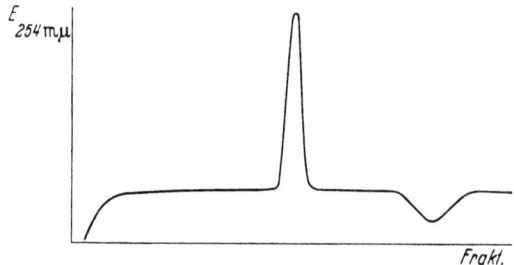

Abb. 1. Elutionsdiagramm zur Bindung von NADH an LDH, registriert mit UVICORD (254 mμ)

HUMMEL und DREYER gegeben[36]. Dieses Prinzip haben wir zusammen mit K. WARZECHA und W. GRUBER erstmals auf NADH und Dehydrogenasen angewandt und dabei sehr schöne Resultate erzielen können. Eine mit Sephadex-G 50-Medium gefüllte Säule wurde mit einer definierten NADH-Lösung (in Phosphatpuffer) equilibriert. Trägt man dann auf die Säule eine bestimmte Menge LDH auf und wäscht mit gleicher NADH-Lösung nach, so erscheint im Eluat zuerst eine zusätzliche Absorption bei 254 mμ (UVICORD der Firma LKB; Abb. 1) und nach weiteren Fraktionen ein Tal, aus dem die Menge an NADH zu ermitteln ist, die während des Durchlaufs durch die Säule an das Apoenzym gebunden wurde. Praktisch führt man eine Art von Gleichgewichtsdialyse aus, die aber nur sehr kurze Zeit in Anspruch nimmt. Wir haben sowohl den zusätzlichen NADH-Anteil in der Proteinbande als auch den fehlenden im „Tal" bestimmt, die nahezu übereinstimmen. So fanden wir umgerechnet auf 1 Mol LDH (MG 115000) ein NADH-Bindungsvermögen von 3,1 Molen. Allerdings wirkt das von WIELAND

und DUESBERG[19] in kristallisierter LDH gefundene NADH-X
störend, denn erst nach Entfernung dieses Pseudocoenzyms durch
Kohle-Adsorption finden wir den vollen Wert von 3,1 ± 0,1 NADH/
Mol LDH. Native LDH bindet dagegen nur 2,2 ± 0,2 Mole NADH/
LDH. Diese Werte gelten etwa für einen p_H-Bereich zwischen
6 und 9.

Weiterhin haben wir die LDH partiell mit Benzochinon inaktiviert und nach Abtrennen des überschüssigen Benzochinons

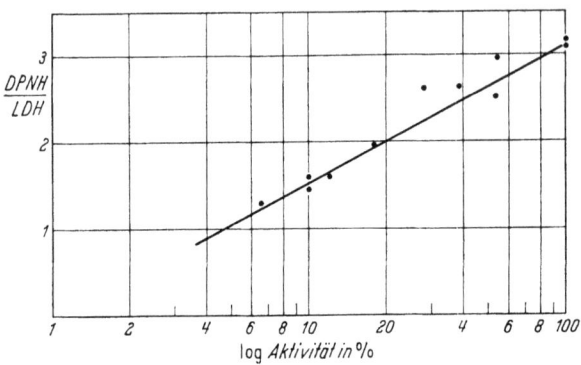

Abb. 2. Abhängigkeit des LDH-NADH-Bindungsvermögens von der Aktivität nach
Vorinkubation mit Benzochinon

enzymatische Aktivität und NADH- Bindungsvermögen gemessen.
Bei einer Inaktivierung von 80% bindet die LDH immer noch zwei
von drei ursprünglichen Molekülen NADH. Ist die Aktivität auf
etwa 4% abgesunken, so wird immer noch ein volles Mol NADH gebunden[37]. Im Gegensatz dazu besteht eine direkte Proportionalität
zwischen Bildung des Enzym-NAD-Sulfit-Komplexes und der noch
vorhandenen Enzymaktivität. Trägt man auf der Ordinate die
Zahl der gebundenen NADH-Moleküle/Mol Enzym auf und auf der
Abszisse in logarithmischem Maßstab die noch vorhandene Aktivität, so erhält man nahezu exakt eine Gerade (Abb. 2). Eine Deutung dieser Befunde, die u. U. auf SH-Gruppen sowohl für die
Coenzym- als auch auf Substrat-Bindung hinweisen, suchen wir
im Augenblick.

Unseres Erachtens ist die Aufklärung der Wirkungsweise des
Schwefels, der bei fast allen Dehydrogenasen wesentlichen Anteil an
der katalytischen Wirksamkeit hat, der entscheidende Hinweis für

das Verständnis der enzymatischen Katalyse. Alle bisherigen Vorstellungen sind hypothetischer Art, wenn man von dem Beispiel der GAPDH absieht, wo die Anlagerung einer Thiolgruppe des Enzyms an das NAD gesichert erscheint [38]. Eng mit der Reaktionsweise des Schwefels verknüpft scheint uns das Geheimnis der „verkappten" SH-Gruppen, die entgegen freiem Cystein außerordentlich langsam mit SH-Blockern reagieren.

Literatur

[1] WARBURG, O., u. W. CHRISTIAN: Biochem. Z. **242**, 206 (1931).
[2] WARBURG, O., u. W. CHRISTIAN: Biochem. Z. **287**, 291 (1936).
[3] VON EULER, H., H. ALBERS u. F. SCHLENK: Z. physiol. Chem. **240**, 113 (1936).
[4] VENNESLAND, B., and F. H. WESTHEIMER: The Mechanism of Enzyme Action. (W. D. MCELLROY and B. GLASS), S. 257. Baltimore: The Hopkins Press 1954.
LOEWUS, F. A., F. H. WESTHEIMER and B. VENNESLAND: J. Am. Chem. Soc. **75**, 5018 (1953).
PULLMANN, M. E., and S. P. COLOWICK: J. Biol. Chem. **206**, 121 (1954).
[5] LEVY, H. R., and B. E. VENNESLAND: J. Biol. Chem. **228**, 85 (1957).
VENNESLAND, B.: J. Cell. Comp. Physiol. **47**, 201 (1956).
[6] KAPLAN, N. O., and M. M. CIOTTI: J. Biol. Chem. **221**, 823 (1956).
[7] ANDERSON, B., C. J. CIOTTI and N. O. KAPLAN: J. Biol. Chem. **234**, 1219 (1959).
[8] KARRER, P., G. SCHWARZENBACH, F. BENZ u. U. SOLMSSEN: Helv. Chim. Acta **19**, 811 (1936).
KARRER, P., u. F. J. STARE: Helv. Chim. Acta **20**, 418 (1937).
[9] KAPLAN, N. O.: In BOYER, LARDY and MYRBÄCK, "The Enzymes", Band 3, S. 105. London: Acad. Press, N. Y., 1960.
[10] WALLENFELS, K., u. K. SCHÜLY: Lieb. Ann. Chem. **261**, 106 (1959) und folgende.
[11] PFLEIDERER, G., E. SANN u. A. STOCK: Chem. Ber. **93**, 3083 (1960).
[12] PFLEIDERER, G., D. JECKEL u. TH. WIELAND: Biochem. Z. **328**, 187 (1956).
[13] KAPLAN, N. O., and M. M. CIOTTI: N. Y. Acad. Sci. **94**, 701 (1961).
FAWCETT, C. P., and N. O. KAPLAN: J. Biol. Chem. **237**, 1709 (1962).
[14] PFLEIDERER, G., E. SANN u. F. ORTANDERL: Biochim. Biophys. Acta **73**, 39 (1963).
[15] PFLEIDERER, G., C. WOENCKHAUS u. K. SCHOLZ: Angew. Chem. **75**, 92 (1963).
[16] SIEBERT, G., K. H. BÄSSLER u. A. SCHMITT: Biochem. Z. **336**, 402 (1962).
[17] PFLEIDERER, G., u. A. STOCK: Biochem. Z. **336**, 56 (1962).
[18] RAFTER, G. W., and S. P. COLOWICK: J. Biol. Chem. **224**, 373 (1957).
[19] WIELAND, TH., P. DUESBERG, G. PFLEIDERER, A. STOCK u. E. SANN: Arch. Biochem. Biophys., Suppl. 1, 260 (1962).
[20] VELICK, S. F.: J. Biol. Chem. **233**, 1455 (1958).

[21] STOCK, A., E. SANN u. G. PFLEIDERER: Lieb. Ann. Chem. **647**, 188 (1961).
[22] THEORELL, H., A. P. NYGAARD and R. BONNICHSEN: Act. Chem. Scand. **9**, 1148 (1955).
[23] BOYER, P. D., and H. THEORELL: Act. Chem. Scand. **10**, 447 (1956).
[24] WINER, A. D., W. B. NOVOA and G. W. SCHWERT: J. Am. Chem. Soc. **79**, 6571 (1957).
[25] PFLEIDERER, G., E. HOHNHOLZ-MERZ u. D. GERLACH: Biochem. Z. **336**, 371 (1962).
[26] FISHER, H. F.: Fed. Proc. **19**, 27 (1960).
[27] WEBER, G.: Nature (London) **180**, 1409 (1957).
[28] SIEGEL, J. M., G. A. MONTGOMERY and R. M. BOCK: Arch. Biochem. Biophys. **82**, 288 (1959).
[29] SHIFRIN, S., and N. O. KAPLAN: Nature (Lond.) **183**, 1529 (1959).
[30] PFLEIDERER, G., C. WOENCKHAUS, H. FELLER u. K. SCHOLZ: unveröffentlicht.
[31] PFLEIDERER, G., J. J. HOLBROOK u. TH. WIELAND: in Vorbereitung.
[32] MEYER, W. L., H. R. MAHLER and R. H. BAKER: Biochim. Biophys. Acta **64**, 343 (1962).
[33] PFLEIDERER, G., u. D. JECKEL: Biochem. Z. **329**, 370 (1957). — PFLEIDERER, G., D. JECKEL u. TH. WIELAND: Arch. Biochem. Biophys. **83**, 275 (1959).
[34] GRUBER, W., K. WARZECHA, G. PFLEIDERER u. TH. WIELAND: Biochem. Z. **336**, 107 (1962).
[35] PFLEIDERER, G., u. D. JECKEL: unveröffentlicht.
[36] HUMMEL, J. P., and W. J. DREYER: Biochim. Biophys. Act. **63**, 530 (1962).
[37] WARZECHA, K.: Dissertation Frankfurt (Main), 1963.
[38] RACKER, E., and I. KRIMSKY: J. Biol. Chem. **198**, 931 (1952).

Diskussion

Diskussionsleiter: WALLENFELS, Freiburg

WALLENFELS (Freiburg i. Br.): Ich möchte Herrn PFLEIDERER danken für seine Ausführungen und die Diskussion eröffnen. Ich glaube, wir werden die Diskussion etwas einteilen, und ich darf vielleicht zuerst vorschlagen, daß wir die Frage der Modellverbindungen und ihrer Reaktivität mit dem Protein diskutieren, die sich ausdrückt in den verschiedenen untersuchten physikalischen oder kinetischen Eigenschaften. Vielleicht kann ich aber doch vorher noch auf etwas hinweisen. Wir haben als feste Basis der Diskussion das Postulat des Hydridtransfers für den chemischen Mechanismus 100%ig sicher angenommen. Wir haben ja selbst in Freiburg eine große Zahl von Argumenten für das Zutreffen dieses Hydridtransfers des polaren Mechanismus beigebracht, aber ganz fest kann ich eigentlich von alldem doch nicht überzeugt sein. Es zeigen sich doch in der letzten Zeit und auch schon früher (WESTHEIMER und andere Autoren) die Reaktionsmöglichkeiten des radikalischen Prozesses in sehr klarer Weise bei definierten Modellreaktionen. VAN DER WERF hat es einmal so ausgedrückt, daß die Organische Chemie um eins weniger kompliziert aufgebaut sei als Gallien. Denn Gallien ist seit Cäsar in 3 Teile geteilt, während die Organische Chemie eigentlich in 2 Teile geteilt wird, die heterolytischen und die homolytischen Reaktionen. Und diese Frage, ob die Wasserstoffübertragung eine heterolytische oder eine homolytische Reaktion ist, ist natürlich eine Grundfrage, die zunächst eigentlich geklärt werden sollte.

Aber das Problem ist hier nicht angeschnitten worden. Ich möchte auch nicht vorschlagen, daß wir darüber jetzt diskutieren. Ich möchte nur sagen, daß nicht uneingeschränkt angenommen werden kann, daß es ein heterolytischer Prozeß ist. Nun zu den Modellreaktionen. Wenn ich da vielleicht noch etwas zur Klärung sagen darf: Wir haben auch diese Beobachtungen bei einer großen Zahl von Pyridiniumsalzen gemacht, die einerseits in der 3-Stellung und andererseits am Stickstoff verschiedenartig substituiert worden sind. Wenn wir eine Ionenaddition an diese verschiedenen Pyridiniumsalze, z. B. die Anlagerung von Cyanidionen, durchgeführt haben, dann erhalten wir Derivate der Dihydropyridinstufe. Das ist zugleich ein Argument für die heterolytische Natur der Wasserstoffübertragungsreaktion, und wir können nun den Einfluß der Substitution auf die Eigenschaften verfolgen; das war in den Tabellen von Herrn PFLEIDERER deutlich zum Ausdruck gebracht.

Ein Gesichtspunkt scheint mir aber nicht ganz herausgekommen zu sein: Wir haben die Möglichkeit, Substituenten am Stickstoff oder in 3-Stellung zu variieren. Beide wirken sich aus, indem sie die Elektronendichte im Pyridinring erniedrigen oder erhöhen können. Wenn der Substituent Elektronen absaugt, dann bedeutet dies in jedem Falle eine Stabilisierung des Anionenkomplexes, dessen Bildung zu der für Dihydropyridine charakteristischen Lichtabsorption führt. Die Lage des Absorptionsmaximums ist aber verschieden, je nachdem ob der Elektronensog am Ringstickstoff oder in 3-Stellung ausgeübt wird. In diesem Zusammenhang lassen sich Stabilität und Lichtabsorption von NAD-Anionenkomplexen und NADH in freiem Zustand und in Bindung an das Protein-ADH diskutieren. Hierbei zeigt sich, daß durch die Bindung an das Protein gleichzeitig die Stabilität des Anionenkomplexes erhöht und die Lage des Absorptionsmaximums — wie beim NADH — nach kürzeren Wellenlängen verschoben wird. Wir können daher sagen: Die spezifische Bindung des Coenzyms an das Enzymprotein ist einer entsprechenden Elektronenbeanspruchung und Substitution am Ringstickstoff und nicht einer solchen in 3-Stellung äquivalent. Durch Kombination dieser beiden Beobachtungen läßt sich also eine differenziertere Aussage über die spezifische Bindung des Dihydropyridins an das ADH-Protein machen.

Ich darf jetzt vielleicht zuerst die Diskussion über die Anionenkomplexe (Additionsverbindungen) eröffnen und fragen, wer das Wort wünscht. — Es scheint alles vollständig klar zu sein.

Dann können wir zu dem nächsten Punkt: „Wechselwirkung mit dem Protein" und zu den anderen Gesichtspunkten, die Herr PFLEIDERER gebracht hat, übergehen, und ich eröffne hierüber die Diskussion. — Auch hier scheint keine weitere Diskussion erforderlich zu sein. Vielleicht kommen einige Gesichtspunkte anschließend in der Diskussion des Vortrages von Herrn SUND noch zum Ausdruck.

Struktur und Wirkungsweise NAD-abhängiger Dehydrogenasen *

Von

HORST SUND

Chemisches Laboratorium der Universität Freiburg i. Br.

Mit 21 Abbildungen

In der Erkenntnis der Wirkungsweise wasserstoffübertragender Enzyme sind in den vergangenen 10 bis 12 Jahren, seitdem hier das letzte Mal über die Wirkung von Enzymen diskutiert wurde, wesentliche Fortschritte erzielt worden. Die Markierung des NAD** mit Deuterium brachte uns Aufschluß über die Stereochemie des Wasserstofftransfers. Untersuchungen an NAD-Modellverbindungen und Coenzymanaloga führten zum Verständnis des chemischen Ablaufs der Reaktionen und der Bedeutung der verschiedenen Gruppen im Coenzymmolekül. Methodische Fortschritte haben die direkte Bestimmung der Enzym-Substrat-Bindung sowie der Zahl der aktiven Zentren eines Enzymmoleküls ermöglicht. Schließlich erlaubte die Ausarbeitung der mathematischen Behandlung kinetischer Probleme, den Reaktionsablauf am Enzym festzulegen.

In unserem Laboratorium haben wir uns in den letzten Jahren mit kinetischen Problemen, insbesondere mit der p_H-Abhängigkeit der enzymkatalysierten Äthanol- und Glutaminsäureoxydation beschäftigt. Ferner untersuchten wir Strukturfragen an den Enzymproteinen, die diese Reaktionen katalysieren. Diese Ergebnisse sollen hier im Zusammenhang mit entsprechenden Ergebnissen

---
* Professor HUGO THEORELL zum 60. Geburtstag gewidmet.
** Abkürzungen: ADH = Alkoholdehydrogenase, Glu-DH = Glutaminsäuredehydrogenase, I = Inhibitor, LDH = Milchsäuredehydrogenase, NAD = Nicotinamid-adenin-dinucleotid (NAD$^+$ bzw. O = oxydierte Form, NADH bzw. R = reduzierte Form), NADP = Nicotinamid-adenin-dinucleotid-phosphat, PCMB = p-Chlormercuribenzoat, E = Enzym, S = Substrat.

$$K_{E,R} = \frac{[E][R]}{[ER]}, \quad K_{EO,I} = \frac{[EO][I]}{[EOI]}, \text{ usw.}$$

Struktur und Wirkungsweise NAD-abhängiger Dehydrogenasen 319

diskutiert werden, die an anderen Dehydrogenasen erhalten wurden. Außerdem soll die Frage nach der Bedeutung des Zinks für die pyridinnucleotid-abhängigen Dehydrogenasen erörtert werden.

I. Der Einfluß des pH auf die durch NAD-abhängige Dehydrogenasen katalysierten Reaktionen

Die Untersuchung der p_H-Abhängigkeit enzymkatalysierter Reaktionen vermittelt uns Kenntnisse über die verschiedenen funktionellen Gruppen des Enzyms oder auch des Substrates, die an der Bindung im Enzym-Substrat-Komplex beteiligt sind bzw. den Reaktionsablauf im aktiven Komplex bestimmen.

Zur Charakterisierung eines Enzyms wird häufig die p_H-Abhängigkeit der Anfangsgeschwindigkeit bei einer bestimmten Konzentration des Substrates (bzw. bei Mehrsubstratreaktionen bei bestimmten Konzentrationen aller Substrate) untersucht („p_H-Aktivitätskurve"). Diese p_H-Abhängigkeit ist zwar ebenso wie die Michaelis-Konstante (K_M) unter den jeweiligen Versuchsbedingungen charakteristisch für ein Enzym, sie gibt aber noch keine Auskunft über die an der Reaktion beteiligten Gruppen. Die Anfangsgeschwindigkeit stellt eine komplexe kinetische Größe dar, deren Bedeutung sich mit dem p_H ändern kann. Um etwas über die funktionellen Gruppen, die an der Reaktion beteiligt sind, zu erfahren, sind die Dissoziationskonstanten der Enzym-Substrat-Komplexe, die maximalen Geschwindigkeiten (V_{max}) sowie einzelne Geschwindigkeitskonstanten in Abhängigkeit vom p_H zu bestimmen.

Es liegen p_H-Aktivitätskurven einer großen Anzahl NAD-abhängiger Dehydrogenasen vor, doch nur bei ADH aus Hefe und Pferdeleber, bei LDH aus Rinderherz und Glu-DH aus Rinderleber wurde bisher eine eingehendere Untersuchung der p_H-Abhängigkeit der Reaktion vorgenommen.

Hefe-ADH

Der geschwindigkeitsbestimmende Schritt der durch Hefe-ADH katalysierten reversiblen Äthanoloxydation, deren p_H-Optimum je nach Puffer zwischen p_H 8,6 und 9,3 liegt[1, 2], ist die Umwandlung der ternären Enzym-Coenzym-Substrat-Komplexe ineinander, also der intermolekulare Hydrid-Transfer (k_9 bzw. k_9')[3-6]:

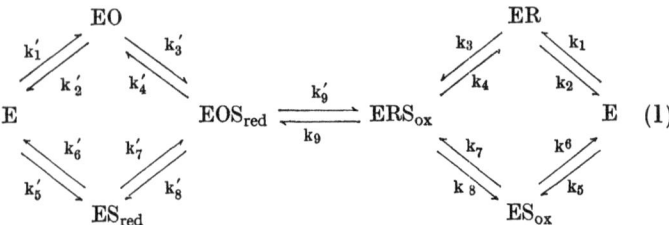

Zwischen sämtlichen möglichen Komplexen der Hefe-ADH mit den Substraten existieren schnell sich einstellende Gleichgewichte. Nach den Untersuchungen von NYGAARD und THEORELL[4] sowie MAHLER und DOUGLAS[5] sind die Michaelis-Konstanten für NAD⁺ und Äthanol (mit Ausnahme bei p_H 7,15 und 23°[4]) identisch mit den Dissoziationskonstanten der binären Enzym-Substrat-Komplexe. Es gelten daher:

$$k'_2/k'_1 = k'_8/k'_7 = K_{M(NAD^+)} = K_{E,O} \tag{2a}$$

$$k'_6/k'_5 = k'_4/k'_3 = K_{M(Alk)} = K_{E,S_{red}} \tag{2b}$$

und analoge Gleichungen für die Rückreaktion. Die kinetisch bestimmten Dissoziationskonstanten stimmen mit den direkt in der Ultrazentrifuge bestimmten gut überein[3, 6, 7].

Die p_H-Abhängigkeit der Äthanoloxydation wurde von uns im p_H-Bereich von 6 bis 10 studiert[2]. Zuerst prüften wir, ob es unter den von uns angewandten Versuchsbedingungen ebenfalls berechtigt ist, die Michaelis-Konstanten den Dissoziationskonstanten der binären Komplexe gleichzusetzen. Die experimentelle Prüfung dieser Frage bei p_H 6,42 und 7,50 ist der Abbildung 1 zu entnehmen. Man ersieht aus ihr, daß die Michaelis-Konstanten des einen Reaktionspartners unabhängig von der Konzentration des zweiten und daher als Dissoziationskonstanten anzusehen sind.

In den Abbildungen 2 und 3 ist die p_H-Abhängigkeit der K_M-Werte und maximalen Geschwindigkeiten angegeben. In allen Puffersystemen sind die Dissoziationskonstanten für den EO-Komplex p_H-unabhängig, in Carbonatpuffer liegt der Wert für $pK_{M(NAD^+)}$ etwas tiefer als in Tris- oder Phosphatpuffer. Wahrscheinlich ist dies bedingt durch die Zusammensetzung des Puffers (s. dazu z. B. die Hemmung durch Cl^- [4]) oder durch die oberhalb p_H 9,5 einsetzende schwache Inaktivierung. $\log V_{max}$ nimmt von p_H 6,4 bis 7,4 mit einer Steigung von 0,7 zu und ist oberhalb p_H 8,3

Struktur und Wirkungsweise NAD-abhängiger Dehydrogenasen

p_H-unabhängig. Beim Äthanol steigt K_M im Bereich von p_H 6 bis 8,5 in geringem Maße an, um dann oberhalb p_H 8,5 konstant zu werden. Die p_H-Abhängigkeit von $\log V_{max}$ für Äthanol verläuft ähnlich wie beim NAD$^+$ mit einer Steigung von etwa 0,6 (s. hierzu auch[10]).

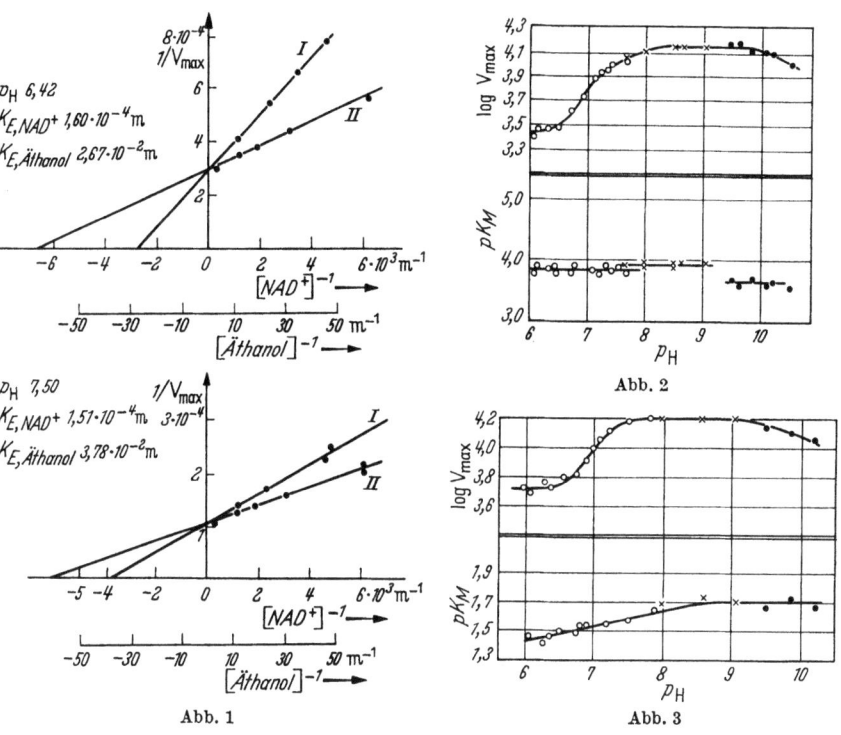

Abb. 1. V_{max}-Werte von Hefe-ADH für NAD$^+$ (I) und Äthanol (II) in Abhängigkeit von der Konzentration des zweiten Reaktionspartners in der Auftragung nach FLORINI und VESTLING[8] bei p_H 6,42 und 7,50 (Natriumphosphat-Puffer, $\mu = 0,1$) und 20° (WEBER und SUND[2])

Abb. 2. p_H-Abhängigkeit der Michaelis-Konstanten und maximalen Geschwindigkeiten der Hefe-ADH für NAD$^+$ zwischen p_H 6,0 und 10,5 in der Auftragung nach DIXON[9]. Temperatur = 20°, Äthanol 8,7 · 10^{-2} m (WEBER und SUND[2]). ○ ○ ○ Natriumphosphat-Puffer, $\mu = 0,1$ × × × 0,05 m Tris-HCl-Puffer ● ● ● 0,05 m Natriumcarbonat-bicarbonat-Puffer

Abb. 3. p_H-Abhängigkeit der Michaelis-Konstanten und maximalen Geschwindigkeiten der Hefe-ADH für Äthanol zwischen p_H 6,0 und 10,2 in der Auftragung nach DIXON[9]. Temperatur = 20°, NAD$^+$ 5,58 · 10^{-4} m (WEBER und SUND[2]). ○ ○ ○ Natriumphosphat-Puffer, $\mu = 0,1$ × × × 0,05 m Tris-HCl-Puffer ● ● ● 0,05 m Natriumcarbonat-bicarbonat-Puffer

Worauf beruht die p_H-Abhängigkeit der Gesamtreaktion, wenn für die Bindung der Substrate nur ein sehr geringer oder überhaupt kein p_H-Einfluß festzustellen ist? SIZER und GIERER[10] deuteten die p_H-Abhängigkeit der Reaktion unter der Annahme eines Gleichgewichtes ($pK_a = 7$: Gleichung (5), Abb. 4) zwischen einem enzymatisch aktiven Komplex (E) und einem enzymatisch inaktiven Komplex (EH^+). Diese Annahme stimmt im mittleren p_H-Bereich gut mit der Theorie überein, nicht jedoch bei höheren und niederen p_H-Werten (Abb. 4). Schon die Steigung von 0,6 bis 0,7 deutet darauf hin, daß die p_H-Abhängigkeit nur durch die Annahme verschiedener ternärer Enzym-Coenzym-Substrat-Komplexe zu beschreiben ist. Unter der Annahme, daß vier verschieden protonierte, unterschiedliche Aktivität besitzende ternäre Komplexe E [Gleichung (3)]

$$EH_3^{+++} \xrightleftharpoons{pK_{a1} = 6,78} EH_2^{++} \xrightleftharpoons{pK_{a2} = 7,21} EH^+ \xrightleftharpoons{pK_{a3} = 8,67} E \quad (3)$$

existieren, läßt sich mit Hilfe der Gleichung (4)

$$V_{max} = \frac{[H^+]^3 V_3 + [H^+]^2 K_{a1} V_2 + [H^+] K_{a1} K_{a2} V_1 + K_{a1} K_{a2} K_{a3} V_0}{[H^+]^3 + [H^+]^2 K_{a1} + [H^+] K_{a1} K_{a2} + K_{a1} K_{a2} K_{a3}} \quad (4)$$

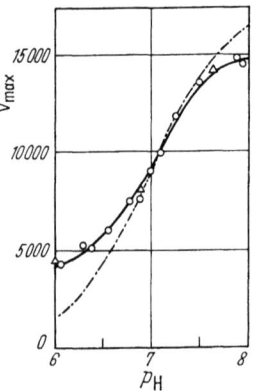

Abb. 4. V_{max}-Werte der Hefe-ADH für Äthanol zwischen p_H 6,0 und 8,0 (Natriumphosphat-Puffer, $\mu = 0,1$) bei 20°. NAD^+ $5,58 \cdot 10^{-4}$ m (WEBER und SUND[2]). Ausgezogene Kurve berechnet nach Gl. (4). Gestrichelte Kurve berechnet nach SIZER und GIERER[10] mit

$$V_{max} = \frac{V[H^+]}{K_a} + V \quad (5)$$

($\triangle$ Meßpunkte von SIZER und GIERER)

eine befriedigende Übereinstimmung mit unseren Werten sowie auch mit denjenigen von SIZER und GIERER erreichen. Für die pK_a-Werte der einzelnen Komplexe errechneten wir 8,67; 7,21 und 6,78. Von den 4 Komplexen besitzt der Komplex EH^+ die größte Aktivität. Die pK_a-Werte von 6,78 und 7,21 sind wahrscheinlich Imidazol- und/oder α-Aminogruppen zuzuordnen. Der pK_{a3}-Wert von 8,67 weist auf eine SH-Gruppe hin, die infolge von Nachbargruppen eine erhöhte Acidität besitzt. Die Reaktion der SH-Gruppen der Hefe-ADH mit Jodacetamid wird durch NAD^+ und NADH gehemmt. Hieraus wurde ebenfalls auf die Beteiligung von SH-Gruppen bei der ADH-Reaktion geschlossen[11].

Da die Dissoziationskonstanten der Enzym-Substrat-Komplexe in dem untersuchten p_H-Bereich nicht oder nur wenig vom p_H abhängen, sind die pK_a-Werte der ternären Komplexe wahrscheinlich drei Gruppen zuzuordnen, die selbst an der Bindung der Substrate nicht beteiligt sind, wohl aber infolge ihres Protonierungsgrades die Reaktionsgeschwindigkeit beeinflussen. Sie können in der Nähe der gebundenen Substrate lokalisiert sein und damit einen Einfluß auf das aktive Zentrum ausüben. Obwohl sich die Rotationsdispersion der Hefe-ADH zwischen p_H 6,56 und 7,55 nicht ändert[2], ist es aber auch denkbar, daß diese Gruppen an Wasserstoffbrücken- und hydrophoben Bindungen beteiligt sind, die für eine bestimmte, den Ablauf der Reaktion ermöglichende Konformation des Proteinmoleküls verantwortlich sind.

ADH aus Pferdeleber

Während bei der Hefe-ADH der geschwindigkeitsbestimmende Schritt im intermolekularen Wasserstofftransfer besteht, ist es bei der Pferdeleber-ADH die Dissoziation der binären Enzym-Coenzym-Komplexe. Vom kinetischen Standpunkt aus betrachtet läßt sich die Reaktion der Leber-ADH durch den Theorell-Chance-Mechanismus[6, 12, 13] beschrieben:

$$E + R \underset{k_2}{\overset{k_1}{\rightleftarrows}} ER \qquad (6a)$$

$$ER + S_{ox} \underset{k_3'}{\overset{k_3}{\rightleftarrows}} EO + S_{red} \qquad (6b)$$

$$EO \underset{k_2'}{\overset{k_1'}{\rightleftarrows}} E + O \qquad (6c)$$

Auch hier werden entsprechend dem bei der Hefe-ADH angegebenen Schema alle 4 binären Komplexe zwischen dem Enzym und den Substraten gebildet. Die ternären Komplexe stehen in einem sich schnell einstellenden Gleichgewicht.

Das p_H-Optimum der durch Leber-ADH katalysierten Äthanoloxydation liegt oberhalb p_H 8, das der Acetaldehydreduktion bei p_H 6,8[14]. Mit Ausnahme von k_2 (pK_a einer monovalenten Dissoziationskurve 6,3) und k_3 (Maximum bei p_H 9) zeigt die p_H-Abhängigkeit aller anderen Geschwindigkeitskonstanten Maxima von p_H 7 bis 8. Die p_H-Abhängigkeit dieser 4 Geschwindigkeitskonstanten läßt sich durch jeweils 2 monovalente Dissoziationskurven mit pK_a-Werten von

6,4 und 7,8 für k_2'
5,5 9,0 k_1
6,5 9,0 k_1'
7,5 8,8 k_3'

beschreiben.

Unterhalb p_H 9,5 bindet Leber-ADH maximal 2 Mol NADH pro Mol Enzym, oberhalb davon nimmt die Bindungskapazität für das Coenzym ab[15]. Die Dissoziationskonstante des ER-Komplexes

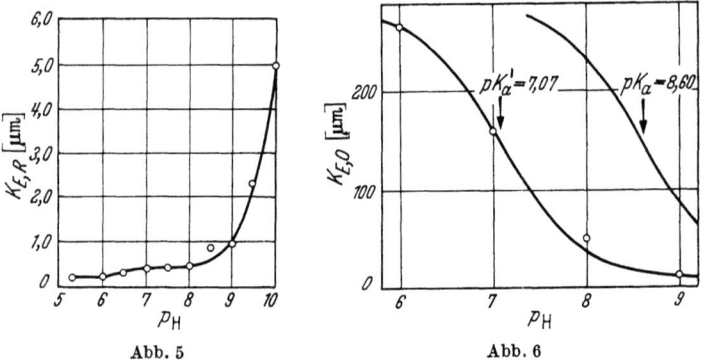

Abb. 5   Abb. 6

Abb. 5. p_H-Abhängigkeit der Dissoziationskonstante des Komplexes der Leber-ADH mit NADH bei 23,5° (THEORELL und WINER[15])

Abb. 6. p_H-Abhängigkeit der Dissoziationskonstante des Komplexes der Leber-ADH mit NAD+ bei 23,5°. Die Kurve wurde für einen pK_a-Wert von 7,07 unter Verwendung der Asymptoten 288 μM und 8,5 μM berechnet. Die titrierbare Gruppe des freien Enzyms besitzt einen pK_a-Wert von 8,60 (THEORELL und McKINLEY-McKEE[17])

ist zwischen p_H 5 und 9 p_H-unabhängig, bei höheren p_H-Werten ist dagegen ein starker Anstieg von $K_{E,R}$ zu beobachten (Abb. 5). Mit Hilfe der Rotationsdispersionstitration konnte gezeigt werden, daß die Zunahme von $K_{E,R}$ und die Abnahme der Bindungskapazität auf die Dissoziation einer Gruppe mit einem pK_a von etwa 10 zurückzuführen ist[16]. Wahrscheinlich handelt es sich bei dieser Gruppe um eine SH-Gruppe, die in undissoziierter Form an der NADH-Bindung entweder direkt beteiligt ist oder dessen Bindung durch Aufrechterhaltung einer bestimmten Konformation des Proteinmoleküls ermöglicht.

Abbildung 6 zeigt die p_H-Abhängigkeit der Dissoziationskonstante des EO-Komplexes. Zwischen p_H 6 und 9 fällt $K_{E,O}$ von 266 μM auf

12 μM ab. Der pK_a-Wert der diese p_H-Abhängigkeit beschreibenden Dissoziationskurve ist 7,07. Für das freie Enzym ergibt sich daraus ein pK_a-Wert von 8,6. In Abb. 7 ist das Gleichgewicht zwischen Leber-ADH, NAD$^+$ und H$^+$ schematisch wiedergegeben.

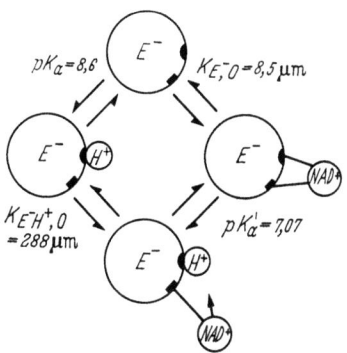

Nimmt man an, daß das Zink in der Leber-ADH mit 3 Bindungen an das Enzymprotein gebunden ist, dann ist es wahrscheinlich, daß die restlichen 3 Bindungen (bei einer Koordinationszahl von 6) in neutraler oder saurer Lösung durch H$_2$O-Moleküle, in alkalischer Lösung dagegen durch eine oder mehrere

Abb. 7. Gleichgewicht zwischen Leber-ADH, NAD$^+$ und H$^+$ (THEORELL und MCKINLEY-MCKEE[17])

OH-Gruppen besetzt sind. Der pK_a-Wert von 8,6 ist möglicherweise Ausdruck eines solchen Überganges[18]:

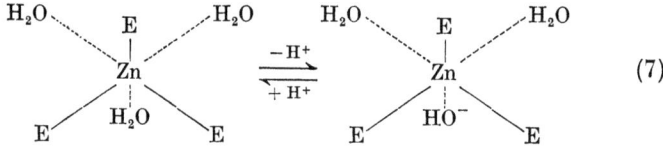

(7)

In dem β-Isomeren des NADH-Moleküls (aber nicht in dem α-Isomeren) ist der Nicotinamidteil in der Nähe des Adeninteiles lokalisiert, so daß Energietransfer zwischen beiden erfolgen kann[19,20]. Da Adenin bei der Leber-ADH wie bei der Hefe ADH (s. auch Abb. 21) sehr wahrscheinlich durch das Zink koordinativ gebunden wird, befindet sich auch der Nicotinamidteil in der Nähe des Zinks. Coulomb-Anziehung zwischen dem an Zink gebundenen OH$^-$ und dem positiv geladenen Ringstickstoff des Nicotinamidteiles vom NAD$^+$ könnte den Anstieg der Stabilität des EO-Komplexes mit steigendem p_H erklären. Im Komplex der ADH mit dem ungeladenen Imidazol fehlt diese Anziehung, daher wird $K_{EI,O}$ (I = Imidazol) p_H-unabhängig. $K_{EO,I}$ steigt dagegen mit zunehmendem p_H an, da nach Abdissoziation des Imidazols vom Komplex EOI sich EO durch Ausbildung der N$^+$—$^-$OH-Zn-Anziehung selbst stabilisiert. Je höher der p_H, desto größer ist daher die Stabilisierung und ebenso die Neigung für den Komplex EOI, in EO und I zu zerfallen[6, 17].

LDH aus Rinderherz

Für LDH aus Rinderherz besteht nach den Untersuchungen von TAKENAKA und SCHWERT[21] wahrscheinlich eine obligatorische Reihenfolge der Bindung der Reaktionspartner an das Enzym während des Ablaufs der Reaktion:

$$E + O \underset{k_2}{\overset{k_1}{\rightleftarrows}} EO \tag{8a}$$

$$EO + S_{red} \underset{k_4}{\overset{k_3}{\rightleftarrows}} EOS_{red} \tag{8b}$$

$$EOS_{red} \underset{k_6}{\overset{k_5}{\rightleftarrows}} ERS_{ox} \tag{8c}$$

$$ERS_{ox} \underset{k_8}{\overset{k_7}{\rightleftarrows}} ER + S_{ox} \tag{8d}$$

$$ER \underset{k_{10}}{\overset{k_9}{\rightleftarrows}} E + R \tag{8e}$$

Das p_H-Optimum der Reaktion liegt bei p_H 9 für die Milchsäureoxydation, für die Brenztraubensäurereduktion konnte in dem

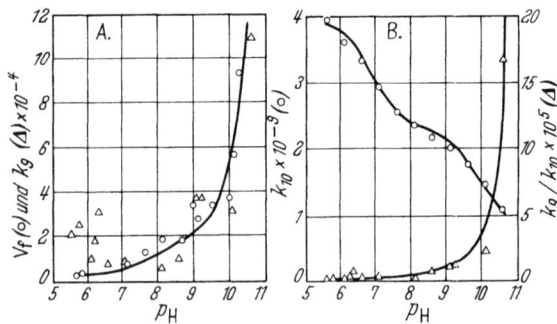

Abb. 8. p_H-Abhängigkeit der maximalen Geschwindigkeit der Milchsäureoxydation (V_f) und der Geschwindigkeitskonstanten der Bildung (k_9), der Dissoziation (k_{10}) sowie der Dissoziationskonstante des ER-Komplexes (k_9/k_{10}) von LDH aus Rinderherz (WINER und SCHWERT[22])

untersuchten Bereich von p_H 5,5 bis 10 kein Optimum festgestellt werden[22].

Die p_H-Abhängigkeit von k_{10}, [die Geschwindigkeitskonstante der Bildung des ER-Komplexes (Abb. 8 B)] entspricht der Titrationskurve einer zweibasischen Säure mit pK_a-Werten von etwa 7 und 10. k_9, identisch mit der maximalen Geschwindigkeit (V_f) der Milchsäureoxydation, steigt mit steigendem p_H an, ebenso die Dissoziationskonstante des ER-Komplexes (Abb. 8). Demnach existiert LDH in dem untersuchten p_H-Bereich in 3 verschiedenen protonierten Formen EH_2^{++}, EH^+ und E, die wiederum mit den entsprechenden binären ER-Komplexen im Gleichgewicht stehen:

$$\begin{array}{ccccc} EH_2^{++} & \xrightleftharpoons[]{pK_{a1}=6{,}75} & EH^+ & \xrightleftharpoons[]{pK_{a2}=9{,}80} & E \\ k_9' \updownarrow k_{10}' & & k_9'' \updownarrow k_{10}'' & & k_9''' \updownarrow k_{10}''' \\ EH_2^+R & \xrightleftharpoons[pK_{a1}'=7{,}77]{} & EH^+R & \xrightleftharpoons[pK_{a2}'=12]{} & ER \end{array} \quad (9)$$

Die Berechnung von pK_{a2}' ergab einen wesentlich höheren Wert als für pK_{a1}'. Dies bedeutet, daß durch die Aufnahme eines Protons der binäre ER-Komplex stabilisiert wird, und es wird verständlich, daß die maximale Geschwindigkeit der Brenztraubensäurereduktion wenig vom p_H abhängt [22].

Im Gegensatz zur Bindung des NADH ist diejenige von NAD^+ an das Enzym in dem untersuchten Bereich unabhängig vom p_H. Im EO-Komplex sind 2 dissoziierbare Gruppen mit pK_a-Werten von 7,7 und 9,7 vorhanden, von denen eine protoniert und die andere nicht protoniert sein muß, damit die Milchsäure mit dem EO-Komplex zum ternären Komplex reagieren kann.

Die Ergebnisse der Versuche von WINER und SCHWERT machen es wahrscheinlich, daß eine funktionelle Gruppe des Enzyms mit einem pK_a von etwa 7 — wahrscheinlich eine Imidazolgruppe — protoniert sein muß für die Umwandlung der Brenztraubensäure in die Milchsäure, und deprotoniert sein muß, wenn die umgekehrte Reaktion abläuft. Wahrscheinlich ist die Imidazolgruppe Acceptor oder Donator des bei der Reaktion gebildeten oder verbrauchten Protons. Der pK_a-Wert von 10 wird einer SH-Gruppe zugeschrieben*.

Glu-DH aus Rinderleber

Bei den Dehydrogenase-Reaktionen haben wir es im allgemeinen mit 5 Reaktionspartnern zu tun, wenn wir das Proton

---

* Analoge Ergebnisse wurden kürzlich von D. N. RAVAL und R. G. WOLFE [Biochemistry 1, 1118 (1962)] mit der Äpfelsäuredehydrogenase aus Schweineherz erhalten.

ebenfalls dazurechnen. Dieses wird aber in seiner Konzentration während der Reaktion konstant gehalten, so daß bei der kinetischen Analyse nur 4 Reaktionspartner zu berücksichtigen sind. Bei der durch Glu-DH katalysierten Reaktion tritt mit dem NH_4^+-Ion ein weiterer Reaktionspartner auf, der die Aufklärung des Reaktionsablaufes erschwert.

Die eingehenden Untersuchungen von FRIEDEN[23] machen es wahrscheinlich, daß bei der enzymkatalysierten Reduktion von α-Ketoglutarsäure mit NADPH die Bindung der Reaktionspartner an das Enzym nacheinander erfolgt:

$$E \to ER \to ERNH_4^+ \to ERNH_4^+ S_{ox}$$

Der genaue Ablauf der Gesamtreaktion läßt sich im Augenblick noch nicht angeben, nicht zuletzt deswegen, weil Glu-DH aus Rinderleber eine Vielfalt besonderer Eigenschaften besitzt.

Im Gegensatz zum NADPH, das eine normale Lineweaver-Burk-Beziehung zeigt[24], ist NADH in höheren Konzentrationen ein starker Inhibitor für die Glu-DH-Reaktion[24, 25]*, und die Zahl der NADH-Bindungsstellen hängt ab von der Glu-DH-Konzentration[26]: Je kleiner die Enzymkonzentration, desto größer ist die Coenzymbindungskapazität und die Dissoziation in Untereinheiten. Außerdem treten Differenzen bei der kinetischen und fluorometrischen Bestimmung von $K_{E,R}$ auf[27].

---

* Zahlreiche Versuche der letzten Jahre mit verschiedenen NADH-Präparaten haben gezeigt, daß das Ausmaß der durch NADH hervorgerufenen Hemmung sehr unterschiedlich sein kann. Die optimalen NADH-Konzentrationen unterscheiden sich bis zu 2 Zehnerpotenzen. Die Aktivierung durch verschiedene Verbindungen [u. a. Nucleotide und Nucleoside (ATP > AMP > ADPR > Adenosin) sowie Komplexbildner (Äthylendiamintetraessigsäure > o-Phenanthrolin > Nitrilotriessigsäure > Iminodiessigsäure > Glycin)] ist bei den einzelnen NADH-Präparaten sehr unterschiedlich, nicht dagegen die nach Aktivierung erhaltene maximale Geschwindigkeit. Offenbar enthalten alle NADH-Präparate einen oder mehrere für Glu-DH spezifische Inhibitoren. In einigen Fällen konnte das in NADH-Präparaten enthaltene Zink, das für Glu-DH ein sehr starker Hemmstoff ist (und zwar bei der reduktiven Aminierung von α-Ketoglutarsäure wesentlich stärker wirksam als bei der Glutaminsäureoxydation), für einen Teil der Hemmungen verantwortlich gemacht werden. Weitere Versuche müssen klären, ob die Hemmung durch NADH-Präparate überhaupt durch das NADH selbst hervorgerufen wird oder ausschließlich auf die Gegenwart von Verunreinigungen zurückzuführen ist (H. SUND und B. MÜLLER-HILL, unveröffentlichte Ergebnisse).

Bei der Rückreaktion müssen mehrere binäre E-NADP$^+$-Komplexe berücksichtigt werden[28], und die Anfangsgeschwindigkeit mit NAD$^+$ als Coenzym (aber nicht mit NADP$^+$) ist bei hohen NAD$^+$-Konzentrationen größer als es nach der Extrapolation der Anfangsgeschwindigkeit bei kleinen NAD$^+$-Konzentrationen erwartet werden sollte[21]. Zur Erklärung dieses Phänomens wurde angenommen, daß das NAD$^+$ in einer enzymatisch aktiven, reagierenden und in einer aktivierenden, aber nicht reagierenden Form an das Enzym gebunden wird[24].

Das p$_H$-Optimum der durch Glu-DH katalysierten Reaktion liegt in beiden Richtungen je nach Puffersystem zwischen p$_H$ 7,5 und 8,6[29-31]. Die spezifische Aktivität wird durch die verschiedenen Puffer sehr stark beeinflußt[30, 31].

Um die funktionellen Gruppen des Enzyms, die an der Reaktion beteiligt sind, kennen zu lernen, haben wir im p$_H$-Bereich von 5,9 bis 8,0 die Michaeliskonstanten und maximalen Geschwindigkeiten bestimmt (Abb. 9 u. 10).

Für NAD$^+$ erhalten wir, je nachdem ob wir die Extrapolation für die Anfangsgeschwindigkeit bei hohen oder niedrigen NAD$^+$-Konzentrationen vornehmen, jeweils 2 Werte für K_M und V_{max} (Abb. 9)*. Die p$_H$-Abhängigkeit beider K_M- bzw. V_{max}-Werte verläuft parallel: Unterhalb p$_H$ 7 liegt die Steigung für pK_M bei 1−1,2, oberhalb p$_H$ 7 ist $K_{M(NAD^+)}$ (= $K_{E,0}$[24]) p$_H$-unabhängig. Der Schnittpunkt der Kurvenäste liegt in beiden Fällen bei p$_H$ 6,5. Für den Schnittpunkt der log V_{max}-Werte finden wir für hohe und niedere NAD$^+$-Konzentrationen den gleichen p$_H$-Wert von 7,5. Aus der p$_H$-Abhängigkeit von K_M/V_{max} resultiert ein Schnittpunkt der Kurvenäste von p$_H$ 7,2.

Im Gegensatz zum NAD$^+$ sind die pK_M-Werte für die Glutaminsäure (s. d. auch[30]) unterhalb p$_H$ 7 konstant, um dann oberhalb p$_H$ 7 mit einer Steigung von 0,9 zuzunehmen. Nach Extrapolation erhält man die Schnittpunkte der Kurvenäste bei p$_H$ 7,2 für pK_M und 7,26 für log V_{max} (Abb. 10).

Aus den bisher vorliegenden Ergebnissen darf man annehmen, daß an der Bindung des NAD$^+$ eine Gruppe mit einem pK_a von 6,5 − wahrscheinlich eine Imidazolgruppe − beteiligt ist, während

---
* Unter unseren Versuchsbedingungen gilt nicht die von FRIEDEN[24] aufgefundene Gesetzmäßigkeit für die Abhängigkeit der Anfangsgeschwindigkeit von der NAD$^+$-Konzentration.

im Enzym-Substrat-Komplex eine Gruppe (oder Gruppen?) mit einem pK_a von 7,2 bis 7,5 — möglicherweise eine α-Aminogruppe — wirksam ist. Die Beteiligung einer Imidazolgruppe des Enzyms

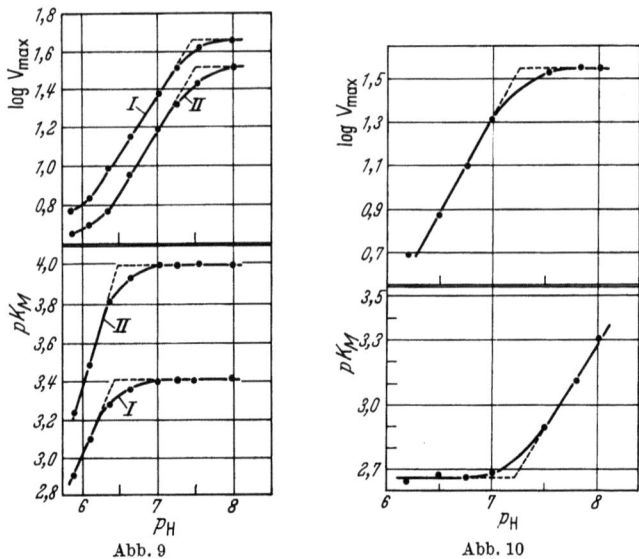

Abb. 9.   Abb. 10

Abb. 9. p_H-Abhängigkeit der Michaelis-Konstanten und maximalen Geschwindigkeiten der Glu-DH aus Rinderleber für NAD^+ zwischen p_H 5,9 und 8,0 in der Auftragung nach DIXON[9]. Messungen in m/15 Kaliumnatriumphosphat-Puffer bei 20°. Glutaminsäure $1,7 \cdot 10^{-2}$ m. I: Für hohe NAD^+-Konzentrationen; II: Für niedrige NAD^+-Konzentrationen (SUND[32])

Abb. 10. p_H-Abhängigkeit der Michaelis-Konstanten und maximalen Geschwindigkeiten der Glu-DH aus Rinderleber für Glutaminsäure zwischen pH 6,2 und 7,8 in der Auftragung nach DIXON[9]. Messungen in m/15 Kaliumnatriumphosphat-Puffer bei 20°. NAD^+ $12,4 \cdot 10^{-4}$ m (SUND[32])

wird gestützt durch das Resultat der Hemmung durch Ag-Ionen. Die p_H-Abhängigkeit dieser Hemmung (Abb. 11) zeigt, daß sie

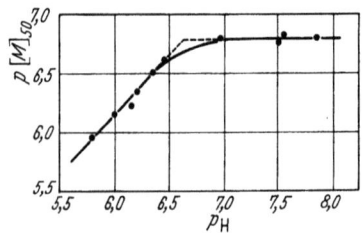

Abb. 11. p_H-Abhängigkeit der Hemmung von Glu-DH aus Rinderleber durch $AgNO_3$ in m/15 Kaliumnatriumphosphat-Puffer bei 20°. NAD^+ 1,1 mm; Glutaminsäure 17 mm; Inkubation der Glu-DH mit $AgNO_3$ während 5 min vor dem Start der Reaktion mit NAD^+ und Glutaminsäure. $[M]_{50}$ = Ag^+-Konzentration für 50%ige Hemmung (SUND[32])

durch Reaktion einer Gruppe mit einem pK_a von 6,7, bei der es sich um eine Imidazolgruppe handeln dürfte, hervorgerufen wird. Man ersieht aus diesem Versuch weiterhin, daß die durch Ag-Ionen hervorgerufenen Hemmungen nicht nur auf einer Reaktion mit SH-Gruppen beruhen müssen, sondern auch auf Reaktionen mit anderen Gruppen basieren können.

FRIEDEN nimmt an, daß das aktivierende NAD^+ vom Enzym so gebunden wird, daß es keinen Einfluß auf die Sedimentation und Molekülgröße der Glu-DH ausüben (s. Teil II) und nicht hydriert werden kann, sondern lediglich die Geschwindigkeit der Reduktion des mit dem Substrat reagierenden NAD^+ erhöht[24]. Der parallele Verlauf der p_H-Abhängigkeit von pK_M und $\log V_{max}$ für hohe und niedere NAD^+-Konzentrationen (Abb. 9) weist darauf hin, daß die Bindung des „aktiven" und „aktivierenden" NAD^+ an das Enzym durch die gleichen Gruppen erfolgt. Es erscheint uns deshalb eher wahrscheinlich, daß die Aktivierung mit einer Änderung der Kettenkonformation* des Enzymproteins zusammenhängt, die durch den Einfluß des NAD^+ hervorgerufen wird, und nicht durch unterschiedliche Bindungsarten im Enzym-NAD^+-Komplex.

II. Molekulare Struktur und enzymatische Eigenschaften

Bis vor einigen Jahren waren nur wenige Proteine bekannt[34], von denen man wußte, daß sie nicht als Moleküle eines bestimmten Molekulargewichtes existieren, sondern Teilchen darstellen, die durch Assoziation einer molekularen Einheit verschiedene Größen annehmen können. Das erste und zugleich auch sehr eindrucksvolle Beispiel für ein solches Gleichgewicht sind die von ERIKSSON-QUENSEL, HEYROTH und SVEDBERG untersuchten Hämocyanine, die blauen kupferhaltigen Blutproteine von Invertebraten[35, 36]. Auch beim Insulin konnte schon sehr früh gezeigt werden, daß es in Lösung nicht als Molekül bestimmter Größe auftritt, sondern Aggregate bildet. Hierdurch wurde die eindeutige Aussage über die Größe der monomeren Einheit erschwert, obwohl SANGER bereits die vollständige Aminosäuresequenz aufgeklärt hatte[37]. 1949

---

* Wir schließen uns hier der Terminologie nach WETLAUFER[33] an, nach der die Struktur der Proteine durch die *Kettensequenz* (Aminosäuresequenz) und die *Kettenkonformation* (die Art, in welcher die Peptidketten und Seitenketten im Raum angeordnet sind) beschrieben wird. Letztere wird unterteilt in *Seitenkettenformation* und *Peptidketten-* oder *Rückgratkonformation*.

konnte erstmals von SCHWERT beim Chymotrypsin für ein Enzymprotein ein Gleichgewicht (monomer ⇌ dimer) nachgewiesen werden[38].

Im letzten Dezennium sind unsere Kenntnisse über die Struktur der Proteine sehr erweitert worden, und die Analyse der Molekülgröße hat uns gezeigt, daß Proteine in sehr vielen Fällen Aggregate von Untereinheiten oder besser gesagt von Monomeren darstellen. In einigen Fällen beobachtet man schon beim Verdünnen oder bei p_H-Verschiebung reversible Dissoziation, in anderen Fällen sind dagegen die Bindungen zwischen den monomeren Einheiten derart, daß nur Denaturierungsmittel oder oberflächenaktive Verbindungen, Komplexbildner und Schwermetallionen uns das Vorliegen eines Aggregates enthüllen. In den letztgenannten Fällen verläuft die Aufspaltung des nativen Proteinmoleküls sehr oft irreversibel. Unter den uns hier besonders interessierenden pyridinnucleotid-abhängigen Dehydrogenasen konnten bei LDH, Lipoyldehydrogenase, Glucose-6-phosphat-dehydrogenase[39, 40], Glycerinaldehyd-3-phosphat-dehydrogenase[41], Hefe-ADH und Glu-DH Teilchen verschiedener Größe festgestellt werden.

LDH aus Rinderherz besitzt in sehr verdünnten Lösungen ein Molekulargewicht von 72000, in Lösung von Konzentrationen oberhalb 1 mg/ml werden Aggregate gebildet, die aus zwei bzw. drei Einheiten vom Molekulargewicht 72000 aufgebaut sind[42]. Während PCMB, NAD^+ und NADH keinen Einfluß auf das Sedimentationsverhalten dieser LDH besitzen, wird durch NaCl (> 2 m) die Bildung des Monomeren begünstigt[42]. Guanidin-HCl und Harnstoff führen unter gleichzeitigem irreversiblem Verlust der Enzymaktivität zur Bildung von Komponenten eines Molekulargewichtes von 34000[43], gleichzeitig geht das Coenzymbindungsvermögen verloren und die optische Drehung, Proteinfluorescenz sowie Fluorescenzpolarisation nehmen ab[43-45].

Nach den Untersuchungen von JAENICKE und PFLEIDERER zerfällt LDH aus Schweineherz weder in verdünnter Lösung noch in Lösungen von Harnstoff bis zu 8 m in Untereinheiten[46]. Im Bereich höherer Harnstoffkonzentrationen (12 m) dagegen oder in 5 m Guanidin-HCl tritt ebenso wie bei der LDH aus Rindermuskel und -herz Aufspaltung in 4 Untereinheiten auf[47], im Bereich von 0,5 bis 2,5 m Harnstoff wird Aggregation beobachtet[46]. Harnstoff führt auch hier zu irreversibler Inaktivierung, gleichzeitig nimmt die Anisotropie des Proteinmoleküls durch den Übergang des nativen globulären Proteins in den Zustand des statistischen Knäuels stark zu und die Dispersionskonstante fällt von 263 mμ auf 216 mμ ab[46].

Die Lipoyl-dehydrogenase aus Schweineherz (Molekulargewicht 102000), die neben NAD auch FAD als Coenzym benötigt, ist in 6,5molarer Harnstofflösung stabil, wenn sie in oxydierter Form vorliegt[48]. Unter reduzierenden Bedingungen dagegen (Anwesenheit von NADH, Dihydroliponamid oder $Na_2S_2O_4$) tritt, wie MASSEY, HOFMANN und PALMER zeigen konnten, in 6,5molarer Harnstofflösung Aufspaltung in 2 identische Komponenten mit einem Teilchengewicht von 41000—48000 ein. Hierbei wird das Proteinmolekül — wahrscheinlich durch Reduktion von zwei Disulfidbrücken — in seine beiden Molekülhälften zerlegt[48].

Eingehend wurde der Zusammenhang zwischen molekularer Struktur und enzymatischen Eigenschaften bei Hefe-ADH und Glu-DH aus Rinderleber studiert. Über sie soll im folgenden ausführlich berichtet werden.

ADH aus Hefe

Native, vollaktive Hefe-ADH zeigt nach den bisher vorliegenden Ergebnissen[3, 49] keine Neigung, spontan in Untereinheiten oder kleinere Bruchstücke zu zerfallen, erst die Einwirkung von Harnstoff[50, 51], Schwermetallionen[50, 52, 53], Komplexbildnern[54] oder Dodecylsulfat[49] führt zu einer Aufspaltung des Moleküls. Nach unseren Versuchen werden in Gegenwart von Harnstoff nach kurzer Inkubationszeit aus der Hefe-ADH in der Hauptsache Komponenten mit Sedimentationskoeffizienten von etwa 2 S und 5 S gebildet, daneben sind auch solche von 13 S zu beobachten ($s^{\circ}_{20,w}$ der nativen ADH 7,71 S)[50]. Lange Inkubation führt nach JAENICKE zu Partikeln mit Molekulargewichten von ≤ 5000 ($s^{\circ} = 1$ S)[51]. Die Einwirkung des Harnstoffs ist begleitet von irreversibler Inaktivierung

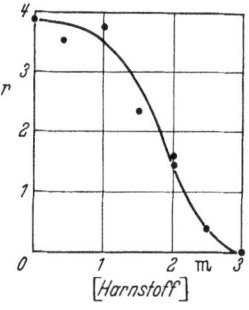

Abb. 12. NADH-Bindung durch Hefe-ADH in Gegenwart von Harnstoff. ADH $2,56 \cdot 10^{-5}$ m, NADH $2,78 \cdot 10^{-4}$ m. Messungen in m/15 Kaliumnatrium-phosphat-Puffer p_H 7,6 bei 2—6°. r = Mol NADH gebunden pro Mol ADH (MÜLLER-HILL[53])

und Strukturänderung[45, 50, 51, 55], Abnahme des NAD-Bindungsvermögens (Abb. 12), der Dispersionskonstante[50, 51, 55] sowie der Proteinfluorescenz[45]. Dodecylsulfat und o-Phenanthrolin führen nach den Versuchen von HERSH sowie KÄGI und VALLEE zu Spaltprodukten mit Sedimentationskoeffizienten von 2,5 S bzw. 2,8 S, das Teilchengewicht dieser Spaltprodukte liegt unterhalb 37 000*[49, 54].

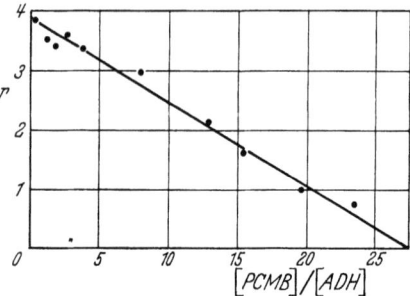

Abb. 13. NADH-Bindung durch Hefe-ADH in Gegenwart von PCMB. ADH $2,56 \cdot 10^{-5}$ m, NADH $2,95 \cdot 10^{-4}$ m. Messungen in m/15 Kaliumnatriumphosphat-Puffer pH 7,6 bei 2—6°. r = Mol NADH gebunden pro Mol ADH (MÜLLER-HILL[53])

Die Einwirkung des o-Phenanthrolins hat ebenso wie diejenige der Schwermetallionen oder der Dialyse gegen Puffer bei $p_H < 5,5$ den Verlust des enzymgebundenen Zinks zur Folge[52, 54, 59] (siehe auch [60]). Darüber hinaus konnte MÜLLER-HILL zeigen[53], daß Ag^+- und PCMB-Einwirkung (Abb. 13) ebenso wie Harnstoff (und wahrscheinlich auch o-Phenanthrolin) das Bindungsvermögen für das Coenzym aufheben.

Ähnliche Veränderungen der Eigenschaften von Hefe-ADH beobachtet man auch beim Altern dieses Proteins. Wir hatten vor einigen Jahren bereits zeigen können, daß ein enger Zusammenhang zwischen der Wechselzahl und dem Gehalt an freien SH-Gruppen besteht[1]. Beim Altern tritt neben der normalen eine langsamer sedimentierende Komponente ($s_{20, w} = 2,58$ S) auf[50], und es besteht ein enger Zusammenhang zwischen der Wechselzahl einerseits und

---

* Die Autoren berichten, daß das Teilchengewicht der Spaltprodukte 36 000 bzw. 37 000 beträgt, so daß Hefe-ADH (Molekulargewicht 150 000) aus 4 solcher Partikel aufgebaut sein sollte. Da aber der Johnston-Ogston-Effekt und der Anteil gebundenen Dodecylsulfates nicht berücksichtigt wurden, ist das Teilchengewicht sicherlich geringer als 37 000 und ADH wahrscheinlich aus mehr als 4 Einheiten aufgebaut, sofern das Molekulargewicht der Hefe-ADH wirklich 150 000 ist. Neuere Untersuchungen[51, 56—58] haben ergeben, daß Hefe-ADH nicht wie bisher angenommen[3, 6, 49, 54] ein Molekulargewicht von 150 000 besitzt, sondern ein solches von 110 000 bis 130 000. Es erscheint notwendig, das Molekulargewicht der Hefe-ADH einer kritischen Bestimmung zu unterziehen.

der Dispersionskonstante bzw. der Coenzymbindungskapazität (Tab. 1) andererseits[50, 53].

Diese Ergebnisse sind in vieler Hinsicht interessant. Die katalytischen Eigenschaften eines Enzyms sind durch die räumliche Struktur des Proteins, seiner Kettenkonformation, bedingt, und zwar in vielen Fällen von der Konformation des gesamten Moleküls und nicht nur von derjenigen eines kleinen, enzymatisch wirksamen Bereiches, an dem die Reaktionspartner gebunden und umgesetzt werden. Das gilt besonders dann, wenn es sich wie bei der Hefe-ADH um relativ große Moleküle oder Molekülaggregate handelt. Die hohe Wechselzahl der Hefe-ADH, ihre ausgeprägte Spezifität gegenüber Alkoholen und Pyridinnucleotiden (verglichen mit derjenigen von Leber-ADH) sowie die hohe Dispersionskonstante lassen es verständlich erscheinen, daß Hefe-ADH ein empfindliches Proteinmolekül darstellt, das wesentlich leichter als Leber-ADH inaktiviert und denaturiert werden kann[6, 45]. Schon beim Aufbewahren bei 0° treten dieselben Erscheinungen auf wie unter dem Einfluß von Harnstoff, eine Denaturierung, die von einer Entfaltung des Proteinmoleküls begleitet ist und zum irreversiblen Verlust von Aktivität und Coenzymbindung führt.

Tabelle 1. *Wechselzahl und Coenzymbindungsstellen von Hefe-ADH* (r = Zahl der NAD-Bindungsstellen pro ADH-Molekül)

Wechselzahl*	r	Literatur
29500	5,0 (NADH)	53
22000	5,5 (NAD+)	7
20000	4,8 (NADH)	53
13500	3,6 (NADH, NAD+)	3
13000	2,8 (NADH)	53
7000	2,0 (NAD+)	53

* Die unter verschiedenen Versuchsbedingungen bestimmten Wechselzahlen wurden auf gleiche Bedingungen[1] umgerechnet.

Auch sogenannte „spezifische" SH-Reagentien wie Ag- und Hg-Ionen können nicht nur mit den SH-Gruppen reagieren, sondern auch mit anderen zur Komplexbildung befähigten Gruppen, insbesondere mit den Imidazolgruppen der Histidylreste. Dadurch ändern sich Gesamtladung und Kettenkonformation, die Folge ist irreversible Inaktivierung. Bei dem Primärvorgang der Denaturierung können dabei durchaus nur eine Gruppe oder Gruppen beteiligt sein, die von dem eigentlichen, enzymatisch aktiven Zentrum räumlich entfernt sind, aber an der Stabilisierung der Konformation des gesamten Proteinmoleküls und damit auch des aktiven Zentrums beteiligt sind.

Die Ergebnisse zeigen, daß der hemmende Einfluß von Schwermetallionen und möglicherweise auch anderen, spezifisch erscheinenden Inhibitoren nicht unbedingt auf einer Reaktion mit der für einen Enzym-Substrat-Komplex essentiellen funktionellen Gruppe beruhen muß, sondern wie im Falle des Harnstoffes der allgemeinen Veränderung der Proteinstruktur zuzuschreiben ist. Hierdurch wird es verständlich, warum in vielen Fällen Hemmungen irreversibel verlaufen, obwohl das Schwermetall durch Reaktion mit SH-Verbindungen, z. B. Ag^+ mit Glutathion, durchaus wieder aus seiner Bindung an das Protein aufgrund eines Gleichgewichtes E-S-Ag $\rightleftharpoons$ E-S$^-$ + Ag^+ gelöst werden kann. Hierbei müssen aber alle anderen, sekundär bedingten Reaktionen am Enzymprotein nicht auch wieder reversibel verlaufen. Die Dehydrogenasen sind im allgemeinen durch SH-Reagentien hemmbar[61] und man bezeichnet sie deshalb oft als ,,SH-Enzyme". Das sagt nur, daß sie wie fast alle Proteine freie SH-Gruppen enthalten, aber nicht, daß SH-Gruppen an der Bindung der Reaktionspartner beteiligt sind. Sie sind also nicht unbedingt SH-Enzyme im eigentlichen Sinn, d. h. Enzyme, in deren aktivem Zentrum SH-Gruppen lokalisiert sind.

Einblicke in verschiedene Mechanismen der Inaktivierung gibt uns der Vergleich der Einwirkung von o-Phenanthrolin und Harnstoff. Die zeitabhängige o-Phenanthrolinhemmung ist nonkompetitiv gegenüber NAD und läßt sich durch dieses teilweise verhindern. Die Dispersionskonstante ändert sich erst bei Hemmungen oberhalb 75% und wird dann auch nur maximal auf 239 mμ gesenkt. Harnstoff dagegen erniedrigt die Dispersionskonstante auf 223— 210 mμ[50, 51, 55]. Das bedeutet, daß o-Phenanthrolin nur auf einen relativ kleinen Bereich des Enzymproteins einwirkt und die Konformation größerer Bereiche unverändert läßt, Harnstoff dagegen das gesamte Proteinmolekül entfaltet. In beiden Fällen wird jedoch eine Spaltung in kleinere Teilchen beobachtet. Man darf weiterhin annehmen, daß die Zinkatome wie auch andere Gruppen einen wesentlichen Beitrag zur Stabilisierung der Kettenkonformation des ADH-Proteins liefern. Veränderung der koordinativen Valenzen können daher wie im Falle des o-Phenanthrolins eine Destruktion der enzymatisch aktiven Zentren zur Folge haben, nicht aber wenn z. B. das Enzym mit dem Coenzym im Enzym-Substrat-Komplex koordiniert ist.

Glutaminsäuredehydrogenase aus Rinderleber

Bei Durchsicht der Literatur findet man für das Molekulargewicht der Glu-DH aus Rinderleber den Wert von 1 Million angegeben. Der Wert wurde von OLSON und ANFINSEN durch Bestimmen der Sedimentations- und Diffusionskoeffizienten gewonnen[62]. Diese Autoren stellten auch fest, daß die Abhängigkeit der Sedimentationskoeffizienten von der Proteinkonzentration einen anomalen Verlauf nimmt. Während im Bereich hoher Proteinkonzentrationen die für Proteine zu erwartende Zunahme der Sedimentationskoeffizienten mit fallender Konzentration zu beobachten war, wird bei kleinen Proteinkonzentrationen eine Abnahme der Sedimentationskoeffizienten beobachtet und daraus geschlossen, daß das Protein in diesem Konzentrationsbereich dissoziiert ist. KUBO und Mitarbeiter fanden durch Lichtzerstreuungsmessungen bei Konzentrationen unterhalb 5 mg/ml ein Teilchengewicht von 1,1 Millionen und bei sehr kleinen Proteinkonzentrationen ($<$ 0,1 mg/ml) nach Extrapolation auf die Konzentration 0 einen Wert von etwa 400000[63]. Durch Zusatz verschiedener Verbindungen kann man die Dissoziation des aggregierten Proteinteilchens erhöhen. So erhält man nach FRIEDEN durch Einwirkung von o-Phenanthrolin Teilchen mit Teilchengewichten von 500000 und 250000, ebenso ist NADH in der Lage, die Dissoziation zu erhöhen, während NAD^+, das oxydierte Coenzym, das Gegenteil bewirkt[24,64]. Bei unseren Untersuchungen über die Einwirkung von Schwermetallionen, Harnstoff und Sulfonylharnstoffderivaten auf Glu-DH[50, 65] fanden wir Anhaltspunkte dafür, daß dieses Enzymprotein im assoziierten Zustand ein höheres Teilchengewicht besitzt, als es bisher angenommen wurde. Wir haben deshalb eine Reihe von Diffusions-, Sedimentations- und Viscositätsmessungen vorgenommen, um nähere Auskünfte über die Größe und Gestalt dieses Proteinmoleküls zu erhalten. Die Ergebnisse sind den Abb. 14, 16 u. 17 zu entnehmen. Die Sedimentationsmessungen haben prinzipiell die Werte von OLSON und ANFINSEN[62] bestätigt; diese Autoren fanden für $s^0_{20,w}$ einen Wert von 26,6 S, unser Wert liegt mit 31,19 S um fast 20% höher. In der Abb. 14 sind zwei Kurven eingezeichnet. Die obere wurde durch Versuche in einer Normalzelle, die untere durch Versuche in einer Überschichtungszelle erhalten. Bei diesen Versuchen wurde aber nicht mit Pufferlösung überschichtet, sondern mit einer Lösung von Glu-DH niederer Konzentration. Der Grund hierfür war folgender: Während der Sedimentation bildet sich eine Grenzschicht zwischen Lösung und Lösungsmittel aus, d. h. in der Grenzschicht ist die Konzentration der Glu-DH entsprechend dem

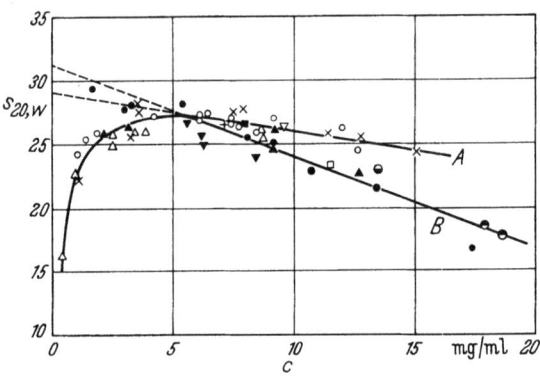

Abb. 14. Abhängigkeit des Sedimentationskoeffizienten $s_{20,w}$ (in Svedberg-Einheiten) von der Proteinkonzentration c bei Glu-DH aus Rinderleber. Messungen in 0,05 m Tris-Puffer p_H 7,6 (×) bzw. m/15 Kaliumnatriumphosphat-Puffer p_H 7,6 (alle anderen) bei 20° in der Spinco-Ultrazentrifuge bei 4197 (■), 12590 (●, ◐, ◑, □, +), 42040 (▽), 50740 (△, ▼) und 59780 (▲, ○, ×) UpM. A: Versuche in der Normalzelle. B: Versuche in der Überschichtungszelle. Überschichtung mit Glu-DH-Lösung: $c = 45\%$ (◐), 48% (◑), 53% (□), 67% (■, ●, ▲, ▼) bzw. 86% (+) der Konzentration der Enzymlösung in der Zelle (SUND[32])

Konzentrationsverlauf in der Ultrazentrifugenzelle erniedrigt, so daß sie in diesem Gebiet in kleinere Partikel dissoziieren kann. Daß dies wirklich der Fall ist, sieht man an der Unsymmetrie des Konzentrationsgradienten, der zur Seite des Meniscus hin abgeflacht ist. Für den Fall, daß die Geschwindigkeit der Dissoziation groß, diejenige der Assoziation aber sehr gering ist, würden wir bei einer bestimmten Konzentration nun nicht den Sedimentationskoeffizienten des bei dieser Konzentration vorliegenden Teilchens messen, sondern denjenigen eines Dissoziationsproduktes, das sich in der Grenzschicht Lösung-Lösungsmittel immer wieder nachbildet. In der Abb. 15 sind zwei solcher Versuche in der Überschichtungszelle zu sehen. Dort, wo sich eine Grenzschicht Lösung-Lösungsmittel ausbildet, sind stets infolge der auftretenden Dissoziation unsymmetrische Gradienten zu erkennen, dort wo eine

Grenzschicht zwischen zwei Glu-DH-Lösungen unterschiedlicher Konzentration gebildet wurde, sieht man symmetrische Konzentrationsgradienten. In diesem Fall ist die Dissoziation, die bei der Diffusion des Proteins in das Lösungsmittel erfolgen würde, verhindert, und wir erhalten den Sedimentationskoeffizienten der bei dieser Proteinkonzentration vorliegenden Partikel. Abb. 14 zeigt, daß man nach Extrapolation auf die Konzentration Null gleiche oder fast gleiche Sedimentationskoeffizienten für beide Versuchsreihen erhält, lediglich die Steigung ist unterschiedlich, d. h. auch die bei normaler Versuchsanordnung gemessenen Sedimentationskoeffizienten ergeben ein richtiges Resultat.

Die Ergebnisse unserer Diffusionsmessungen unterscheiden sich dagegen wesentlich von denjenigen, die in der Literatur beschrieben wurden. Während für $D^{\circ}_{20,w}$ aus den bei $0-1°$ nnd bei einer Versuchszeit von etwa 4 Tagen erhaltenen Ergebnissen ein Wert von $2,54 \cdot 10^{-7}$ cm^2/sec

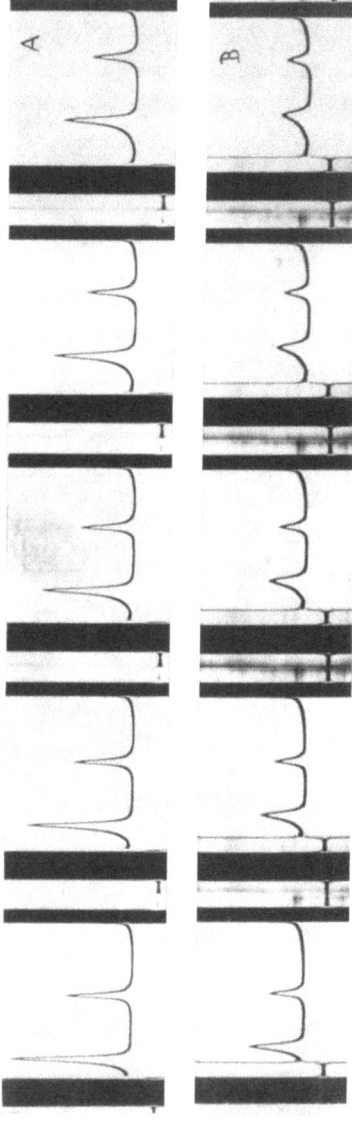

Abb. 15. Sedimentation von Glu-DH aus Rinderleber in m/15 Kaliumnatriumphosphat-Puffer p$_H$ 7,6 bei 20°. Messungen in der Spinco-Ultrazentrifuge, Model E, bei 50740 UpM in der Überschichtungszelle (Ventiltyp), Winkel 65°. Aufnahmeabstand jeweils 2 min, 1. Aufnahme 9 (A) bzw. 8 (B) min nach der Überschichtung. Konzentrationen der Glu-DH bei A 8,39 mg/ml (Überschichtung mit Glu-DH-Lösung, c = 5,59 mg/ml) und bei B 5,60 mg/ml (Überschichtung mit Glu-DH-Lösung, c = 3,73 mg/ml) (SUND³)

errechnet wurde, haben wir jetzt für $D^{\circ}_{20,w}$ 1,52 · 10^{-7} cm²/sec gefunden (Abb. 16).

Bei Konzentrationen oberhalb 5 mg/ml erhalten wir für die nach der Flächen- sowie Momentmethode berechneten Diffusionskoeffizienten praktisch gleiche Werte (Abb. 16). Dies läßt darauf schließen, daß sich bei diesen Konzentrationen, bei denen auch die Sedimentation noch keine Anomalie aufweist, die Dissoziation

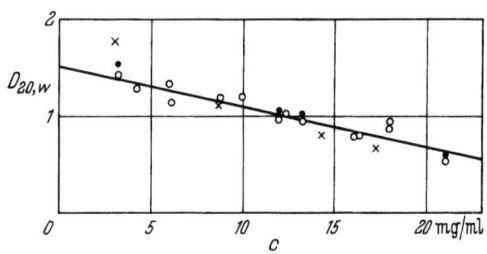

Abb. 16. Abhängigkeit des Diffusionskoeffizienten $D_{20,w}$ (in Fick-Einheiten) von der Proteinkonzentration c bei Glu-DH aus Rinderleber. Messungen in m/15 Kaliumnatriumphosphat-Puffer p_H 7,6 bei 20° in der Spinco-Ultrazentrifuge bei 4197 UpM (×) bzw. in der Meyerhoff-Zelle (○, ●). Die Berechnung der Diffusionskoeffizienten erfolgte nach der Flächenmethode (×, ○) bzw. nach der Momentmethode (●) (SUND[32])

noch nicht bemerkbar macht (bei Uneinheitlichkeit $D_m > D_A$[66]). Erst bei kleineren Enzymkonzentrationen tritt eine Abweichung von der in Abb. 16 eingezeichneten Geraden infolge der Dissoziation auf.

Aus den auf die Konzentration Null extrapolierten Sedimentations- und Diffusionskoeffizienten errechnet sich nach der Svedberg-Formel[67]

$$M = \frac{RT s^{\circ}}{D^{\circ}(1 - \bar{V}\varrho)} \tag{10}$$

mit $\bar{V} = 0{,}75$ ml/g[62] für die Glu-DH ein Teilchengewicht M von 2 Millionen. Das ist doppelt so hoch wie das bisher angenommene Teilchengewicht, und verschiedene Versuchsergebnisse lassen vermuten, daß auch Teilchen mit noch höheren Teilchengewichten existieren.

Das Reibungsverhältnis f/f_0[67], ein Maß für die Unsymmetrie

$$f/f_0 = 10^{-8} \left(\frac{1 - \bar{V}\varrho}{D^{\circ 2} s^{\circ} \bar{V}} \right)^{1/3} \tag{11}$$

eines Moleküls, errechnet sich zu 1,67. Dieser Wert zeigt an, daß Glu-DH eine relativ unsymmetrische Form besitzt.

Weitere Schlüsse, insbesondere über die Form eines Moleküls, können wir durch Viscositätsmessungen erhalten, denn die Viscosität ist nur abhängig von der Gestalt des Moleküls, nicht aber von dessen Größe: Je unsymmetrischer ein Molekül, desto größer seine Viscosität. Aus der Abb. 17 kann man ersehen, daß die Viscosität der Glu-DH sowie deren Konzentrationsabhängigkeit — verglichen mit anderen Proteinen — sehr hoch ist.

Die Abhängigkeit der reduzierten Viscosität von der Konzentration zeigt einen deutlichen Knick bei etwa 6 mg/ml. Oberhalb dieses Knickes finden wir für $[\eta]$ 14,89 ml/g, unterhalb etwa 7 ml/g. Hieraus ist zu entnehmen, daß bei der Dissoziation symmetrischer aufgebaute Partikel entstehen. Aus der Viscositätszahl von 14,89 errechnet sich f/f_0 ähnlich wie bei der Berechnung aus s und D zu 1,69 und damit auch das Achsenverhältnis zu 12,9. Berechnet man unter Einbeziehung der Viscositätsdaten den von SCHERAGA und MANDELKERN[68] aus der Theorie von SIMHA und PERRIN für starre Rotationsellipsoide entwickelten Gestaltsparameter β

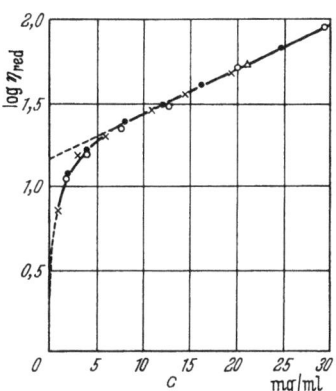

Abb. 17. Abhängigkeit der reduzierten Viscosität η_{red} (= η_{sp}/c mit c in g/ml) von der Proteinkonzentration c bei Glu-DH aus Rinderleber. Messungen bei 20° in m/15 Kaliumnatriumphosphat-Puffer p_H 7,6 (SUND[32])

$$\beta_s = \frac{N_L s° [\eta]^{1/3} \eta_0}{M^{2/3}(1-\bar{V}\varrho)} \quad \text{bzw.} \quad \beta_D = \frac{D° [\eta]^{1/3} M^{1/3} \eta_0}{k\text{T}} \qquad (12)$$

(N_L: Loschmidt-Zahl)   (k: Boltzmann-Konstante)

aus den Sedimentations- und Diffusionsdaten, so erhalten wir für β_s (und damit auch für β_D) einen Wert von $2{,}51 \cdot 10^6$. Dieser Wert überschreitet den charakteristisch engen Variationsbereich von $2{,}12-2{,}15 \cdot 10^6$ für ein abgeplattetes Rotationsellipsoid. Aus den für Glu-DH errechneten β-Werten darf direkt abgeleitet werden, daß dieses Molekül eine gestreckte Form besitzt. Aus den β-Werten sowie aus dem Reibungsverhältnis errechnen sich für das Achsenverhältnis a/b des Glu-DH-Moleküls, so wie es in Konzentrationen oberhalb 6 mg/ml vorliegt, folgende Werte:

a/b aus $s°$ und $D°$ 12,5
$[\eta]$ und $D°$ 13,7
$[\eta]$ und $s°$ 13,7
$[\eta]$ 12,9

Die nach verschiedenen Methoden berechneten Werte für das Achsenverhältnis ergeben eine befriedigende Übereinstimmung. Glu-DH liegt danach im aggregierten Zustand als stäbchenförmiges Molekül mit einem Achsenverhältnis von 13—14 vor.

Schon OLSON und ANFINSEN[62] hatten festgestellt, daß Glu-DH aus Rinderleber beim Verdünnen dissoziiert. Bei Konzentration oberhalb 6 mg/ml besitzt Glu-DH nach unseren Ergebnissen ein Teilchengewicht von 2 Millionen. Unterhalb dieser Konzentration entstehen durch Dissoziation Teilchen mit Teilchengewichten von 1,1—1,0 Millionen, unterhalb 0,1 mg/ml solche mit 500000 und 250000[63, 69]. Nach irreversibler Aufspaltung durch Decylsulfat (oder auch nach Einstellen des p_H auf > 10 [70]) fand JIRGENSONS Spaltprodukte mit Teilchengewichten von etwa 43000, die eine Viscositätszahl von 2,5 ml/g besaßen[71]. Unsere Viscositätsmessungen hatten gezeigt, daß das Glu-DH-Molekül im aggregierten Zustand ein gestrecktes Teilchen mit einem Achsenverhältnis von 13—14 darstellt und die Dissoziation zu symmetrischer aufgebauten Teilchen führt (aus $[\eta]$ von etwa 7 ml/g erhalten wir für das Teilchen mit einem Teilchengewicht von 10^6 a/b zu 7,5). Wir können uns daher unter Einbeziehung der Daten der Literatur das Assoziations-Dissoziations-Schema der Glu-DH aus Rinderleber etwa folgendermaßen vorstellen:

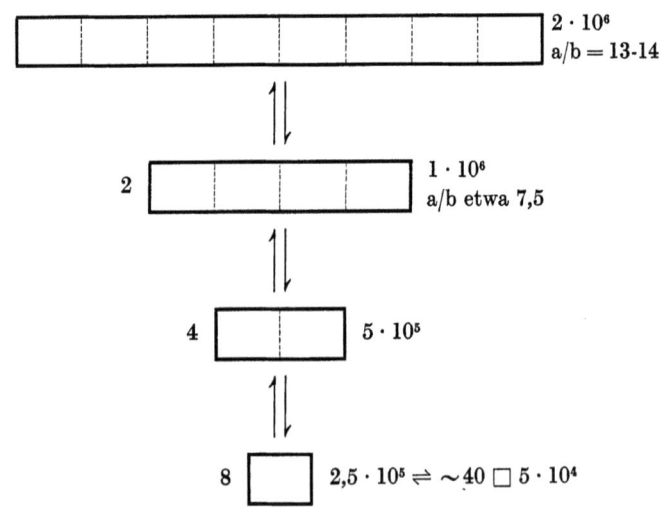

Die nach diesem Schema verlaufende reversible Dissoziation erfolgt schon beim Verdünnen der Proteinlösung ohne Zusatz dissoziationsfördernder Stoffe bis zu einem Teilchengewicht von 250000. *Die Teilchen sind danach im aggregierten Zustand durch relativ kleine Bereiche und damit durch relativ wenige Bindungen zusammengehalten, so daß die spontan erfolgende Dissoziation verständlich wird.* Die bei der Decylsulfat-Behandlung oder bei $p_H > 10$ bzw. $p_H < 4$ entstehenden Teilchen vom Teilchengewicht 40000— 50000 werden nur unter gleichzeitiger irreversibler Inaktivierung gebildet. Hierbei werden sehr wahrscheinlich Wasserstoffbrückenbindungen zwischen Carboxylgruppen und OH-Gruppen von Tyrosylresten, die am Zusammenhalt der Untereinheiten beteiligt sind, gelöst [70, 72].

Es stellt sich daher die Frage, welches ist das eigentliche Molekulargewicht der Glu-DH aus Rinderleber? Das Teilchen mit einem Teilchengewicht von 250000 ist noch enzymatisch aktiv und steht in einem reversiblen Gleichgewicht mit den höhermolekularen Teilchen, von dem Dissoziationsprodukt mit einem Teilchengewicht von 50000 können wir das vorerst nicht sagen. Es entsteht nur unter gleichzeitiger Inaktivierung, und ein reversibles Gleichgewicht mit den höhermolekularen Partikeln wurde bisher nicht beobachtet. Weitere Versuche müssen zeigen, insbesondere mit Hilfe der Gradientenzentrifugation, ob dieses Teilchen auch ohne gleichzeitige Inaktivierung erhalten werden kann. Es wäre dann als kleinste enzymatisch aktive molekulare Einheit anzusprechen, d. h. das wirkliche Molekulargewicht der Glu-DH wäre 50000. Es ist aber auch denkbar, daß die Partikel mit dem Teilchengewicht von 250000 als das eigentliche Molekül anzusehen ist. Auf jeden Fall sind die meisten in der Ultrazentrifuge oder bei Diffusionsmessungen beobachteten Partikel wie beim Insulin oder dem Tabakmosaikvirus Aggregate einer monomeren Form, und man sollte nicht von einem Molekulargewicht von 2 oder 1 Million sprechen*.

---

* Während sich die Glu-DH aus Menschen- und Schweineleber in ihren Eigenschaften offenbar nicht von dem Rinderleberenzym unterscheiden[63], besitzt Glu-DH aus Hühnerleber in Konzentrationen unterhalb 5,0 mg/ml ein Teilchengewicht von 430000—510000 [73, 74]. Bei höheren Konzentrationen findet wahrscheinlich Assoziation statt[73], bei sehr kleinen Konzentrationen Dissoziation, die durch Methylquecksilberbromid beeinflußt wird[74].

Es ist bereits erwähnt worden, daß die Dissoziation der Glu-DH durch NADH, durch das eigene Coenzym also, ebenso wie durch o-Phenanthrolin erhöht wird, während NAD$^+$, das oxydierte Coenzym, das Gegenteil bewirkt. Der Einfluß zahlreicher anderer Verbindungen auf das Assoziations-Dissoziations-Gleichgewicht

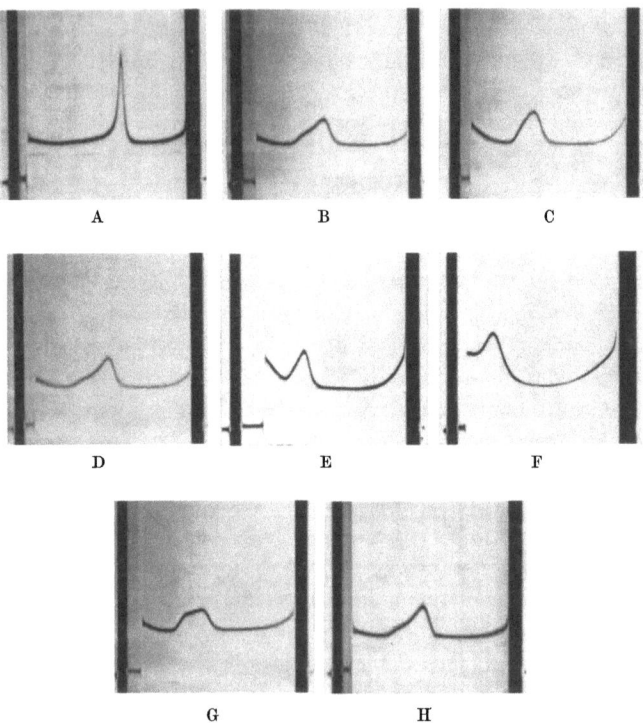

Abb. 18. Sedimentation von Glu-DH aus Rinderleber in 0,05 m Tris-HCl-Puffer pH 7,6 bei 19,7° — 20,0°. Messungen in der Spinco-Ultrazentrifuge, Model E, bei 59780 UpM in der 12 mm-Zelle, Winkel 60°.
A. Kontrolle, 7,49 mg/ml, Aufnahme 20 min nach Sedimentationsbeginn (die Zeit nach dem Erreichen der kritischen Drehzahl bis zum Erreichen der maximalen Geschwindigkeit wurde mit ein Drittel eingesetzt).
B. 5,4 mg/ml, in Gegenwart von 1,25 · 10^{-2}m N-[4-Methyl-benzolsulfonyl]-N'-butyl-harnstoff (D 860), Inkubation (bis zum Start) 60 min, Aufnahme nach 22 min.
C. 5,4 mg/ml, in Gegenwart von 5 · 10^{-2}m N-Sulfaninyl-N'-butyl-harnstoff (BZ 55), Inkubation 60 min, Aufnahme nach 26 min.
D. 5,5 mg/ml, in Gegenwart von 10^{-2}m N-[3-Amino-4-methyl-benzolsulfonyl]-N'-cyclohexyl-harnstoff, Inkubation 60 min, Aufnahme nach 21 min.
E. 6,83 mg/ml, in Gegenwart von 3 m Harnstoff, Inkubation 60 min, Aufnahme nach 20 min.
F. 7,35 mg/ml, in Gegenwart von 5 m Harnstoff, Inkubation 80 min, Aufnahme nach 105 min.
G. 4,2 mg/ml, in Gegenwart von 2 · 10^{-3}m 1-Phenyl-2-p-hydroxyphenyl-3,5-dioxo-4-n-butyl-pyrazolidin (phenolischer Metabolit des Butazolidins), Inkubation 50 min, Aufnahme nach 19 min.
H. 7,00 mg/ml, in Gegenwart von 2 · 10^{-3}m PCMB, Inkubation 105 min, Aufnahme nach 20 min. (SUND[32])

der Glu-DH wurde studiert. Diese Verbindungen lassen sich auf Grund ihres Effektes auf die Glu-DH in 4 Gruppen einteilen:

1. Verbindungen, die die Dissoziation erhöhen, wobei als kleinste Komponente diejenige mit einem Teilchengewicht von 250000 ($s_{20,w}$ etwa 12 S: "S_{12}-Komponente) gebildet wird. Die Einwirkung dieser Verbindungen ist, soweit dies bisher untersucht wurde, reversibel.

2. Verbindungen, die eine weitergehende, irreversible Aufspaltung des Glu-DH-Moleküls bewirken. Hierbei werden Komponenten mit Teilchengewichten von etwa 40000 bis 50000 gebildet.

3. Verbindungen, die das Assoziations-Dissoziations-Gleichgewicht zur Seite der Assoziation hin verschieben, und zwar ebenfalls wie die Verbindungen der 1. Gruppe reversibel.

4. Verbindungen, die das Assoziations-Dissoziations-Gleichgewicht nicht oder nur geringfügig beeinflussen, den Effekt anderer Verbindungen aber verstärken.

Zur 1. Gruppe gehören Schwermetallverbindungen wie PCMB[50] (Abb. 18), Phenylquecksilberacetat[75, 76], Methylquecksilberbromid[76] und Ag^+[76], Komplexbildner wie o-Phenanthrolin[64], Thyroxin[77], ferner Phenanthridin[78] und Halogenphenole[77], Harnstoff unterhalb 3 m[65, 69, 77] (Abb. 18), und Sulfonylharnstoffderivate[65] (Abb. 18), Pyrazolidinderivate[32] (Abb. 18,) anorganische Ionen (SCN^-, J^-, ClO_4^- [77] und Karbont[69]). Auch Röntgenstrahlen[79] und p_H-Werte unterhalb p_H 6[69] führen zu analogen Aufspaltungen. Die weitergehende, irreversible Aufspaltung des Glu-DH-Moleküls wird hervorgerufen durch Decylsulfat[71], Dodecylsulfat[69, 77], Harnstoff in Konzentrationen oberhalb 5 m [32, 77]* (Abb. 18) (in Harnstofflösungen zwischen etwa 3–5 m tritt Präzipitation auf[32]) sowie durch p_H-Werte oberhalb p_H 10 und unterhalb p_H 4[70, 72]. Zur 3. Gruppe sind bisher erst wenig Beispiele bekannt geworden. NAD^+ fördert im Gegensatz zum NADH die Assoziation, und NADP erhöht, sowohl in seiner oxydierten als auch in seiner reduzierten Form, den Sedimentationskoeffizienten[24]. Zur 4. Gruppe gehören schließlich ATP, GTP und GDP, die die NADH-induzierte Dissoziation noch erhöhen, sowie ADP und – soweit untersucht – auch AMP und Adenosin, die den

---

* In 6 m Harnstoff sind neben einer Spaltkomponente mit $s°_{20,w}$ von 2,3 S je nach den Versuchsbedingungen auch eine Spaltkomponente mit $s_{20,w}$-Werten von etwa 1,2 S oder Aggregate mit $s_{20,w}$-Werten von 80 bis 100 S zu beobachten[32].

NADH-Effekt vermindern oder ganz aufheben, selbst aber kaum einen Einfluß auf das Sedimentationsverhalten der Glu-DH ausüben [80, 81]. Diäthylstilböstrol und Steroide wie Östradiol und Progesteron sind ebenfalls in der Lage, in Gegenwart von NAD^+ oder NADH die Bildung der S_{12}-Komponente hervorzurufen, während in Abwesenheit des Coenzyms praktisch kein Einfluß festzustellen ist [82]. Auf der anderen Seite verhindern ADP die durch Thyroxin induzierte [77] und L-Leucin sowie ADP die durch Diäthylstilböstrol induzierte [82, 83] Dissoziation der Glu-DH.

Karbonat, das zur Bildung der S_{12}-Komponente führt, bewirkt in Gegenwart von NADH oder NADPH eine von vollständiger Inaktivierung begleitete irreversible Aufspaltung in Komponenten mit Sedimentationskoeffizienten von 6—7 S^{69}.

Zum Verständnis dieser Einwirkungen auf die Struktur der Glu-DH sollen die Effekte der genannten Verbindungen auf die enzymatische Aktivität betrachtet werden.

NADH bei höherer Konzentration [24, 25] ist ebenso wie o- und m-Phenanthrolin sowie Phenanthridin [78], Thyroxin [77], Diäthylstilböstrol und Steroide [82] sowie die anderen in der 1. Gruppe genannten Verbindungen ein Hemmstoff der Glu-DH-Reaktion, NAD^+ dagegen, der 3. Gruppe angehörend, aktiviert bei höheren Konzentrationen die Reaktion, während NADP sowohl in reduzierter wie in oxydierter Form eine normale Lineweaver-Burk-Beziehung zeigt [24]. Das der 4. Gruppe angehörende ADP verhindert die durch Diäthylstilböstrol, Steroide [82], Phenanthrolin, Phenanthridin und Phenanthrenaldehyd [78, 80] hervorgerufenen Hemmungen. ATP aktiviert die Umsetzung von NAD^+ und $NADP^+$, hemmt diejenige des NADH und läßt die von NADPH unbeeinflußt [80]. ADP (und weniger stark AMP und Adenosin) aktivieren die Reaktion sowohl mit NAD als auch mit NADP in beiden Richtungen [80], bei höheren Konzentrationen können sie auch als Hemmstoffe wirken [31, 80].

L-Leucin, das — wie erwähnt — die durch Diäthylstilböstrol induzierte Dissoziation verhindert, aktiviert die Glu-DH und verhindert ebenso wie L-Methionin, L-Isoleucin und Norvalin die durch Diäthylstilböstrol hervorgerufene Hemmung [83].

In den zitierten Versuchen wurden die Einflüsse der verschiedenen Verbindungen auf die durch Glu-DH katalysierte reversible Glutaminsäureoxydation studiert. Man weiß nun aber, daß Glu-DH aus Rinderleber auch andere α-Aminosäuren und Ketosäuren umzusetzen vermag[84–86]. Setzt man als Substrat Alanin bzw. Brenztraubensäure ein, so ergibt sich ein anderes Bild bei der Untersuchung der oben genannten Verbindungen auf die enzymatische Aktivität. ATP stimuliert ebenso wie o-Phenanthrolin die Reduktion der Brenztraubensäure mit NADH, nicht dagegen diejenige mit NADPH[87]. Während Diäthylstilböstrol und Steroide die Glutamatoxydation hemmen, wird die Alaninoxydation aktiviert. NAD^+ und $NADP^+$ in hoher Konzentration sowie ADP hemmen die Alaninoxydation bzw. Brenztraubensäurereduktion[87].

Diese verwirrend aussehende Vielfalt von Effekten läßt sich folgendermaßen zusammenfassen. Alle Agentien, die zu einer erhöhten Dissoziation der Glu-DH führen, hemmen die *Glutaminsäure*dehydrogenase-Aktivität, wird dagegen die Assoziation begünstigt, so wird auch gleichzeitig die Enzymaktivität stimuliert. Betrachtet man das Enzym als *Alanin*dehydrogenase und nicht als Glutaminsäuredehydrogenase, dann ist es gerade umgekehrt. Dissoziationsfördernde Bedingungen stimulieren die Alanindehydrogenase-Aktivität, assoziationsfördernde hemmen sie. Daraus wurde geschlossen[87] (s. auch [24]), daß die enzymatisch katalysierte reversible Glutamatoxydation in der Hauptsache durch das assoziierte Enzymprotein erfolgt und die Einheit vom Teilchengewicht 250000 als Glutaminsäuredehydrogenase nur wenig oder gar nicht aktiv ist, die entsprechende Alaninoxydation aber durch die monomere Einheit katalysiert wird und das aggregierte Enzymprotein nur geringe Alanindehydrogenase-Aktivität besitzt.

Bei der Diskussion dieses Problems sollte man aber nicht unberücksichtigt lassen, daß die Untersuchungen der Molekülgröße einerseits und der Enzymeigenschaften andererseits — zumindest im Falle der *Glutaminsäure*dehydrogenase — bei sehr unterschiedlichen Enzymkonzentrationen vorgenommen wurden. Bei den Ultrazentrifugenversuchen liegen die Konzentrationen oberhalb 1 mg/ml, bei der Bestimmung der Enzymaktivität zwischen 1–10 μg/ml, also um 2–3 Zehnerpotenzen niedriger. Bei diesen kleinen Konzentrationen liegt das Protein nur noch in dissoziierter Form vor[63], und die verschiedenen genannten Verbindungen haben wahrscheinlich kaum mehr einen Einfluß auf das Assoziations-Dissoziations-Gleichgewicht zwischen den Teilchen mit Teilchengewichten zwischen 250000 und 2000000. So z. B. findet man mit Methylquecksilberbromid bei Glu-DH-Konzentrationen von 10 mg/ml eine Erhöhung der Dissoziation[76], bei einer Konzentration von 1,2 mg/ml dagegen keinen Einfluß mehr[88]. Wir konnten feststellen[32], daß der NAD-Einfluß bei kleinen Enzymkonzentrationen sehr viel geringer ist als bei hohen. *Es ist deshalb unseres Erachtens wahrscheinlich richtiger, den Zusammenhang zwischen den verschiedenen Einflüssen auf das Assoziations-Dissoziations-Gleichgewicht und auf die Enzymaktivität nicht in der Teilchengröße zu suchen, sondern darin, daß die verschiedenen Verbindungen mit den funktionellen Gruppen des Enzymproteins reagieren oder dessen Kettenkonformation ändern. Hierdurch könnte sowohl das Gleichgewicht zwischen den einzelnen Proteinteilchen als auch die Enzymkatalyse beeinflußt werden, ohne daß ein direkter Zusammenhang zwischen Enzymaktivität und Teilchengröße besteht, beide Erscheinungen sind lediglich die Folge der gleichen Ursache.*

Zur Klärung dieses Problemes wurden Versuche unternommen, die bei hohen Enzymkonzentrationen (zwischen 0,1 bis 4 mg/ml) direkt zeigen sollten, ob die spezifische Aktivität von der Teilchengröße der Glu-DH abhängt oder nicht[89, 90]. Während in einem Fall in Gegenwart von Glutarsäure als kompetitivem Inhibitor keine Abhängigkeit der spezifischen Aktivität von der Enzymkonzentration gefunden werden konnte[89], zeigte sich in dem anderen Fall eine Abnahme der spezifischen Aktivität mit fallender Enzymkonzentration[90]. Die zuletzt zitierten Befunde würden die Annahme stützen, daß die Glutaminsäuredehydrogenase-Aktivität dem assoziieren Teilchen zuzuschreiben ist, während der zuerst mitgeteilte Versuch hierfür keinen Hinweis liefert. Ob die Versuche überhaupt in dieser Weise interpretiert werden dürfen, muß bezweifelt werden, da das Verhältnis von Coenzymkonzentration zu Coenzymbindungsstelle (bei einem Äquivalentgewicht von 66000[26, 63]) bei 2,8–110 bzw. 1,5–680 liegt. In Gegenwart hoher Enzymkonzentrationen darf unter den angegebenen Bedingungen die Anfangsgeschwindigkeit der Enzymreaktion nicht ohne weiteres mit derjenigen in Gegenwart kleiner Enzymkonzentrationen verglichen werden.

III. Der Zinkgehalt der Hefe-ADH und die Bedeutung des Zinks für die pyridinnucleotid-abhängigen Dehydrogenasen

1955 stellten VALLEE und HOCH fest[91], daß Hefe-ADH 4 Atome Zink enthält, und sie vermuteten auf Grund von Hemmversuchen mit Komplexbildnern, daß dem Zink eine wichtige Funktion bei der durch ADH katalysierten Reaktion zukommt. Bald darauf wurden weitere Untersuchungen über den Zink- bzw. Metallgehalt von Dehydrogenasen publiziert. Sowohl in Pferdeleber-ADH [92, 93] als auch in Milchsäuredehydrogenase [94] sowie Glu-DH [63, 95] wurde Zink gefunden und in Glycerinaldehyd-3-phosphat-dehydrogenase, Malatdehydrogenase, Glucose-6-phosphat-dehydrogenase sowie Glycerophosphat-dehydrogenase neben Erdalkalimetallen und Aluminium auch Zink, Eisen und Kupfer [96]. Bei der letzten Gruppe von Enzymen wurden Hemmungen durch Komplexbildner beobachtet und vermutet, daß bei den durch sie katalysierten Reaktionen wie bei der ADH-Reaktion dem Zink eine wichtige Rolle im katalytischen Geschehen zukommt.

Für Hefe-ADH liegen eine Reihe von Zinkbestimmungen vor, die an Präparaten unterschiedlichen Reinheitsgrades vorgenommen wurden. Verschiedene Autoren fanden zwischen 3,3 bis 5,9 Atome Zink pro Enzymmolekül vom Molekulargewicht 150 000[59, 60, 91, 98], und man nimmt an[6, 99], daß das Hefe-ADH-Molekül 4 bis 5 Atome Zink in fester Bindung enthält. Auf Grund der unterschiedlichen Ergebnisse und der Tatsache, daß Hefe-ADH ein relativ starkes Bindungsvermögen für Zinkionen aufweist und kristallisierte ADH-Präparate mit 35 Atomen Zink pro Molekül hergestellt werden können[60], haben wir an die Möglichkeit gedacht, daß durch Umkristallisieren in zinkfreien Lösungsmitteln auch Präparate mit noch geringerem Zinkgehalt hergestellt werden können. Wir haben daher an einem Präparat im Verlaufe von 19 Umkristallisationen den Zinkgehalt bestimmt.

Die Ergebnisse sind der Abb. 19 zu entnehmen. Entsprechend dem Verhalten der dinitrophenylierbaren Aminosäuren [97] fällt auch der Zinkgehalt der ADH-Präparate bis zur 9. Kristallisation stark ab, um dann bis zur 20. Kristallisation sich nur noch geringfügig zu verändern (von 3,4 auf 3,2). Nach diesen Ergebnissen dürften 3 Zinkatome – und nicht wie früher angenommen 4 [99] oder 5 [6] – so fest gebunden sein, daß sie durch Umkristallisieren nicht mehr entfernt werden können.

Die ersten Zinkanalysen der Hefe-ADH ergaben für ein Präparat nach der 4. Umkristallisation des Proteins einen Gehalt von 4,1 Atomen Zink pro Enzymmolekül [91]. Die Zahl der Coenzymbindungsstellen, an einem anderen Präparat bestimmt, wurde zu 3,6 gefunden [3]. Man folgerte daraus, daß jedes Zinkatom an der

Bindung eines Coenzymmoleküls beteiligt ist und Hefe-ADH 4 katalytisch wirksame Zentren besitzt. Untersuchungen aus unserem Laboratorium ergaben sowohl für das Zink als auch für die Coenzymbindungsstellen Werte, die bei 5—5,5 lagen, also zu einem ähnlichen Verhältnis von Zinkgehalt zu Coenzymbindungsstelle führten [7, 60]. Darüber hinaus fanden wir, daß ADH Zink zusätzlich binden kann [60] und daß diese sogenannte *Zink-ADH* eine höhere

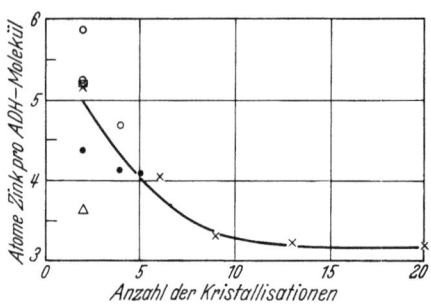

Abb. 19. Abhängigkeit des Zinkgehaltes der Hefe-ADH von der Anzahl der Umkristallisationen. × ARENS, SUND, WALLENFELS [97], ● VALLEE und HOCH [91], ○ WALLENFELS, SUND, FAESSLER und BURCHARD [60], □ HOCH und VALLEE [59], △ VANDERHEIDEN, MEINHART, DODSON und KREBS [98]

NAD^+-Bindungskapazität als ADH besitzt [7]. Während die Bindung des NAD an ADH für alle Bindungsstellen die gleiche Stabilität besitzt [3, 7], liegen im Komplex der *Zink-ADH* mit NAD^+ zwei verschieden feste Bindungen vor [7]. Die Stabilität der zusätzlichen (über 4—5 Mol NAD^+ pro Mol ADH hinausgehenden) Bindungen zwischen NAD^+ und Zink-ADH ist geringer als die der ersten 5 im ADH-NAD^+-Komplex vorliegenden.

Die früheren Ergebnisse der Bestimmungen von Zinkgehalt und Coenzymbindungsstellen, die jeweils 4—5 ergaben [3, 7, 60, 91], können mit den jetzt an 10—19 mal umkristallisierten ADH-Präparaten gewonnenen Ergebnissen nicht direkt verglichen werden. Die Zahl der Coenzymbindungsstellen wurde an diesen Präparaten nicht bestimmt. Es ist zwar auf Grund der zahlreichen Untersuchungen über die Hemmung der ADH-Reaktion durch Komplexbildner und Purinderivate [6, 18, 31, 99, 100, 101], der binären Enzym-Coenzym-Komplexe und Zn-NAD-Komplexe [6, 7, 17, 18, 102, 103], der UV-Spektren der Enzym-Phenanthrolin-Komplexe [104, 105] sowie besonders des Cotton-Effektes der ADH-NADH- (Abb. 20) und ADH-Phenanthrolin-Komplexe[55, 106] anzunehmen, daß das Zink an der Bindung des Coenzyms beteiligt ist und im ternären Enzym-Coenzym-Substrat-Komplex[6, 7, 18] (Abb. 21) eine wichtige Funktion ausübt, doch liegt der letzte, eindeutige Beweis dafür bisher nicht vor: Die restlose Entfernung des Zinks, die durch Behandlung mit Schwermetallsalzen oder Komplexbildnern möglich ist[1, 52, 54], hat bisher stets zu irreversibler Inaktivierung unter Verlust des NAD-Bindungsvermögens[53] geführt. Es ist jedoch denkbar, daß die Entfernung der letzten, besonders fest gebundenen Zinkatome bisher

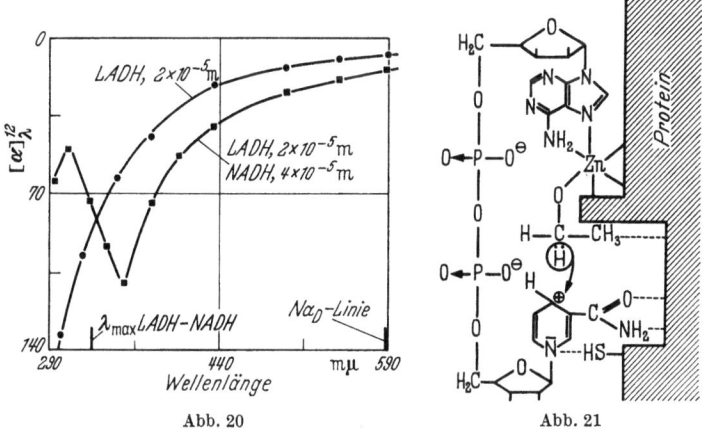

Abb. 20. Der Einfluß von NADH auf die optische Rotationsdispersion der Pferdeleber-ADH (LADH). Messungen in 0,1 m Phosphatpuffer pH 7,5 bei 12° (ULMER, LI und VALLEE[106])

Abb. 21. Vorgeschlagene Struktur der intermediär gebildeten Verbindung zwischen ADH, NAD$^+$ und Äthanol

nur bei gleichzeitiger Denaturierung möglich war oder aber, daß der Zusammenbruch der nativen, enzymatisch wirksamen Struktur die unmittelbare Folge ihrer Entfernung ist. Das Beispiel der *Zink-ADH* zeigt, daß eine Erhöhung der Zahl der Bindungsstellen keine entsprechende Erhöhung der enzymatischen Wirksamkeit zur Folge haben muß. Dies bedeutet, daß bei weitem nicht jede NAD-Bindungsstelle ein katalytisch aktives Zentrum darstellt. Dies kann durchaus auch bei den Präparaten maximaler Wechselzahl, die 3—6 Zinkatome und entsprechende Zahlen von Coenzymbindungsstellen aufweisen, der Fall sein. Es muß weiteren Untersuchungen vorbehalten bleiben, diese Frage zu prüfen. Hierbei soll auch das Problem der möglicherweise doch unterschiedlichen Bindungsfestigkeit von NAD an den verschiedenen Bindungsstellen im ADH-Protein besonders beachtet und die NAD-Bindungskapazität von ADH mit 3 Atomen Zink pro Proteinmolekül bestimmt werden.

Während es also für ADH, sowohl für das Enzym aus Hefe als auch für das Enzym aus Pferdeleber, nach den bisher vorliegenden Untersuchungen berechtigt ist anzunehmen, daß dem Zink eine wichtige Funktion bei der reversiblen enzymatischen NAD^+-Reduktion zukommt, so ist dies trotz einiger vorliegender analoger Ergebnisse für andere pyridinnucleotid-abhängige Dehydrogenasen nicht ohne weiteres möglich. Zwar wurden für Milchsäure-dehydrogenase und Glu-DH der ADH analoge Komplexe Enzym-$(Zn)_n$-$(NAD)_n$ formuliert[99], doch fehlen bislang noch die experimentellen Beweise, die eine solche Formulierung rechtfertigen. Während für die Glu-DH aus Rinderleber ein Gehalt von 0,015—0,039% Zink gefunden werden konnte[63, 95], ließen sich die zuerst mitgeteilten Zinkanalysen an Milchsäure-dehydrogenase aus Kaninchenmuskel[94] in einem anderen Laboratorium nicht bestätigen[107], auch in anderen Milchsäure-dehydrogenasen wurde kein Zink gefunden[107, 108]. Im Falle der Glu-DH aus Rinderleber übersteigt die Zahl der Coenzymbindungsstellen diejenige der Zinkatome um ein Mehrfaches[26, 27, 32, 63]: Das Äquivalentgewicht für das Zink liegt zwischen 250000 bis 500000, das Äquivalentgewicht für die NAD-Bindungsstellen zwischen 18000 und 130000. Bei dieser Dehydrogenase scheint also kein Zusammenhang zwischen Zink und Coenzymbindung zu bestehen. In Glycerinaldehyd-3-phosphat-dehydrogenase, Malat-dehydrogenase, Glucose-6-phosphat-dehydrogenase sowie α-Glycerophosphat-dehydrogenase wurden neben Erdalkalimetallen und Aluminium auch Zink, Eisen und Kupfer sowie die Hemmbarkeit durch Komplexbildner gefunden[96]. Hieraus wurde gefolgert, daß eines von diesen Metallen, wahrscheinlich das Zink, eine Rolle bei der Reaktion dieser Dehydrogenasen spielt. Das Ergebnis der Zinkanalyse der Glycerinaldehyd-3-phosphat-dehydrogenase aus Hefe ließ sich an einem viermal umkristallisierten Präparat nicht bestätigen[98].

Es erscheint uns nicht ausreichend, aus den Hemmversuchen allein auf die Beteiligung eines Metalls zu schließen, ohne weitere Kriterien hierfür zu besitzen. Solche Inhibitoren können auch anders als nur durch Blockierung eines Metalls wirksam werden. Mit Ausnahme der beiden ADHs liegt allen anderen pyridinnucleotid-abhängigen Dehydrogenasen — soweit diese bisher untersucht wurden — in bezug auf das Zink offenbar ein anderer Mechanismus zugrunde. Bei ihnen scheint Zink weder an der Bindung des Coenzyms noch am Wasserstofftransport beteiligt zu sein, und es muß im Augenblick dahingestellt bleiben, ob es außer den Alkoholdehydrogenasen aus Hefe und Pferdeleber (und möglicherweise anderen *Alkohol*dehydrogenasen) weitere pyridinnucleotidabhängige „Zink-Metalldehydrogenasen" gibt. Es ist an sich verständlich, wenn die Unterschiedlichkeit der Substrate mit ihrer verschiedenen Polarisierbarkeit derjenigen funktionellen Gruppen, die reversibel dehydriert werden — einerseits Alkohole, andererseits α-Hydroxy-, α-Amino- und Aldehydsäuren — auch eine Differenzierung hinsichtlich des Mechanismus, der Funktion und der chemischen Konstitution der katalytisch wirksamen Atomgruppierung im Enzymprotein zur Folge hat.

Literatur

[1] WALLENFELS, K., u. H. SUND: Biochem. Z. **329**, 17 (1957).
[2] WEBER, K., u. H. SUND: Unveröffentlichte Ergebnisse, s. auch K. WEBER: Diplomarbeit, Universität Freiburg i. Br., 1962.
[3] HAYES, J. E., and S. F. VELICK: J. biol. Chem. **207**, 225 (1954).
[4] NYGAARD, A. P., and H. THEORELL: Acta chem. scand. 9, 1300 u. 1551 (1955).
[5] MAHLER, H. R., and J. DOUGLAS: J. Amer. chem. Soc. **79**, 1159 (1957).
[6] SUND, H., and H. THEORELL: In: The Enzymes (ed. by P. D. BOYER, H. LARDY and K. MYRBÄCK), 2. Aufl., Vol. 7, p. 25. New York u. London: Academic Press 1963.
[7] WALLENFELS, K., u. H. SUND: Biochem. Z. **329**, 59 (1957).
[8] FLORINI, J. R., and C. S. VESTLING: Biochim. biophys. Acta **25**, 575 (1957).
[9] DIXON, M.: Biochem. J. **55**, 161 (1953).
[10] SIZER, I. W., and A. GIERER: Disc. Far. Soc. **20**, 248 (1955). — GIERER, A.: Biochim. biophys. Acta **17**, 111 (1955).
[11] RABIN, B. R., and E. P. WHITEHEAD: Nature (Lond.) **196**, 658 (1962).
[12] THEORELL, H., and B. CHANCE: Acta chem. scand. **5**, 1127 (1951).
[13] THEORELL, H., and J. S. MCKINLEY-MCKEE: Acta chem. scand. **15**, 1797 (1961).
[14] THEORELL, H., and R. BONNICHSEN: Acta chem. scand. **5**, 1105 (1951); THEORELL, H., A. P. NYGAARD and R. BONNICHSEN: Acta chem. scand. **9**, 1148 (1955).
[15] THEORELL, H., and A. D. WINER: Arch. Biochem. **83**, 291 (1959).

[16] LI, T. K., D. D. ULMER and B. L. VALLEE: Biochemistry 1, 114 (1962).
[17] THEORELL, H., and J. S. MCKINLEY-MCKEE: Acta chem. scand. 15, 1811 (1961).
[18] THEORELL, H., and J. S. MCKINLEY-MCKEE: Acta chem. scand. 15, 1834 (1961).
[19] WEBER, G.: Nature (Lond.) 180, 1409 (1957).
[20] SHIFRIN, S., and N. O. KAPLAN: Nature (Lond.) 183, 1529 (1959).
[21] TAKENAKA, Y., and G. W. SCHWERT: J. biol. Chem. 223, 157 (1956).
[22] WINER, A. D., and G. W. SCHWERT: J. biol. Chem. 231, 1065 (1958).
[23] FRIEDEN, C.: J. biol. Chem. 234, 2891 (1959).
[24] FRIEDEN, C.: J. biol. Chem. 234, 809 (1959).
[25] WALLENFELS, K., u. H. SUND: Arzneimittel-Forsch. 9, 81 (1959).
[26] SUND, H.: Acta chem. scand. 15, 940 (1961).
[27] FRIEDEN, C.: Biochim. biophys. Acta 47, 428 (1961).
[28] BLOOMFIELD, V., L. PELLER and R. A. ALBERTY: J. Amer. chem. Soc. 84, 4375 (1962).
[29] OLSON, J. A., and C. B. ANFINSEN: J. biol. Chem. 202, 841 (1953).
[30] STRECKER, H. J.: Arch. Biochem. 46, 128 (1953).
[31] WALLENFELS, K., H. SUND u. H. DIEKMANN: Biochem. Z. 329, 48 (1957).
[32] SUND, H.: Unveröffentlichte Ergebnisse.
[33] WETLAUFER, D. B.: Nature (Lond.) 190, 1113 (1961).
[34] KLOTZ, I. M.: In: The Proteins (ed. by H. NEURATH and K. BAILEY), Vol. IB, p. 727. New York: Academic Press 1953. WAUGH, D. F.: Advanc. Protein Chem. 9, 325 (1954).
[35] ERIKSSON-QUENSEL, I. B., and T. SVEDBERG: Biol. Bull. 71, 498 (1936).
[36] SVEDBERG, T., and F. F. HEYROTH: J. Amer. chem. Soc. 51, 550 (1929).
[37] SANGER, F.: In: Currents in Biochemical Research 1956 (ed. by D. E. GREEN), p. 434. New York und London: Interscience Publishers 1956.
[38] SCHWERT, G. W.: J. biol. Chem. 179, 655 (1949).
[39] KIRKMAN, H. N., and E. M. HENDRICKSON: J. biol. Chem. 237, 2371 (1962).
[40] NOLTMANN, E. A.: Zitiert in [39].
[41] ELÖDI, P., G. JÉCSAI and A. MOZOLOVSZKY: Acta physiol. Acad. Sci. hung. 17, 165 (1960).
ELÖDI, P., and G. JÉCSAI: Acta physiol. Acad. Sci. hung. 17, 175 (1960).
[42] MILLAR, D. B. S.: J. biol. Chem. 237, 2135 (1962).
[43] APPELLA, E., and C. L. MARKERT: Biochem. biophys. Res. Comm. 6, 171 (1961).
[44] MCKAY, R. H., and N. O. KAPLAN: Biochim. biophys. Acta 52, 156 (1961).
[45] BRAND, L., J. EVERSE and N. O. KAPLAN: Biochemistry 1, 423 (1962).
[46] JAENICKE, R., and G. PFLEIDERER: Biochim. biophys. Acta 60, 615 (1962).
[47] APPELLA, E., and C. L. MARKERT: Fed. Proc. 21, 253 (1962).
[48] MASSEY, V., T. HOFMANN and G. PALMER: J. biol. Chem. 237, 3820 (1962).
[49] HERSH, R. T.: Biochim. biophys. Acta 58, 353 (1962).

⁵⁰ SUND, H.: Biochem. Z. **333**, 205 (1960).
⁵¹ JAENICKE, R.: Öst. Chem. Ztg. **63**, 288 (1962).
⁵² SNODGRASS, P. J., B. L. VALLEE and F. L. HOCH: J. biol. Chem. **235**, 504 (1960).
⁵³ MÜLLER-HILL, B.: Dissertation, Universität Freiburg i. Br., 1962.
⁵⁴ KÄGI, J. H. R., and B. L. VALLEE: J. biol. Chem. **235**, 3188 (1960).
⁵⁵ ULMER, D. D., and B. L. VALLEE: J. biol. Chem. **236**, 730 (1961).
⁵⁶ SUND, H., u. K. WEBER: Unveröffentlichte Ergebnisse (1961).
⁵⁷ ANDREWS, P.: Nature (Lond.) **196**, 36 (1962).
⁵⁸ ARMSTRONG, J. McD., J. H. COATES and R. K. MORTON: Biochem. J. **86**, 136 (1963).
⁵⁹ HOCH, F. L., and B. L. VALLEE: In: Sulfur in Proteins (ed. by R. BENESCH, R. E. BENESCH, P. D. BOYER, I. M. KLOTZ, W. R. MIDDLEBROOK, A. G. SZENT-GYÖRGYI and D. R. SCHWARZ), p. 245. New York und London: Academic Press 1959.
⁶⁰ WALLENFELS, K., H. SUND, A. FAESSLER u. W. BURCHARD: Biochem. Z. **329**, 31 (1957).
⁶¹ BOYER, P. D.: In: The Enzymes (ed. by P. D. BOYER, H. LARDY and K. MYRBÄCK), 2. Aufl., Vol. 1, p. 511. New York: Academic Press 1959.
⁶² OLSON, J. A., and C. B. ANFINSEN: J. biol. Chem. **197**, 67 (1952).
⁶³ KUBO, H., T. YAMANO, M. IWATSUBO, H. WATARI, T. SOYAMA, J. SHIRAISHI, S. SAWADA, N. KAWASHIMA, S. MITANI et K. ITO: Bull. Soc. Chim. biol. (Paris) **40**, 431 (1958).
⁶⁴ FRIEDEN, C.: Biochim. biophys. Acta **27**, 431 (1958).
⁶⁵ SUND, H.: Verh. 4ᵉ Congrès de la Fédération internationale du Diabète (publ. par M. DEMOLE), Vol. I, p. 726. Genf: Éditions Médecine et Hygiène 1961.
⁶⁶ GRALÉN, N.: Dissertation, Uppsala 1944.
⁶⁷ SVEDBERG, T., u. K. O. PEDERSEN: Die Ultrazentrifuge. Dresden und Leipzig: Steinkopff 1940.
⁶⁸ SCHERAGA, H. A., and L. MANDELKERN: J. Amer. chem. Soc. **75**, 179 (1953).
⁶⁹ FRIEDEN, C.: J. biol. Chem. **237**, 2396 (1962).
⁷⁰ FISHER, H. F., L. L. McGREGOR and U. POWER: Biochem. biophys. Res. Comm. **8**, 402 (1962).
⁷¹ JIRGENSONS, B.: J. Amer. chem. Soc. **83**, 3161 (1961).
⁷² FISHER, H. F., L. L. McGREGOR and D. G. CROSS: Biochim. biophys. Acta **65**, 175 (1962).
⁷³ FRIEDEN, C.: Biochim. biophys. Acta **62**, 421 (1962).
⁷⁴ ROGERS, K. S., P. J. GEIGER, T. E. THOMPSON and L. HELLERMAN: J. biol. Chem. **238**. PC 481 (1963).
⁷⁵ MILDVAN, A. S., and G. D. GREVILLE: Biochem. J. **82**, 22 P (1962).
⁷⁶ ROGERS, K. S., T. E. THOMPSON and L. HELLERMAN: Biochim. biophys. Acta **64**, 202 (1962).
⁷⁷ WOLFF, J.: J. biol. Chem. **237**, 230 (1962).
⁷⁸ YIELDING, K. L., and G. M. TOMKINS: Biochim. biophys. Acta **62**, 327 (1962).

[79] ADELSTEIN, S. J., and L. K. MEE: Biochem J. **80**, 406 (1961).
[80] FRIEDEN, C.: J. biol. Chem. **234**, 815 (1959).
[81] FRIEDEN, C.: Biochim. biophys. Acta **59**, 484 (1962).
[82] YIELDING, K. L., and G. M. TOMKINS: Proc. nat. Acad. Sci. (Wash.) **46**, 1483 (1960).
[83] YIELDING, K. L., and G. M. TOMKINS: Proc. nat. Acad. Sci. (Wash.) **47**, 983 (1961).
[84] BÄSSLER, K. H., u. C. H. HAMMAR: Biochem. Z. **330**, 446 (1958).
[85] STRUCK, J., and I. W. SIZER: Arch. Biochem. **86**, 260 (1960).
[86] FISHER, H. F., and L. L. MCGREGOR: J. biol. Chem. **236**, 791 (1961).
[87] TOMKINS, G. M., K. L. YIELDING and J. CURRAN: Proc. nat. Acad. Sci. (Wash.) **47**, 270 (1961).
[88] HELLERMAN, L., K. A. SCHELLENBERG and O. K. REISS: J. biol. Chem. **233**, 1468 (1958).
[89] FISHER, H. F., D. G. CROSS and L. L. MCGREGOR: Nature (Lond.) **196**, 895 (1962).
[90] GRISOLIA, S., M. FERNANDEZ, R. AMELUNXEN and C. L. QUIJADA: Biochem. J. **85**, 568 (1962).
[91] VALLEE, B. L., and F. L. HOCH: Proc. nat. Acad. Sci. (Wash.) **41**, 327 (1955).
[92] THEORELL, H., A. P. NYGAARD and R. BONNICHSEN: Acta chem. scand. **9**, 1148 (1955).
[93] VALLEE, B. L., and F. L. HOCH: J. biol. Chem. **225**, 185 (1957).
[94] VALLEE, B. L., and W. E. C. WACKER: J. Amer. chem. Soc. **78**, 1771 (1956).
[95] ADELSTEIN, S. J., and B. L. VALLEE: J. biol. Chem. **233**, 589 (1958).
[96] VALLEE, B. L., F. L. HOCH, S. J. ADELSTEIN and W. E. C. WACKER: J. Amer. chem. Soc. **78**, 5879 (1956).
[97] ARENS, A., H. SUND u. K. WALLENFELS: Biochem. Z. **337**, 1 (1963).
[98] VANDERHEIDEN, B. S., J. O. MEINHART, R. G. DODSON and E. G. KREBS: J. biol. Chem. **237**, 2095 (1962).
[99] VALLEE, B. L.: In: The Enzymes (ed. by P. D. BOYER, H. LARDY and K. MYRBÄCK), 2. Aufl., Vol. 3, p. 225. New York und London: Academic Press 1960.
[100] PLANE, R. A., and H. THEORELL: Acta chem. scand. **15**, 1866 (1961).
[101] VALLEE, B. L.: In: Proteine (Band VIII der Veröffentlichungen des vierten internationalen Kongresses für Biochemie, Wien 1958, ed. by H. NEURATH und H. TUPPY), p. 138. London, New York, Paris und Los Angeles: Pergamon Press 1960.
[102] WALLENFELS, K., u. H. SUND: Biochem. Z. **329**, 41 (1957).
[103] WEITZEL, G., u. T. SPEHR: Z. physiol. Chem. **313**, 212 (1958).
[104] VALLEE, B. L., and T. L. COOMBS: J. biol. Chem. **234**, 2615 (1959).
[105] VALLEE, B. L., T. L. COOMBS and R. J. P. WILLIAMS: J. Amer. chem. Soc. **80**, 397 (1958).
[106] ULMER, D. D., T. K. LI and B. L. VALLEE: Proc. nat. Acad. Sci. (Wash.) **47**, 1155 (1961).
[107] PFLEIDERER, G., D. JECKEL u. T. WIELAND: Biochem. Z. **330**, 296 (1958).
[108] TERAYAMA, H., and C. S. VESTLING: Biochim. biophys. Acta **20**, 586 (1956).

Diskussion

WALLENFELS (Freiburg): In den Ausführungen von Herrn SUND ergeben sich einerseits direkte Beziehungen zu dem, was von Herrn PRELOG heute morgen vorgetragen wurde, und zwar hinsichtlich der kinetischen Analyse pyridinnucleotid-abhängiger Reaktionen. Andererseits wird ein neuer, wichtiger Gesichtspunkt in unsere Gesamtschau des Mechanismus enzymatischer Reaktionen gebracht, indem über Veränderungen des Proteins berichtet wurde, die je nach den Bedingungen in der Zelle, d. h. je nach Konzentration des Proteins selbst oder aber auch seiner Substrate und verschiedener Effektoren — Aktivatoren und Inhibitoren — vorsich gehen können. Ich möchte zuerst fragen, wer zu den Ausführungen bezüglich der Kinetik das Wort wünscht.

VEEGER (Amsterdam): Ich möchte gern zu den Untersuchungen, die zeigen sollen, daß zwischen Struktur und Enzymaktivität ein Zusammenhang besteht, einige Bemerkungen machen. Die Resultate mit Glutaminsäuredehydrogenase zeigen, daß man bei der Betrachtung solcher Zusammenhänge vorsichtig sein sollte.

Wenn man in einer konzentrierten Lösung die physikalischen Eigenschaften eines Proteins bestimmt, dann sind die Bedingungen gar nicht zu vergleichen mit denen, unter welchen man die kinetischen Messungen vornimmt. Darum ist es sehr schwer, wie im Falle der Glutaminsäuredehydrogenase an einen Zusammenhang zwischen Dissoziation und Steigerung der Alanindehydrogenase-Aktivität zu glauben. Es ist ja so, daß man das Experiment zur Bestimmung der Enzymaktivität mit kleiner Proteinkonzentration macht. Wenn man dann auch noch bedenkt, daß OLSON und ANFINSEN schon 1952 gefunden hatten, daß Glutaminsäuredehydrogenase in größerer Verdünnung dissoziiert, dann kann man sich denken, daß auch das vollständig dissoziierte Enzym Glutaminsäuredehydrogenase-Akivität besitzt. Will man einen Vergleich vornehmen, dann muß man auch die Geschwindigkeit der Reaktion bzw. der Bildung oder Umsetzung von Zwischenprodukten im gleichen Konzentrationsbereich messen, in dem man die physikalischen Messungen vornimmt.

EIGEN (Göttingen): Es ist zu erwarten, daß bei hohen Enzymkonzentrationen der Michaelis-Menten-Ansatz zur Beschreibung der Kinetik nicht mehr ausreicht. Sobald Zwischenprodukte in endlicher Konzentration auftreten, ist das System nicht mehr durch eine einzige Differentialgleichung zu beschreiben. Man muß dies berücksichtigen, wenn man die Ergebnisse von Messungen bei niedrigen und hohen Enzymkonzentrationen miteinander vergleicht.

Messungen bei hohen Konzentrationen sollten — da man hier Einzelschritte der Reaktion erfaßt — weitergehende Aussagen über den Mechanismus erlauben als Messungen bei niedrigen Konzentrationen, aus denen nur die Bruttogeschwindigkeit erhalten wird. Allerdings werden die Reaktionszeiten bei hohen Konzentrationen sehr klein, und es bedarf im allgemeinen spezieller Methoden zu ihrer Messung, wie z. B. der Strömungsmethoden oder der Relaxationsverfahren. Bei den letztgenannten Methoden mißt man die Gleichgewichtseinstellung in einem System im Anschluß an eine „kleine Störung". Eine Störung bezeichnen wir hierbei als „klein", solange jede Konzentrationsänderung (δc_i) klein ist gegen die betreffende Gleichgewichtskonzentration ($\bar{c}_i$). Dann lassen sich alle Reaktionsgeschwindigkeitsgleichungen linearisieren, und man erhält als Lösungen ein Spektrum von Zeitkonstanten, die Auskunft über die Kinetik der Einzelschritte liefern (s. Zit. 1, S. 364). Man erhält im allgemeinen auf diese Weise mehr Information als aus dem einfachen Michaelis-Menten-Ansatz.

SUND: In meinem Referat selbst habe ich dieses Problem nur gestreift, in dem Ihnen vorliegenden Vorabdruck des Vortrages ist es dagegen eingehender behandelt worden. GRISOLIA u. Mitarb. [Biochem. J. **85**, 568 (1962)] sowie FISHER u. Mitarb. [Nature **196**, 895 (1962)] versuchten, eine Lösung herbeizuführen, indem sie bei relativ hohen Enzymkonzentrationen (zwischen 0,1 bis 4 mg/ml) die spezifische Aktivität bestimmten. Im ersten Fall lag das Verhältnis von Coenzymkonzentration zu Coenzymbindungsstellen bei 1,5 bis 680 (wenn man ein Äquivalentgewicht pro Bindungsstelle von 66 000 zugrunde legt), im zweiten Fall, bei dem die Kinetik in Gegenwart hoher Konzentrationen des kompetitiven Inhibitors Glutarsäure gemessen wurde, bei 2,8 bis 110. Schon diese Zahlen machen deutlich, daß die Interpretation der unter diesen Bedingungen erhaltenen Ergebnisse sehr schwierig ist, und es ist nicht verwunderlich, daß beide Arbeitsgruppen zu unterschiedlichen Ansichten gelangen. GRISOLIA et al. nehmen an, daß zwischen Enzymaktivität und Teilchengröße eine Beziehung besteht, nach FISHER et al. ist dies dagegen nicht der Fall. Wenn man die Kinetik von Systemen mit so unterschiedlichen Verhältnissen von Coenzymkonzentration zu Coenzymbindungsstellen vergleichen will, dann muß man auch noch bedenken, daß sich durch die Bindung des Coenzyms an das Enzym das Redoxpotential des Coenzymsystems ändert. Auch wird der Gleichgewichtszustand der Gesamtreaktion sehr viel schneller erreicht werden, wenn das Enzym in etwa stöchiometrischen Mengen anwesend ist, während bei einem Überschuß von Coenzym in der Initialphase der Reaktion, die ja der Bestimmung zugrunde gelegt wird, die Konzentrationen der Substrate praktisch als konstant angesehen werden dürfen (siehe auch S. 347f.).

WALLENFELS: In der Zelle befindet sich die Glutaminsäuredehydrogenase ja hauptsächlich in den Mitochondrien. Wie hoch ist dort die Konzentration? Muß man damit rechnen, daß das Molekül unter diesen biologischen Verhältnissen im assoziierten oder dissoziierten Zustand vorliegt?

SUND: Die Durchschnittskonzentration der Glutaminsäuredehydrogenase in der Leberzelle liegt bei 0,4 bis 2,2 mg/ml (berechnet auf Grund der Ausbeuteangaben bei OLSON und ANFINSEN [J. biol. Chem. **197**, 67 (1952)], STRECKER [Arch. Biochem. **46**, 128 (1953)], WALLENFELS, SUND und DIEKMANN [Biochem. Z. **329**, 48 (1957)] sowie SNOKE [J. biol. Chem. **223**, 271 (1956)]. Da man weiß, daß die Glutaminsäuredehydrogenase ausschließlich in den Mitochondrien lokalisiert ist, werden wir annehmen dürfen, daß die Durchschnittskonzentration dort etwa eine Zehnerpotenz größer ist. Das ist dann derjenige Bereich der Proteinkonzentration, in dem das Assoziations-Dissoziationsgleichgewicht eine Rolle spielt.

Struktur und Wirkungsweise NAD-abhängiger Dehydrogenasen 359

GRUBER (Frankfurt): Ich hätte eine Frage. Ich bin unsicher, ob die Art der Berechnung kinetischer Daten, wie sie jetzt geübt wird, korrekt ist. Zum Beispiel bei der Lactatdehydrogenase wird entsprechend der Anzahl der Bindungsstellen die Enzymkonzentration einfach mit 3 multipliziert. Zusammen mit WARZECHA und Prof. PFLEIDERER haben wir gefunden, daß, wenn man eines der drei aktiven Zentren hemmt, die Aktivität nicht um ein Drittel abnimmt, sondern das Verhältnis der Konzentration sich gegenüber dem ungehemmten Enzym verhält wie das Quadrat der Konzentration bzw. der Konzentration proportional ist nach Hemmung von zwei aktiven Zentren. Sollte man nicht deshalb das Enzymprotein als Ganzes und nicht die drei aktiven Zentren einzeln betrachten?

SUND: Ich glaube, man muß hier unterscheiden zwischen der Kinetik, die man mit einem aktiven, unveränderten Enzym und derjenigen, die man mit einem gehemmten Enzym untersucht. Für ein aktives Enzym sind die Methoden, wie sie von ALBERTY, DALZIEL und THEORELL sowie in jüngster Zeit von CLELAND ausgearbeitet wurden, anzuwenden, und es ist — wenigstens in den meisten Fällen — berechtigt, als Konzentration diejenige der aktiven Zentren einzusetzen, also sozusagen die Normalität des Enzyms und nicht dessen Molarität. Bei einem gehemmten Enzym muß man aber folgendes beachten: Die Beeinflussung der Kettenkonformation und der Oberflächenladung des Enzymmoleküls durch den Inhibitor. Die enzymatische Aktivität eines Enzymmoleküls hängt ja nicht nur von der Kettenkonformation eines kleinen, enzymatisch aktiven Bereiches, sondern wahrscheinlich von der des gesamten Moleküls ab, und es kann sich eine Veränderung der Kettenkonformation an irgendeiner, vom aktiven Zentrum weit entfernten Stelle dann auf das gesamte Molekül und damit auch auf das eigentliche aktive Zentrum auswirken. Wenn man z. B. eine SH-Gruppe blockiert, dann ist es denkbar, daß man zwar diese SH-Gruppe in einem reversiblen Gleichgewicht blockieren kann, daß dann aber sekundär — reversibel oder aber auch irreversibel — weitere Strukturänderungen am Protein erfolgen, die dann natürlich auf die Kinetik wieder rückwirken können (siehe S. 335f.).

GRUBER: Dagegen spricht, daß wir nach Quecksilbervergiftung mit Chlormercuriphenylsulfonat eine spontane Reaktivierung der Lactatdehydrogenase auf den Ausgangswert erhalten.

SUND: Ja, wie ist es aber nun mit dem Enzym, das gehemmt und nicht reaktiviert, also wie in dem genannten Fall durch Quecksilber blockiert ist? In welchem Ausmaß wurde die Oberflächenladung des Enzyms verändert, welchen Wert hat z. B. dessen Rotationsdispersionskonstante angenommen und wie sieht das Sedimentationsverhalten nach Quecksilbereinwirkung aus? Es wäre gut, in jedem Fall bei allen sog. spezifischen Gruppenreaktionen zu untersuchen, inwieweit sich die Reaktion an einer Gruppe auf den gesamten übrigen Bereich des Proteinmoleküls auswirkt. Man sollte deshalb stets neben der Kinetik weitere physikalisch-chemische Methoden zu Hilfe nehmen, um herauszufinden, wodurch die Hemmungen im einzelnen verursacht werden. Hierdurch ließen sich auch Fehlschlüsse bei der Interpretation von Hemmversuchen vermeiden, durch die man Informationen über diejenigen funktionellen Gruppen des Enzymproteins erhalten möchte, die an der Bindung zwischen dem Enzym und dem Reaktionspartner während der Reaktion beteiligt sind.

WALLENFELS: Bei dieser Gelegenheit sollten wir wohl noch die Resultate von YIELDING und TOMKINS diskutieren. Aus ihren Versuchen haben die Autoren die These abgeleitet, daß die Glutaminsäuredehydrogenase durch Milieubedingungen in ihrer Substratspezifität verändert werden kann. Möchten Sie dazu noch ein Wort sagen? Es gibt sicher einige im Auditorium, die dankbar sind, den Stand der Dinge zu hören.

SUND: YIELDING und TOMKINS fanden, daß Diäthylstilböstrol und Steroide wie Östradiol oder Progesteron die durch Glutaminsäuredehydrogenase aus Rinderleber katalysierte Glutaminsäureoxydation hemmen und den die Dissoziation des Proteinmoleküls fördernden Einfluß des NADH verstärken können. ADP verhindert sowohl die durch die genannten Verbindungen hervorgerufenen Hemmungen als auch deren Einfluß auf die molekulare Struktur der Glutaminsäuredehydrogenase [Proc. nat. Acad. Sci. (Wash.) 46, 1483 (1960)]. Ferner konnten sie zeigen [Proc. nat. Acad. Sci. (Wash.) 47, 270 (1961)], daß Diäthylstilböstrol und Steroide die reversible Alaninoxydation, die auch durch Glutaminsäuredehydrogenase aus Rinderleber katalysiert und im Gegensatz zur Glutaminsäureoxydation durch ADP gehemmt wird, aktivieren, also gerade entgegengesetzt wie bei der Glutaminsäureoxydation wirken. Dasselbe gilt für o-Phenanthrolin, ATP und pH 9, Verbindungen bzw. Bedingungen also, die auch die Dissoziation begünstigen. Außerdem wurde von ihnen festgestellt [Proc. nat. Acad. Sci. (Wash.) 47, 983 (1961)], daß L-Leucin ebenso wie andere L-Aminosäuren (Methionin, Isoleucin, Norvalin) die durch Glutaminsäuredehydrogenase katalysierte Glutaminsäureoxydation stimulieren, und daß diese Aminosäuren die durch NADH, Steroide und Diäthylstilböstrol hervorgerufenen Hemmungen ebenso wie durch Diäthylstilböstrol induzierte Dissoziation des Enzymmoleküls verhindern können. Zusammenfassend läßt sich sagen, daß alle Verbindungen, die die Dissoziation des Proteinmoleküls begünstigen, die *Glutaminsäure*oxydation hemmen und die *Alanin*oxydation stimulieren. Alle Verbindungen dagegen, die die Assoziation begünstigen, stimulieren die *Glutaminsäure*oxydation und hemmen die *Alanin*oxydation. Daraus wurde dann geschlossen, daß die nach Dissoziation entstehenden Untereinheiten als *Alanin*dehydrogenase anzusehen sind, während das assoziierte Proteinteilchen als *Glutaminsäure*dehydrogenase anzusprechen ist (s. auch S. 347).

Es ist nun aber zu bedenken, daß die Versuche zur Messung der Glutaminsäuredehydrogenase-Aktivität mit relativ kleinen Enzymkonzentrationen (0,004 bis 0,01 mg/ml) durchgeführt wurden, während man bei der Messung der Alanindehydrogenase-Aktivität relativ sehr hohe Enzymkonzentrationen (1,0—0,2 mg/ml) benötigte, da Alanin für Glutaminsäuredehydrogenase ein sehr schlechtes Substrat ist (relative Aktivität gegenüber Glutaminsäure weniger als 0,5%). Für den Vergleich unter so unterschiedlichen Bedingungen — in einem Fall in Gegenwart katalytischer Enzymmengen, im anderen Fall annähernd stöchiometrische Mengen — gelten wieder die schon zu Beginn unserer Diskussion gemachten Bedenken.

Struktur und Wirkungsweise NAD-abhängiger Dehydrogenasen 361

KLINGENBERG (Marburg): Ist die Vorstellung vertretbar, daß auf Grund der durch die Pyridinnucleotide geförderten Dissoziation und Assoziation der Glutaminsäuredehydrogenase eine Regulation bewirkt werden kann? Zum Beispiel könnte ein steigender Spiegel an NADH die Glutaminsäuredehydrogenase-Aktivität durch Dissoziation hemmen und umgekehrt ein steigender NADPH-Spiegel die Aktivität fördern. Dieses wäre sinnvoll im Hinblick auf die bekannte doppelte Spezifität der Glutaminsäuredehydrogenase für das NADP- und das NAD-System.

SUND: Ich möchte annehmen, daß eine Regulation durch Hemmung oder Aktivierung der Glutaminsäuredehydrogenase durchaus auftritt, wobei die Veränderung des Assoziations-Dissoziations-Gleichgewichtes wahrscheinlich aber von sekundärer Bedeutung ist.

KLINGENBERG: Eine Regulation in der vorgezeichneten Weise erscheint vor allen Dingen „biologisch-chemisch" angebracht, da wir annehmen, daß die Mitochondrien-Glutaminsäuredehydrogenase vor allem mit dem NADP-System geknüpft ist, und damit zur reduktiven Aminierung benutzt wird. NADH wäre hier nicht als Reduktionsmittel zu verwenden. Umgekehrt wäre für eine oxydative Desaminierung Glutaminsäuredehydrogenase auf das NAD angewiesen.

WALLENFELS: Welche Unterschiede bestehen in den Einflüssen von $NAD^+/NADH$ einerseits und $NADP^+/NADPH$ andererseits auf das Assoziations-Dissoziations-Gleichgewicht des Glutaminsäuredehydrogenase-Proteins?

SUND: Während in Gegenwart von NADH eine erhöhte Dissoziation zu beobachten ist, fördert NAD^+, das oxydierte Coenzym also, ebenso wie NADP — dieses sowohl in seiner reduzierten als auch in seiner oxydierten Form — die Assoziation. Der Einfluß von NADH auf die Teilchengröße des Enzymproteins ist wesentlich stärker als der Einfluß der anderen drei.

BÜCHER: Man kann sagen, daß die Aktivität der Glutamat-dehydrogenase nur in solchen Mitochondrien höher ist, in denen gleichzeitig auch ein höherer Spiegel an TPNH besteht. Sie müssen also in Ihren Überlegungen die Gegebenheit einbeziehen, daß die Glutamat-dehydrogenase sich in einem Milieu befindet, in dem eine sehr viel höhere Konzentration des TPNH als des DPNH herrscht.

HOLZER (Freiburg): Daß NAD und NADP verschiedene Funktionen an Glutaminsäuredehydrogenase haben, sieht man besonders deutlich bei Mikroorganismen. Hefe besitzt zwei verschiedene Glutaminsäuredehydrogenasen: Eine NAD-abhängige und eine NADP-abhängige (HOLZER und SCHNEIDER: Biochem. Z. 329, 361 (1957)]. Züchtet man Hefe auf NH_4^+ als einziger Stickstoffquelle, so ist die Konzentration des NAD-abhängigen Enzyms niedrig, züchtet man dieselbe Hefe auf Aminosäuren als Stickstoffquelle, so ist die Konzentration des NAD-Enzyms hoch. Da in letzterem Falle NH_4^+ aus Glutaminsäure (und anderen Aminosäuren via Transaminierung) gebildet werden muß (NH_4^+ ist für die Synthese von Carbamylphosphat, Glutamin, Asparagin usw. notwendig), weist dieser Versuch darauf hin, daß

NAD-abhängige Glutaminsäuredehydrogenase zur NH_4^+-Lieferung durch oxydative Desaminierung von Glutaminsäure benützt wird. Die Steuerung der Geschwindigkeit der Biosynthese des Enzyms erfolgt durch Repression mit NH_4^+ als Corepressor [HOLZER und HIERHOLZER: Biochim. biophys. Acta (Amst.) 77, 329 (1963)]. SANWAL et al. [Biochem. biophys. Res. Comm. 6, 404 (1962)] haben mit ähnlichen Versuchen gezeigt, daß bei *Neurospora crassa* das NADP-abhängige Enzym der Biosynthese von Glutaminsäure aus NH_4^+ und α-Ketoglutarat dient. — Meine Frage an die Herren SUND und KLINGENBERG: Wie liegen die Verhältnisse beim Säugetier? Gibt es hier tatsächlich nur *ein* Enzym, das sowohl mit NAD wie mit NADP arbeitet? Wird hier vielleicht von der NAD-abhängigen catabolen Wirkung auf die NADP-abhängige anabole Wirkung durch Veränderung des Dissoziationsgrades oder der Konformation des Proteins umgeschaltet?

SUND: Dieses Problem ist beim Säugetier bisher nicht so eingehend untersucht worden wie bei den Mikroorganismen. Außer in Hefe und *Neurospora crassa* gibt es ja auch in *Fusarium oxysporum* [SANWAL: Arch. Biochem. 93, 377 (1961)] und *Piricularia oryzae* [KATO, KOIKE, YAMADA, YAMADA und TANAKA: Arch. Biochem. 98, 346 (1962)] NAD- und NADP-spezifische Glutaminsäuredehydrogenasen. Während sich möglicherweise in der Froschleber [DEGROOT und COHEN: Biochim. biophys. Acta (Amst.) 59, 588 (1962)] zwei Glutaminsäuredehydrogenasen mit Spezifität für NAD und NADP befinden, dienen den kristallisierten Enzymen aus Rinder- bzw. Hühnerleber sowohl NAD als auch NADP und eine Reihe von NAD-Analoga als Coenzym. Dasselbe gilt auch für die Enzympräparate aus Ratten- und Schweineleber [MEHLER, KORNBERG, GRISOLIA und OCHOA: J. biol. Chem. 174, 961 (1948); COPENHAVER, MCSHAN und MEYER: J. biol. Chem. 183, 73 (1950)]. Die zuletzt genannten Enzyme liegen aber bisher nicht in reiner Form vor, so daß keine Aussage darüber möglich ist, ob in der Ratten- oder Schweineleber (und in anderen Lebern, über die bisher noch keine Untersuchungen vorliegen) nur ein unspezifisches Enzym vorkommt oder ob mehrere Glutaminsäuredehydrogenasen mit Spezifität für NAD oder NADP vorhanden sind. Vielfach wird die Ansicht vertreten, daß die Glutaminsäuredehydrogenasen tierischen Ursprungs nicht spezifisch auf ein Coenzym eingestellt sind, während die Enzyme pflanzlichen Ursprungs dagegen nur mit NAD und diejenigen aus Mikroorganismen nur mit NADP katalytisch wirksam sind. Wie sie sehen, trifft dies nicht zu.

Die Frage, inwieweit von der NAD-abhängigen katabolen Wirkung auf die NADP-abhängige anabole Wirkung durch Veränderung des Dissoziations-Assoziations-Gleichgewichtes oder der Konformation des Proteinmoleküls umgeschaltet werden kann, ist schwer zu beantworten. Beim Rinderleberenzym erhöht NADH die Dissoziation, beim Hühnerleberenzym ist es dagegen nach den Untersuchungen von FRIEDEN [Biochim. biophys. Acta (Amst.) 62, 421 (1962)] möglicherweise gerade umgekehrt. Der Effekt von NADH, ADP oder ATP auf die Kinetik der beiden Glutaminsäuredehydrogenasen ist dagegen ähnlich.

Für das Rinderleberenzym wird für NADPH und NADP+ eine normale Lineweaver-Burk-Beziehung gefunden, NAD+ aktiviert bei höherer Konzentration, und NADH ist ein Inhibitor. Es ist denkbar, daß hierdurch — auch im Zusammenhang mit den verschiedenen Einflüssen von Nucleotiden auf die Enzymaktivität — eine Regulation bewirkt wird. Mit der Hemmung durch NADH ist die Synthese von Glutaminsäure aus α-Ketoglutarsäure, NH_4^+ und NADH, aber nicht diejenige mit Hilfe von NADPH, gehemmt. Auf der anderen Seite aktiviert NAD^+ (aber nicht $NADP^+$) die enzymkatalysierte Glutaminsäureoxydation und begünstigt damit auch den NAD-abhängigen Abbau von Glutaminsäure.

EIGEN: Ich möchte noch über einige neuere Ergebnisse berichten, die wir innerhalb der letzten Jahre aus Relaxationsmessungen im Zeitbereich zwischen 1 sec und 10^{-1} sec — und zwar sowohl an natürlichen Enzymals auch an einfachen Modellsystemen — erhalten haben.

Allgemein können wir bei einer Enzymreaktion folgende Teilschritte unterscheiden:

1. Bildung (und Zerfall) des Enzym-Substratkomplexes (evtl. durch Vermittlung eines oder mehrerer Metallionen).

2. Strukturelle Anpassung des Enzyms an das Substrat zur Erreichung eines optimalen „fit" und zur zeitlichen Koordinierung der Umwandlungsteilschritte. (Dieser Schritt kann bei einer Messung u. U. vom 1. Teilschritt nicht unterschieden werden, insbesondere, wenn die Strukturumwandlung schneller erfolgt als die Dissoziation des Enzym-Substratkomplexes.)

3. Umwandlung des Substrats in die Reaktionsprodukte (z. B. Elektronenübertragung, lokalisierte Säure-Base-Katalyse usw.).

4. Zerfall des Reaktionskomplexes unter Rückbildung des Enzyms in der ursprünglichen Form (s. Teilschritt 1).

Dieser Mechanismus ist zunächst formeller Natur. Er kann im konkreten Fall wesentlich komplizierter sein, z. B. wenn ein Coenzym oder mehrere Substrate (ternäre Komplexe) erforderlich sind. Auch setzt sich der 3. Teilschritt im allgemeinen aus einer Reihe von (zeitlich koordinierten) Elementarschritten zusammen.

Eine große Zahl solcher Teilschritte konnte an isolierten Systemen untersucht werden. Ich will hier nur einen kurzen Überblick geben. Ausführlichere Angaben sind einer in den "Advances of Enzymology" veröffentlichten Arbeit zu entnehmen (Zit. 1).

Zu 1.

Die Geschwindigkeit der Enzym-Substrat-Komplexbildung ist im allgemeinen von der gleichen Größenordnung wie die Geschwindigkeit von Antikörper-Hapten- oder allgemeiner von Protein-Molekül-Komplexbildungsreaktionen (die sich z. B. mit Hilfe von Farbstoffmolekülen untersuchen lassen). Die Werte der Geschwindigkeitskonstanten fallen nahezu sämtlich in den Bereich 10^6—10^8 M^{-1} sec^{-1} (etwa 30 Beispiele). Da die Stabilitätskonstanten durchweg den Wert 10^3 M^{-1} haben, sind die Geschwindigkeitskonstanten der Komplexdissoziation durchweg $< 10^5$ sec^{-1} (oftmals auch wesentlich kleiner). Wird die Komplexbildung durch ein Metallion vermittelt, so sind für die Reaktionszeit die Substitutionsgeschwindigkeiten in der inneren Koordinationsschale des Metallions maßgebend. Eine Übersicht über derartige Zeitkonstanten für sämtliche physiologisch wichtigen Kationen ist in der zitierten Arbeit[1] zu finden.

Zu 2.

Umwandlungen in der Sekundärstruktur von Proteinen können sehr schnell erfolgen. Untersucht wurden Polypeptide wie Polyglutaminsäure und Polylysin. Die Umwandlungszeiten (Helix — statist. Knäuel) liegen zwischen 10^{-5} und 10^{-8} sec. Umwandlungen in der Tertiärstruktur können bei starker Verknüpfung langsam erfolgen, doch sind die Zeiten auch hier im allgemeinen unterhalb einer Millisekunde. Die Strukturumwandlung ist daher im allgemeinen mit dem erst genannten Teilschritt eng verknüpft. Das Auftreten einer solchen Umwandlung ist u. U. eine Vorbedingung für die Erreichung der maximalen Stabilität des ES-Komplexes.

Wesentlich längere Zeit werden für die Auflösung von Doppelhelixstrukturen, wie sie bei den Nucleinsäuren vorkommen, benötigt. (Gemessene Zeitkonstanten liegen zwischen 10^{-4} sec und einigen Minuten.)

Zu 3.

Dieser Schritt bestimmt im allgemeinen die Größenordnung der Wechselzahl, d. h. er ist für die Gesamtreaktion geschwindigkeitsbestimmend. Da es sich hierbei um einen für die betreffende Reaktion spezifischen Schritt handelt, lassen sich kaum allgemeine Größenordnungen angeben. Man kann jedoch sagen, daß für eine lokalisierte Säure-Base-Katalyse (wie sie bei den meisten Enzymreaktionen vorliegt) die maximale Größenordnung bei 10^3 bis 10^5 sec^{-1} liegt. Tatsächlich ist bisher nur ein Fall bekannt (Katalase), bei dem die Wechselzahl die Größenordnung 10^5 sec^{-1} wesentlich übersteigt. (Auf diesen Fall einer Elektronübertragung treffen die genannten Einschränkungen ohnehin nicht zu.) Hinsichtlich einer ausführlicheren Diskussion der verschiedenen Elementarschritte sei wieder auf die bereits genannte Arbeit sowie auf Zitat 2 verwiesen.

Zu 4.

Hier liegen ähnliche Verhältnisse wie unter 1. vor.

Zusammenfassend kann man sagen, daß — zumindest in sehr vielen Fällen — die Enzyme eine Reaktion innerhalb der durch die Naturgesetze vorgegebenen kürzest möglichen Zeit zum Ablauf bringen. Die Maximalgeschwindigkeit einer Elementarreaktion ist durch die Bewegung der Moleküle bzw. der Atome im Molekül begrenzt. Die maximalen Geschwindigkeitskonstanten sind von der Größenordnung 10^{10}—10^{11} $M^{-1}sec^{-1}$ (für Reaktionen 2. Ordnung) bis 10^{11}—10^{12} sec^{-1} (für Reaktionen 1. Ordnung).

Eine aus Elementarschritten zusammengesetzte Reaktion ist weiterhin einschränkenden Bedingungen unterworfen. Die oben mitgeteilten Werte entsprechen bereits den optimalen Größenordnungen. Soweit diese Reaktionen Teilschritte biologischer Mechanismen darstellen, müssen sie schnell im Vergleich zum Gesamtprozeß verlaufen. Daß wir sie auch im absoluten Sinne als „schnell" bezeichnen, beruht darauf, daß der „Maßstab" unserer Erfahrungen sich aus biologischen (bzw. biochemischen) Prozessen zusammensetzt.

[1] EIGEN, M., G. G. HAMMES: Adv. of Enzymol., Interscience New York 1963, Vol. 25, S. 1 (Ed. F. F. Nord).

[2] EIGEN, M.: Angew. Chemie 75, 489 (1963).

Schlußwort

SCHÜTTE: Meine Damen und Herren, wir haben in diesen Tagen eines unserer fruchtbarsten Colloquien zum Abschluß gebracht. Es war ein ausgezeichneter Gedanke, die letzten Ergebnisse der theoretischen organischen Chemie in ihrer Anwendung auf den Mechanismus enzymatischer Reaktionen zu diskutieren. Für die Anregung, dieses Thema in Mosbach zu behandeln, danken wir Herrn KARLSON, auch dafür, daß er sich für seinen Vorschlag so nachhaltig eingesetzt hat, daß er endlich auch angenommen wurde. Die Vorbereitung des Colloquiums hatten die Herren HOLZER und JAENICKE übernommen, denen wir dafür ebenfalls danken, besonders Herrn JAENICKE, der den zeitraubenden Briefwechsel durchführte, der für die Vorbereitung und endliche Aufstellung der Rednerliste unvermeidlich ist.

Das Prinzip, das unser langjähriger Vorsitzender FELIX diesen Colloquien zu Grunde legte, die Themen schon so auszuwählen, daß die Nachbardisziplinen unserer Wissenschaft zu Worte kommen, und aus dem Gespräch mit ihnen Anregungen für unsere Arbeit zu holen, erwies sich diesmal in Vorträgen und Diskussionen besonders fruchtbar. Unser Dank dafür gilt den Diskussionsleitern und den Diskussionsrednern, ganz besonders den Herren STAAB und EIGEN, die unsere Diskussionen von der Theorie der organischen und der physikalischen Chemie her bereichert haben, die wir als Schiedsrichter die ganzen Tage des Colloquiums dabei hatten, stets bereit, unklare oder schiefe oder auch mal falsche Auffassungen oder Begriffe zu klären, richtigzustellen und die Möglichkeiten, aber auch die Grenzen, die die theoretischen Deutungen in den Meßmethoden und den Meßzeiten finden, immer wieder deutlich zu machen.

So eröffnet sich allmählich die Aussicht auf Verständnis der Natur eines Enzymes, und vielleicht kommt auch die Biochemie einmal so weit, daß sie anstelle von vielen Einzelfakten eine überschaubare Zahl präziser Gesetze präsentiert, aus denen der Ablauf von Umsetzungen in der lebenden Substanz verstanden und abgeleitet werden kann.

Schlußwort

Manchem Fachgenossen war es diesmal „zu chemisch" oder „zu theoretisch", so, wie es in den letzten Colloquien manch anderem „zu biologisch" war. Diese Klagen kenne ich, seit es Mosbacher Colloquien gibt, doch haben mich diese Einwände stets wenig gekümmert, und im Grunde habe ich sie auch nie anerkannt und nie verstanden. Ich habe es immer als das Besondere und Beglückende unserer Wissenschaft empfunden, daß sie an der exakten Naturwissenschaft — zu der man die Chemie ja wohl allmählich rechnen darf — ebenso teil hat wie an der zwar weniger exakten, aber an Variabilität und an Ordnungsprinzipien so reichen Welt der Biologie und der Medizin. Kann man eine der beiden Seiten fortlassen, ohne aufzuhören, Biochemie zu betreiben? Wenn man zugeben muß, daß man ohne Chemie keine Physiologische Chemie mehr betreiben kann, wird man auch zustimmen, wenn wir sagen: Wenn schon Chemie, dann auch ganz und modern. Und da man ohne Biologie oder ohne Bemühen um Verständnis der Eigenschaften der lebenden Substanz die Biochemie auch nicht betreiben kann, gilt der Satz auch in der Umkehrung für die Biologie oder die Medizin. Von dieser Sicht aus scheint mir auch ein Streit um Namen — Biochemie oder Physiologische Chemie — nichts Wesentliches zu treffen. Weiterbringen kann er uns nicht.

Das nächste Colloquium wird die Immunchemie zum Gegenstand haben. Vielleicht gelingt es uns, mit diesem Thema die mehr biologisch-medizinisch Orientierten zu versöhnen?

Ich habe noch Dank zu sagen unserem Schriftführer, Herrn AUHAGEN, der den Ablauf des Colloquiums so ausgezeichnet organisiert hatte, unterstützt von der Stadt Mosbach und ihrem rührigen Verkehrsamt. Herrn AUHAGEN haben wir es auch zu danken, daß erstmals bei diesem Colloquium Vorabdrucke der Vorträge noch vor der Tagung ausgegeben werden konnten, was für den Ablauf der Tagung und der Diskussionen von unschätzbarem Wert war.

If you have any concerns about our products,
you can contact us on
ProductSafety@springernature.com

In case Publisher is established outside the EU,
the EU authorized representative is:
**Springer Nature Customer Service Center GmbH
Europaplatz 3, 69115 Heidelberg, Germany**

Printed by Libri Plureos GmbH
in Hamburg, Germany